年表で見る
科学の歴史図鑑

年表で見る
科学の歴史図鑑

DK社　編

井山弘幸 監訳

伊藤伸子 訳

化学同人

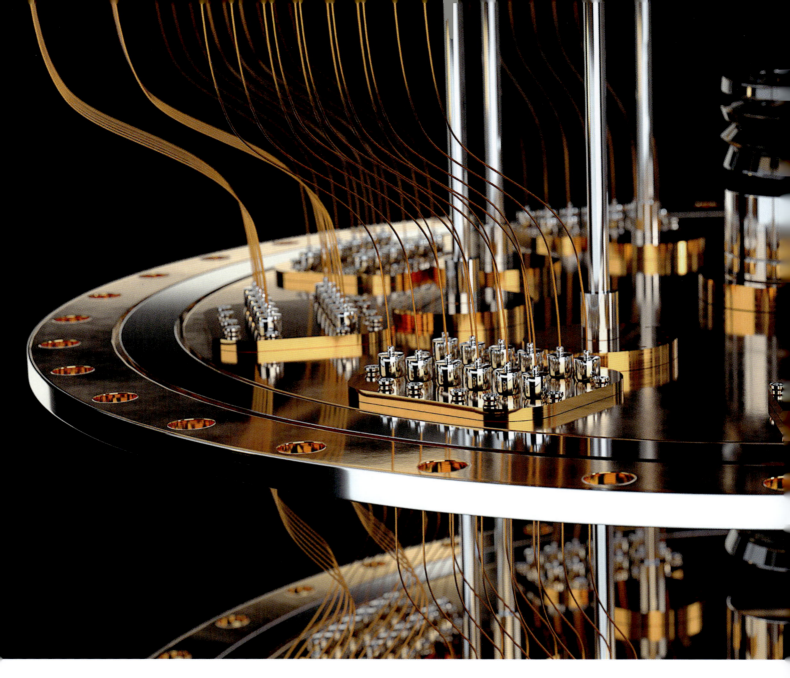

Original Title: Timelines of Science	
Copyright © 2023 Dorling Kindersley Limited	
A Penguin Random House Company	

Japanese translation rights arranged with
Dorling Kindersley Limited, London
through Fortuna Co., Ltd. Tokyo.

For sale in Japanese territory only.

年表で見る
科学の歴史図鑑

2025年1月31日　第1刷発行

編　者　DK社
監訳者　井山弘幸
訳　者　伊藤伸子
発行者　曽根良介
編集担当　加藤貴広

発行所　株式会社化学同人
〒600-8074　京都市下京区仏光寺通柳馬場西入ル
TEL 075-352-3373　FAX 075-351-8301

装幀　おうめ
本文DTP　松井康郎

〈出版者著作権管理機構委託出版物〉
本書の無断複写は著作権法上での例外を除き禁じられています。複写される場合は、そのつど事前に、出版者著作権管理機構(電話03-5244-5088, FAX03-5244-5089, e-mail: info@jcopy.or.jp)の許諾を得てください。

無断転載・複製を禁ず

Printed and bound in China

© N. Ito 2025
ISBN 978-4-7598-2387-5

本書のご感想をお寄せください

乱丁・落丁本は送料小社負担にてお取りかえします

www.dk.com

寄稿者

トニー・アレン(Tony Allen)
歴史に関する一般向け書籍を多数執筆。24巻に渡る*Time-Life History of the World*のシリーズ編者。

ジャック・シャロナー
(Jack Challoner)
インペリアル・カレッジ・ロンドンで物理学の学位を取得。1991年以降、サイエンスライターとして40冊以上を執筆。

ジュリアン・エムズリー
(Julian Emsley)
化学者、数学教師。世界における化学と化学物質の影響を専門に執筆。

ヒラリー・ラム(Hilary Lamb)
受賞歴のある科学ジャーナリスト、編集者、著者。DK社の*The Physics Book*、*Simply Quantum Physics*、*Simply Artificial Intelligence*等の書籍に携わる。

ダグラス・パルマー博士
(Dr. Douglas Palmer)
ケンブリッジを拠点にする、古生物学と地球科学専門のライター。多くの一般向け科学書を著し、ケンブリッジのセジウィック地球科学博物館に非常勤で勤務している。

フィリップ・パーカー(Philip Parker)
中世を専門にする歴史学者。多くの歴史書や地図帳を執筆。

ビー・パークス(Bea Perks)
動物学の学位と臨床薬理学の博士号を取得。20年以上の生物医学に関する執筆と刊行の経験をもつ。

ジャイルズ・スパロー
(Giles Sparrow)
王立天文学会フェローで、天文学と科学コミュニケーションの学位をもつ。宇宙と天文学に関する20冊以上の著者。

マーティン・ウォルターズ
(Martin Walters)
鳥類、植物学、自然保護に関心をもつ、著者でありナチュラリスト。大人および子ども向けの多くの本を、寄稿・執筆している。

マーカス・ウィークス
(Marcus Weeks)
音楽家であると同時に、哲学、芸術、古代史に関する書籍を、多数執筆・寄稿している。

監修者

ロビン・マッキー(Robin McKie)
*The Observer*紙の科学エディターを40年以上務める。遺伝学と現生人類の起源に関する書籍を複数執筆。

前扉　色収差を補正した顕微鏡。1847年にチャールズ・ダーウィンが使用した。
本扉　ポーランド出身のフランスの物理学者、化学者のマリー・キュリー。1905年頃、パリの研究所で。
上　　量子コンピュータの一部。2000年。

目　次

330万年前 – 紀元前1年	1年 – 1499年	1500年 – 1699年	1700年 – 1799年	1800年 – 1869年
10	32	52	84	110

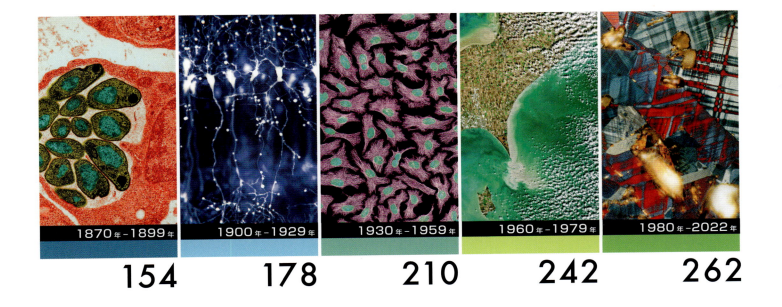

1870年-1899年	1900年-1929年	1930年-1959年	1960年-1979年	1980年-2022年
154	178	210	242	262

地球から約7600光年離れたカリーナ星雲の星形成領域の一部。起伏のある渓谷のようにも見える。この画像は、2022年にNASAのジェームズ・ウェッブ宇宙望遠鏡が撮影した1枚。同望遠鏡が、赤外線を集めて観測する能力にきわめて優れていることがよくわかる。

石製の握斧が150万年にわたって使われていた

約170万年前
握斧

握斧とは、かたい石を叩き石として別の石に打ちつけて剥片を剥ぎ、石よりもやわらかい骨や角をハンマーのように使って、その剥片の形を整えたもの。アフリカ東部で最初に作られた。アシュールの道具として知られている握斧は、両面が加工されている。おもに太いほうの基部を握って使い、用途が広くなった。

◁ アシュールの握斧、約70万～20万年前

約260万年前
オルドワンの石器加工技術

オルドワン型石器とは、石に石を打ちつけ剥がれた剥片をそのまま利用したもの。鋭い縁辺を使って掻き取ったり切ったりしていた。オルドワン型石器を最初に作ったのは、アフリカ東部にいたヒト族のホモ・ハビリス（*Homo habilis*）。その後、ホモ・エレクトス（*Homo erectus*）がアフリカ大陸の外に広げたと考えられている。

◁ オルドワン型石器

330万年前

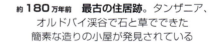

約180万年前　最古の住居跡。タンザニア、オルドバイ渓谷で石と草でできた簡素な造りの小屋が発見されている

約330万年前
最初に道具を使った化石人類

現在、最古とされている道具は、ケニアの干上がった河床にあるロメクウィ3遺跡で2011年に発見された、150個ほどの加工された石である。いずれも、ほかの石に打ちつけて作られた原始的なハンマーや切る道具など。動物の骨から肉をこすり落としたり、骨を砕いたりするために使われたようだ。作ったのは、進化のうえでホモ属（ヒト属、*Homo*）の前に存在していた、アウストラロピテクス・アファレンシス（*Australopithecus afarensis*）に代表されるアウストラロピテクス属と考えられている。［訳注：ホモ属もアウストラロピテクス属も霊長目ヒト科ヒト族に含まれる］

△ **アウストラロピテクス・アファレンシス**
（*Australopithecus afarensis*）「ルーシー」（復元図）

330万年前-2万6000年前 | 11

◁ 石槍の先端部

約46万年前
最古の槍
現在、最古とされている石槍はアフリカ南部のカサパンで作られた。両縁辺を鋭く加工した石が、狩猟用の武器として効果を発揮した。石の基部を薄くして、そこに木製の柄を取りつけた石槍は、人類の祖先が徐々に高度な技術を利用するようになっていったことを物語っている。

約32万7000年前
あらかじめ形を整えた剥片を石核から剥ぎとる石器製作技法、ルバロア技法が現れる

2万6000年前

約42万年前　最古とされる木製の道具、クラクトンの槍が作られる

約6万4000年前
最古とされる弓矢。南アフリカのシブドゥ洞窟で石製の矢じりが出土している

▷ ジェベル・イルードの頭骨、コンピュータによる復元画像

約35万年前
ホモ・サピエンスが現れる
1960年代にモロッコのジェベル・イルードで発見されていた化石が、2017年に、ごく初期のホモ・サピエンス（Homo sapiens）と同定された。これにより、ホモ・サピエンスがアフリカ東部で進化したとする説が覆った。初期のホモ・サピエンスは現生人類に比べて頭蓋が長く、眉弓が目立つ。脳が大きくなり多彩な能力を獲得したおかげで、ホモ・サピエンスは生息域を広げ、ほかのヒト族に取ってかわっていった。

△ たき火

約79万年前
火を操る
初期のヒト族は、落雷などによる自然火災で偶然発生した火を利用して暖をとったり、野生動物を追い払ったりしていたようだが、イスラエルのゲシャー・ベノット・ヤーコヴには、火を意図的に操った痕跡で最古とされるものがある。炉跡にはオリーブの木、野生のブドウ、野生のオオムギなどの化石や、焦げた火打ち石があったことから、この炉は調理に使われていたと考えられる。加熱によって食べ物を効率よく消化できるようになり、栄養を摂取しやすくなった。

約2万6000年前
土を焼く

チェコの洞窟で発見された小さな女性像「ドルニー・ヴェストニツェのビーナス」は最古級とされる焼き物技術で作られている。原料は粘土と粉状にした骨。窯に入れる前に像をもちあげたと思われる幼い子どもの指紋も残っている。

ビーナスの像 ▷

約1万1500年前
作物

最初の作物がアブ・フレイラ（現在のシリアの一部）で栽培された。これが農耕の始まりである。アブ・フレイラの集落に暮らす人々は、採集してあった野生の植物のなかからライムギとヒトツブコムギを選んで育てた。収穫した種子は食べきらずに一部を残し、居住地近くに植えて翌年、また収穫した。

▽ ヒトツブコムギ

2万6000年前

約2万年前
最古とされる土器が作られる。
仙人洞（中国、江西省）で壺が出土している

約2万年前
オオカミが飼いならされる。
家畜化された動物の誕生と考えられている

約1万6000年前
陸橋

約7000万年前から氷期になるたびにアジアと北アメリカをつなぐ陸橋が次々と現れ、哺乳類や恐竜はこれを伝って大陸間を移動した。ベーリンギア（陸橋となった凍った土地）は約2万年前には最大の幅に広がった。約1万6000年前になると北アメリカには人類が定住していた。続く数千年の間に氷河が溶け、海面が上昇したため、陸橋は消失した。

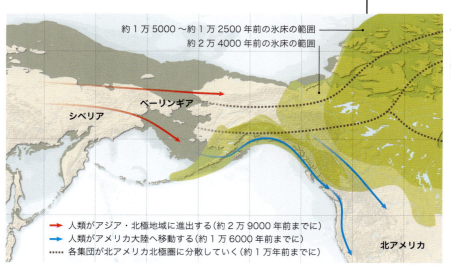

約1万5000～約1万2500年前の氷床の範囲
約2万4000年前の氷床の範囲

シベリア
ベーリンギア
北アメリカ

→ 人類がアジア・北極地域に進出する（約2万9000年前までに）
→ 人類がアメリカ大陸へ移動する（約1万6000年前までに）
‥‥ 各集団が北アメリカ北極圏に分散していく（約1万年前までに）

最後のマンモス集団はシベリア海沖のウランゲリ島に生息していた

紀元前9000年頃
マンモスの絶滅
ユーラシア大陸北部に生息し、数千年にわたって人類による狩猟の対象となっていたマンモスが大陸本土で絶滅した。氷河時代が終わる頃から、気温の上昇に伴い生息域は狭くなり、陸地から離れた島にわずかな集団が残るだけとなった。その集団も紀元前2000年頃に姿を消した。

▷ マンモス（想像図）

紀元前8000年頃
中東のエリコで集落を守るための壁と見張り塔が建てられる。軍事目的に利用された最古の建築技術

紀元前7401年

紀元前8000年頃
現存する最古の舟、オランダで出土したペッセ・カヌーが丸太をくり抜いて作られる

◁ ギョベクリ・テペ遺跡

紀元前9500年頃
建築技術
世界初となる巨大構造物の建造がアナトリア半島（トルコ）南東部のギョベクリ・テペで始まった。祭祀に使われたと思われる、石柱が円状に並んだ囲いが20ある。最古の巨石記念物（巨大な石を石器で加工し彫刻を施した構造物）とされている。

△ アジアムフロン

紀元前8500年頃
動物の家畜化
中近東の集落に暮らす人々が動物を飼いならしはじめ、次第に、従順さなど望む特性をもつ個体を選んで交配させるようになった。アジアムフロン（ヒツジの祖先）、ベゾアールヤギ、オーロックス（家畜ウシの祖先）、イノシシ（ブタ）を家畜化したことで、乳や肉や皮を手に入れやすくなり、これが、農耕を軸にした生活様式の普及を促した。

紀元前4500年頃
巨石記念物

ヨーロッパの西部から北西部にかけて巨石記念物が建てられていった。巨大な石を運んでまっすぐ立たせるには、かなりの工学知識が求められる。フランス、カルナックの列石は、最初期のものと考えられている。一般に巨石記念物は、墓や寺院、あるいは天体観測施設として使われていた可能性が高い。

カルナックに残る新石器時代の巨石群 ▷

紀元前7400年

紀元前6500年頃
インダス川流域（パキスタン）でコブウシが家畜化される

紀元前5500年頃
チョガ・マミ（イラク）でティグリス川から農地に水を引くために、最古の灌漑用水路が造られる

紀元前5000年頃
ベロボーデ（セルビア）で冶金が始まる。同地からは製錬スラグが出土している

◁ チャタル・ヒュユク遺跡。トルコ、コンヤ近郊

紀元前7400年頃
最初の都市

アナトリア半島中部（トルコ）で農耕を営む人々が、町といえる規模にまで達した最初の定住地チャタル・ヒュユクを建設した。この地は、人類の生活手段が狩猟と採集から農耕と牧畜に大きく移っていく転換期を印す場所でもある。チャタル・ヒュユクでは8000人ほどの住人がコムギとエンドウを育て、ヒツジとウシを飼っていた。長方形の住居は泥れんが造りで、隙間なくくっつくようにして並んでいた。

紀元前6000年頃
古代の犂（すき）

犂が考案されると、またたく間に西アジアと南アジアに広がった。犂とは鍬に長い柄と取っ手をつけた農具で、これをウシに引かせて土を引っかき、溝を掘って種子をまいた。この頃の犂は土を掘り起こすだけで、掘り返すところまではできなかったため、まだ人の手による作業も必要だった。とはいえ、農耕の効率は大幅に上がった。

△古代の犂

紀元前7400年－紀元前3001年 | 15

紀元前**3200**年頃
車輪の発明
棒状の車軸と円板をつないだ車輪のおかげで、人力よりもはるかに大量の荷物を運べるようになった。最古とされる車輪はスロベニア、リュブリャナ湿地帯で出土したもので、オーク材の車軸とトネリコ材の円板からできている。また、ポーランドで出土した、それよりも400年ほど前に作られた壺には、荷車と思われるものが描かれている。ほどなくして、メソポタミアにも車輪が現れた。

◁ 遺跡から出土した青銅器時代の車輪

紀元前**4000**年頃
長江流域（中国）で
水田稲作が始まる

紀元前3001年

△ 青銅器時代初期の斧頭

紀元前**3500**年頃
メソポタミアで
ろくろが考案される。
陶磁器の生産量が増え、
品質も上がる

紀元前**3100**年頃
エジプトのナイル川に、
櫂ではなく帆を利用して
走る船が初めて現れる

紀元前**4500**年頃
青銅製品
青銅器は、セルビア、プロシュニクの集落に暮らす鍛冶職人がスズと銅を溶融して作ったものが最古とされている。硬い金属である青銅は、空気を送り込み高温に加熱できる炉で作られた。プロシュニクでは装飾品に、一方、中近東（青銅を作る技術は独自に発達したと考えられている）では頑丈な武器に加工された。

◁ 初期の楔形文字が書かれた粘土板

「シュメール語を知らねば
書記官にあらず」

シュメールの格言

紀元前**3200**年頃
文　字
完全な文字体系がエジプト（象形文字）とシュメール（楔形文字）で考案された。当初は税や商取引の記録を残すために使われ、しばらくすると統治者の偉業、法律、経典、叙事詩、歴史などを書き記すために使われるようになった。書写材は粘土や石に始まり、パピルス、動物の皮、そして紙へと移っていった。

| 16 | 紀元前 3000 年 – 紀元前 2001 年

紀元前 2700 年頃
中国医学

伝承によると、中国医学は、自ら何百種類もの薬草を試した古代の帝王、神農が確立し、中国最古の医学書『黄帝内径』は、神農のあとを継いだ黄帝が著したとされている。『黄帝内径』では、病気は悪鬼によって引き起こされるのではなく、食事や生活様式など環境要因が原因で生じる体の乱れであり、これを治癒するのは鍼灸と生薬であると説明していた。中国伝統医学は21世紀の医療にも取り入れられている。

皇帝 神農 ▷

紀元前3000年

紀元前 3000 年頃
エジプトでファイアンス
（シリカと石灰を砕いた練り土を使った陶器）が考えだされ、宝飾品の装飾に使われる

△ ジョセルの階段状ピラミッド

紀元前 2680 年頃
最初のピラミッド

エジプトのジョセル王に仕えた重臣であり建築家でもあったイムホテプが、ファラオ（王）の墓としてサッカラに階段状ピラミッドを設計した。ジョセル王以前の王は、れんがを長方形に積んだ平屋造りのマスタバに埋葬されていた。イムホテプは、1段ずつ小さくなるマスタバを6層に重ねた階段構造のピラミッドを造った。高さ約62m、大きな外壁に囲まれたこのピラミッドの様式をもとに、ギザにはさらに大きなピラミッドが建てられた。

紀元前 27 世紀
イムホテプ

エジプトのジョセル王のもとで高級官職を務めたイムホテプは書記官であり、階段状ピラミッドの設計者でもあった。さらに医師でもあり、後世では医術の神として崇拝された。数々の業績を残し、最初の科学者とも称される。

> 「大麦収穫月、ガゼルを
> 食べる月、仔豚を食べる月、
> ウビ鳥を食べる月、ニンアズ神
> の羊毛場の月、ニンアズ神の
> 祭の月、アキティ祭の月、
> シュルギの祭の月、大祭の月」
>
> シュルギの暦の月名、紀元前2025年頃

紀元前2025年頃
暦の発明
統一された暦が初めて使われたのは、メソポタミアの都市ウル。シュルギ王が考案したウンマ暦とされている。ウンマ暦は、29日または30日からなる月が12ある太陰太陽暦で、季節のずれを防ぐために数年ごとに閏月が挟まれていた。ウンマ暦のおかげで、農作業や宗教行事を管理しやすくなった。

◁ **シュルギ王時代**の銅製の像

紀元前2550年頃
エジプトのギザに、石灰岩の切石を230万個積み上げた大ピラミッドが造られる

紀元前2500年頃
エジプトで金の造粒技術が発達する

紀元前2500年頃
最古とされる、特定の地域を表す地図が作られる。メソポタミアのヌジの地図には二つの丘に挟まれた耕作地が記されている

紀元前2500年頃
エジプトで小舟に取りつける操舵櫂が考案される

◁ モエンジョ=ダーロの大沐浴場

紀元前2600年
水道施設
インダス文明の都市モエンジョ=ダーロとハラッパー（現在のパキスタン）では世界で初めてとなる公共の上下水道施設が整備されていた。碁盤の目状に走る道路沿いに家が並び、各家では井戸から水をくんでいた。ほとんどの家に浴室とトイレがあり、下水はれんが造りの配水管から、街中に張り巡らされた下水溝に流されていた。広い「大沐浴場」には水を張り、そこで宗教儀式をおこなっていたと考えられている。

紀元前2300年頃
度量衡
メソポタミア各地の都市国家を征服し、世界最古の帝国を築いたアッカド王のサルゴンは、度量衡を初めて制定した。サルゴンの度量衡は、基準となる枡（立方体）の1辺の長さを表す単位 gur（グール）に基づいていた。拡大する帝国を股にかけていた商人は、度量衡統一によって確実に取引できるようになった。

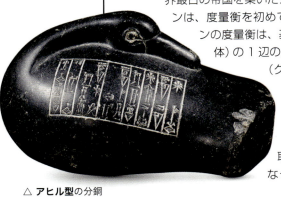

△ **アヒル型**の分銅

◁ イプイの墓所に描かれた跳ね釣瓶

紀元前2000年頃
古代の灌漑技術

灌漑作業に使われたシャドゥーフ（跳ね釣瓶）はメソポタミアとエジプトでほぼ同時期に考え出された。跳ね釣瓶とは、柱と、その上に渡した長い横木からできていて、横木の片端には桶、もう片端には錘がつけられた、単純な造りながらも作業効果の高い装置。錘を下げると、水の入った桶が高い位置までもち上げられる仕組みになっている。跳ね釣瓶のおかげで、川や水路や井戸から水を簡単にくみ上げ、人力で水を運ばなくても耕作地を灌漑できるようになった。

紀元前1830年頃
バビロニアの天文学者が天体を観測し記録しはじめる

紀元前1800年頃
後に**ピュタゴラスの定理**として知られることになる三平方の定理が、早くもバビロニアで使われる

紀元前2000年

紀元前1825年頃
婦人科に関する世界最古の医学文書、カフーン・パピルスがエジプトで書かれる

紀元前1800年頃
文字体系

エジプトのシナイ砂漠でセム系の石工が世界最古の文字体系を考案した。各記号は音節や単語ではなく文字を表していた。エジプトのヒエログリフ（象形文字）をもとに作られた20文字ほどからなる、この文字体系の影響を受けてフェニキア文字が創案されたと考えられている。

△ **セム語**が刻まれた砂岩製のスフィンクス

紀元前1800年頃
鉄と鋼

最初に鉄を精錬して小さな鉄製品を作ったのはアナトリア（トルコ）の、おそらくヒッタイト文化圏。鉄は融点が高い（約1500℃）ため、硬い鉄製品を作るのはむずかしく、一般に使われるようになったのは紀元前1200年頃。その後、精錬時に炭素を加え、さらに硬い合金である鋼を作れるようになり、ローマ人はこれを軍団兵の剣に使用した。

◁ ローマの歩兵が使った長剣（スパタ）

紀元前2000年 – 紀元前1651年 | 19

リンド数学パピルスは全長5mを超える

紀元前 1800 ～ 1650 年頃
バビロニアの数学

考古学者が発掘した400枚あまりの粘土板に書かれていた楔形文字によると、バビロニアでは高度な数学が理解されていた。バビロニアの数学者は60進法（60を単位として繰り上がる記数法）の乗法表を作成し、平面図形や立体図形の面積および体積を求める計算規則を定め、2の平方根の近似値を算出していた。

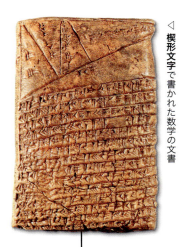

◁ 楔形文字で書かれた数学の文書

紀元前 1650 ～ 1550 年頃
エジプトの方程式

エジプトのリンド・パピルスは世界最古の数学文書。一次方程式や、ピラミッドや円柱の体積などを扱っている。書いたのは書記官アーメス（最初の数学者とされている）。公理や一般原理ではなく、分数などを使う84の例題と解法が記されていた。

◁ リンド数学パピルス

紀元前1651年

紀元前 1800 年頃
発酵とビール

発酵を管理してビールを大量に造ったのは、エジプト人が最初である。エジプト人は麦芽に酵母（単細胞生物）を加えて、麦汁中の糖をアルコールや二酸化炭素などに変えた。以前よりビールは知られていたが（紀元前3000年頃、シュメールにはビールの女神ニンカシがいた）、エジプトでは大がかりに生産された。ギザのピラミッドで働く労働者には1日約6リットルの配給があり、共用していた陶製の瓶（かめ）から各自がストロー（植物の茎）で飲んでいた。

◁ 霊安堂に描かれた古代の醸造作業

紀元前1650年頃
金星の出没

紀元前17世紀、アンミサドゥカ王の時代にバビロニアの天文学者は、金星の位置を粘土板に詳しく記録しつづけた。金星の出没時刻を観測した21年分の記録は、紀元前8世紀に楔形文字で書かれた粘土板にも残されていた。

▷紀元前17世紀のバビロニアの粘土板。金星の記録が楔形文字で書かれている

紀元前1600年頃
テーラ島の噴火

ミノア文明が栄えていた、エーゲ海に浮かぶテーラ島（現在のサントリーニ島）のアクロティリ集落が巨大な火山噴火に見舞われ、壊滅状態になった。地中海東部も津波に襲われ、一帯には火山灰が降り注いだ。噴火によって気温が一時的に低下し、ミノア文明が崩壊したと考えられている。

▷サントリーニ島の衛星画像

紀元前1500年頃
銅、アンチモン、鉛を含むスズの合金であるピューター（白目）が中近東で生産される

紀元前1560年頃
エジプトのエーベルス・パピルスには、鬱病、歯痛、腎臓病などさまざまな病気を治すための呪文や薬草療法が多数、記されている

紀元前1600年頃
外科の手引き

外科に関する医学書で、現存する世界最古のものはエジプトで書かれたパピルスである。19世紀に発見され、発見者にちなんでエドウィン・スミス・パピルスと呼ばれる。エドウィン・スミス・パピルスには、頭部（脳に関する、初めての具体的な記述を含む）から始まりつま先まで、48の症例が取り上げられ、外傷の症状や、縫合、湿布、添え木を使った固定といった処置法などが詳しく記載されている。

◁ エドウィン・スミス・パピルス

紀元前 1650 年 – 紀元前 1001 年 | 21

紀元前 1500 年頃
ガラス製の容器

最古のガラス製容器はエジプトでトトメス1世の時代に作られた。以前は、硅砂や石英といったガラス質の原料を高温で溶かし、小さなガラス製品を作っていた。その後いつしか、大きなガラスの塊を再び溶かして型に入れ、コップやボウルなどの容器を作れるようになっていた。

◁ **古代エジプト**で作られたガラス製の壺

テュロス紫を 1g 作るには シリアツブガイが 50kg も必要だった

紀元前 1200 年頃
バビロニアの調香師タプティ
（宮殿の目付役でもあった）が蒸留器と各種溶剤を使って香水を作ったとの記録がある

紀元前 1050 年頃
フェニキアの都市ビブロスで、
現代の西方アルファベット文字の原型となる文字が作られる

紀元前 1001 年

紀元前 1010 年頃
ヨーロッパのケルト人が、外周に鉄の輪をはめた車輪を考案する

紀元前 1200 年頃
織物染料

フェニキア人はシリアツブガイの粘液腺から水を取り除いて独特な色合いの紫色を作り出し、織物を染める技術を完成させた。テュロス紫（貝紫）と名づけられたこの染料はきわめて高価だったため、ローマ皇帝など高位の人にしか使用されなかった。

◁ **エジプト**でつくられた、アメンヘテプ3世の名前が刻まれた粘土製のクレプシドラ

紀元前 1375 年頃
水時計

クレプシドラは、エジプト人が考案した水時計。専用の容器に所定量の水を入れると、1日かけて一定の割合で水が流れ出る。容器に残っている水の量を容器の内側の目盛りで測れば、時間がわかる仕組みになっていた。

▷ **古代フェニキア**の染色職人

22 | 紀元前1000年－紀元前501年

▷アスクレピオスの杖の図柄

紀元前900年頃
古代の治療法

ギリシャの治療師アスクレピオス（実在した人物と考えられている）が神の地位に昇りはじめた。医神とされたアスクレピオスは治療の知識に関心をもつ医学派（アスクレピオス派）を生み、自身の名を冠した神殿を建てた。アスクレピオスが手にもっていた、ヘビの巻き付いた杖は医の象徴とされ、現在も医療関係機関のマークに使われている。

紀元前650年頃
透明なガラス

アッシリアで、ガラスの製法を解説した初めての文書が作られた。同じ頃、フェニキア人は透明なガラスの作り方を見つけた。これによりガラス製品の魅力が増し、ガラス製の瓶や容器の需要が高まった。

◁ ガラス製のアラバストロン（香料用壺）

紀元前800年頃
インドで編纂された『シュルバ・スートラ』には2の平方根など実用的な問題の解法が書かれている

紀元前1000年

紀元前900年頃
中国で鋳鉄（ちゅうてつ）の製造法が編み出されるが、大量に生産されるようになったのは紀元前550年頃

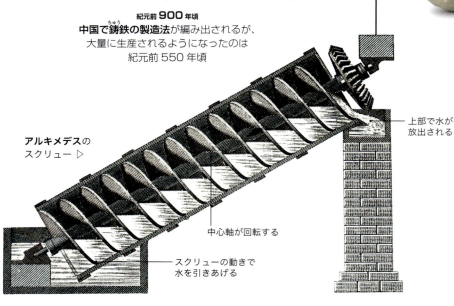

アルキメデスのスクリュー ▷

上部で水が放出される
中心軸が回転する
スクリューの動きで水を引きあげる

紀元前700年頃
アルキメデスのスクリュー

紀元前7世紀の碑文によると、アッシリア人はその頃にはすでにスクリューポンプを考案していた。中空の円筒に螺旋（らせん）を入れ、これを回転させると水が底から運ばれて円筒の上部で放出される仕組みになっていた。紀元前234年頃にギリシャの数学者アルキメデスがエジプトでこの装置を見つけ、その詳細を書き記している。

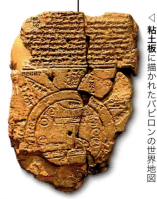

◁ 粘土板に描かれたバビロンの世界地図

紀元前600年頃
古代の地図

現存する最古の世界地図はバビロンで作られたもので、粘土板に描かれている。正確な地理関係には基づいていなかったが、世界の中心にある都市バビロンと、近隣の都市や世界を取り囲む川が記されていた。

紀元前 1000 年 – 紀元前 501 年 | 23

紀元前 585 年
自然哲学
ギリシャの植民都市ミレトス（現在のトルコ西部）出身のタレスは、水が万物の根源であると説いた。世界の営みは神の意志ではなく自然によると考えた最初の哲学者でもあり、紀元前 585 年 5 月 28 日に日食を予言したともいわれている。さらにタレスは、幾何の定理もいくつか考えついた。

◁ ミレトスのタレス

静電気
電気的に中性の物体には正の電荷と負の電荷（それぞれ陽子と電子ともいう）が同じ数だけ含まれている。この電荷のバランスが崩れると静電気が生じる。たとえば、物体と物体をこすり合わせると、一方に正の電荷、もう一方に負の電荷が過剰に溜まって静電気が起こる。このとき、火花が飛んだりして静電気が放出されると「バランスの崩れ」はなくなる。

風船と壁のトリック
風船を上着にこすりつけると、電子が風船の表面に移動する。負の電荷を溜めた風船は壁の中の正の電荷に引きつけられる。したがって、風船は壁とくっつくことになる。

- 上着から風船へ電子が移動
- 壁は電気的に中性
- **摩擦により帯電**
- 風船は壁にくっつく
- 負に帯電した風船は壁側の反対（正）の電荷に引きつけられる
- 壁の電子は風船の電子に反発する
- **静電気の引力**

紀元前 530 年頃
サモスのエウパリノスが
サモスの丘にトンネルを掘って水道を引く

紀元前 500 年頃
エフェソス生まれのギリシャの哲学者ヘラクレイトスが、万物は流転すると説く

紀元前 501 年

紀元前 530 年頃
ギリシャの哲学者ピュタゴラスが、直角三角形の辺の長さの関係を表す定理の研究に取りかかり、証明する

紀元前 500 年頃
中国で初めてとなる数学の書『周髀算経（しゅうひさんけい）』が編纂される

紀元前 550 年頃
物質の起源
ミレトス生まれのギリシャの哲学者アナクシマンドロスは、万物を構成する根源をアペイロン（無限定なもの）とした。アペイロンとは、あらゆるものに先んじて存在しているものである。またアナクシマンドロスは、人間は海の生物から発達してきたと進化に近い説明をした。

◁ **古代ローマのモザイク画に描かれた**アナクシマンドロス

「無限定なるものが、万物の生成と破壊を引き起こす普遍的な原因である」
ミレトスのアナクシマンドロス、紀元前 550 年頃

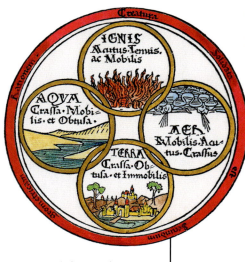

△ エンペドクレスの考えた四元

紀元前 450 年頃
四元

アクラガス生まれのギリシャの哲学者エンペドクレスは、自然界におけるあらゆるものは四元（元素）、すなわち土、空気、火、水および、二つの基本的な力（原理）、すなわち愛と争いとからなる、とする説を唱えた最初の人物。エンペドクレスは、変化はあり得ないとするパルメニデスの説を退け、元となるものと力との相互作用が万物に変化をもたらすと考えた。

紀元前 420 年頃
原子の概念

アブデラ生まれのギリシャの哲学者デモクリトスは、万物は分割不可能で形を変えることのない不変な微小粒子が無数に集まってできていると考えた。デモクリトスはこの粒子をアトム（「切ることができない」の意味。原子）と呼び、個々のアトムの形が、それが作りあげるものに相違を与えるとした。

紀元前 400 年頃 クロトン生まれのギリシャの科学者フィロラオスが、地球は宇宙の中心にあるのではなく、（他の惑星や太陽とともに）「中心火」のまわりを回っていると唱える

△ デモクリトス

紀元前 480 年頃 エレア生まれのギリシャの哲学者パルメニデスが、変化は論理的に不可能であると説く

紀元前 400 年頃
体液病理学説

コス島生まれのギリシャの医師ヒッポクラテスは、体には四種類の基本物質、すなわち体液（血液、粘液、黄胆汁、黒胆汁）があり、体液のバランスの乱れが病気の原因であると考えた。ヒッポクラテスやその弟子たちは、体液のバランスを回復させるために食事、運動、薬を処方した。たとえば黄胆汁が原因で生じる熱を下げる場合には、粘液を増やすために冷水浴が用いられた。四体液説は後に四種類の気質と結びつくことになる。

> 「粘液によって脈管から空気が閉め出され、
> 空気が脈管を流れなくなると、
> 声を出しにくくなり、知性は働かず、
> 手には力が入らなくなる」
>
> コスのヒッポクラテス、『聖なる病』、紀元前 400 年頃

◁ 黒胆汁と結びついた憂鬱を説明する絵画

紀元前500年−紀元前351年 | 25

▷ 天球

紀元前375年頃
天球

クニドス生まれのギリシャの天文学者エウドクソスは、惑星で観測される不規則な運動を説明するために天球の理論を考えついた。エウドクソスの説明によると、地球は太陽系の中心にあり、太陽、月、惑星、恒星はすべて地球のまわりを回っている。太陽と月はそれぞれ3個の天球の内側で動いている。五つの惑星（当時のギリシャでは金星、水星、火星、土星、木星しか知られていなかった）にはそれぞれ4個の天球がある。4個の天球は軸でつながっていて、その内側で各惑星の運動が導かれる。恒星はいちばん外側、27番目の天球にはりついている。

クニドスのエウドクソスは 27個の天球があると考えた

紀元前360年頃 ポントス生まれの**ギリシャの天文学者ヘラクレイデス**が、世界は地球の軸を中心に1日1回転していると説く

紀元前351年

紀元前385年頃 タレントゥム（現在はイタリアのタラント）の**アルキュタス**がハーモニックスの理論により、音の高さと、それを生みだす弦や管の長さとの関係を明らかにする

△ 正4面体は4面の正三角形からなる。　△ 立方体は6面の正方形からなる。　△ 正8面体は8面の正三角形からなる。　△ 正12面体は12面の正五角形からなる。　△ 正20面体は20面の正三角形からなる。

紀元前428〜347年
プラトン

ソクラテスの弟子プラトンは、アカデメイアと呼ばれる哲学の学校をアテネに創設した。プラトンの哲学では、イデアは地上の等価な、けれども劣った事象に反映されると考えた。

紀元前360年頃
プラトンの正面体

ギリシャの哲学者プラトンは、すべての物質は5種類の正多面体で構成されているとする説を唱えた。さらに正多面体と従来の四元素説とを結びつけ、正4面体は火、正8面体は空気、正20面体は水、正6面体（立方体）は土、正12面体は宇宙（12面が12星座と結びつく）と対応させた。プラトンは、正多面体の組合せによって異なる元素が生じると考えた。

プラトンの正多面体

プラトンの正多面体は、5種類とも面が正多角形（正三角形、正方形、正五角形）である。プラトンは、この対称性に宇宙の構成要素を見出した。

マダコ
(*Octopus vulgari*) ▷

紀元前350〜322年頃
動物学の体系

ギリシャの哲学者アリストテレスは『動物誌』をまとめ、動物学の道を開いた。『動物誌』には500を超える動物の構造と行動が記載されている。それぞれを「血のあるもの」と「血のないもの」に分け、共通する特性をもつ動物を分類した。アリストテレスの記述の大部分は、レスボス島で見たタコなど自らの直接観察に基づいていた。

紀元前350年

紀元前350〜322年頃
アリストテレスの業績

アリストテレスは人類史を代表する思想家であり、科学的方法（下記を参照）の発達に重要な役割を果たした人物でもある。『形而上学』で事物の実体と本質の違いを考察し、『自然学』で運動の科学の基礎を築いた。アリストテレスは、もし真空が存在するならば物体はどこまでも無限に落下し続けるはずであると論じた。また、山の形成など地質に関しては、変化が生じるまでには膨大な時間を要すると考えた。アリストテレスは生物を体系的に考えた最初の生物学者とされている。

アリストテレス ▷

科学的方法

アリストテレスは独自の推論方法を用いて、自然を合理的に考察しようと試みた。すなわち、一般原理を導くには観察に基づく推論が有用であること、そしてひとたび原理が得られれば、そこから演繹された知識はさらなる吟味に役立つことを論じた。今日でも科学者は万物を理解するために、それまでに蓄積されてきた知識に基づき体系的かつ論理的に考察を深める。科学的方法（20世紀に認められるようになった方法）では、右の図に示すように、まず体系的に観察や予測をしてから、仮説や理論を検証する実験へと進めていく。

1 観察　まだ見つかっていないこと、解明されていないことを観察する。
2 仮説設定　観察されたことを説明する仮説を立てる。
3 予測提出　疑問に対する答えを予測し、仮説を検証する。
4 実験立案　仮説を検証するために必要な実験を策定する。
5 データ収集　データを収集してはじめて答えを得られる問題がある。
6 結論導出　データと結果が仮説を支持するかどうかを考察する。
7 査読　仮説がたしかに確認されたかどうか、他の科学者が確かめる。
8 修正　査読者の疑問に答えるために、さらにデータを集めたり実験をしたりする。
9 論文発表　研究結果は論文発表を経て、誰でも利用できるように公開される。

紀元前350年−紀元前301年 | 27

紀元前330〜270年頃
中国の自然哲学

中国戦国時代の七雄のひとつ、斉の学者、鄒衍は、すでにあった二つの学説を融合させ、自然哲学の学派を築いた。後の中国思想の基礎は、鄒衍に負うところが大きい。五行説に従うと自然には五つの徳（基本原理）、すなわち金、木、火、土、水がある。鄒衍は五行説と、宇宙を二つの基本原理、すなわち陰（女性や地と結びつくもの）と陽（男性や天と結びつくもの）で説明する学説とを組み合わせ、陰陽五行は環状に作用し合って変化をもたらすと説いた。［訳注：五行の相関図には異説あり］

→ 順送りに他方を生みだす
→ 他方に打ち勝つ

紀元前325〜265年
アレクサンドリアのエウクレイデス

ギリシャの数学者で科学者のエウクレイデス（英名ユークリッド）はアレクサンドリアで教鞭をとっていた。幾何学に関する論考をまとめた著書『原論』はよく知られている。光学や天文学にも大きな影響を与えた。

紀元前310年頃 ギリシャの医師プラクサゴラスが動脈と静脈の違いを説明する

紀元前310年頃 カルケドン（現在のトルコの都市）生まれのギリシャの医師ヘロフィロスが、神経系の中枢は脳にあることを確認する

紀元前305年頃 ランプサコス生まれのギリシャの哲学者ストラトンが真空について理論を展開する

紀元前305年頃 エウクレイデスが光学について理論を展開する

紀元前301年

◁『植物誌』

紀元前325〜287年頃
古代の分類

アリストテレスがアテナイに開校したリュケイオンの校長テオフラストスが『植物誌』を著した。同書で初めて、一貫性のある分類方法で植物と鉱物が記載された。テオフラストスは植物を大きさ、用途、生殖方法に従って、六つの大きなグループ、すなわち高木、2種類の灌木、草本、果実をつける植物、ゴムや樹脂を作る植物に分けた。

▷ アレクサンドリア図書館

紀元前301年頃
アレクサンドリア図書館

エジプト王プトレマイオス1世がアレクサンドリアに大図書館を創設し、続くプトレマイオス2世がこれを拡張した。アレクサンドリア図書館には膨大な数の貴重な文書が収められていた。キュレネ生まれの地理学者であり天文学者のエラトステネスら一流の学者が館長を務め、併設の研究所ムセイオンは一大教育・研究機関となった。

紀元前300年頃
潮汐

ギリシャの探検家ピュテアスが大西洋に船を出した。途中、イングランド、コーンウォールのランズエンドに立ち寄り、最後はトゥーレ(アイスランドと思われる)まで到達した。ピュテアスは、月が潮汐に影響を及ぼすと考えた初めての人物である。また、夏に北へ向かうと、昼の時間が長くなることも観測した。

◁ ピュテアスの三段櫂船

紀元前 250 年頃 アレクサンドリア(エジプトの都市)のクテシビオスが、内部が2室に分かれたピストン式ポンプを考案する

紀元前300年

紀元前 250 年頃 ギリシャの医学者エラシストラトスが人体を解剖。神経系を調べて、知覚神経と運動神経を区別する

紀元前 240 年頃 エジプトのアレクサンドリアで縦型水車が考案される

紀元前250年頃
静力学と流体静力学

ギリシャの数学者アルキメデスは静力学(静止している物体の科学)と流体静力学(液体の研究)に関する先駆的な研究をおこなった。物体を水に入れると、その物体の体積分の水の重さだけ軽くなること(浮力が働くため)を発見した(金の王冠を湯船に落としたときの話とされている)。また、船を動かせるほどの複雑な滑車装置を考案した。

紀元前250年頃
円と球

アルキメデスは著書『円の計測』で、円の面積を内接する多角形の和によって近似することでパイ(π)の値を求める方法を示した。また、円錐曲線、てこ、重心の原理も研究した。紀元前 212 年頃、アルキメデスは考えに没頭するあまり、ローマ兵の命令を無視したために殺害された。

◁ 思索にふけるアルキメデス

「私の円を壊すな」

自分を殺そうとしているローマ兵に向かってアルキメデスが放った最後の言葉といわれている。「研究の邪魔をするな」という意味。紀元前 212 年頃

紀元前300年−紀元前161年 | 29

紀元前 250 年頃
血の循環
コス島生まれのギリシャの医師エラシストラトスは、血液の循環に関する学説を初めて唱えた学者のひとり。心臓はポンプのような働きをして、静脈と動脈は心臓でつながっていることをエラシストラトスは見抜いた。また、血液は静脈を通って体内を巡り、プネウマ（気あるいは生命の原理）は動脈によって運ばれると考えた（こちらは間違っていた）。エラシストラトスは医師になって間もない頃、セレウコス朝の王ニカトール1世の息子アンティオコスが患っている慢性疾患を心身症と特定し、評判を得た。

◁ 病床のアンティオコスに付きそうエラシストラトス、ジャック=ルイ・ダヴィッド作

紀元前 193 年　最初の**コンクリート製**の大建造物、アエミリウスの柱廊がローマに造られる

紀元前 161 年

紀元前 210 年頃　ペルガ（現在のトルコにあった古代都市）**生まれのアポロニオス**が円錐曲線の諸性質を説明する

紀元前 200 年頃　**強い磁性のある天然鉱物**を用いて一種の羅針盤を作る方法が、中国の書物に書き記される

紀元前 160 年頃　ニカイア生まれの**ギリシャの天文学者ヒッパルコス**が春分点の歳差現象を説明する

△ **アレクサンドリアで教授するエラトステネス**、ベルナルド・ストロッツィ作

紀元前 240 年頃
地球の大きさ
キュレネ生まれのギリシャの天文学者エラトステネスが、地球の全周を初めて正確に測定した。エラトステネスはアレクサンドリアとシエネで、影を利用して太陽光が地球に当たる角度の違いを観測した（右図を参照）。

エラトステネスの方法
地球は平らではなく丸いことを理解していたエラトステネスは、シエネ（現在のアスワン）とアレクサンドリア間の距離を測定して地球の全周を推定した。シエネには夏至の日に太陽が真上から差し込む井戸があることをエラトステネスは知っていた。同じ日に、アレキサンドリアで柱が作る影から太陽光線の角度を求めた。そしてシエネとアレクサンドリアの距離を測定し（歩数で正確に求めた）、地球の全周を25万スタジア（3万9250 km）と算出した。この数字は実測値4万75 kmにかなり近い。

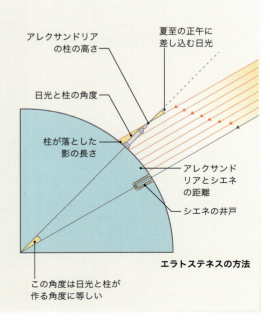

エラトステネスの方法

紀元前150年頃
月までの距離

ニカイア生まれのギリシャの天文学者ヒッパルコスは巧みな方法を用いて、地球と月との距離を正確に導き出した。ヘレスポント海峡（現在のトルコにある）近くとアレクサンドリア（エジプトの都市）という異なる緯度に2人を配し、それぞれに日食を観察させた。ヘレスポントで皆既日食になったとき、アレクサンドリアでは太陽がかすかに見えた。ヒッパルコスはこの見える太陽の量（角度）をもとに、三角法を用いて地球から月までの距離を地球の半径の77倍と算出した。

◁ 版画に描かれたヒッパルコス

紀元前90年頃
アパメイア（現在のシリアにあった古代都市）**生まれのポセイドニオス**がアレクサンドリアとロドス島から見える恒星カノープスの相対位置をもとに地球の周囲計算を試みる

紀元前160年

紀元前134年
星　図

さそり座に新しい星（超新星か彗星と思われる）が現れたことをきっかけに、ヒッパルコスは世界で初めて総合的な内容の星表を作った、といわれている。ヒッパルコスの星表には、天の緯度と経度に基づく座標系にしたがって850個の恒星と46個の星座が等級（地球から見た明るさ）といっしょに記されている。ヒッパルコスが数十年にわたって観測を続け編纂した星表は、原本は失われたが、写本が受け継がれ1世紀にはアレクサンドリアの天文学者プトレマイオスによって改良された。

◁ 星を観測するヒッパルコス

◁ アンティキティラの機械

紀元前100年頃
アンティキティラの機械

1901年に、ギリシャの島の沖合いで沈没船から引きあげられたアンティキティラの機械は、古代の計算装置。かなり腐食していたが、3分の1ほどが残っていた。発掘された30個の青銅製歯車のデータを、現代のコンピュータで復元してみたところ、日食や、月などの天体の動きの計算に用いられていたことが示唆された。ギリシャに高度な天文学と工学があったことを示す珍しい遺物。

紀元前160年 – 紀元前1年 | 31

中国の伝統医学では361個の経穴が認定されている

紀元前90年頃
鍼療法

鍼療法について記載した初めての文書は司馬遷の『史記』。患者の気、すなわち生命の力を制するために経穴（つぼ）に鍼を刺す鍼療法は、中国医学において重要な一角を担うようになっていった。

◁ 中国の経穴図

紀元前60年頃
新しい健康理論

ビテュニア生まれのギリシャの医師アスクレピアデスは体液病理学説を否定し、目に見えない粒子（デモクリトスのアトムに似ている）が体内を流れ、その流れが妨げられると病気が生じると説いた。体液の循環を適切な状態に戻すために、アスクレピアデスは食事やマッサージ、運動が主体の治療を施した。

紀元前50年頃 長い管を用いた
ガラス吹き製法がシリアで考案される

紀元前40年頃 ローマの著作家
マルクス・テレンテュウス・ウァロが淀んだ水とマラリアとの関係を突きとめる

紀元前1年

△ ビテュニアのアスクレピアデス

紀元前45年
ユリウス暦が施行される

紀元前15年頃 ローマの建築家
ウィトルウィウスが、古代ローマにおける建築術の代表的著書『建築書』（*De Architectura*）をまとめる

紀元前44年
暗い空

シチリア島のエトナ山が大噴火を起こして噴出物を空に舞い上げ、太陽をさえぎったために広い範囲で気温が低下した。イタリアでは木に霜がついた。エジプトではナイル川が氾濫せず、紀元前43年から41年にかけて恐ろしい飢饉に見舞われた。遠く中国でも不作が記録されている。空に赤い彗星や三つの太陽が現れたと伝えられる現象は火山噴火に原因があると考えられる。気候の変化は食糧生産に影響を与え、病気を増やした。これがイタリアでは政情不安につながり、内戦の火種となったと考えられている。

エトナ山を流れる溶岩流 ▷

50～70年頃
ディオスコリデスの薬物書

ローマ軍に仕えたギリシャの医師ペダニウス・ディオスコリデスがおよそ20年をかけて『薬物誌』(*De Materia Medica*) を編纂した。数百種類の薬草や植物の用法を解説した総合的な薬物書である。植物の特徴や性質をまとめた重要な教本として『薬物誌』は19世紀まで使われていた。

▷『薬物誌』、9世紀版

78～139年
張衡（ちょうこう）

中国、南陽出身の博学者、張衡は後漢の朝廷に仕えた。天文の最高官職につき、さらに技術者、発明家としても知られ、詩人としても一目置かれた。

1世紀 インドの医師チャラカがアーユルヴェーダ医学の概説書『チャラカ本集』(*Caraka Samhita*) を編纂する

77年 ローマの歴史家、大プリニウスが『博物誌』(*Naturalis Historia*) 全37巻中、最初の数巻を完成させる

1年

20～25年頃 ローマの学者アウルス・コルネリウス・ケルススが医学の知識を集成した『医術について』(*De Medicina*) を著す

40～70年頃
蒸気の動力

アレクサンドリアで活躍したギリシャの技術者ヘロンは実験科学の先駆者。観察や実験結果に基づき、機械、物理学、数学などに関する論説を書いた。実験を進めるかたわら、さまざまな装置も考案している。蒸気の動力で真ちゅう製の球が回転する、最古の蒸気機関とされるアイオリスの球（「ヘロンの蒸気機関」）もそのひとつ。

◁ ヘロンが考案したアイオリスの球（複製品）

△ 製紙技術の発明者、蔡倫

105年
製紙法の確立

紙を作る技術は105年に中国の宮廷宦官、蔡倫が考案したと伝えられている。蔡倫より前の時代にも原始的な形の紙は存在していたようだが、蔡倫は竹や麻、ぼろ布、魚網、樹皮を水に浸し、叩きつぶしてパルプ状にしてから滑らかで均一な紙面に仕上げる方法を確立した。

169年
ガレノスの解剖学

169年、マルクス・アウレリウス帝が、ローマで評判の外科医クラウディウス・ガレノスを侍医に招いた。外科の経験を豊富に積んだガレノスは、人体の解剖や医学に精通していた。伝統的な四体液説を学び、これを基礎としたガレノスの医学は1400年代まで大きな影響を及ぼした。

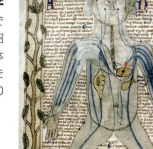

◁ ガレノスの唱えた循環系

132年
最古の地震計

張衡は候風地動儀を考案した。候風地動儀とは、遠く離れた場所で発生した地震を感知し、震源の方向を示す地震計。壺の形をしていて、感度の高い振り子がついている。振り子が揺れると、カエルの形をした8個の容器のひとつに金属球が入る仕組みになっている。

△ 張衡の候風地動儀（複製品）

105～135年頃　ギリシャの医師であるカッパドキア出身のアレタイオス、エフェソス出身のルフス、ソラノスがそれぞれ解剖や病気に関する名著を書く

120年頃　中国の科学者、張衡が日食を観測し、月は太陽の光を反射して輝いていると結論する

185年　中国の天文学者が「客星」（後に超新星と確認される）を初めて観測し記録する

199年

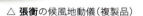

プトレマイオスの『アルマゲスト』には1000個を超える恒星と48個の星座が載っている

150年頃
地球中心の宇宙

アレクサンドリアで活躍したプトレマイオスは著書『アルマゲスト』（*Almagest*）で、自身の観測した天体について詳しく説明し、天体の運行に関する理論を導いた。プトレマイオスはおもに天球層の概念を基礎としながらも、さらに数学を用いて、不動の地球を中心に置く天動説太陽系モデルを作りだした。

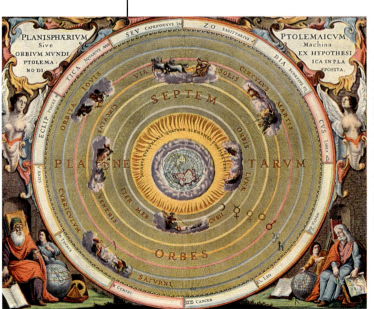

◁ プトレマイオスの地球中心の宇宙、17世紀の版画

200年頃
数学に対する中国の姿勢

中国における紀元前10世紀以降の学者たちの研究をまとめた『九章算術』は200年頃に完成した。『九章算術』には、数学の問題と解法や方法論が一緒に記載されている。ギリシャでは数を理論的に扱っていたのに対して、中国では実用に供するものとして扱っていた。

▷『九章算術』に書かれた図

300年頃
天然の害虫駆除

4世紀初頭、中国の柑橘畑で、草食性の昆虫から柑橘類を守る方法を農民が見つけた。柑橘類に被害を与える害虫をツムギアリ（*Oecophylla smaragdina*）が捕食していたことから、柑橘類の木でツムギアリを繁殖させて、いわゆる生物的防除を実施した。

△ ツムギアリ

200年

- **200年頃** インドの数学者がバクシャーリー写本で、ゼロを表す記号の先取りとなる黒丸を用いる
- **263年** 中国で劉徽（りゅうき）が『九章算術』の注釈書『海島算経』を著す
- **300年頃** ギリシャの錬金術師ゾシモスが、古代エジプトの錬金術師の著作を要約し、ヒ素について初めて詳しく説明をする
- **300年頃** 中国の数学者、孫子が『孫子算経』を著し、算木の使い方を説明する

250年頃
代数学の出現

アレクサンドリアで活躍したギリシャの数学者ディオファントスが『数論』（*Arithmetica*）という表題の叢書を著した。このうち現存するのは第6巻だけである。第6巻には方程式を使って解く問題が130題ほど集められている。その中でディオファントスは、未知の量を表記する画期的な方法を取り入れ、代数学の基盤を築いた。

▷ ディオファントスの『数論』第6巻、17世紀版

フェルマーは、ディオファントスの『数論』の余白に「最終定理」を書き込んだ

200年-499年 | 35

△ 『七つの自由学芸』、ジョヴァンニ・ディ・セル・ジョヴァンニ作、1460年

410〜420年頃
七つの学科

マルティアヌス・カペラは寓話的な著書『文献学とメルクリウスの結婚』の中で、学問を独立した七学科（文法、弁論術、修辞学、幾何学、代数学、天文学、音楽）に分けた。中世の教育制度における「自由学芸」七科である。天文学を論じた編では、太陽と三つの惑星は地球のまわりを回り、水星と金星は太陽のまわりを回っているとする地球中心モデルで宇宙を説明した。

309年頃 陳卓（ちんたく）が古代中国の天文学者たちの星図をひとつにまとめ、1500個ほどの恒星を載せた星図を作成する

475年頃 中国の数学者、祖沖之（そちゅうし）が『綴術』（てつじゅつ）を著し、円周率を小数点以下7桁（3.1415926）まで書き記す

499年

346年頃 **インドの数学者**が世界で初めて算術に10進法位取り記数法を使う

499年以前
マヤ暦

5世紀頃のマヤでは、長さの異なる周期、「カウント」を同時に数えていく暦法を天文学者が確立していた。日数を数えるツォルキン暦は、1から13までの数字のついた日の周期と、20の名前のついた日の周期とを組み合わせ、260日で循環する。さらに、ハアブ暦では1か月20日を18か月と、名前のない5日を合わせて1年365日と数える。ツォルキン暦とハアブ暦を組み合わせると、52年間のどの日付でも特定することができた。アステカでも同じような暦法を用いていた。

アステカの暦石 ▷

36 | 500年-749年

510年頃
月の光

インドの数学者で天文学者のアールヤバタは代表作『アールヤバティーヤ』で、独創的な考察をいくつか披露した。その中でも論争を呼び、同時代の天文学者からはおおむね否定されたのが、地球は地軸のまわりを回っていて、その結果、夜と昼が交互に訪れるとする説である。さらに、夜空に輝く月や惑星は自ら光を放っているのではなく、太陽の光を反射して光っているとも主張した。

◁ 太陽の光を反射する月

『ブラーフマスプタシッダーンタ』はサンスクリット語の韻文で書かれ、数学の表記はない

560年頃 トラレス（現在のトルコの都市アイディン）の**アレクサンダー**が『医術に関する十二書』を著し、鬱病などの精神疾患を含む病気の説明をする

610年頃 中国の医師、**巣元方**が天然痘などさまざまな病気を論じた『諸病源候論』を編纂する

500年

520年頃 ビザンツの哲学者**ヨハネス・フィロポノス**が慣性の概念に近いインペトゥスの理論を唱え、アリストテレスの思想と決別する

6世紀 インドの天文学者**ヴァラーハミヒラ**が著書『ブリハット・サンヒター』に彗星の周期的出現を記す

542年
腺ペスト

6世紀に入るとビザンティン帝国で腺ペストが広がりだし、542年には首都コンスタンティノープルにまで達した。ローマの歴史家プロコピオスはこのときのペストの大流行を記録し、鼠径部、腋窩、頸部などのリンパ節腫脹といった症状についても克明に記した。

△ 腺ペストを描いた14世紀の絵

570年頃
算術計算

2世紀に書かれた中国の数学書『九章算術』には注釈書が何冊も出されていた。そのうちの1冊は算術計算の方法を14種類、明らかにした。さらに、それ以前の書物ではほとんど触れられていない、算盤を使った計算を説明した注釈書もあった。

◁ 中国の算盤

△『ブラーフマスプタシッダーンタ』より

628年
ゼロと負を扱う

インドの数学者ブラフマグプタは、当時、インドで数学と天文学の基本とされていた書物を著書『ブラーフマスプタシッダーンタ』にまとめ、その中で代数学と幾何学については自身の見解も加えた。ゼロを用いる計算と負の数を含む計算の規則を初めて説明したことは、とりわけ大きな意味をもつ。またブラフマグプタは重力を引力として説明した最初の人物でもある。

660年頃 アイギナ生まれのギリシャの医師パウロスが『医学綱要』を著し、ガレノスら先人の知識を集成し、さらに焼灼などの画期的な技術も説明する

725年頃 中国各地で一行が実施した天文観測に基づき『大衍暦』が編纂される

749年

725年頃 イングランドの修道士ベーダが、後に大きな影響を与えることになる論考『時間の計算』(De temporum ratione)を著す

672/3～735年
ベーダ

イングランド、ノーサンブリア王国の修道士であり学者でもあったベーダについては著書『イングランド人の教会史』がよく知られているが、ベーダは天文学の知識を用いて暦の改良もおこなっている。

◁ 彗星と尾

635年
彗星の尾

中国の天文学者は観測を重ね、彗星の尾は進む方向とは関係なく、太陽と反対方向に伸びているという結論を導いた。彗星の尾が、太陽放射の影響を受けて彗星の核から放出されたガスと塵でできていることは、後世の科学者によって明らかにされた。

11世紀にスペインで使われていたアストロラーベ ▷

750年頃
アストロラーベ
ヘレニズム時代のギリシャで考案されたアストロラーベは改良され、天文学の計算になくてはならない機器となっていた。イスラームの天文学者はアストロラーベをこぞって取り入れ、意匠にも手を加えた。8世紀中頃のバグダードでは、イスラームで最初となるアストロラーベの解説書がイブラハム・アル゠ファザーリーによって著された。

▷ジャービル・イブン・ハイヤーン（ゲーベル）

770〜799年頃
物質の分類
アラビア化学の父として知られるジャービル・イブン・ハイヤーン（ラテン語名ゲーベル）は、錬金術について膨大な数の書物を著したとされている。その中には、金属と非金属といった物質の分類や、酸とアルカリ（木灰）の違いおよびそれぞれの性質（下記を参照）に関する理論を記した著作もある。

770年頃 イラクのバスラ学派の学者アル゠アスマイーがイスラームにおける動物学や動物解剖学の研究を先導する

810年頃 公共図書館を併設した学術院バイトゥ・ル゠ヒクマ（知恵の館）がバグダードに創設される

762年 イスラーム初の計画都市バグダードが建設される。ほどなくしてバグダードは学問と科学研究の中心となる

805年 ジャービル・イブン・ブフトィーシューが祖父ジュルジースのあとを継ぎマンスールの侍医となり、バグダードで初めてとなる病院を創設する

酸と塩基
現在では、水素イオン（H^+）を放出する物質を酸、受け取る物質を塩基という。酸と塩基が反応すると互いの性質を打ち消し合い、塩と水を生成する。身の回りの物質では、レモン果汁や食酢が酸、重曹や漂白剤が塩基である。酸と塩基は指示薬（リトマス試験紙など）を使って判定され、それぞれの強さはpH値で表される。

pH値
酸あるいは塩基の相対的な強さは、溶液中の水素イオン濃度の逆数の常用対数値を示すpH値で表される。pHの範囲は大半の物質が0（強酸）〜14（強塩基）に収まる。

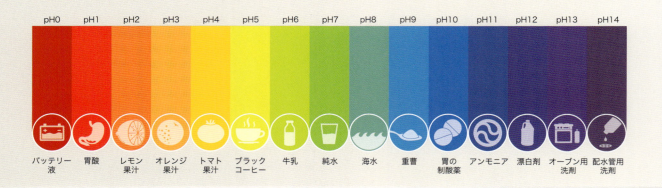

750年–899年 | 39

◁ 中国で印刷された『金剛経』

868年
木版印刷の書物

1907年に中国で発見され、最古の印刷本とされている『金剛経』は、サンスクリット語から翻訳された漢訳本である。868年5月11日の日付が付されているが、印刷の質から、かなり熟練した技術であることがうかがわれるため、おそらく初めて木版印刷された書物ではないと思われる。いずれにしても現存する木版印刷本としてはもっとも古い。

820～845年頃 知恵の館でアル＝キンディーがギリシャとインドの書物を翻訳し、注釈を加える。さらに科学の諸問題を著作にまとめる

855年頃 中国の煉丹家が、硫黄、木炭、硝石の混合物から作る火薬について説明する

890年頃
アルコールの蒸留

ペルシアの博学者で医師のアル＝ラーズィー（ラテン語名ラーゼス）は実験科学を熱心に提唱した。実験を重ねる中でアル＝ラーズィーは、アランビック（蘭引）という容器を用いてワインからアルコールを蒸留する技術を完成させた。ワインをアランビックに入れて温めると、注ぎ口で蒸気が凝縮する。ここから蒸留物であるアルコール（アラビア語で「精髄」を意味するal kuhlに由来）を回収した。

◁ アラビアで使われはじめた頃のアランビック

876年 インドの数学者が、ゼロを空白や黒丸ではなく特定の記号として碑文に刻む。ゼロ記号の最古の記録

899年

▷ アル＝フワーリズミーの代数学

「いかなる源に由来するものであろうとも、真理を認めることを嫌ってはならない」

アル＝キンディー、『第一哲学』、840年頃

830年頃
代数学を用いた計算

バグダードの知恵の館に集った学者の中にペルシアの博学者アル＝フワーリズミーがいた。代数学という学問分野は、アル＝フワーリズミーの著書『復元（移項）と対比（同類項）の整理』を基礎にして発展した。同書では、方程式の両辺のバランスをとるという操作によって一次方程式や二次方程式を解く方法を説明している。この学問分野すなわち代数学を意味する英語 algebra は、同書の表題にある al-jabr（移項）に由来する。

900年–1049年

900～925年頃
ガレノスへの疑い

ペルシアの学者アル＝ラーズィーはさまざまな科学分野で一目置かれていたが、とりわけイスラーム世界における医学の第一人者として名をあげていた。重要な医学書を多数著し、小児科、産科、精神疾患などの分野にあらたな知見を紹介した。中でも論争を呼んだ『ガレノスに対する疑念』では、ギリシャの四体液説に疑問を呈した。

◁ アル＝ラーズィーの医学書、13世紀の翻訳版

998年頃
消えた海

ペルシアの学者アル＝ビールーニーは、かつて陸地がすっかり海に覆われていた時代があったと考えた。その根拠は化石にあった。アル＝ビールーニーは、海が後退したときに取り残されたと思われる、ひと目で海洋生物のものとわかる骨や貝殻をアラビア砂漠で見つけていた。

◁ タカラガイの化石

910～932年頃 ユダヤの医師イサク・ベン・ソロモン・イスラエリがチュニジアのカイルアンで、病気と薬に関する研究を著作にまとめる。この著作は後世に大きな影響を及ぼす

900年

976年 スペインで『ヴィギラヌス写本』が作られ、インド・アラビア由来の記数法がヨーロッパに初めて登場する

990年頃 アンダルス（アラビア語でイベリア半島の意）の医師アル＝ザフラーウィーが『解剖の書』を出版する。以後、中世ヨーロッパにおいて基本の医学書となる

984年
光の屈折

バグダードで活躍していたペルシアの数学者イブン・サフルはとくに光学の研究に力を注いだ。著書『集熱鏡とレンズ』では曲面鏡とレンズの性質について説明している。サフルは実験結果を数学の観点から分析して屈折の法則を導き、この法則を最初に提唱した人物としても知られている。

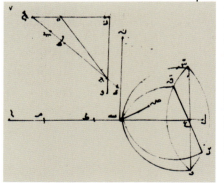

◁ イブン・サフルが著書で描いた図

アル＝ラーズィーは天然痘と麻疹を区別した初めての医師

900年-1049年 | 41

1011～1021年
視覚論

アラビアの学者イブン・アル＝ハイサム（ラテン語名アルハーゼン）は10年をかけてまとめた『光学の書』全7巻で、視覚に関する、まったく新しい理論を披露した。ものが見えるのは目から放出される光線によると考えたプトレマイオスの説を、ハイサムは実験から得られた証拠に基づき否定した。ハイサムは、外界から目に入る光線によって視覚が生じるとする説を打ち出した。

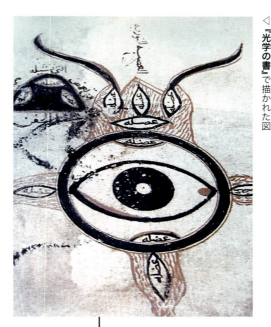

◁『光学の書』で描かれた図

980～1037年
イブン・スィーナー（アヴィケンナ）

哲学者、医師、科学者として活躍したペルシアのイブン・スィーナーは西洋ではアヴィケンナの名で知られる。『医学典範』や科学と哲学の百科事典『治癒の書』など数多くの書物を著し、後世に影響を与えた。

988年頃 古典とイスラームの科学を研究したヨーロッパで初めての学者に数えられるオーリヤック（フランスの都市）のジェルベールが、算盤をヨーロッパに初めて紹介する

1030年頃 ペルシアの天文学者アル＝ビールーニーが地球の回転について論じ、地球が太陽のまわりを回っている可能性を主張する

1040年頃 畢昇（ひっしょう）が、泥を固めた膠泥（こうでい）を用いて印刷を始める。膠泥には1個につき1文字が刻まれている

1049年

▷『医学典範』

1025年
『医学典範』

イブン・スィーナーの代表的な著書『医学典範』は、当時のイスラーム医学の知識を20年かけて編纂した総合百科事典である。解剖学、生理学、薬、特定の病気の診断と治療などを網羅し、医学の分野ではその後数百年にわたって基本的な教科書とされた。

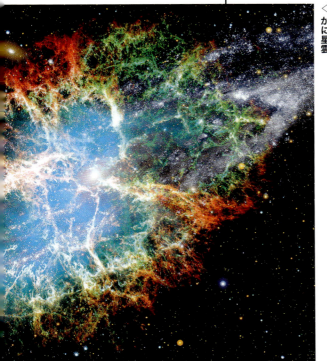

◁ かに星雲

1006年
星の爆発を観測

カイロで活躍していたアリー・イブン・リドワーンが、後に超新星であることがわかった星の記録を書き記す。大質量星の爆発現象である超新星をとらえた、初めての詳細な観測記録である。現在では、この超新星はSN1006と確認されている。また、1054年には中国とアラビアの天文学者が恒星の爆発を観測している。こちらは、かに星雲を形成した超新星SN1054。

1088年
最初の大学創設
中世の大規模な大学は11世紀の終わりに、当時学問の中心を担っていた教会から発展した。1088年、最初の大学となるボローニャ大学が創設され、その後、オックスフォード(1096年)とパリ(1150年)にも同様の教育機関が誕生した。

▷ ボローニャで学ぶ中世の学生

1088年
『夢渓筆談』
中国では宋時代に沈括が『夢渓筆談』を著した。方位磁針に関する記述が見られるのは同書が最初である。航海で方位磁針が有用なこと、さらに方位磁針と関連して、真(地理上)の北と磁北とのずれである磁気偏角を発見したことなども記されている。

◁ 宋時代の羅針盤

ハレー彗星の最古の目撃記録は紀元前240年

1121年 ペルシアの天文学者アル＝ハーズィニーが、重力は地球の中心からの距離によって変わるとする説を唱える

1050年

1073年 ウマル・ハイヤーミーがイスファハンに天文台を設立し、ペルシア暦の改良を進める

1094年 蘇頌が、技術の粋を集めて中国の開封に建設した水力利用の天文観測時計について、詳細を著作にまとめる

1066年
ハレー彗星の記録
現在、ハレー彗星の名(イングランドの天文学者エドモンド・ハレーにちなむ)で知られる天体は75～79年ごとに地球に近づく軌道を描き、最接近時には肉眼で見ることができる。古代から天文学者はこの彗星の出現を記録してきた。また、多くの文化圏で、この彗星は不幸の前兆とされていた。1066年の接近はとりわけよく見ることができ、ノルマンディー公のイングランド征服とヘースティングズの闘いを描いたバイユーのタペストリーにも重大なできごととして描かれている。

◁ 上部にハレー彗星が描かれたバイユーのタペストリー

1050年-1199年 | 43

時間を計る

今日、正確な時間は原子時計によって決められている。原子時計の誤差は1億年に1秒ほどしか生じない。原子時計では振り子などの機械を使うのではなく、原子の微小な固有振動を計測して時を刻む。セシウム133は絶対零度（0 K）で1秒間に90億回以上振動する。この振動がきわめて安定しているため、時間を正確に測るにはセシウム133が最適とされている。

原子時計の仕組み

特定の周波数のマイクロ波を原子に照射すると、原子のエネルギー状態がXからYに変わる。このような変化を利用して1秒を決める。おおまかには右図のような仕組み。

1. 原子を加熱すると、いくつかは励起されてエネルギー状態がXになる
2. エネルギー状態がYの原子を取り除き、Xの原子だけを残す
3. マイクロ波が固有振動と一致したとき、エネルギー状態Xの原子のエネルギー状態はYになる
4. エネルギー状態Xの原子を取り除き、Yの原子だけを残す
5. エネルギー状態がYの原子を計測する

マイクロ波発生器／オーブン／磁石／共振器／磁石／検出器

1126年 トレド大司教（スペイン）のレイモンドが、アラビア語、ギリシャ語、ヘブライ語で書かれた科学書をラテン語に翻訳する活動を始める

1150年頃 女性の医学を論じた3部からなるトロトゥラ医学書が出版される（イタリアのサレルノで開業していた女性医師サレルノのトロタが著者とされている）

1155年頃 中国西部で地理学者が世界で初めてとなる印刷した地図を作成する

1199年

1150年頃 インドの数学者バースカラ2世が、どのような数にも正と負、二つの平方根があること、ある数をゼロで割ると無限大になることを示す

1170～1200年頃 スペイン生まれのユダヤ人博学者モーシェ・マイモーンがエジプトに逃れ、後世に影響を及ぼす医学書を多数著す

1150年頃 アリストテレス哲学の復権

ヨーロッパではアヴェロエスとしても知られるイブン・ルシュドがアリストテレスの思想をイスラームの読者に紹介し、続いてヨーロッパの学者にも広げた。ルシュドはアリストテレスの著作に次々と注釈を加えて読み解きながら、アリストテレス哲学とイスラーム神学を調和させた。さらにルシュドは、物体の重さと質量を区別してアリストテレスの運動論を精巧に仕上げるなど、独自の解釈も加えた。

イブン・ルシュドによる注釈 ▷

1031～1095年
沈括
中国の政治家で博学者の沈括は『夢渓筆談』の著者として知られている。同書は、この時代の中国の技術や科学を、自身の研究も含めじつに幅広く取り上げていて、百科事典のような性格をもつ。

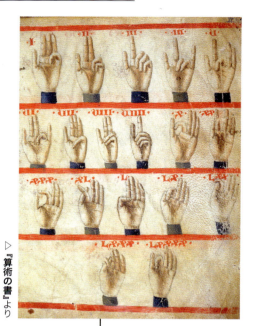
◁『算術の書』より

1202年
インド・アラビア算術の採用
後にフィボナッチの名で知られることになるピサ（イタリア）のレオナルドは画期的な数学書『算術の書』を著し、当時ヨーロッパで使われていた煩雑なローマ数字ではなく、わかりやすいインド・アラビア記数法による計算を推奨した。また、現在フィボナッチ数列として知られる数列もヨーロッパに紹介した。

1247年
法医学
中国の医師、宋慈（そうじ）が『洗冤集録（せんえんしゅうろく）』を著した頃、法医学は黎明期にあった。同書には法医昆虫学に関する最古とされる記述がある。宋慈は、犯人の鎌に付着したわずかな血痕に引き寄せられるハエに気づき、殺人事件を解決したと伝えられている。

◁宋慈

13世紀　人間の概日周期に関する記述を含む医学書が中国で出版される

1248年頃　イスラームの医師イブン・アル＝バイタールが薬草の処方書を編纂する

1200年

1220〜35年　イングランドの司教ロバート・グロステストが『光論』（De Luce）で色の本質について説明する

1242年　アラビアの医師イブン・アル＝ナフィースが『医学典範解剖学注解』（Sharh Tashrih al-Qanun）で、心臓と肺の間の血液循環について説明する

1260年頃　イタリアの外科医ウーゴとテオドリコ・ボルゴニョーニがワインで患者の傷を消毒し、麻薬性の汁を浸した海綿で患者に麻酔をかける

1267年
経験的アプローチ
13世紀のヨーロッパではギリシャ・ローマの古典やイスラームの学術書が翻訳され、広く読まれるようになっていた。こういった書物に促され、ロジャー・ベーコンは『大著作』（Opus Majus）を著した。当時のあらゆる科学に関する知識を概観した『大著作』の中でベーコンは、研究をする際の経験と実験を重視する態度を強調した。

実験をおこなうベーコン、ミヒャエル・マイヤー著『黄金の象徴』（Symbola Aureae）より ▷

1220〜92年
ロジャー・ベーコン
イングランド、サマセットに生まれたロジャー・ベーコンはフランシスコ修道会士であり哲学者でもあった。オックスフォード大学で学び、後に同大学とパリ大学で教鞭をとる。哲学、言語学、科学などさまざまな分野で書物を著す。

「経験の科学は科学の女王であり、すべての思索の目指すところである」

ロジャー・ベーコン、『第三著作』（Opus Tertium）、1267年頃

1272年頃
惑星の運動表

キリスト教圏ヨーロッパで初めてとなる天文表がスペインで編纂された。カスティリャのアルフォンソ10世の命を受けたユダヤの天文学者が、アル=ザルカールの計算をもとにトレドで作成したアルフォンソ表である。この表により、いつでも惑星の位置や惑星の食を正確に計算できるようになった。アルフォンソ表は後にラテン語に翻訳され、16世紀に入るまではもっとも信頼できる天文表として広く利用された。

▷ アルフォンソ表

1276年
改暦

皇帝フビライ・ハーンより郭守敬（かくしゅけい）に改暦の命が下った。この頃、郭はすでに土木技師、天文学者として広く知られていた。改暦に必要な情報を集めるために郭は、最新の観測器を備えた天文台を27か所に建設した。この観測器の多くは郭が自ら考案したものだった。

登封観星台、中国 ▷

1299年

1269年 フランスの自然科学者ピエール・ド・マリクールが著作の中で、磁極や、磁石の誘因および反発の法則を論じる

1290年
黄道傾斜

フランスの天文学者サン・クルーのウィリアムが1年かけて太陽の位置を観測し、その結果を1290年に書きまとめた。ウィリアムが描いていたのは、太陽の見かけの動きである黄道だった。地軸は地球の公転面に垂直な方向に対して傾いているため、地球の赤道も黄道に対して傾いている。この現象を黄道傾斜という。サン・クルーのウィリアムは黄道傾斜角を約23.4°と正確に算出した。

天球と黄道
地球上の観測者から見ると、太陽は黄道と呼ばれる道をたどり、1年かけて天空を移動する。地球を中心とした球、天球があるとすると、黄道は図のように描かれる。

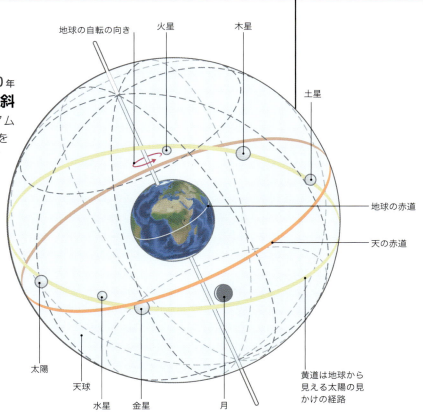

1310年
虹の色

ドイツのドミニコ会士、フライベルクのディートリヒが虹現象を説明した。これは、後世の検証にも耐えうる初めての説明だった。ディートリヒはレンズ、水晶球、鏡に光を当て、日光が水滴を通過する状態に見立てた実験をおこない、屈折と反射によって虹ができる経路をみごとに明らかにした。

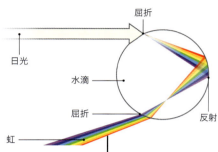

虹の形成
日光は水滴に入ると屈折して、スペクトル（色帯）に分解される。スペクトルは水滴の内側で反射し、途中で色の順序を逆にしてから、もう一度屈折して水滴の外に出る。

◁ 目の検査、『外科学』より

1306〜20年
外科の手引き書

モンドヴィユのアンリはモンペリエとボローニャで経験を積み、解剖学の豊富な知識をもとに『外科学』（*Cyrurgia*）の執筆に取りかかった。志半ばで亡くなったため未完成に終わったが、『外科学』は外科学書としてはもっとも古い部類に入る。

1300年

1300年頃 性能のよい脱進機が考案され、西ヨーロッパに初めて重錘の作用で駆動する時計が登場する

1315年 ルッツィのモンディーノが自身初となる公開人体解剖をイタリアのボローニャで実施。翌年、解剖学に特化した初めての専門書『解剖学』（*Anatomia*）を出版する

1323年 オッカムのウィリアムが『論理学全書』（*Summa Logicae*）を出版し、知識は経験を通して得られると説く

1285〜1349年頃
オッカムのウィリアム

オッカムのウィリアム（オッカム）はイングランドの哲学者、科学者、神学者。説明を求める際に仮定は最小限にとどめるという原理「オッカムの剃刀」に名を残す。

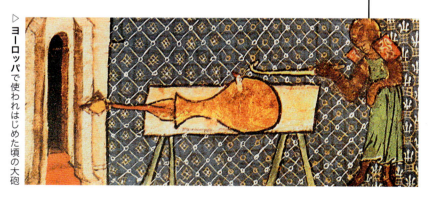

▷ ヨーロッパで使われはじめた頃の大砲

1340年頃
大砲の普及

中国では火薬を使った初歩的な兵器は12世紀に考案されていたが、円筒から砲弾を発射させる本格的な大砲の登場までには間があき、大砲が戦場で広く使われだしたのは14世紀になってから。同じ頃、中東やヨーロッパでも似たような兵器が現れ、百年戦争（1337〜1453年）では初めて重要な役割を果たした。

1300年–1349年 | 47

1346年
黒死病がヨーロッパを襲う

アジアから広がった腺ペストはヨーロッパで大流行し、人口の約半分が犠牲となった。その結果、科学や技術は1世紀以上にわたって停滞したが、医学研究は急速に進展した。

△ フランス、トゥルネーにて黒死病による死者の埋葬、ジル・リ・ミュイシスの年代記より

1349年

1348年 フランス、アヴィニョンで黒死病が流行し、治療にあたったフランスの医師ショーリアックのギーが腺ペストと肺ペストの違いを初めて指摘する

1349年頃 物質は収縮あるいは膨張（たとえば濃縮あるいは希釈）している間も、その物質をつくっているものの数は変わらないと、イングランドの哲学者ダンブルトンのジョンが主張する

「少ないものでなしうることを多いものでなすのは無意味である」

オッカムのウィリアム、『論理学全書』、1323年

1349年頃
グラフ表示

フランスの数学者ニコル・オレムの業績の中で後世にもっとも大きな影響を与えたのは、相関関係にあるものの変化をグラフで表す方法の考案である。オレムのグラフは現代の棒グラフに似ている。緯度と経度と名づけた直交座標を用いて、時間に対する速度の変化など量の分布を表した。オレムのグラフはルネ・デカルトの座標系を300年も先取りし、解析幾何学の基礎を築くのに貢献した。

△ ニコル・オレムのグラフ

1363年
集大成の医学書

フランスの医師ショーリアックのギーが1368年に亡くなる5年前にまとめ上げた『大外科学』（Chirurgia Magna）全7巻は中世の教科書の定番となった。当時は信頼できる総合的な専門書とされたが、実際のところは理論重視で、臨床の実践向けではなかった。この頃、イタリアの医師たちが次々に打ちだしていた新しい見解は含まれていなかった。

▷『大外科学』の挿画

ヨーロッパでは黒死病によって 1351年までに推定で 2500万人の命が奪われた

1375年頃 インドの数学者マーダヴァが天文学と数学のケララ学派を興す

1376年 ヴァルディムラがシチリア、サレルノの医学校で女性初となる外科医の資格を得る

1364年
デ・ドンディのアストラリウム

イタリアの時計技師ジョバンニ・デ・ドンディが16年もの年月をかけて、複雑な仕組みの天文観測時計アストラリウムを作り、驚きの声を集めた。デ・ドンディのアストラリウムでは、ぜんまい機構は7面からなる枠に囲まれていた。各面には太陽、月、惑星を示す表示板と指針があり、天体の位置、暦や宗教関連で重要な日を示した。デ・ドンディは著書『プラネタリウム』（Planetarium）も出版し、アストラリウムの構造について、現代でも復元可能なほど詳しく書き記している。

◁ アストラリウム（複製品）

1350年–1439年 | 49

△ 机に向かうニコル・オレム

1377年
地球の回転
フランスの科学者ニコル・オレムは著書『天体・地体論』（Livre du ciel et du monde）で、アリストテレスの地球静止説に対してことごとく反論を加えた。たとえば地球のまわりを巨大な天球が回っている可能性よりも、地球が地軸のまわりを回っている可能性のほうが大きいとオレムは考えた。しかし、賛成にしろ反対にしろ決定的な結論を出せないと判断し、結局はアリストテレスと同じ立場をとった。

1377～1446年
フィリッポ・ブルネッレスキ
ブルネッレスキは建築家、技術者、芸術家、彫刻家として新たな道を切り開き、イタリアルネサンスに大きな影響を与えた。フィレンツェを拠点にして活動し、フィレンツェ大聖堂のドームをはじめ、すばらしい建築物を数多く設計した。透視画法（遠近法）の開発で有名。

1377年 アラブの歴史家であり、社会学者の先駆けでもあったイブン・ハルドゥーンが、人類はサルから生じたと説く

1415年頃 フィリッポ・ブルネッレスキが鏡を使って、数学的な透視図法である線遠近法を示す

1439年

▷ サマルカンド天文台

1420～29年
サマルカンドの学問の中心
ティムール朝の君主ウルグ・ベクがサマルカンド（現在のウズベキスタンの都市）の総督を任されたのはわずか16歳のときだった。若かったベクは政治術には関心がなく、もっぱら天文学や数学に興味を示し、サマルカンドを科学の一大中心地に築き上げた。マドラサ（教育施設）を建設し、イスラームの研究者を大勢招いて研究を支えた。1424年には、最先端の観測機器を備えた、大規模な天文台の建設を命じた。

◁ アラビア語の数学記号

1430～39年
数学記号
数学演算にアラビア文字を導入したのはイスラームの数学者アリ・アル＝カラサーディーが最初ではないが、カラサーディーが著作の中で記号を体系的に書き表したことで代数記号の考えが広がった。

△ グーテンベルクの聖書

1440〜49年
可動活字による印刷

ヨハネス・グーテンベルクは10年近くをかけて印刷機の作製に取り組み、1449年に可動活字を用いた印刷機で文書を印刷しはじめた。これが、ヨーロッパで考案された初めての印刷機だった。簡単な詩からはじめ、1年も経たないうちに本まで印刷できるようになり、1454年には聖書を180部刷った。グーテンベルクの発明は大変革をもたらすことになる。すなわち、文書の大量生産により学問や思想が迅速に普及し、さらに修道士が手書きしていた写本が不要になったことで教会による事実上の学問の独占が脅かされていった。

「それは新しい星のごとく、無知の暗闇を追い散らすだろう」

ヨハネス・グーテンベルク、印刷機について

1440年

1464年 ドイツの数学者レギオモンタヌス（ヨハネス・ミュラー）が三角法の解説書『三角法論』（De Triangulis Omnimodis）を著す

1453年
コンスタンティノープルの陥落

ビザンツ帝国の首都コンスタンティノープルはオスマン帝国に53日間、包囲された後、1453年5月に落城した。これに伴い、大勢のキリスト教徒がイタリアに脱出し、古典ギリシャまでさかのぼる学問の伝統や、膨大な量の哲学や科学の知識もイタリアに流入することになった。人と学問の移動はルネサンスの展開に大きな影響を与え、ルネサンスと一緒に進行していく「科学革命」も勢いづけた。

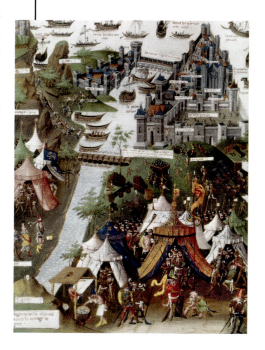

コンスタンティノープルの包囲戦、ジャン・ル・タヴェルニエの細密画 ▷

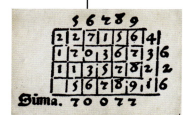

◁ 表、『トレヴィーゾ算術』より

1478年
学問への接近

『トレヴィーゾ算術』（Arte dell'Abbaco）の出版を皮切りに、次々と数学書が印刷されていった。この流れを可能にしたのは、可動活字を用いた印刷機の発明である。ほどなくして他の分野の書物も印刷出版されはじめ、幅広い人々にとって学ぶことが手の届く身近なものとなった。

1480年頃
レオナルドの飛行の研究

レオナルド・ダ・ヴィンチが残した手稿には、絵画のためのスケッチから科学や技術の研究まで幅広いテーマに関する図面や文章がおびただしい数、収められている。中でも目を引くのは、飛行を扱った文書。飛翔動物の解剖分析や、飛行器具の設計案など、さまざまな角度から飛行をとらえたダ・ヴィンチの所見が記されている。

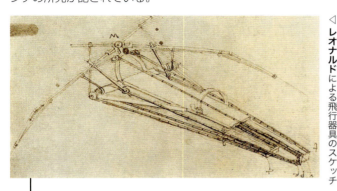

◁ レオナルドによる飛行器具のスケッチ

1452〜1519年
レオナルド・ダ・ヴィンチ
盛期ルネサンスを代表するレオナルドは、まさに万能の人。芸術家、科学者、技術者、建築家として優れた業績を残している。生地フィレンツェで経験を積みはじめ、後にミラノ、ローマへと移る。最後はフランスで過ごし、同地で没する。享年67。

1489年 超過と不足を意味する記号＋と−がヨハネス・ヴィドマンの著作で使われる

1495年頃 化石は古代の生物が石化したものであるとレオナルドが論じる

1499年

1489年 レオナルドが、動物や人間の死体の解剖をもとに解剖図を描きはじめる

1490年 レオナルドが毛管現象（液体が重力に関係なく、狭い空間を移動する現象）を説明する

1496年 レギオモンタヌスが『アルマゲストの概説書』（*Epytoma in Almagestum Ptolemaei*）を著し、プトレマイオスの理論を幅広い読者に伝える

1492年
コロンブスがアメリカ大陸に到達

クリストファー・コロンブスは、スペインからアジアへ向かう西回りの航路を見つけるために大西洋を渡りバハマ諸島に到着し、この地を東インド諸島と間違えた。もちろん、当時ヨーロッパで使われていた地図にアメリカ大陸の記載はなく、コロンブスは自分が未知の大陸を発見したとは思いもしなかった。アメリカ大陸の存在が明らかになると地理学者の世界観は一変し、ヨーロッパの植民地大国は領土の奪い合いを繰り広げた。

△ バハマ諸島に到着したコロンブス

1500年
地図に描かれた新世界

スペインの航海者で地図製作者のフアン・デ・ラ・コーサはサンタ・マリア号で船長を務めた。サンタ・マリア号は、1492年にコロンブスが大西洋横断をした際に率いた3隻のうちで最大の船。デ・ラ・コーサはその後17年間にアメリカ大陸まで7回航海し、1500年にはアメリカ大陸の海岸（左図の左側、緑色の部分）を含む初めての世界地図の作製を指揮した。

◁ フアン・デ・ラ・コーサの地図

> デ・ラ・コーサは、クリストファー・コロンブスが率いたアメリカ大陸遠征の最初の3回に同行した

1512年 最初の懐中時計がドイツの時計職人ペーター・ヘンラインによってニュルンベルクで作られる。この時計は巻き上げなくても40時間動いた。

1517年 イタリアの医師ジローラモ・フラカストロが、化石は元は有機物だったと説明する

1500年

1500年頃 インドの天文学者ニーラカンタ・ソーマヤージが、6世紀の数学者アールヤバタに関する注釈書『アールヤバティーヤバーシャ』（Aryabhatiyabhasya）を著す

1513年 ポーランドの天文学者ニコラウス・コペルニクスが『要項』（Commentiarolus）を著し、太陽中心の太陽系の構想を記す

1512年
セオドライト（経緯儀）

ドイツの地図製作者マルティン・ヴァルトゼーミュラーが百科事典『マルガリータ・フィロソフィカ』（Margarita Philosophica）にセオドライトの説明文を寄せた。これが、測量機器セオドライト（ヴァルトゼーミュラーはポリメトルムと呼んだ）に関する初めての記述である。セオドライトとは、自由に回転する望遠鏡を上部に搭載し、目視できる2点間の角度を水平面でも垂直面でも測定できる機器。セオドライトによって測量作業が容易になり、三角測量の発展が促された。

△ 初期のセオドライト

◁ デューラーの『測定法教則』より

1525年
デューラーの数学

ドイツの画家アルブレヒト・デューラーが、初期の応用数学と幾何学を代表する1冊となる『測定法教則』を出版した。デューラーの『測定法教則』は画家や石工に、きわめて有益な正多角形の作図法を伝授した。

1500年-1539年 | 53

1527年
塩、硫黄、水銀

ドイツの化学者パラケルスス（テオフラストゥス・フォン・ホーエンハイム）は物質を塩、硫黄、水銀の三原質からなるものとして分類し、錬金術に基づく神秘思想の一環として、塩は固定性、水銀は蒸発性、硫黄は燃焼性を担うと考えた。さらに、金属に含まれる硫黄の割合を変えると別の金属ができるとし、鉛から金を作る可能性も示した。

1537年
弾道学

イタリアの数学者ニッコロ・タルタリアが、近代の弾道学の先駆けとなった『新科学』（Nova Scientia）を著した。タルタリアは数学の原理を用いて、砲弾の軌道が直線ではなく曲線を描くことを示した。また砲手が砲弾を発射する際に役立てるべく、弾道の仰角を示す図も提示した。

『新科学』より

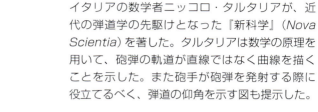

パラケルススの肖像、ルーベンス作 ▷

1526年 測量技師、後に数学者となる**フランドルのゲンマ・フリシウス**がルーヴェン大学に入学。後年、三角測量の方法を初めて解説した著作を発表する

1539年

1530〜36年
植物の写実的な記述

カルトゥジオ会の修道士、ドイツのオットー・ブルンフェルスが、近代植物学における最初の専門書となる『本草写生図譜』（Herbarum Vivae Eicones）全3巻を出版した。この中に記載されている130あまりの植物は実物を観察しながら描かれ、その精巧な描写は後の植物学者の模範となった。同時に、『本草写生図譜』がきっかけとなり、民間伝承を重視した中世の本草学の伝統から抜け出して、科学的観察に重きが置かれていくことになる。

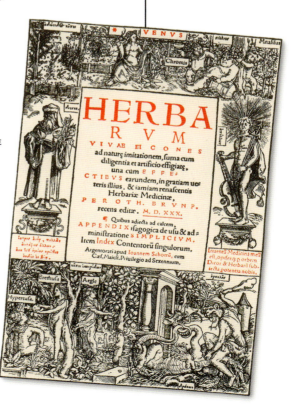

『本草写生図譜』の本扉 ▷

1540年–1554年

▷ 17世紀の地球儀

1541年
メルカトルの地球儀

1541年、フランドルの地図製作者ゲラルドゥス・メルカトルは銅板に精巧な彫刻を施し、大きな地球儀を完成させた。当時の地球儀は、航海士が日没と日出の時刻を導き出す計算をするための器具として使われていた。メルカトルの地球儀には、一定の方位を示す航程線（地球儀の表面を斜めに横切る線）が入っていた。

1543年
コペルニクスのモデル

ポーランドの天文学者ニコラウス・コペルニクスが、自身の太陽中心説を詳しく論じた『天球の回転について』（De Revolutionibus Orbium Coelestium）を死後に出版した。コペルニクスが提出したモデルは、2世紀の天文学者プトレマイオスが説いた、地球が太陽系の中心であるとするプトレマイオス体系に取って代わることになった。

△『天球の回転について』

1540年

1542年 ドイツの植物学者レオンハルト・フックスが『植物誌』（De Historia Stirpium）を出版。約500種類の植物について薬草療法に使う際の説明を記す

1544年 ドイツの機器製造者ゲオルク・ハルトマンが、磁針が傾く現象、伏角について書き記す

1545年 イタリアのジローラモ・カルダーノが複素数を発見し、著書『偉大なる方法』（Ars Magna）の中で考察する

1473～1543年
ニコラウス・コペルニクス

トルン（現在のポーランドの都市）生まれのコペルニクスは、イタリア留学で神学を学んだ後に、医学と天文学を修めた。詳細に観測を重ね、数学に基づく計算を駆使して、地球中心説を根本から覆す理論を考えだした。

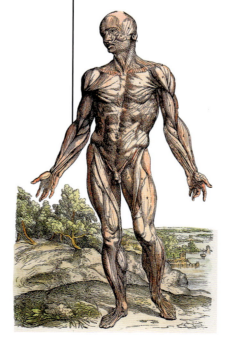

1543年
美術解剖学と人体解剖学

フランドルの医師アンドレアス・ヴェザリウスは『人体の構造について』（De Humani Corporis Fabrica）を出版し、解剖学に革命をもたらした。死体を解剖し直接観察することによって、従来の知識に含まれる誤りをいくつも正した。また『人体の構造について』に収められた精巧なジャン・ヴァン・カルカルが描いた図版は、その後、何世代にもわたって医学生の助けとなった。

◁『人体の構造について』の挿絵

1540年-1554年 | 55

1546年
岩石と鉱物の分類
ドイツの学者ゲオルギウス・アグリコラは著書『発掘物の本性について』（*De Natura Fossilium*）の中で、鉱物、岩石、化石を幾何学的形状に従って分類し、近代地質学の基礎を築いた。

△ ペントレミテス・スピカトゥス（*Pentremites spicatus*）の化石

1551年
イスラームの科学
オスマン帝国下のアラブの天文学者、数学者、発明家であるタキ・アル＝ジン・ムハンマド・イブン・マルフ・アル＝シャミ・アル＝アサディは優れた才能の持ち主だった。回転棒で駆動する蒸気タービンの仕組みを説明し、天文表を改良し、錘で動く機械時計を考案した。

◁ 研究に勤しむタキ・アル＝ジン・ムハンマド・イブン・マルフ・アル＝シャミ・アル＝アサディ

1551年 スイスの博物学者コンラート・フォン・ゲスナーが、動物学の黎明期を代表する『動物誌』（*Historiae Animalium*）を著す。世界中の動物を分類・整理してまとめた1冊

1552年 イタリアの医師バルトロメーオ・エウスタキオが副腎や内耳の働きについて詳しく記す

1546年 ジローラモ・フラカストロが『伝染と伝染病について』（*De Contagione et Contagiosis Morbis*）を出版し、伝染病発症の仕組みについていち早く説明を試みる

1552年 アステカの医師マルティン・デ・ラ・クルスが『インディオの薬草書』（*Libellus de medicinalibus indorum herbis*）を著し、さまざまな病気の治療に用いる伝統的な薬草の調合について解説する

1554年

太陽中心説
コペルニクスの太陽中心モデルによれば、各惑星は太陽のまわりを回り、地球は内側から3番目に位置する惑星である。したがって、地球上空に見える惑星の見かけの運動には、地球の位置が関係すると考えられる。たとえば、金星と水星は地球よりも太陽に近い軌道にあるので、つねに太陽の近くに見える。一方、火星、木星、土星はたいていは西から東へ移動しているが、地球に「追い越される」ときだけ、輪を描くようにして逆向きに動く。この現象を、先にプトレマイオスが提唱した地球中心モデルで説明するには、周転円という複雑な軌道をもうひとつ導入しなければならなかった。

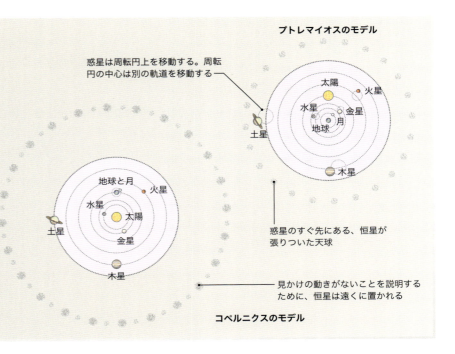

1556年
金属の研究

ドイツの冶金学者ゲオルギウス・アグリコラが『金属について』(De Re Metallica)を出版した。実用に即した鉱山学の技術書としては初めてのものであり、全12巻からなる。金属鉱石の鉱脈の鑑定、最良の選鉱方法、必要な道具、鉱石の質の試験方法、採掘した金属の処理方法などが解説されている。

◁ 『金属について』の挿絵

1564年
確率

イタリアの数学者ジローラモ・カルダーノは1564年に『サイコロ遊びについて』(Liber de Ludo Aleae)を著し、初めて数学を用いて確率の法則を考察した。根っからのギャンブル好きだったカルダーノは、サイコロを1個あるいは複数個振った場合に特定の数が出る確率を計算して、同じ試行を繰り返したときの結果を説明する数学的方法を突きとめた。

1560年 ジャンバッティスタ・デッラ・ポルタが世界初の科学協会、自然の秘密アカデミアをナポリに設立する

1555年

1562年 イタリア、パドヴァの外科教授ガブリエーレ・ファロッピオが、ヒトの生殖器の構造を記述した著作を出版する

△ メダルに描かれたジローラモ・カルダーノ

▷ レコードの記号

1557年
数学の等式

ウェールズの医師で数学者のロバート・レコードが著書『機知の砥石』(Whetsone of Witte)の中で、二つの数式が等しいことを示す手段として等号を導入した。平行に引いた、同じ長さの2本線は簡潔でわかりやすい記号だったため、すぐに広く使われるようになった。

1569年
世界地図の作成

地図製作者は地球を平面に描く作業に苦労していたが、フランドルの地図製作者ゲラルドゥス・メルカトルがこの問題を解決した。極に近づくに従って緯線(緯度を表す線)の間隔を広げ、一方、経線(経度を表す線)の間隔は一定に保つメルカトルの図法を用いると、方位が一定の線(航行の方向)を直線で表すことができた。メルカトルの地図は航海にはおおいに役立ったが、後に、極や赤道に向かうにつれ陸地にゆがみが生じると批判を受けた。

メルカトル図法による世界地図、1569年 ▷

超新星

現在では、重い恒星が寿命を終えて崩壊すると、超新星と呼ばれる爆発現象を引き起こすことがわかっている。恒星の種類によって超新星爆発の仕組みも異なる。すでに死んでいる恒星（白色矮星）が凄まじい勢いで超高密度の中性子星に変わるときにできる超新星（タイプIa）や、大質量の恒星が崩壊してできる超新星などがある。

タイプⅡ型超新星

大質量の恒星が寿命の終わり近くになると、中心核のまわりに重い元素の層ができる。核融合がこの層を支えきれなくなると超新星を引き起こす。

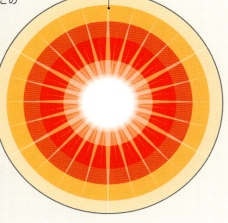

1. 核融合が続いている間は中心核から外に向かう圧力が、大質量星の外層の崩壊を防ぐ
2. 鉄が核融合すると、放出するエネルギーよりも吸収するエネルギーのほうが大きくなるため、核融合が突然止まる
3. 中心核が突然崩壊し中性子星になる。外層は一度落ち込んでからはね返される
4. 強力な衝撃波が恒星を引き裂き、核融合と超新星爆発を引き起こす

1570年 ベルギーの地図製作者**アブラハム・オルテリウス**が、最初の近代的地図帳『世界の舞台』（*Theatrum Orbis Terrarum*）を出版する

1571年 スペインの探検家**フランシスコ・エルナンデス**がメキシコを探検し、ヨーロッパでは未知の植物を記録する。その数は、テスココにあったアステカの植物園の植物など3000を超える。薬草療法に関する調査もおこなう

1572年 イタリアの数学者**ラファエル・ボンベッリ**が、虚数を扱うための規則を定める

1574年

1546～1601年
ティコ・ブラーエ
ティコは天文学に多大なる貢献をした。ティコのためにヴェーン島に建てられたウラニボリ天文台で観測を続け、770個あまりの恒星の位置を記録した。また、彗星は月よりも遠くから現れることを明らかにした。

◁『新星』（*De Stella Nova*）に描かれた図

1572年
ティコの超新星

デンマークの天文学者ティコ・ブラーエは1572年11月、カシオペヤ座で2週間にわたって輝き続けた天体を観測した。現在は、恒星の爆発が引き起こした超新星だったと考えられている。超新星を目撃した天文学者たちは、宇宙は不変ではないと気づくことになった。

1578年
アステカの医学

スペインの聖職者ベルナルディーノ・デ・サアグンがアステカの住民の協力を得て編纂した『フィレンツェ絵文書』（*Florentine Codex*）には、アステカの鉱物や薬草療法から、天然痘がもたらす破壊的な影響まで、きわめて貴重な情報が含まれている。

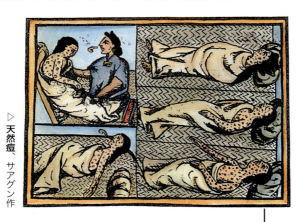

▷ 天然痘、サアグン作

1577年 タキ・アル＝ジンが、最新の観測機器を備えた天文台をイスタンブールに建設。しかし、わずか数年後にはオスマン帝国のスルタンにより取り壊される

1575年

1575年 イタリアでフランチェスコ・マウロリコがいち早く、数学の証明で数学的帰納法を使う

1577年 ヨーロッパでティコ・ブラーエら天文学者が大彗星（C/1577 V1）を観測する

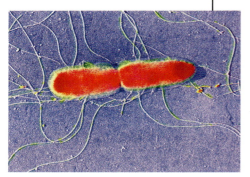

△ 腸チフスを引き起こす細菌

1576年
腸チフスの報告

腸チフスの臨床所見がイタリアの医師で数学者のジローラモ・カルダーノによって初めて報告された。腸チフスは劣悪な衛生環境、汚染された食品や水を介して発症する。高熱が続き、急性の下痢、発疹を伴い、密集した都市部や軍隊で急速に広がる。

1580年
植物の性差

ヴェネチアの医師プロスペロ・アルピーニがエジプトでナツメヤシの成長を観察し、植物が自家受粉することを発見した。アルピーニは、ある種の植物には雄株と雌株があることを突きとめた。

◁ ナツメヤシ

1575年-1584年 | 59

1582年
グレゴリオ暦
古くから使われていたユリウス暦（紀元前45年から）で問題が蓄積してきたため、グレゴリウス13世は綿密に調査を重ね、ユリウス暦を修正したグレゴリオ暦を制定した。1582年10月に11日分を減らし、閏年の数を4世紀で100回から97回に変えた。グレゴリオ暦は当初はカトリック国でしか受け入れられなかった。

◁ 教皇グレゴリウス13世の面前でおこなわれた改暦の議論

1580年 イタリアの解剖学、外科学の教授ヒエロニムス・ファブリキウスが静脈中の弁を記述する

1584年

1581年
振り子の実験
イタリアの天文学者ガリレオ・ガリレイが振り子の実験を始める。この実験によりガリレオは、振り子を振るとほぼ同じ高さに戻ること（エネルギーの保存を示す）、周期（ひと振りの時間）の2乗は振り子の長さに比例することを突きとめる。

燭台の動きを観察するガリレオ ▷

▷ アンドレーア・チェザルピーノ

1583年
植物の分類
イタリアの植物学者アンドレーア・チェザルピーノは『植物論』（De Plantis）を著し、植物を科学的に分類する方法を提唱した。以前のような薬草としての利用目的やアルファベット順ではなく、果実、種子、根の形に従って顕花植物を大きく五つのグループに分けた。

「振り子のじつにみごとな性質は……振れ幅に関係なく……同じ時間で振れることです」

ガリレオ・ガリレイ、ジョヴァンニ・バッティスタ・バリアーニへの手紙、1639年

1585年–1599年

1564～1642年
ガリレオ・ガリレイ
物理学で重要な研究を数多くおこなったガリレオだったが、コペルニクスの太陽中心説を支持したことで、カトリック教会によって裁判にかけられ撤回を強要された。

1589～1604年
ガリレオの重力の実験
イタリアの天文学者ガリレオ・ガリレイは塔から物体を落とし、同じ素材でできた物体は質量に関係なく地面に向かって同じ速度で加速することを示した。この実験結果によって、長い間支持されてきたアリストテレスの説、すなわち重い物体ほど早く落下するという考えが否定された。またガリレオの実験は、近代科学分野としての動力学（物体の運動に関する研究）の確立を後押しし、さらに当時主流を占めていた、古代ギリシャ・ローマ時代にさかのぼる科学的立場の無批判な受容を覆すことになった。［訳注：実際には実験をおこなわず思考実験だったとされている］

◁ **ピサで実験をおこなうガリレオ**

1586年 フランドルの数学者シモン・ステヴィンが『静水力学の原理』（*De Beghinselen des Waterwichts*）を著し、容器の壁にかかる液体の圧力に関する重要な問題を解く

1592年 温度計の先駆けとなる測温器をガリレオ・ガリレイが考案する

1585年

1593年 「植物学の父」と呼ばれるフランドルの植物学者カロルス・クルシウスがオランダで最初の植物園の園長に就任する

◁ **ティコの『新天文学序論』**

1586年
彗星の研究
ティコ・ブラーエが『新天文学序論』（*Astronomiae Instauratae Progymnasmata*）を出版する。1585年10月に現れた彗星を含む、自身が観測した彗星について詳細が記されている。

◁ **『新大陸自然文化史』の挿絵**

1590年
アメリカ大陸での生活
イエズス会の宣教師ホセ・デ・アコスタが『新大陸自然文化史』（*Historia natural y moral de las Indias*）を著し、アメリカ大陸の動物や植物を初めて総合的に説明した。『新大陸自然文化史』には、現地住人の習慣や自然地理についても貴重な情報が記載されている。アコスタは、アメリカの現地住人の先祖はアジアから移動してきたと早い段階で考えたひとりでもある。

重力

重力を理解するには、物体を地面に向かって引っぱる引力、あるいは惑星を太陽のまわりの軌道に保つ引力を思い浮かべるとわかりやすい。質量をもつ物体はすべて、質量をもつ他の物体に引力の作用を及ぼしている。引力の大きさは二つの物体の質量と距離によって変わる。

質量と加速度

軽い球と重い球は異なる重力の作用を受けているにもかかわらず、同じ速度で落下する。

重力が球を下向きに引っぱる。この力によって球は加速する

軽い球は10秒後に地面に達する

軽い球に比べて大きな力で引っぱられる。この下向きの力は、増大した慣性力と釣り合うので、重い球は同じ速さで落下する

重力と質量

距離（D）が固定された二つの物体の間に働く重力（F）は、質量（M）の積に比例する。

重力と距離

質量が固定された二つの物体の間に働く重力は、距離の2乗に反比例する。

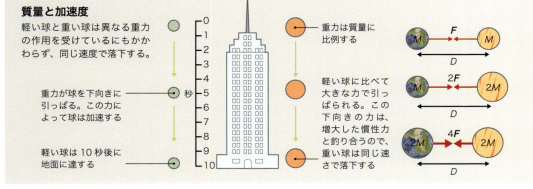
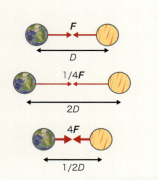

1596年 アブラハム・オルテリウスが、アフリカ大陸とアメリカ大陸はかつてつながっていたと主張する

1598年 ティコ・ブラーエが、1000個を超える恒星の星表を含む『新天文学の観測機器』（*Astronomiae Instauratae Mechanica*）を出版する

1599年

1597年 ドイツの冶金学者アンドレアス・リバヴィウスが『錬金術論』（*Alchemia*）を著し、亜鉛の性質を初めて解説する

1599年 イタリアの博物学者ウリッセ・アルドロバンディが鳥類に関する著作、全3巻の刊行を始める

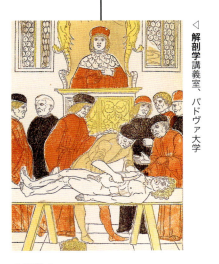

◁ 解剖学講義室、パドヴァ大学

1594年
解剖学のための講義室

ヒエロニムス・ファブリキウスがイタリアのパドヴァ大学に公開解剖専用の講義室を設置した。300人の学生を収容する講義室では解剖を直接観察できるようになり、医学教育が根本から変わった。

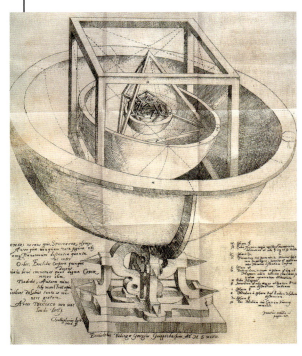

◁ 『宇宙の神秘』、銅版画

1596年
惑星の運動

ドイツの天文学者ヨハネス・ケプラーが『宇宙の神秘』（*Mysterium Cosmographicum*）を出版した。ケプラーは、太陽から惑星までの距離をプラトンの立体（五つの正多面体）から導かれる割合と結びつけ、惑星の公転軌道を幾何学的に説明した。ケプラーの結論はコペルニクスの太陽中心モデルを支持していた。

1600年–1609年

◁ 『ウラノメトリア』より

1603年
天空の地図

ドイツの天文学者ヨハネス・バイエルが『ウラノメトリア（バイエルの星図）』(Uranometria) を出版した。2000個の星を掲載した初めての全天星図であり、南天の星を収録した初めての星図でもある。またバイエルは、星座内の星にギリシャ文字を当てはめ名前をつけた。これにより、それまでの行き当たりばったりだった命名法に整合性がもたらされた。

1604年 ヨハネス・ケプラーが著作『天文学の光学部門』(Astronomiae Pars Optica) で、目が光を集める仕組みや視差について説明する

1605年 イングランドの哲学者フランシス・ベーコンが著作『学問の進歩』(Advancement of Learning) で科学的方法を提唱する

1600年

1602年 イングランドの数学者トーマス・ハリオットが光が曲がるときの角度を調べ、屈折の法則を発見する

1604年 ヒエロニムス・ファブリキウスが胎児における血液の循環に関する著作を出版し、発生学の基礎を築く

◁ ハンス・リッペルスハイ

1608年
望遠鏡の発明

世界で初めて望遠鏡を作ったのはオランダの器具製作者ハンス・リッペルスハイとされている。眼鏡のレンズ職人だったリッペルスハイが筒の両端に凸レンズをつけてみたところ、遠くにある物体が拡大して見えたことがきっかけだった。

地球の磁場が最後に逆転したのは約4万2000年前

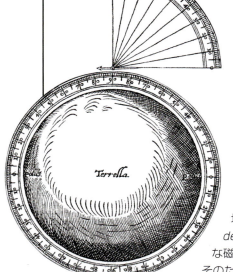

△ 『磁石論』の挿絵

1600年
磁気を帯びた地球

イングランドの科学者ウィリアム・ギルバートは『磁石論（磁石および磁性体ならびに大磁石としての地球の生理）』(De Magnete, Magneticisque, et de Magno Magnete Tellure) の中で、地球は巨大な磁石のようなものだと結論づけ、磁針が北を指すのもそのためであると説明した。磁極という言葉を初めて用いたのもギルバートである。

1609年
ガリレオの望遠鏡

イタリアの天文学者ガリレオ・ガリレイは、どこかで望遠鏡が発明されたことを聞きつけ、自分でも作ってみることにした。最初は3倍の倍率しか出せなかったが、最終的には30倍にも拡大できる望遠鏡を作り上げた。その結果、以前は肉眼では見えなかった天体を、初めて詳しく観測できるようになった。

望遠鏡の実演をするガリレオ ▷

1609年 望遠鏡で観測した月面を初めてトーマス・ハリオットがスケッチする

1609年

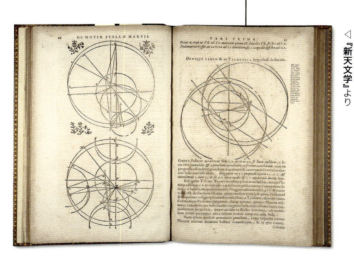

◁『新天文学』より

1609年
ケプラーの法則

ヨハネス・ケプラーは火星の軌道を数年かけて調べた後に『新天文学』(Astronomia Nova) を出版し、惑星の運動に関する法則を定式化した。ケプラーの三法則のうちの最初の二つである。第一法則では、惑星は当時考えられていたような円軌道ではなく楕円を描いて太陽のまわりを回り、第二法則では、太陽に近い惑星ほど速く動くとした。

1571〜1630年
ヨハネス・ケプラー
ドイツの天文学者ケプラーは天文学の発展に重要な役割を果たした。惑星の運動に関するケプラーの三法則は、理論と数学の両面からコペルニクスの太陽中心モデルの基礎を固めた。

1610年
木星の月

ガリレオが新しく自作した望遠鏡で観測すると、木星の近くに動く光が数個あった。ガリレオは、その光が木星の衛星に由来することに気づいた。これにより、地球以外の惑星にも衛星があることが明らかとなった。著書『星界の報告』(Siderius Nuncius)でガリレオが書きとめた、後にイオ、ガニメデ、エウロパ、カリストと呼ばれることになる衛星に関する記述は、太陽系は地球を中心に回っているのではないとするコペルニクスの考えを補強した。

◁ ガリレオの書き込みが残る『星界の報告』

木星の衛星 ▷

1610年 ガリレオ・ガリレイが太陽の黒点を初めて観測する

1614年 スコットランドの数学者ジョン・ネーピアが、複雑な算術計算をする際の計算法として対数を考案する

1610年

1610年 フランスの天文学者ニコラ＝クロード・ファブリ・ド・ペーレスクが、オリオン座大星雲を初めて観測する

1611年 ヨハネス・ケプラーが『屈折光学』(Dioptrice)を出版し、光学に基づいて顕微鏡や望遠鏡の原理を説明する

1617年 オランダの数学者ヴィレブロルト・スネルが、三角測量を用いて地球の半径を測定する新しい方法を解説する

1614年
生理学の実験

イタリアの解剖学教授のサントーリオ・サントーリオが『医学静力学』(De Statica Medicina)を出版し、自身の体でおこなった呼吸と体重に関する実験を紹介した。食べ物の摂取量と排泄物の量を比較し、体が「発汗」したり、エネルギーを消費したりしていることをサントーリオは突きとめ、代謝研究の基礎を築いた。

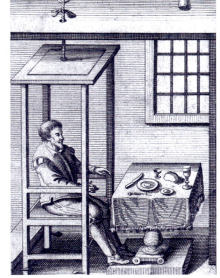

実験をしているサントーリオ ▷

『世界の調和』の挿絵 ▷

1619年
惑星運動の第三法則

ヨハネス・ケプラーは『世界の調和』(Harmonices Mundi)を著し、惑星運動の第三法則を論じた。第三法則では、惑星の周期（公転に要する時間）と太陽からの距離の比は一定であるとされる。

1610年–1624年 | 65

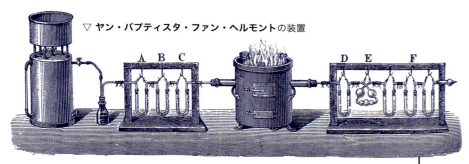
▽ ヤン・バプティスタ・ファン・ヘルモントの装置

1620年
二酸化炭素

フランドルの化学者ヤン・バプティスタ・ファン・ヘルモントは、化学反応中に空気とは異なる物質が発生することを突きとめた。これらの気体に「ガス」と命名し、木炭を燃やしたときに発生するガスと、ブドウ果汁を発酵させたときに発生するガスとが同じものであることを明らかにした。したがって、二酸化炭素の存在を初めて認識したのはヘルモントである。

1620年 フランシス・ベーコンが『ノヴム・オルガヌム（新機関）』（*Novum Organum*）を著し、かねてより主張していた科学的方法を明確にする

1620年
顕微鏡

この頃、オランダのレンズ職人ツァハリアス・ヤンセンが、観察する物体に焦点を当てるレンズと、映像を拡大するレンズを備えた複式顕微鏡を初めて考案した。ヤンセンの顕微鏡によって小さな物体や生物を科学的に観察できるようになった。

ツァハリアス・ヤンセンの顕微鏡（複製品）▷

1624年

1621年 イングランドの学者ロバート・バートンが『憂鬱の解剖』（*The Anatomy of Melancholy*）を著し、さまざまな精神疾患を論じる

「憂鬱とは……習慣であり、深刻な病であり、停滞した体液である」

ロバート・バートン、『憂鬱の解剖』、1621年

惑星の運動

ケプラーの惑星運動の三法則は、さらに根本的な運動の法則と万有引力の法則に基づいている。したがってケプラーの三法則は、恒星のまわりを公転する惑星のほかに、ある天体がそれよりもはるかに大きな天体の重力の影響下で公転する状況にも当てはまる。公転軌道は閉じた楕円を描き、大きなほうの天体は楕円の中心の両側にある焦点のいずれかに位置する。

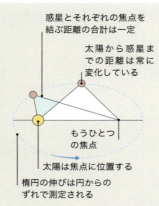

惑星とそれぞれの焦点を結ぶ距離の合計は一定
太陽から惑星までの距離は常に変化している
もうひとつの焦点
太陽は焦点に位置する
楕円の伸びは円からのずれで測定される

第一法則
惑星は、太陽をひとつの焦点とする楕円を描いて公転する。そのため、惑星と太陽との距離は常に変化している。

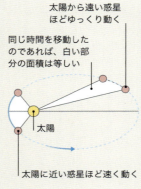

太陽から遠い惑星ほどゆっくり動く
同じ時間を移動したのであれば、白い部分の面積は等しい
太陽
太陽に近い惑星ほど速く動く

第二法則
惑星と太陽を結ぶ線分は、等しい時間には等しい面積を描きながら公転する。

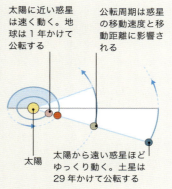

太陽に近い惑星は速く動く。地球は1年かけて公転する
公転周期は惑星の移動速度と移動距離に影響される
太陽
太陽から遠い惑星ほどゆっくり動く。土星は29年かけて公転する

第三法則
公転周期の2乗は公転軌道の長半径（楕円の長軸の2分の1）の3乗に比例する。

1627年
胎児発生の研究

フランドルの解剖学者アドリアン・ファン・デン・スピーゲルが『胎児の形成について』(*De Formato Foetu*)を出版し、ヒトの子宮における胎児の発生を説明した。同書により胎児の形態の理解が深まり、発生学という科学分野が確立していった。

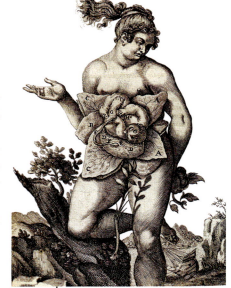

『胎児の形成について』より ▷

1630年
木の成長

ヤン・バプティスタ・ファン・ヘルモントはヤナギの木を1本植え、雨水だけを与えて育てた。5年後に重さを量るとヤナギは74kg増えていたのに、土はわずかしか減っていなかった。そこでヘルモントは、増えた原因は何らかの化学反応によると考えた。ヘルモントの実験は光合成の発見につながる第一歩だった。

ヤン・バプティスタ・ファン・ヘルモント ▷

1627年 約1500個の恒星を収録したルドルフ表をヨハネス・ケプラーが完成させ、出版する

1625年

1626年 イタリアの医師サントーリオが測温器に目盛りをつけ、最初の体温計を作る

1578〜1657年
ウィリアム・ハーヴィ

イングランドの医師ハーヴィは生体を使って実験をおこない、血液循環の理論を作り上げた。魚やヘビの血管の切開はもちろんのこと、血液の循環を止めるためにヒトの腕を結紮(けっさつ)したこともあった。結紮実験では、流れなくなった血液で血管がふくらむ様子をじっくり観察した。

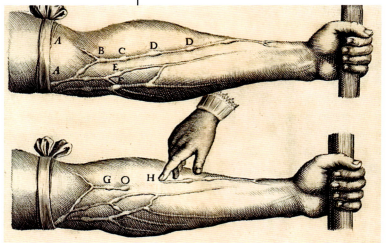

◁『心臓の運動』の挿絵

1628年
血液の循環

ウィリアム・ハーヴィが『心臓の運動』(*De Motu Cordis*)を出版し、血液循環の仕組みをめぐる古くからの問題を解決した。ギリシャの著述家たちは肺に重きを置いていた。これに対しハーヴィは、血液は心臓から押し出されて血管に入り、動脈系を通って末梢からまた心臓に戻ってくることを突きとめた。

光合成

動物は他の生物もしくはその生産物を食料として食べる。一方、植物は光合成という過程を利用して自ら食料を作る。光合成は英語で photosynthesis といい、photo は「光」、synthesis は「作る」を意味する。光合成とは、日光、水、二酸化炭素を利用してブドウ糖（単糖）と酸素を生成する化学的過程である。生成したブドウ糖は植物体内でエネルギー源として使われたり、セルロースなどの原料となったりする。酸素は空気中に放出される。

緑葉植物

光合成は、葉に存在する葉緑体という小さな構造体でおこなわれる。葉緑体は葉の表面近くにあり、クロロフィル（葉緑素）と呼ばれる緑色の色素を含んでいる。

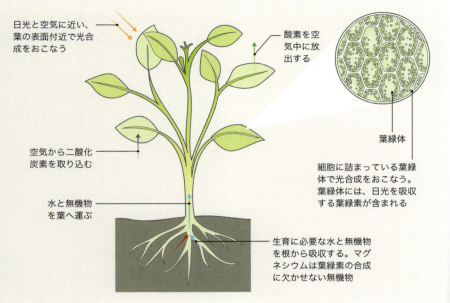

- 日光と空気に近い、葉の表面付近で光合成をおこなう
- 酸素を空気中に放出する
- 空気から二酸化炭素を取り込む
- 水と無機物を葉へ運ぶ
- 生育に必要な水と無機物を根から吸収する。マグネシウムは葉緑素の合成に欠かせない無機物
- 葉緑体
- 細胞に詰まっている葉緑体で光合成をおこなう。葉緑体には、日光を吸収する葉緑素が含まれる

1632年　イタリアの外科医マルコ・セヴェリーノが最初の外科病理学書を出版する

1632年　イングランドの聖職者ウィリアム・オートリッドが『数学の鍵』(The Key of the Mathematicks) の中で乗算記号を取り入れる

1634年

1631年 正確な測定

フランスの数学者ポール・ヴェルニエがきわめて小さなものの長さを正確に測定する器具を考案した。スライドする物差しが二つ付いていて、2番目の物差しの目盛りを利用して測定値を微調整する。

◁ 真鍮（しんちゅう）製の副尺付きノギス

1632年 ガリレオの裁判

ガリレオが『天文対話』(Dialogo sopra i due massimi sistemi del mondo) を出版し、コペルニクスの太陽中心説を擁護した。そのためガリレオは異端の説を支持したかどでローマカトリック教会の宗教裁判にかけられた。判決では終身禁固（しばらくして軟禁に減刑）が言い渡され、関連する著作も禁書とされた。

△ ローマカトリック教会の宗教裁判にのぞむガリレオ

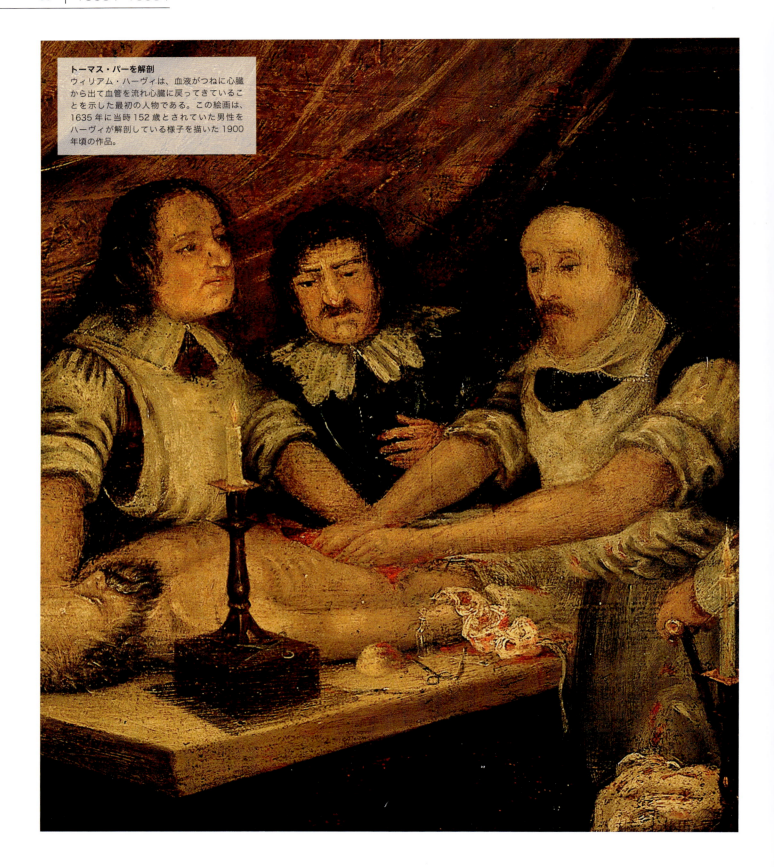

トーマス・パーを解剖
ウィリアム・ハーヴィは、血液がつねに心臓から出て血管を流れ心臓に戻ってきていることを示した最初の人物である。この絵画は、1635年に当時152歳とされていた男性をハーヴィが解剖している様子を描いた1900年頃の作品。

ヒトの循環系

循環系は酸素と栄養を体中に運び、老廃物を取り除く働きをする。体中に張り巡らされた血管と弁と、連続稼働しているポンプすなわち心臓とで循環系の全工程を担う。ヒトの心臓は1日に約10万回拍動し、約5リットルの血液を体中に循環させている。

血液が体を循環していることを発見したのは17世紀の医師ウィリアム・ハーヴィ。ハーヴィ以前の医師たちは、はるかローマ時代のままに、血液は肝臓で作られ、筋肉で使いはたされると考えていた。

ヒトの循環系は二重循環と呼ばれる。血液が、心臓を経由する2通りの経路を流れるからである。動脈は血液を心臓から運び出して臓器に届ける。静脈は血液を心臓に戻す。

肺動脈は血液を心臓から肺へ運び、肺で酸素を含んだ血液は肺静脈によって心臓に戻る。大動脈は血液を心臓から体の各部へ運ぶ主要な動脈である。動脈は手や足までくると、毛細血管と呼ばれる細い血管に分岐する。

血液を心臓から押し出すのは、心室と呼ばれる、筋肉でできた二つの部屋の働きである。心臓の左側にある心室によって押し出された血液は大動脈を通って出ていく。血液を心臓まで戻す二つの主要な静脈は上大静脈と下大静脈である。上大静脈は頭部、頸部、胸部上部、上肢から血液を運ぶ。下大静脈はヒトでは最大の静脈であり、体の中ほどより下の部分から心臓へ血液を運ぶ。

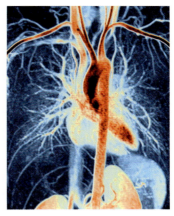

医用画像と循環
画像技術の進歩により、目の前の患者の血管や血液循環を調べることができる。上図は核磁気共鳴血管撮影という技術で撮られた画像。

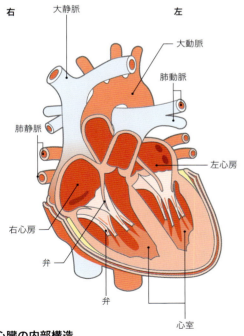

心臓の内部構造
心臓は筋肉でできたポンプである。右心室は酸素に乏しい血液を肺へ送り出す。左心室は右心室よりも厚い筋肉層で取り囲まれていて、酸素に富む(酸素化された)血液を全身に送り出すことができる。弁は心臓を巡る血液の流れを調節して逆流を防ぐ。

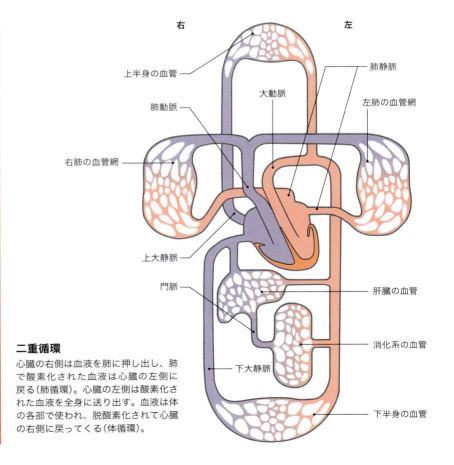

二重循環
心臓の右側は血液を肺に押し出し、肺で酸素化された血液は心臓の左側に戻る(肺循環)。心臓の左側は酸素化された血液を全身に送り出す。血液は体の各部で使われ、脱酸素化されて心臓の右側に戻ってくる(体循環)。

1637年
中国の百科全書

中国の学者、宋応星が『天工開物』を出版した。『天工開物』は農業、冶金、製紙、輸送、水車、火薬製造など、幅広い分野における科学の応用をまとめた百科全書。

1642年
初期の計算機

フランスの数学者ブレーズ・パスカルが計算装置のパスカリーヌ（算術機械）を考案した。そもそも計算装置の開発に取り組むようになったのは、徴税計算に役立てようと思ったことがきっかけだった。パスカルの装置では、歯車を利用して数字を隣の列に送り、加算と減算をおこなう仕組みを取り入れていた。

◁ 宋の百科全書の挿絵

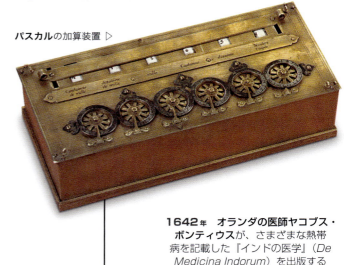

パスカルの加算装置 ▷

1637年 フランスの数学者ピエール・ド・フェルマーが古い数学書の余白に自身の定理を書き込む

1642年 オランダの医師ヤコブス・ボンティウスが、さまざまな熱帯病を記載した『インドの医学』（*De Medicina Indorum*）を出版する

1635年

▷ ルネ・デカルト

1639年
金星の太陽面通過

イングランドの天文学者ジェレマイア・ホロックスが金星の太陽面通過を予測し、観測した。金星が太陽を横切るように見える現象はとても珍しく、約120年おきに、8年間隔で2度起こる。天文学者たちはこの機会を利用して、太陽系の大きさを算出した。

1637年
デカルト座標

フランスの哲学者で数学者のルネ・デカルトが著書『方法序説』（*Discours de la méthode*）の別冊で、水平（x）軸と垂直（y）軸を用いて平面上の点の位置を示す方法を紹介した。以後、数学者がグラフを作成する際にはデカルトが考えた方法が使われている。

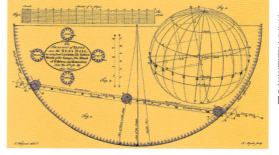

◁ ホロックスが観測した金星の太陽面通過の図

望遠鏡の発明以来、金星は太陽面を7回通過している

1635年-1649年 | 71

◁ 気圧計の実演をするトリチェリ

1644年
気　圧

ガリレオの弟子でもあったイタリアの物理学者エヴァンジェリスタ・トリチェリは、片端をふさいだガラス管に水銀を入れ水銀漕の中に倒立させて真空を作り出し、これを利用して気圧計を初めて作った。ガラス管の内部で見られる水銀の高さの変化が、自身が「空気の海」と呼んでいるものによって生じることにトリチェリは気づき、その結果、大気の圧力を測定するに至った。また、この実験によりトリチェリは、真空を持続して作り出すことに初めて成功した人物となった。

1648年 ブレーズ・パスカルは、義兄フロラン・ペリエがおこなった実験により、標高が高い場所ほど空気の密度が低くなることを実証する

1649年 フランスの科学者ピエール・ガッサンディが、物質の性質は原子の形によって決まると説明する

1649年

1644年 イタリアの天文学者ジョヴァンニ・オディエルナが、ハエの眼など生物の体を顕微鏡で観察した結果を著作にまとめる。この類の観察記録としては最初の報告

1647年
月面図

ポーランドの天文学者ヨハネス・ヘヴェリウスは、日食で生じる月の影を利用して海上で経度を計測する方法を知ったことがきっかけで、グダニスクにある自作の天文台で5年にわたって星の観測を続けた。観測の結果は世界初となる月の地図帳にまとめられた。版刻した美しい挿絵40点には、さまざまな月相が描かれている。

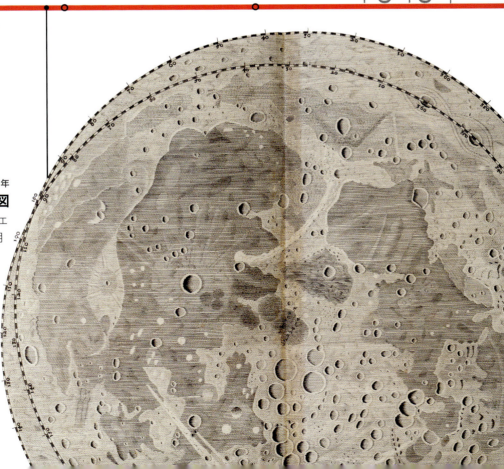

ヘヴェリウスの月面図 ▷

△ 真空を実演で示すオットー・フォン・ゲーリケ

1650年

1652年 デンマークの医師トーマス・バルトリンが ヒトのリンパ系を初めて完全に記述する

1653年 ブレーズ・パスカルが『流体平衡論』（*Récit de la grande expérience de l'équilibre des liqueurs*）を著し、小さな閉鎖系では液体の圧力はどの方向においても一定であるというパスカルの法則を提案する

▷『英国の医師』の挿絵

「私は病弱だったおかげで、この世のあらゆる恵みの中で健康ほどありがたいものはないと容易に理解できるようになった」

ニコラス・カルペパー、『英国の医師』、1652年

1652年
薬用植物
イングランドの植物学者ニコラス・カルペパーが『英国の医師』〔*The English Physician*。後に同書を含む『ハーブ事典』（*The Complete Herbal*）をまとめる〕を出版した。貧しい人々にとって医療が身近になることを願って、カルペパーはラテン語ではなく英語で書き、陣痛を和らげるにはヨモギといったように手に入れやすい薬草療法を紹介した。

1650年-1659年 | 73

1658年
比較解剖学
オランダの生物学者ヤン・スワンメルダムはカエルの脚を顕微鏡で観察して赤血球を確認し、これを初めて記載した科学者である。また、幼虫が変態してチョウになる様子を報告し、ハチの巣で最上位にいるのは女王バチであることも突きとめた（当時は雄バチと考えられていた）。

1654年
真空の力
ドイツの科学者オットー・フォン・ゲーリケは銅製の半球（マグデブルクの半球と呼ばれる）を合わせて球形にし、中の空気を抜いて真空を作り出し、真空の力をみごとに実証した。馬に乗った2チームに真空の球を互いに反対向きに引っぱらせたが、真空の球には大きな大気圧がかかっていたため離れなかった。

◁ ヤン・スワンメルダムによるハチの生殖器の図

1655年 イングランドの数学者ジョン・ウォリスが無限大の記号を導入し、曲線に対する接線を求める方法を考案する

1655年 イングランドの科学者ロバート・フックが、月のクレーターは火山の溶岩噴出に伴う巨大な泡によって生じたと説明する

1659年

1656年 クリスチャン・ホイヘンスが最初の振り子時計を作り、時計の精度が飛躍的に向上する

▷ ブレーズ・パスカル

1653年
パスカルの三角形
ブレーズ・パスカルはサイコロを振って出る数字の確率を研究し、その結果を『数三角形論』（*Traité du triangle arithmétique*）にまとめた。同書の中で示されたのが二項係数の表で、上下連続する段の各数字はすぐ上の二つの数の和となるような三角形の図である。パスカルの三角形は確率論の基礎のひとつとなった。

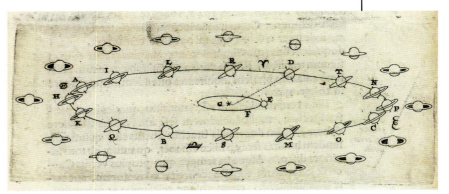

△ クリスチャン・ホイヘンスの土星の研究

1655年
土星の研究
オランダの科学者クリスチャン・ホイヘンスは屈折望遠鏡を用いて土星の衛星を初めて確認した。タイタンの発見である。さらに、土星は薄い板のような環に囲まれているとホイヘンスは考え、その4年後に土星の環を実際に観測して確かめた。

1660年–1669年

1661年
毛細血管

イタリアの生物学者マルチェッロ・マルピーギはカエルの肺の表面に網状に広がる細い管を調べ、毛細血管を発見した。毛細血管が動脈と肺をつなぐことで、血液は心臓へ戻ることができるとマルピーギは考えた。

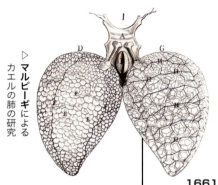

▷ マルピーギによるカエルの肺の研究

1666年
白色光の分析

イングランドの物理学者で数学者のアイザック・ニュートンがプリズムを用いて白色光を屈折させたところ、白かった光が色のついた光に分かれて出てきた。色ごとに分かれた光を、さらに別のプリズムで屈折させると白色光に戻った。白色光はさまざまな単色光の混合であり、その単色光はいつも同じ順番で現れることをニュートンは突きとめた。

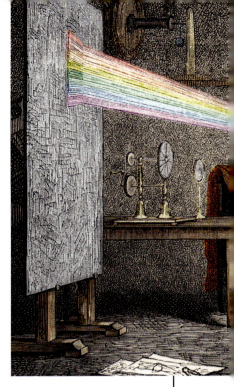

1661年 アイルランド生まれのイングランドの自然哲学者ロバート・ボイルが、それ以上分割できない物質が元素であると定義する

1660年

1660年 ロイヤル・ソサイエティ（王立協会）がロンドンに設立される。英国でもっとも古い学会

◁ ロバート・フックのコルクの研究

1665年
細胞の発見

ロバート・フックは、レンズを3枚組み合わせた顕微鏡を用いてコルクガシの樹皮を観察し、ハチの巣のような格子構造に気づいた。フックが見つけたのは植物の細胞だった。フックは顕微鏡を通して得た知見をきわめて詳細なスケッチとともに著書『ミクログラフィア』（*Micrographia*）にまとめた。

1627〜91年
ロバート・ボイル

アイルランドのリズモアで生まれたボイルは物理学、流体静力学、地球科学で重要な研究をしたが、それ以上に近代化学の創設者、実験研究の第一人者としてよく知られている。同時代の人の例にもれず、ボイルも錬金術思想の世界にいた。

ボイルの空気ポンプ、実験装置 ▷

1662年
ボイルの法則

ロバート・ボイルは空気ポンプを用いて実験をおこない、ボイルの法則を発見した。ボイルの法則は、温度が一定のとき気体の圧力はその体積に反比例する、つまり体積が増えると気体の圧力は小さくなることを意味する。

1660年–1669年 | 75

◁ 屈折の実験をおこなうアイザック・ニュートン

1669年
層序学
デンマークの地質学者ニコラス・ステノは、いわゆる「舌石」が現生のサメの歯に似ていることから、「舌石」は古代のサメの歯が石化したものだと見抜いた。このような化石は、岩石の層が順に積み重なっていく過程で地中に埋もれたとステノは考え、層序学の原理を打ち立てた。

◁ 石化したサメの歯

1666〜67年 イングランドの医師リチャード・ロウアーとフランスの医師ジャン゠バティスト・ドニが動物の血液を初めて人体に輸血する

1666年 イタリアで研究していたジョヴァンニ・カッシーニが火星の極冠を観測する

1668年 イングランドの化学者ジョン・メーヨーが呼吸を説明する。肺は血液に空気を接触させ、心臓は肺に血液を送り出すように設計されていると主張する

1668年 フランチェスコ・レディがハエで実験をおこない、自然発生説（生物は非生命物質から生じるとする説）を否定する

1669年

細胞、組織、器官
あらゆる生物の構成要素である細胞は、単独で働く場合（赤血球など）と、集まって組織となる場合がある。組織では同じ構造と機能をもつ細胞がひとつにまとまって働く。いくつかの組織がつながって心臓や脳などの器官となる。さらに器官は循環系や神経系などの器官系をつくる。

器官系
さまざまな器官がつながって器官系をつくる。たとえば心臓と血管が結合して循環系となる。

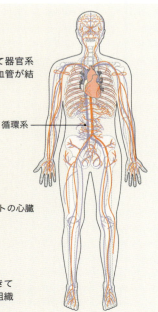

循環系

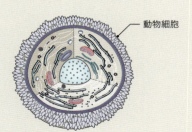

動物細胞

細胞
細胞にはさまざまな種類があり、その数は数百になる。各細胞のもつ独自の機能は遺伝子や存在する場所によって決まる。

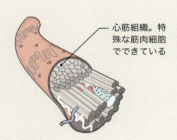

心筋組織。特殊な筋肉細胞でできている

組織
同じ種類の細胞がつながって皮膚、骨、心筋（上図）といった組織をつくる

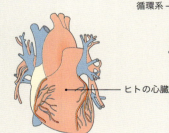

ヒトの心臓

器官
器官はさまざまな組織でできている。心臓には筋肉や結合組織などが含まれる。

太陽のプラズマ
太陽では原子はほぼすべてがイオン化されていて、高温のプラズマとなっている。このような電荷を帯びた物質が動くと強力な磁場が発生し、フレア（太陽面爆発）などの激しい活動を引き起こす。

物質の状態

物質は形態、すなわち状態を変えて存在することができる。物質の状態や性質の多くは、物質中の粒子の並びによって決まる。「典型的」な物質の状態は固体、液体、気体の三態である。

固体の場合、粒子はびっしり詰まっていて、ひとところに固定されている。そのため自由に動けない。温度と圧力が一定ならば、固体は大きさも形も変わらない。液体の場合、粒子は固体よりは緩やかに詰まっていて、固定されてはいない。つまり液体は、体積は保ちつつ、容器に合わせて形を変える。気体の場合、粒子はばらばらに離れていて固定もされていないため、空間を勢いよく動き回る。気体は容器に合わせて体積も形も変える。物質は別の状態に変化することができる。このような変化を相転移といい、相転移は圧力や温度の変化によって引き起こされる（下図参照）。

物質の第四の状態であるプラズマは日常生活ではなじみがないが、宇宙ではごくありふれている。気体を超高温で加熱すると、たいていの場合、プラズマになる。原子から電子が引き離され、気体がイオン化した（帯電している）状態である。太陽などの恒星はプラズマでできている。地球上ではプラズマは雷の稲妻やネオンサインで生じる。固体、液体、気体、プラズマ以外にボース＝アインシュタイン凝縮やクォークグルーオン・プラズマといった自然界には存在しない状態もある。

珍しい金属
水銀は −39 ℃で溶け、室温で液体となる唯一の金属。この性質を活用して、水銀は温度計、水銀スイッチ、気圧計などさまざまな装置で使われている。

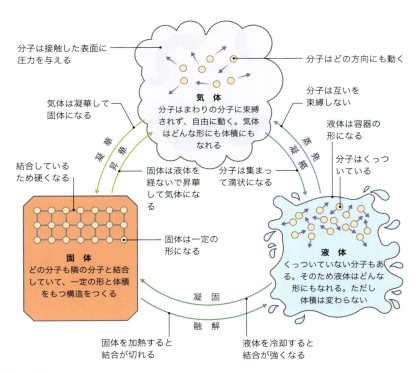

状態の変化
物質の状態が異なる相に変化すると構造と性質がすっかり変わる。低温では固体、熱を加えると溶けて液体になり、液体を沸騰させると気体になる。このような状態変化が起こる温度は物質によって違う。たとえば沸騰する温度は、水は 100 ℃、窒素は −196 ℃。

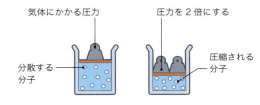

ボイルの法則
気体の圧力は体積に反比例する。したがって温度が一定であれば、圧力が 2 倍になると体積は 2 分の 1 になる。

シャルルの法則
気体に熱を加えると、体積も比例して増える。圧力が一定であれば、分子は加熱前に比べ速く動き、広い空間を求める。

ゲー＝リュサックの法則
気体の圧力は温度に正比例する。したがって気体の温度が 2 倍になれば（絶対温度で計測）、圧力も 2 倍になる。

1670年–1684年

▷『リンを発見した瞬間の錬金術師』に描かれたヘニック・ブラント

1670年
リンの単離

ドイツの化学者ヘニック・ブラントは新しい元素を発見したことがわかっている歴史上初めての人物。金を作る錬金術を探り試行錯誤する中で尿を蒸発させたところ、軽くて蝋状の物質を見つけた。暗がりで光を放ったことから、ブラントはこの物質に「光を運ぶもの」という意味のラテン語に由来する phosphorus（リン）と命名した。

1674年
微分法

ドイツの数学者ゴットフリート・ライプニッツが、変化の割合と無限に小さな因子の和を扱う数学の一分野、微分法を発見した。ライプニッツはほとんどの研究を学術誌『アクタ・エルディトラム（学者の活動の意）』（*Acta Eruditorum*）で発表した。同じ頃、アイザック・ニュートンも微分法を独自に考え出していた。

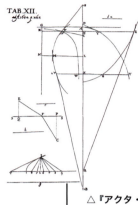

△『アクタ・エルディトラム』、1684年に掲載された図版

1670年 ロバート・ボイルが鉄に酸を垂らして水素を発見する

1670年

微生物

小さすぎて肉眼では見ることができない生物を微生物という。地球上に存在する微生物（細菌やウイルスから植物、動物、菌類、藻類も含む）の生活形は顕微鏡で覗いてようやく見えるものがほとんどである。病気を広げる微生物もいれば、人間の生存に役立つ微生物もいる。皮膚から腸の内層まで、人体の表面には無数に近い微生物が生息していて、その多くは私たちを病気から守ってくれている。

大きさ

微生物の大きさはさまざまである。ダニは1000分の1メートル（1ミリメートル、mm）、細菌は100万分の1メートル（1マイクロメートル、μm）。ウイルスは細菌のさらに10分の1。

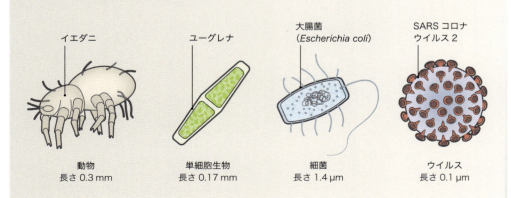

イエダニ	ユーグレナ	大腸菌 (*Escherichia coli*)	SARSコロナウイルス2
動物 長さ0.3 mm	単細胞生物 長さ0.17 mm	細菌 長さ1.4 μm	ウイルス 長さ0.1 μm

◁ 微小動物の図

1675年
微小動物

オランダの科学者アントニー・ファン・レーウェンフックは、倍率275倍の自作の顕微鏡で小さな動物を見つけ、「微小動物」と名づけた。レーウェンフックが発見したのは、当時はまだ知られていなかった生物、原生動物だった。

ハレー彗星の目撃情報が初めて記録されたのは（中国で）紀元前239年

1676年
光の速さ
デンマークの天文学者オーレ・レーマーが測定するまでは、科学者は光の速さは無限だと考えていた。木星による衛星イオの食を観測していたレーマーは、地球が木星に近づくと食周期が短くなることに気づいた。この現象が、食からの光の移動距離が短くなることによって生じているとレーマーは見抜き、光の速度を算出した。

△ 自作の天文台で観測するオーレ・レーマー

1678年 光は上下に振動しながら移動する波でできているとする説をクリスチャン・ホイヘンスが提出する

1679年 ゴットフリート・ライプニッツが2進法計算を説明する

1682年 イングランドの天文学者エドモンド・ハレーが彗星を観測する。後年ハレーは、この彗星が戻ってくることを予言する

1680年 イタリアの生理学者ジョヴァンニ・ボレッリが筋収縮の研究を通して生体力学の基礎を築く

1684年 ジョヴァンニ・カッシーニがすでに発見していた土星の衛星2個に加え、新たに2個（ディオネとテティス）発見する

1684年

1678年
フックの法則
金属製の素材などでできた伸縮性のあるものに力を加えると形が変わることにロバート・フックは気づいた。その後、伸びの変化量は加えた力に正比例するという、有名なフックの法則を考えつく〔『復元力についての講義』(*De Potentia Restitutiva*)〕。この考察がやがてコイルばねの開発へとつながった。

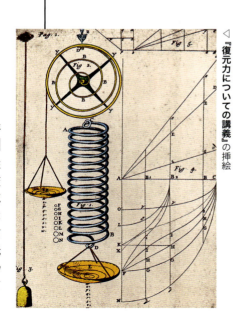

◁ 『復元力についての講義』の挿絵

1656〜1742年
エドモンド・ハレー
偉大な天文学者ハレーは南半球の星座を初めて星図にまとめた。また金星の太陽面通過の観測方法を考え出した。さらに24個の彗星の軌道も確定し、その中のひとつには後にハレーの名がつけられた（1758年に再出現するとハレーが予言）。

1685年–1699年

◁ ジョン・レー

1686年
生物種

イングランドの博物学者ジョン・レーが「種」を初めて科学的に定義した。すなわち「種」とは、同じような特徴をもち、生殖可能な動物あるいは植物の集団である。レーの定義は、後に分類学の基礎、つまり種の科学的分類の基礎となった。

1694年
植物の生殖

ドイツの植物学者ルドルフ・カメラリウスは『植物の性に関する書簡』（De Sexu Plantarum）を著し、植物の有性生殖に関する発見を発表した。カメラリウスはクワの木を調べ、顕花植物の雄の器官（葯）と雌の器官（雌蕊）を同定し、植物の生殖における花粉の役割を解説した。

クワ ▷

1685年

1686年 地上風の原因は、
太陽の熱が引き起こす大気の
循環にあるとエドモンド・
ハレーが説明する

1689年　小児医療に関する医学書
が刊行されはじめ、イングランドの
医師ウォルター・ハリスも
著書を出版する

1690年　ヨハネス・ヘヴェリウス
が自身の最後となる星図を出版する。
山猫座など現在使われている星座の
名前も多く記されている

1687年
運動の法則

アイザック・ニュートンは『プリンキピア（数学的諸原理）』（Principia Mathematica）を出版し、万有引力の理論と運動の法則を提出した。二つの物体は、大きさは等しく向きは逆の力を及ぼし合っていること、物体の速度は別の力が作用しないかぎり一定であることなどが書かれている。

「すべての物体は、力が加えられて
今ある状態の変更を
余儀なくされないかぎり、
静止した状態、または直線上を
一様に運動する状態を続ける」

アイザック・ニュートンの運動の第一法則、
『プリンキピア』、1687年

アイザック・ニュートンのノート △

1685年–1699年 | 81

1696年
科学と宗教

イングランドの神学者で博物学者のウィリアム・ホイストンは『地球の新説』（*A New Theory of the Earth*）を著し、ノアの洪水など聖書に書かれている出来事を科学的に説明しようとした（ノアの洪水は、地球をかすめた彗星が引き起こしたと説明）。『地球の新説』は聖書を科学の視点で探究する試みの第一歩をしるし、同書をきっかけに自然現象に対する宗教的説明からの脱却が進んでいく。

◁『アララト山に到着したノアの方舟』、サイモン・ド・マイル作

1697年 ものを燃やすとフロギストンと呼ばれる物質が空気中に放出されるという理論をドイツの化学者ゲオルク・シュタールが提出する

1697年 投射体に関する問題をスイスの数学者ヨハン・ベルヌーイが解決する。ベルヌーイの解法は弾道学に影響を与える

1698年 クリスチャン・ホイヘンスの死後、『星を見る者』（*Cosmotheoros*）が出版される。ホイヘンスは生前、ほかの惑星にも生命が存在する可能性を指摘していた

1698年
鉱夫の味方、揚水機関

浸水した坑道から水をくみ上げるために、イングランドの軍事技術者トーマス・セーヴァリが蒸気機関を初めて完成させた。溜まっている水を閉じた容器に送り、圧力をかけた蒸気でその水を押し上げ、坑道の外へ出すという仕組みになっていた。

1699年

◁ トーマス・セーヴァリの蒸気ポンプ

1643～1727年
アイザック・ニュートン

イングランドの数学者アイザック・ニュートンは万物の力学的枠組みを追究するなかで、光学と微分積分学を発展させ、引力の理論を定式化した。ニュートンの理論は、250年以上にわたって物理学を支えることになる。

1699年
比較生理学

イングランドの医師エドワード・タイソンはチンパンジーを解剖した際に、脳や内臓がヒトにかなり似ていることに気づいた。タイソンはほかにもネズミイルカやガラガラヘビなどさまざまな動物を解剖し、比較生理学の基礎を築いた。

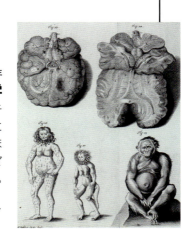

エドワード・タイソンによるオランウータン（*Pongo pygmaeus*）のスケッチ ▷

運動の法則

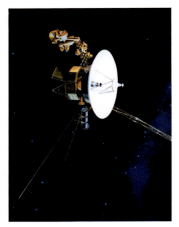

遮るものがない運動
ボイジャー1号はほぼ何もない宇宙空間、つまり基本的には同機に作用する力がない場所を旅している。したがって無限に移動し続けることができる。

アイザック・ニュートン卿の運動の法則は古典力学の根幹である。ニュートンの運動三法則は、物体の運動と物体に作用する力との関係を説明し、これにより私たちは砲弾やロケットといった物体が力の影響を受けてどのように移動するかを正確に予測できる。

運動の第一法則は、慣性の概念、つまり均衡を破る力が作用しないかぎり物体には同じ運動状態を継続しようとする傾向があることを示す。この法則は、それまで延々と信じられてきた、物体は作用し続ける力があるときのみ動き続けるとする考えに真っ向から異を唱えるものであった。

第二法則は、物体に加わる力と、物体の質量と、力を受けて生じる加速度との関係を説明する。一定の力の下では重い物体ほど加速度は小さくなる。第三法則によれば、あらゆる作用には等しくかつ反対向きの作用が働く。たとえば、太陽が地球に及ぼす力と地球が太陽に及ぼす力が対応する（ただし、太陽の質量のほうがはるかに大きいため、地球が太陽に及ぼす力の影響は小さい）。

ニュートンの運動三法則に基づくと、種々の物理系をさらに深く考察できる。たとえば膨大な数の粒子を含む系に適用することにより、気体の振る舞い方が説明できる。新しい物理学〔相対性理論（p.186～87、197を参照）や量子力学（p.180～81を参照）〕の発展により、きわめて小さい、あるいはきわめて速い、あるいはきわめて大きい物体の振る舞いを説明できるようになったとはいえ、依然としてニュートンの三つの法則は日常の諸現象に対してはよい近似を示す。

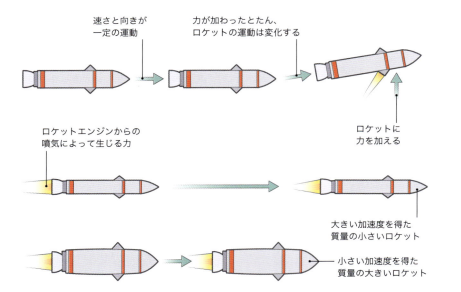

運動の第一法則
ニュートンの第一法則は、外からの力が加わらないかぎり、静止している物体は静止し続け、運動している物体は一定の速さと方向を保ったまま運動し続けることを示す。つまり、物体（ロケットなど）は偏った力（ブースターなどによる力）が加わらないかぎり加速しない。

運動の第二法則
ニュートンの第二法則は、物体の加速度（a）は物体の質量（m）と加わる力（F）によって決まることを示す。これを式で表すと $F = ma$ となる。したがって、質量の大きい物体と小さい物体に一定の力を加えた場合、小さい物体に生じる加速度のほうが大きくなる。

運動の第三法則
ニュートンの第三法則は、ある物体が別の物体に力を加えるとき、別の物体もある物体に対して等しい大きさで反対向きの力を加えていることを示す。つまり、あらゆる作用には大きさが等しく、向きが反対の力が働く。ロケットの場合、前向きの推力は、燃料を燃やして発生する後ろ向きの噴気に対する反作用と考えられる。

運動の法則 | 83

作用と反作用
運動の第三法則を示す実際の例。こぎ手がオールを引いて水を後ろ向きに押す(作用)と、ボートには前向きに押す水の力が加わり(反作用)、前へ進んでいく。

波動と粒子の二重性

ある種の実験をすると波は粒子のように振る舞い、粒子は波のように振る舞う。したがって量子スケール（原子や、原子よりもさらに小さい物体）では物体を完全にどちらか一方としては説明できない。そのかわり、たとえば光は波と粒子、両方の性質をもつと考えられている。波動と粒子の二重性として知られるこの考え方は量子物理学では重要な概念である。

波のような振る舞い

スクリーンにあいた二つのスリットを通った光は2本の光線に分かれて回折し、さらに回折光どうしが干渉して観察用スクリーンに明暗のはっきりした縞模様を作る。

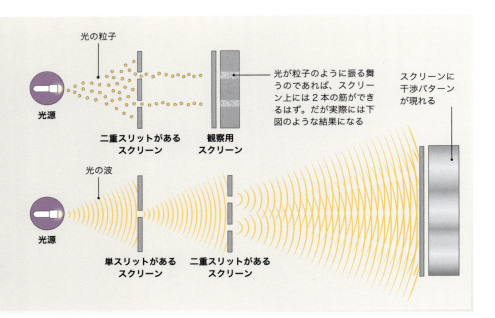

1700年

1704年 ヒトの耳を生理学の観点から初めて解説した著書をイタリアの解剖学者アントニオ・ヴァルサルヴァが出版する

1705年 エドモンド・ハレーが、後にハレー彗星として知られるようになる彗星の1758年の再来を予言する

1707年 フランスの技術者ドニ・パパンが高圧釜を考案する

1706年 ウェールズの数学者ウィリアム・ジョーンズが円周と直径の比をギリシャ文字πで表す

▷ ゲオルク・エルンスト・シュタール

1703年
フロギストン説

ドイツの化学者ゲオルク・エルンスト・シュタールは先に提出した理論（p.81を参照）に基づいて、フロギストン（燃焼に関わると仮定された成分）の存在を実験で証明しようとした。フロギストン説は、燃焼現象についての一貫した説明を与える最初の自然哲学の体系であった。

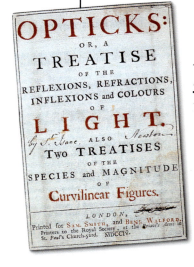

1704年
ニュートンの『光学』

アイザック・ニュートンが『光学』（Opticks）を出版した。光の性質をまとめたニュートンの代表作である。プリズムとレンズを用いた屈折の実験や、板ガラスを用いた回折の実験を解説し、さらに熱の性質、電気現象、引力の原因といった幅広い研究も取り上げている。

◁ アイザック・ニュートン著『光学』の本扉

「光線は輝く物質から放出されるきわめて小さい物体なのではないか？」

アイザック・ニュートン、『光学』、1704年

1700年–1719年 | 85

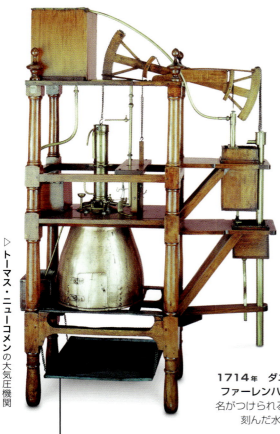
▷ トーマス・ニューコメンの大気圧機関

1712年
ニューコメンの機関

イングランドの発明家トーマス・ニューコメンが、先にあったセーヴァリの機関（p.81を参照）を大幅に改良して「大気圧機関」を作った。これが実用に供された初めての蒸気機関である。蒸気によって生じた真空が、跳ね釣瓶式の横木についたピストンを引き下げ、横木の反対側の端についている鎖が引っぱられることにより、冠水した坑道から水をくみ出す仕組み。

1714年
注射器（シリンジ）

フランスの軍医ドミニク・アネルが兵士の傷口から汚物や膿などを取り除くために、先端が細くなっている吸引用注射器を考案した。アネルの注射器は数世紀にわたって使われ、とくに涙瘻（るいろう）の治療で重宝された。

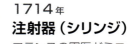
◁ ドミニク・アネルの涙道用注射器

1714年 ダニエル・ガブリエル・ファーレンハイトが、後に自身の名がつけられることになる目盛りを刻んだ水銀温度計を作る

1713年頃 ベルヌーイ数として知られる数列をスイスの数学者ヤーコプ・ベルヌーイが発見する

1719年

1715年
天然痘の接種

天然痘に対してトルコで実施されていた「人痘接種」の話がヨーロッパへ伝えられた。かつてコンスタンティノープルに暮らしていたイングランドの貴族メアリー・ワートリー・モンタギューが自分の娘に人痘接種をしてみせたのを機に、この処置法が普及した。

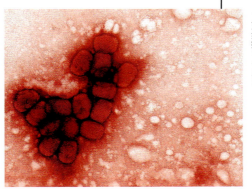
◁ 天然痘ウイルス

1718年
星の固有運動

イングランドの天文学者エドモンド・ハレー（当時はオックスフォード大学で教授職に就いていた）が自身の観測と古代の先人の観測とを比較して、地球から見える「恒」星は固有の動きをしていることを示した。ハレーの測定により、恒星アルクトゥールス、シリウス、アルデバランは、約2000年前にギリシャの天文学者ヒッパルコスが記録した位置より0.5度以上動いていることが明らかになった。

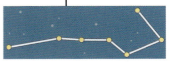
紀元前10万年

2000年（現在）

10万年

◁ 北斗七星の変化

1725年
新しい星表

ジョン・フラムスティードの『天文誌』（*Historia Coelestis*）が、本人の死後に出版された。およそ3000個の星の位置をまとめたこの星表は、基本の参照資料として、その後長く重宝された。フラムスティードは1675年新設のグリニッジ天文台に私財を投じてその礎を築き、英国王室天文学者（グリニッジ天文台台長）を40年にわたって務めた。

グリニッジ天文台のジョン・フラムスティード ▷

1721年 フランドルの外科医ヤン・パルファンが分娩を促進するために鉗子を用いる

1723年 ドイツの物理学者ヤーコプ・ロイポルトが、機械工学を初めて体系的にまとめた『一般機械学』（*Theatrum Machinarum Generale*）全9巻の第1巻を出版する。

1720年

1721年 振り子時計の振り竿の温度変化による伸縮を補正するために、イングランドの時計職人ジョージ・グラハムが水銀振り子を考案する

1724年 ピョートル大帝がロシアのサンクトペテルブルクに科学アカデミーを創設し、国内の知識を向上させるべく外国の学者を招聘する

フラーフェザンデの輪の実験 ▷

> 「植物は葉を通して空気から
> なんらかの栄養を
> 取り込んでいると思われる」
>
> スティーヴン・ヘールズ、『植物静力学』、1727年

1720年
熱による膨張

ウィレム・フラーフェザンデが『物理学の数学的階梯』（*Physices Elementa Mathematica, Experimentis Confirmata*）を著し、ニュートン力学の諸法則が実験によって証明されうることを提示した。金属球に熱を加えると膨張して輪を通らなくなる実験をおこない、熱膨張を実証したのは、その一例。

1728年
インドの天文台
インド北西部でジャイプール藩王国を支配していたジャイ・シン2世の命を受け、ラジャスタンでジャンタル・マンタル天文台の建設が始まった。全部で19基の独立した観測用建造物が造られ、その中には世界最大の日時計もあった。肉眼で観測できるように設計された各種観測機器を用いて日食や月食などの天文現象が予測された。

▷ ジャンタル・マンタル天文台

1728年
歯学の始まり
フランスの医師ピエール・フォーシャルが『外科歯科医』(Le chirurgien dentiste) を出版し、歯学の発展に大きな影響を与えた。フォーシャルはこの著書で、歯科矯正器具の使用法について最初の解説をした。口腔に現れる103例の症状に対する治療法を示し、さらに虫歯を避けるために砂糖の摂取制限も提案した。

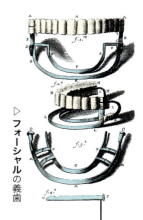

▷ フォーシャルの義歯

1728年 イングランドの天文学者ジェームズ・ブラッドリが恒星の位置の周期的変化を光行差で説明する

1727年
生理学の研究
イングランドの科学者スティーブン・ヘールズが『植物静力学』(Vegetable Staticks) を出版した。植物と動物の生理学に関する実験をまとめた先駆的な著作である。ヘールズは植物については水の循環を研究し、植物体内を巡る液体が葉から蒸発して失われる蒸散などを調べた。

▷ 植物による水の吸収を示すヘールズの実験

1729年
静電気
イングランドの科学者スティーブン・グレイは創意に富んだ実験を次々とおこない、電気を通す物体と通さない物体があることを示した。有名な「空飛ぶ少年」の実験では、グレイが「導体」(conductor) と名づけた物質には電気は流れるが、そうではない物体〔「絶縁体」(insulator)〕には流れないことを明らかにした。

◁ グレイの空飛ぶ少年

1730年
コバルトの単離

スウェーデンの化学者イェオリ・ブラントがコバルトを発見した。コバルトは、単離に成功した人物が判明している最初の元素である。昔から知られていた金属ビスマスはコバルトと一緒に産出することが多いが、ブラントはこの二つが別の物質であることを示し、コバルトを単独の金属として取り出した。さらに、それぞれについて化学試験などをおこない、ガラスを青に着色するのはビスマスではなくコバルトであることを明らかにした。

△ コバルト

1732年
『化学の基礎』

ヘルマン・ブールハーフェの『化学の基礎』（*Elementa Chemiae*）が出版され、以後、18世紀の間はこの著作が化学の教科書として広く使われるようになった。オランダのライデン大学で植物学と医学の教授を務めていたブールハーフェは、生理学や医学教育全般でも大きな貢献をした。また、古典的な教科書に頼るのではなく、直接調べて確かめることを推奨した。

◁ 『化学の基礎』の扉

1732年 イングランドの発明家ジョン・ケーが飛び杼織機を考案。繊維産業における機械化の第一歩をしるし、産業革命の推進にも一役買う

1735年 イングランドの気象学者ジョージ・ハドレーが、貿易風を生む風の循環であるハドレー循環について説明する

1730年

1730年 フランスの科学者ルネ・ド・レオミュールが、0°（水の凝固点）から80°（水の沸点）までの目盛りを刻んだアルコール温度計を作る

1735年
航海用標準時計

ジョン・ハリソンは1735年に、英国議会がその21年前から賞金をかけて募っていた経度測定法の開発に応募して、最初の航海用標準時計H1を公表した。H1は温度による変化を補正し、注油なしでも稼働するように設計されていた。また、船の揺れの影響を抑えるために、ばねで接続した一対の振動する錘も備えていた。正確な時刻を把握できるようになった結果、世界中の海で経度（東西の位置）も正確に測定できるようになった。

ジョン・ハリソンが作った航海用標準時計H1 ▷

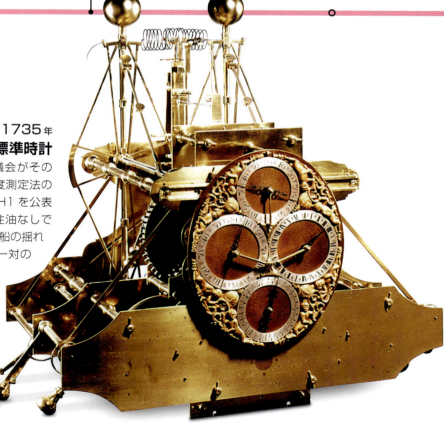

大気の循環

地球の大気は風となって地球のまわりを循環し続けている。赤道低圧帯にある熱帯の空気は太陽によって温められた後、冷たい極に向かって流れていく。地球全体で見ると大気の循環は地球の形、自転、大気の厚さといった要因の影響を受けて、熱帯、温帯、極でそれぞれ巨大な「セル」（循環する空気の塊）となって現れる。

循環するセル

熱帯の暖かい空気は上昇、冷却、下降をして再循環する。極の冷たい空気は低緯度へ向かい温められ、再循環する。極と熱帯の間にある温暖なセルでは暖かい空気が極に向かい、上昇して極の冷たい空気とぶつかる。

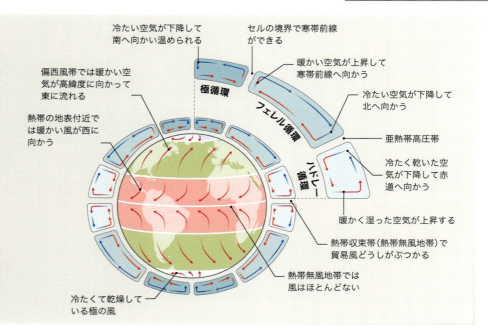

1736年 フランスの外科医クラウディウス・アミアンドが虫垂炎の手術を初めて成功させる

1736年 アメリカの生理学者ウィリアム・ダグラスが猩紅熱について詳しく報告する

1736年 スイスの数学者レオンハルト・オイラーが『力学』（Mechanica）を出版。数学を用いて運動を解析し、力学を体系的に解説した最初の教科書とされる

1739年

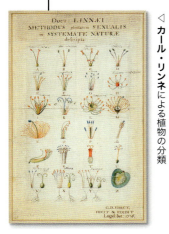

◁ カール・リンネによる植物の分類

1735年
自然の分類

スウェーデンの博物学者カール・リンネが著書『自然の大系』（Systema Naturae）の中で、生物を分類する新しい方法を紹介した。リンネは自然界を動物、植物、鉱物の3界に分け、さらに種を特定するために二つのラテン語名を用いる命名法を確立した。この方法は現在でも使われている。

1700～82年
ダニエル・ベルヌーイ
スイスの数学者一族に生まれたダニエル・ベルヌーイは教授の職に就き、数学、植物学、生理学、物理学を教えた。さまざまな分野で研究を進め、とくに力学、天文学、海洋学の発展に貢献した。

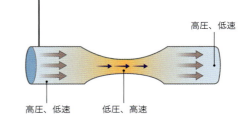

速度と圧力

液体が流れる管の直径が小さくなると流速は増加し、同時に圧力は低下する。その結果、同じ体積の液体が妨げられることなく循環し続ける。

1738年
ベルヌーイの定理

ダニエル・ベルヌーイは著書『流体力学』（Hydrodynamica）の中で、液体が及ぼす力について解説し、ベルヌーイの定理として知られる理論を提出した。ベルヌーイの定理によれば、静圧（静止している物体に液体が及ぼす力）で測定される液体の位置エネルギーは、速度の増大とともに減少する。

1743年
地球の形

幼い頃から神童といわれたフランスの数学者アレクシー＝クロード・クレローは30歳で『流体静力学の原理から導かれた地球形状の理論』(Théorie de la figure de la terre, tirée des principes de l'hydrostatique)を出版し、緯度ごとに重力を算出する方法を示した。クレローが提出した理論はクレローの定理として知られるようになり、地球は扁平楕円形で、極に向かって平たくなっていると主張したアイザック・ニュートンの考えを裏づけた。

◁ アレクシー＝クロード・クレロー

1740年 フリードリヒ大王が国内改革の一環として、ベルリンにプロシア科学アカデミーを復活させる

1743年 アメリカで最初の科学系学術団体、アメリカ哲学協会をベンジャミン・フランクリンらがフィラデルフィアで設立する

1740年

1740年 イングランドの発明家ベンジャミン・ハンツマンが「るつぼ」を改良し、鋼を溶融する画期的な方法を発表する

1744年 フランスの地図製作者セザール＝フランソワ・カッシーニがフランス全国土の三角測量を指揮。国レベルの測量事業としては最初の取り組み

1742年
百分度温度計

スウェーデンの天文学者アンデルス・セルシウスが百分度温度計を発明した。当初、セルシウスは0°を沸点、100°を凝固点としていたが、翌年フランスの物理学者ジャン・ピエール・クリスチャンが逆にし、それが今日まで使われている。

◁ セルシウス温度計

1743年
ダランベールの原理

フランスの哲学者ジャン・ダランベールが著書『動力学論』(Traité de dynamique)の中で、後にダランベールの原理と呼ばれることになる理論を詳しく説明した。ダランベールの原理によると、閉鎖系で動いている物体に働く力と反作用力はつり合う。『動力学論』では、この規則を力学に応用して問題を解いた。

◁ ジャン・ダランベール

ジョージ・ワシントン、トーマス・ジェファーソン、アレクサンダー・ハミルトンは3人ともアメリカ哲学協会の初期の会員だった

1706～90年
ベンジャミン・フランクリン

アメリカ、マサチューセッツ州ボストンに生まれたフランクリンは博識の人で、その関心は文学から政治や外交、科学、発明といった分野にまで及んでいた。フランクリンが考案した実用品には避雷針、二焦点眼鏡、フランクリンストーブと呼ばれる鋳鉄製の暖炉などがある。

1746年
静電気を蓄える

ドイツの物理学者エーヴァルト・ゲオルク・フォン・クライストとオランダの科学者ピーテル・ファン・ミュッセンブルークがそれぞれ独立にライデン瓶を考案した。静電気を蓄える、初めての実用的な方法である。フォン・クライストの容器は、薬瓶にアルコールを満たし、釘を刺したコルクで栓をしたものだった。

ライデン瓶 ▷

1745年 スイスの生物学者シャルル・ボネが『昆虫論』（*Traité d'insectologie*）を出版し、自身で観察したアリマキの単為生殖や変態について解説する

1746年 フランスの鉱物学者ジャン＝エティエンヌ・ゲタールがフランスの地質図を初めて作成する

1749年

1749年
新しい自然誌

フランスの博物学者ビュフォン伯爵が全36巻からなる『博物誌』（*Histoire naturelle*）の第1巻を刊行した。動物と鉱物に関する、当時の知識の集大成である。植物についても予定はあったが、結局、執筆されなかった。ビュフォンの気品ある文体も相まって、『博物誌』は広く読まれ、この時代を代表する科学書となった。

ビュフォンの『博物誌』 ▷

1750年
南 天
フランスの天文学者ニコラ・ド・ラカーユの指揮の下、観測隊が喜望峰へ向かった。目的は南半球の星空の研究。喜望峰では、そのために天文台を建て、毎晩観測を実施した。続く2年間でラカーユはおよそ1万個の恒星を記録し、その多くに今日でも使われている名前をつけた。また新しい星座も14個設定し、命名した。

◁ ラカーユが発見した銀河 M83

1750年

1751年 神経学の草分けであるスコットランドのロバート・ホイットが『動物の生命活動と不随意の動きについて』（On the Vital and other Involuntary Motions of Animals）を出版し、不随意の動きと意識下での動きを区別する

1752年 イングランドで殺人法が制定され、殺人罪による死刑囚の遺体を検体として医学校で解剖研究できるようになる

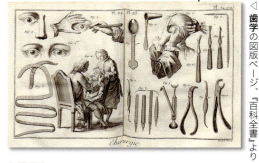

◁ 歯学の図版ページ、『百科全書』より

1751年
啓蒙する百科事典
『一群の文筆家によって執筆された百科全書、あるいは科学・技芸・手工業の解説辞典』（Encyclopédie, ou Dictionnaire raisonné des science, des arts, et des métiers）、いわゆる『百科全書』（Encyclopédie）の第1巻がフランスで刊行された。ジャン・ダランベールとドゥニ・ディドロが編纂し、全28巻で完結。18世紀、啓蒙の時代を象徴する科学の解説書とされている。

1752年
雷を通す
雷が放電現象であることを確かめるには嵐の中で凧を揚げて地上へと誘電する実験をおこなえばよいとベンジャミン・フランクリンが提案した。実験には感電死のおそれがあったため、実験者は慎重に絶縁しておくこと、また凧の糸を伝う電気はライデン瓶に流して保管することも促した。この実験が、嵐から建物を守るための避雷針の発明につながった。

実験をおこなっているベンジャミン・フランクリン ▷

1750年–1759年 | 93

△『植物の種』の本扉

1753年
リンネの分類
カール・リンネは、自然界を構成するあらゆるものを分類し、名前をつけて目録にする研究に20年を費やし、『植物の種』(Species Plantarum)の出版でその目的を達成した。『植物の種』では掲載した5940種類の植物すべてに初めて自身の命名法を適用した。リンネは植物の名前に、最初は属、次に個々の種を特定する2語からなるラテン語をあてた。

1756年
二酸化炭素の単離
スコットランドの化学者ジョゼフ・ブラックは石灰石を加熱する実験をおこない、「固定空気」(fixed air)と名づけた気体、すなわち二酸化炭素を単離したと発表した。後にブラックは、動物が呼吸によって固定空気を作ることも実証した。

◁ ジョゼフ・ブラック

1755年 イタリアの化学者セバスティアン・メンギーニが動物に対するショウノウの影響を研究する

1758年 ハレー彗星が再出現し、53年前のエドモンド・ハレーの予言が正しかったことが確かめられる

1759年

1754年 ドロテア・エルクスレーベンがドイツのハレ大学で学位を取得し、女性初の医学博士となる

1756年 鉱物学者ヨハン・レーマンがドイツのハルツ山脈やエルツ山地で岩石層を研究し、これを機に地質学に層序学が取り入れられていく

1759年 海上での経度の計算に必要な機能をほぼ搭載した航海用標準時計H4をジョン・ハリソンが完成させる

生物を分類する

生物はそれぞれの特徴にしたがって五つの界、すなわち植物界、動物界、菌界、原生生物界（アメーバなど）、原核生物界（細菌など）に分類される。現在は5界に分類する方法が主流だが、どの界にもうまく収まらない生物もたくさん存在する。最近では、分子生物学によって明らかにされた証拠に基づき、3ドメイン（超界）に分類する方法が提案されている。この場合の3ドメインとは真正細菌ドメイン、古細菌ドメイン（細菌に似ているが細菌とは区別できる原核生物）、真核生物ドメイン（植物、動物、菌類など）である。

分類の階級
どの生物も、種、属、科、目、綱、門、界、ドメインという階級にしたがって分類される。ヒトは属名がホモ（*Homo*）、種小名がサピエンス（*sapiens*）、種名はホモ・サピエンス（*Homo sapiens*）となる。

ドメイン トラをはじめ、動物、植物、菌類、原生生物はすべて真核生物ドメインに属する。いずれも膜に包含された細胞核をもつ。

界 動物界には、食べ物を食べてエネルギーを得る多細胞生物が含まれる。ほとんどの動物が神経と筋肉を備えている。

門 トラなど脊索動物門に属する動物には、体長方向に沿って硬い棒状の脊椎がある。

綱 トラは哺乳動物。つまり体温を一定に保ち、体には毛が生え、子どもに授乳する。哺乳動物の大半は親と同じ姿の子どもを産む。

目 食肉目の動物は、噛みついたり切り裂いたりするのに特化した歯をもつ。トラなどの食肉目はおもに肉を食べて生きている。

科 トラはネコ科。ネコ科には、短い頭蓋骨、よく発達した爪をもつ肉食動物が含まれる。ネコ科動物の大半は爪を引っ込めることができる。

属 かつては斑点のある大型ネコ科動物をヒョウ属（*Panthera*）としていた。現在では、やや平たい、あるいは均等に盛り上がっている頭蓋骨を共通の特徴とする。

種 ヒョウ属で縞模様の種はトラ（*Panthera tigris*）だけ。

1760年
『測光法』の出版

スイスのヨハン・ハインリヒ・ランベルトが『測光法』（Photometria）を出版し、受け取る光の強さを測定する方法を確立した。ランベルトは「アルベド」（albedo）という言葉を用いて、表面が反射する光の割合を説明した。物体の表面が全方向に等しく反射する性質を、今でもランベルト（ランバート）反射という。

◁ ヨハン・ハインリヒ・ランベルト

1761年
金星の大気

フランスの天文学者ジョゼフ゠ニコラ・ドリールに刺激され、他国の科学者も世界各地へ遠征し、金星の太陽面通過を観測した。ロシアのミハイル・ワシリエヴィチ・ロモノーソフはサンクトペテルブルクの近郊で観測し、金星に大気があることを突きとめた。

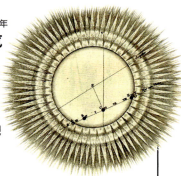

◁ 金星の太陽面通過のスケッチ

1761年 イタリアの解剖学者ジョヴァンニ・モルガーニが『病気の所在と原因について』（De Sedibus et Causis Morborum per Anatomen Indagatis）を出版。体液の不均衡を病因とする説に異を唱える病理解剖学を大きく進展させる

1761年 物質が状態を変える ときに放出または吸収するエネルギー、すなわち潜熱をジョゼフ・ブラックが発見する

1760年
地震の研究

ケンブリッジ大学で研究していたジョン・ミッチェルが『地震の原因の推測と現象の観察』（Conjectures Concerning the Cause and Observations upon the Phaenomena of Earthquakes）を出版した。研究のきっかけとなったひとつが、1755年にポルトガルの首都リスボンを壊滅状態に陥れた地震である。ミッチェルはイングランドで得ていた地層に関する知識をもとに観察を進め、リスボン地震の震央を特定した。また広範な視点から、地殻内の断層が地震活動に果たす役割について先駆的な考えを説明した。

リスボン地震 ▷

1760年–1764年 | 95

1711～65年
ミハイル・ワシリエヴィチ・ロモノーソフ
ロシアの北部で生まれたロモノーソフはルネサンス的な万能型の教養人だった。天文学、地質学から物理学、化学（フロギストン説の否定に一役買った）、歴史、さらにはロシア語文法までじつに幅広く関心をもっていた。

1764年
繊維産業
イングランドの織布工で大工のジェームズ・ハーグリーヴズがジェニー紡績機を考案した。ジェニー紡績機とは、ひとりの織布工が一度に8本以上の紡錘を操作できる多軸紡績機。製造にかかる時間を短縮し、織物製造業における産業革命の重要な一歩をしるした

ハーグリーヴズの
ジェニー紡績機 ▷

1762年 中空の炉体で石炭の火の作用を利用して鋳鉄に可鍛性を与える方法について、イングランドのジョン・ローバックが特許を取得する

1762年 天文学者ジェームズ・ブラッドリが死去。生前、6万個の恒星の位置を観測し、星表にまとめていた

1762年 ロモノーソフが、地質学に関する先駆的な研究をまとめた『地球の層について』（*On the Strata of the Earth*）を出版する

1764年

1764年 ロバート・ホイットが『神経症、心気症、あるいはヒステリー症について』（*On Nervous, Hypochondriac, or Hysteric Diseases*）を出版する

1762年
変分法
イタリアに生まれ、フランスに帰化した数学者ジョゼフ＝ルイ・ラグランジュが変分法に関する研究をまとめた著作を出版した。変分法（variatio）という用語は、その6年前にスイスの数学者レオンハルト・オイラーが命名していた。ラグランジュとオイラーは互いの研究の上に研究を重ねていき、二人が発展させた力学への新しいアプローチはオイラー - ラグランジュの方程式と呼ばれるようになった。

▷ ジョゼフ＝ルイ・ラグランジュ

「私は、この科学（力学）の理論を……一般式にまとめるつもりである」

ジョゼフ＝ルイ・ラグランジュ、『解析力学』（*Mécanique analytique*）、1788年

1766年
水素の同定

イングランドの科学者ヘンリー・キャヴェンディッシュは35歳で最初の論文を発表した。テーマは、自身が「人工空気」(factitious air)と命名した数種類の気体について。金属屑に酸を作用させて発生した気体もそのひとつで、キャヴェンディッシュはこの気体が「可燃性空気」、今日でいう水素であること突きとめた。可燃性空気が水の中では酸素1に対して2の割合で存在することは19世紀以降、水の電気分解で明らかになった。

1736〜1819年
ジェームズ・ワット

ジェームズ・ワットは機器製造者として経験を積み、生まれ故郷スコットランドのグラスゴー大学で技師の職を得た。ニューコメン機関(p.85を参照)の模型を修理しながら、蒸気機関を改良する方法を思いつく。これが、ワットの名前を世界中に広めることになる。

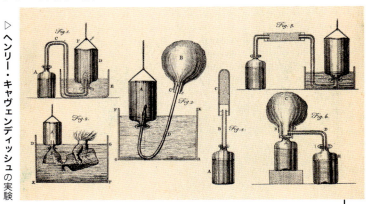

▷ ヘンリー・キャヴェンディッシュの実験

1765年 イタリアの生物学者ラザロ・スパランツァーニが自身初の生物学書を出版し、自然発生説を反証する

1765年 レオンハルト・オイラーが『固体あるいは剛体の運動理論』(*Theoria Motus Corporum Solidorum seu Rigidorum*)を出版する

1765年
ワットの機関

スコットランドの技術者ジェームズ・ワットが、50年前にトーマス・ニューコメンが考案した蒸気機関の欠陥に気づき、新しい型を思いついた。ピストンとは独立した別のシリンダーで蒸気を凝縮すれば、熱の損失を防ぎエネルギーを保存できる。ワットの機関はそれから11年を経て実用化され、その後継機も含め英国の工場で主力の動力源となった。

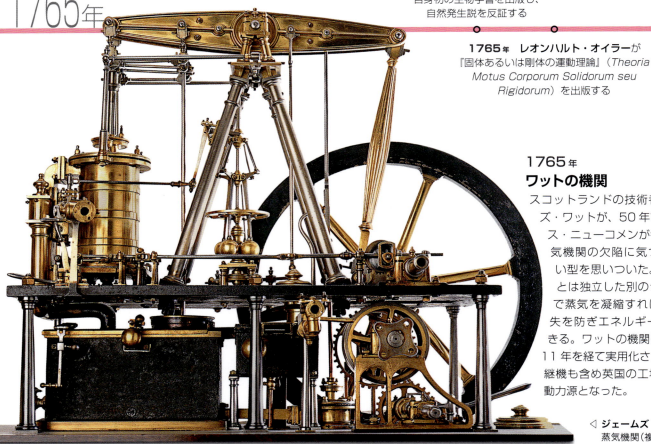

◁ ジェームズ・ワットの蒸気機関(複製品)

1765年–1769年 | 97

1769年
最初の自動車

世界初の自動車は、フランスの軍事技術者ジョゼフ・キュニョーが大砲運搬用に考案した、蒸気で動く三輪自動車。翌年には、初代よりも大きく、同じく三輪で動き、前輪に蒸気ボイラーを取りつけた自動車も試運転された。時速4kmに届かず、安定もしていなかったため、キュニョーの蒸気自動車はすぐに使われなくなった。

◁ キュニョーの蒸気自動車

1766年 スイスの発明家オラス＝ベネディクト・ド・ソシュールが、電荷を測定する電位計の先駆けとなる装置を考案する

1767年 イングランドの天文学者ネヴィル・マスケリンが監修した『英国航海暦』（*The Nautical Almanac*）の初版が発行される

1768年 フランスの化学者アントワーヌ・ボーメが、目盛りをボーメ度で刻んだ比重計を考案する

1769年

1767年
電気の探究

イングランドの化学者ジョゼフ・プリーストリは『電気学の歴史と現状』（*The History and Present State of Electricity*）を著し、電気についてすでに得られていた知見を概説し、さらに今後の研究に向けて考察を深めた。自らおこなった実験では炭素が電気を通すことを明らかにし、水と金属だけが導体であるとする考えをくつがえした。

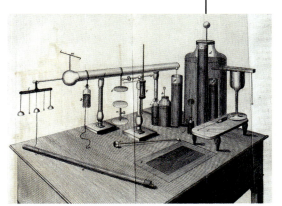

△ プリーストリの著作の挿画

◁ バンクシア・エリキフォリア（*Banksia ericifolia*）

1769年
南へ

ジェームズ・クック船長率いる遠征隊は南太平洋を目指し、1769年にタヒチに到着した。遠征に加わったイングランドの植物学者ジョゼフ・バンクスは数百種の植物を新たに同定した。

「船員は月を観測し、『英国航海暦』の月距表と引き合わせて経度を求めた」

1771年
世界周航

フランスの海軍司令官ルイ＝アントワーヌ・ド・ブーガンヴィルが、1766～69年の世界一周航海を著書『世界周航記』（Voyage autour du monde）にまとめ、出版した。航海に同行していた博物学者は、行く先々でさまざまな標本を収集し、その中には後にブーガンヴィルにちなんで属名をつけられた植物もあった。

◁ ブーゲンビリア属（Bougainvillea）の花

1772年
ラグランジュ点

レオンハルト・オイラーとイタリアのジョゼフ・ルイ・ラグランジュが発見したラグランジュ点、すなわち軌道を周回している天体間の重力が平衡を保つ点は5点（L1～L5）ある。質量の大きな天体がさらに大きな天体のまわりを公転している太陽系全体にもラグランジュ点は存在する。

地球–月–太陽系のラグランジュ点

ラグランジュ点に入った小さな天体は、二つの大きな天体との相対位置を変えずに周回する。したがって人工衛星の投入位置を考える際にはラグランジュ点が参考になる。

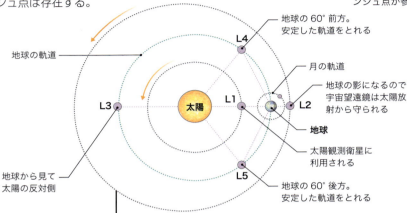

- L4：地球の60°前方。安定した軌道をとる
- 地球の軌道
- 月の軌道
- L2：地球の影になるので宇宙望遠鏡は太陽放射から守られる
- L3：地球から見て太陽の反対側
- 太陽
- L1：太陽観測衛星に利用される
- 地球
- L5：地球の60°後方。安定した軌道をとる

1770年 スイスの数学者レオンハルト・オイラーが、一般の人も読みやすい、よく練られた数学書『代数学完全入門』（Vollständige Anleitung zur Algebra）を出版する

1771年 スコットランドの外科医ジョン・ハンターが『人の歯の博物学』（Natural History of the Human Teeth）を著し、歯学における科学的方法の基礎を築く

1772年 スウェーデン（現ドイツ領の町で生まれる）の化学者カール・ヴィルヘルム・シェーレが酸素を発見し「火の空気」（Feuerluft）と命名。この結果を発表するのは5年後のこと

1774年 ドイツの地質学者エイブラハム・ヴェルナーが近代鉱物学の最初の解説書『鉱物の外部の特徴について』（Von den äußeren Kennzeichen der Fossilien）を出版する

1730～1817年
シャルル・メシエ

幼い頃から星を眺めるのが好きだったメシエは21歳から、フランスを代表する天文学者ジョゼフ・ニコラ・ドリールに雇われる。職務は天体観測とその記録。現在でもメシエのカタログは天体現象の確認に利用されている。

1774年
メシエのカタログ

フランスの天文学者シャルル・メシエが、自身と助手が観測した天文現象をカタログ（星表）にまとめ、第1巻を出版した。M1からM45までの番号をつけた45個の天体が掲載されている。その後10年の間に、掲載される天体の数は103個に増えた。これらの天体は後年、それぞれ銀河、星雲、あるいは星団と特定されている。

シャルル・メシエによる
M31 アンドロメダ星雲のスケッチ ▷

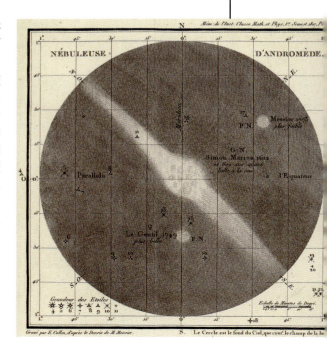

炭素循環

生物は炭素を食べて生きている。人間はさらに衣類、家屋、運輸、電力でも炭素に頼っている。炭素は生物の間を巡って非生物へと循環し、岩石や大気中に蓄えられる。植物は光合成を通して大気中の炭素を取り込む。その植物を動物が食べ、動物は呼吸を通して炭素を大気に放出する。あるいは生物が死ぬと体に含まれる炭素は土や岩石に埋もれる。人間は地中の炭素を化石燃料として燃やし、炭素を大気に戻している。

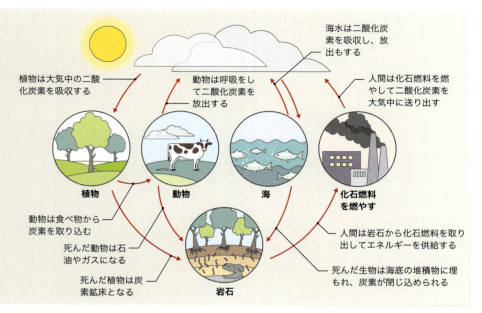

1774年 燃焼と動物の呼吸はどちらも二酸化炭素を生じると、フランスの化学者アントワーヌ・ラヴォワジエが指摘した

1774年 ニコラ・デマレが10年にわたって調べたオーヴェルニュ地方の地質について、研究結果をフランスで発表する。デマレは、その起源が火山にあることを見抜く

1774年

◁治療中のフランツ・メスメル

1774年
メスメリズム

ウィーンで開業していたオーストリアの医師フランツ・メスメルが「動物磁気」説（メスメリズム）を提唱しはじめた。メスメルは、あらゆる生物の体内には自然の力として磁気が流れていると考え、ヒステリーの治療に磁石を用いてみた時期もあった。しばらくすると、メスメルは磁石に代わる別の治療方法をいくつか考え出した。その中には、後年、催眠術と認められるものもあった。

◁ジョゼフ・プリーストリの実験装置

1774年
プリーストリが酸素を単離

イングランドの科学者ジョゼフ・プリーストリが酸素を単離し、これを「脱フロギストン空気」と呼んだ。プリーストリより3年ほど早くカール・ヴィルヘルム・シェーレが独自に酸素を発生させていたが、酸素の発見を公にしたのはプリーストリが最初だった。プリーストリは最終的に全6巻となった『諸種の空気の実験と観察』（*Experiments and Observations on Different Kinds of Air*）の第1巻で、酸素以外にもアンモニア、二酸化硫黄、塩化水素などの水溶性気体を発見したと発表した。

「天体と地球と生体の間には影響しあっているものが存在する」

フランツ・メスメル、『動物磁気に関する提言』（*Mémoire sur la découverte du magnetisme animal*）、1779年

「有効な働きをする薬草はキツネノテブクロ以外にないことは……すぐにわかった」

ウィリアム・ウィザリング、『キツネノテブクロとその医学的効能について』
(An Account of the Foxglove and Some of Its Medical Uses)、1785年

1776年 薬の抽出と単離

ウィリアム・ウィザリングはイングランドのバーミンガム総合病院で医師として働くかたわら、薬と植物の研究にも時間を割いた。二つの分野への関心が重なったことで、伝統的な薬草療法で使われているキツネノテブクロの重要性に気づき、キツネノテブクロに含まれる有効成分ジギタリスを心臓疾患の治療に利用する道を開いた。

◁ **キツネノテブクロ**(*Digitalis purpurea*)

1775年

1776年 ジェームズ・ワットの蒸気機関が業務用に初めて導入され、産業革命の開始に拍車がかかる

1775年 米国の発明家デービッド・ブッシュネルがイェール大学在学中に世界初の潜水艇タートル号を造る

▽ **ファブリチウス**が分類したボクトウガ属(*Cossus*)

1775年 昆虫学の分類法

デンマークの動物学者ヨハン・クリスチャン・ファブリチウスは、カール・リンネによる昆虫の分類を整理しなおした。対象も広げ、その結果を『昆虫学の体系』(*Systema Entomologiae*)から始まる一連の著作にまとめる。最終的には、リンネが収録した3000種をはるかに上回る約1万種を同定した。

1777年 弱い力の測定

フランスの軍事技術者シャルル=オーギュスタン・ド・クーロンは、電荷を測定できるねじれ秤を考案した。クーロンはこのねじれ秤を利用して電荷をもつ粒子間に働く力を算出し、その結果をもとにクーロンの法則、すなわち静電気力は電荷量の積に比例し、電荷をもつ粒子間の距離の2乗に反比例するという法則を確立した。

クーロンのねじれ秤 ▷

1775年–1779年 | 101

1778年
酸素

フランスの化学者アントワーヌ・ラヴォワジエはジョゼフ・プリーストリの『諸種の空気の実験と観察』にも触発され、空気の性質に関する研究を『復活祭論文』（Easter memoir）にまとめた。プリーストリの「脱フロギストン空気」は私たちが吸っている大気の約6分の1しか占めていないこと、残りの大気の化学的性質はそれ自体では呼吸や燃焼を助けないことを実験で確かめたラヴォワジエは、「空気のもっとも健康的で純粋な部分にほかならない」成分に「酸素」（oxygène）と名前をつけた。

◁ ラヴォワジエによる呼吸の実験

1778年 フランスの貴族ビュフォン伯爵が『自然の諸相』（Les époques de la nature）を著し、太陽系の起源を考察する

1779年 アイルランドの化学者アデア・クローフォードが『動物の熱の実験と観察』（Experiments and Observations on Animal Heat）を著し、呼吸は、大気の熱容量に影響を与える化学変化を引き起こすことを示す

1779年

1779年 イタリアの聖職者ラザロ・スパランツァーニが研究材料としてイヌを選び、人工授精の実験をする

1779年 サミュエル・クロンプトンがミュール紡績機を考案し、イングランドの繊維産業に工業化をもたらす

1743～1794年
アントワーヌ・ラヴォワジエ
フランスの貴族ラヴォワジエは18世紀化学革命の中心人物。酸素の命名や、燃焼に果たす酸素の役割の解明でよく知られている。フランス革命のさなかに不正を理由に断頭台で処刑されたが、彼の「化学命名法」は近代化学の礎となった。

1779年
光合成の原理

イングランドで研究していたオランダの生物学者ヤン・インヘンホウスはジョゼフ・プリーストリの研究を発展させ、植物は光を当てると酸素の泡を発し、暗がりに置くと二酸化炭素を出すことを示した。緑色植物が化学エネルギーを生成して貯蔵する際には光が不可欠であることをインヘンホウスは実証し、光合成の基本原理を明らかにした。

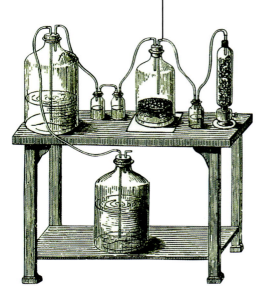

△ ヤン・インヘンホウスの実験

| 102 | 1780年–1784年

1738～1822年
ウィリアム・ハーシェル
ドイツ、ハノーファーで生まれたハーシェルは19歳でイングランドに移住する。音楽家としての活動で得た資金で1773年頃から天文観測をはじめとする科学研究に身を投じる。詳細な観測記録を書きため、1820年に出版した星表には5000個ほどの天体を掲載した。

1782年
最初の有人飛行

フランスのジョゼフ＝ミシェル・モンゴルフィエ、ジャック＝エティエンヌ・モンゴルフィエ兄弟はパラシュートや小規模の模型で実験した後に、熱した空気の力で上昇する気球を造った。ヒツジとアヒルとオンドリを乗せた試験飛行を成功させ、次いでエティエンヌは綱で留めて上昇する気球を製作した。その後、日をおかずに二人の貴族ジャン＝フランソワ・ピラトール・ド・ロジエとダルランド侯爵を係留していない熱気球に乗せ、飛行時間25分、初の有人自由飛行を成し遂げた。

▷ モンゴルフィエ兄弟の気球

1780年

1780年 フランスでアントワーヌ・ラヴォワジエとクロード・ベルトレが有機化合物を燃焼させ（燃やし）、生成物を分析して化学組成を決定することにより、化学の発見に新たな時代を開く

1780年 イタリアの博学者フェリーチェ・フォンターナが、一酸化炭素と水蒸気から水素を生成する水生ガスシフト反応を発見する

1780年 スイスの科学者アミ・アルガンがオイルランプを考案。後年、このランプにはアルガンの名前がつけられる

▽ ガルヴァーニの実験

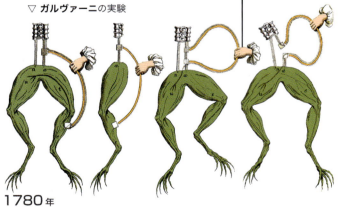

1780年
神経インパルス

イタリアの生理学者ルイージ・ガルヴァーニと妻ルチア・ガレアッツィは、死んだカエルの足に火花放電を当てると筋肉が痙攣することに気づき、ガルヴァーニはその原因が（誤って）「動物電気」にあると考えた。この結果は小説家メアリ・シェリーのもとにも届き、物語の着想を得たシェリーは『フランケンシュタイン』(Frankenstein)を書き上げた。

△ ハーシェルの望遠鏡
（複製品）

1781年
天王星の発見

天文学者ウィリアム・ハーシェルが自作の望遠鏡で観測をしていたところ、ふたご座の中に見慣れない天体を見つけた。観測を進めると、いまだ記録された形跡がない惑星だった。古代から知られていた惑星以外で発見された初めての惑星である。後に、この惑星には古代ギリシャの天空神にちなんでウラヌス（天王星）と名前がつけられた。

「光は、質量のある物体と同じように重力の影響を受ける」

ジョン・ミッチェル、ヘンリー・キャヴェンディッシュへの手紙、1783年

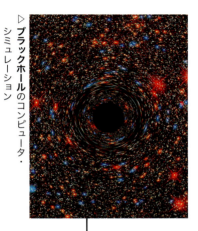

◁ ブラックホールのコンピュータ・シミュレーション

1783年
暗黒星
イングランドの聖職者ジョン・ミッチェルは科学のさまざまな分野にも関心を寄せ、ニュートン物理学の概念を用いてブラックホール〔ミッチェルは「暗黒星」（dark star）と呼んだ〕の考えを提出した。ロンドンのロイヤル・ソサイエティで報告した論文では、ある種の恒星には光が抜け出せないほど大きな引力があると説明した（下段を参照）。

1784年
結晶の構造
フランスの聖職者でフランス科学アカデミー会員のルネ＝ジュスト・アユイが『結晶構造に関する理論の試論』（*Essai d'une théorie sur la structure des crystaux*）を出版。結晶学という比較的新しい分野の先駆けとなった著作である。結晶は特殊な形状の構成分子が規則正しく配列してできていることが説明されている。

ルネ＝ジュスト・アユイの木製結晶構造模型 ▷

1784年

1784年 フランスの科学者アントワーヌ・ラヴォワジエとピエール＝シモン・ラプラスが、呼吸と燃焼で消費された酸素および生成した二酸化炭素と熱の量を測定する

1784年 イングランドの科学者ヘンリー・キャヴェンディッシュが『空気に関する諸実験』（*Experiments on Air*）を著し、「可燃性空気」（水素）2体積と脱フロギストン空気（酸素）1体積を混ぜ、爆発させて水を作る方法を説明する

ブラックホール
ブラックホールの形成は、太陽よりもはるかに大質量の恒星で燃料が枯渇するところから始まる。中心部で、物質に構造を与える素粒子間の反発力に打ち勝つ破壊的な力が生じると、恒星が崩壊する。その結果、超高密度で無限に小さな点、すなわち特異点が現れる。この特異点がまわりの物質を引っ張り込み、成長してブラックホールとなる。引っ張り込める物質が豊富にある場合（銀河を形成するときなど）、ブラックホールはとめどもなく成長し、恒星数百万個分もの質量をもつほど超巨大な天体になる。

ブラックホールの構造
アインシュタインの一般相対性理論によれば、特異点はまわりの時空の形状をゆがめ、急勾配の「重力井戸」を作る。そこからは光さえも抜け出すことができない。

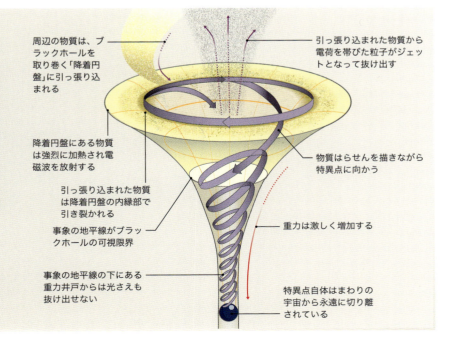

1785年
引力と斥力

シャルル゠オーギュスタン・ド・クーロンは『電気と磁気に関する第一論文』（*Premier mémoire sur l'électricité et le magnétisme*）を著し、1777年に確立していたクーロンの法則（p.100を参照）の原理を詳しく説明した。その後1789年までに6報の論文を発表し、電荷間、磁極間の引力と斥力の法則に関する考察を深めた。

◁ シャルル゠オーギュスタン・ド・クーロン

1787年
山の研究

ジュネーブ生まれの学者で発明家のオラス・ド・ソシュールは、極端な環境における地質や気象の研究に力を注いだ。研究への思いに突き動かされたことで、西ヨーロッパ最高峰モンブランの初登頂に成功した登山家のひとりにもなった。ソシュールは山に登る際には、気圧計や温度計、自ら考案した計器などを携えて、途中で計測しながら山頂を目指した。

オラス・ド・ソシュールの像 ▷

1785年 大気は酸素が5分の1、窒素が5分の4、さらに未知の気体が混ざってできていることをヘンリー・キャヴェンディッシュが明らかにする

1785年

1785年 塩素ガスに漂白作用があることをフランスの化学者クロード・ルイ・ベルトレが発見する

1786年 ウィリアム・ハーシェルが掃天観測の結果をまとめ、星団1000個を含む星表を初めて発表する。その後、16年かけて1500個の天体を追加する

岩石の循環

地球の岩石循環とは、地表の岩石物質が地球内部に運ばれ、作り変えられてから地表に戻るまでを考える。岩石は地表で風化や浸食作用を受けて鉱物に分解され、さらに風や水で運ばれて堆積する。堆積層に埋没した堆積物は、長い時間をかけて石化して堆積岩になる。熱や圧力が加わると変成岩に変わる。さらに大きな熱が加わり岩石が融けるとマグマになる。マグマは冷えて貫入火成岩（深成岩）になったり、噴出して噴出火成岩（火山岩）になったりする。

噴出火成岩 融けた岩石（マグマ）は大地の割れ目や火山から、流紋岩などの溶岩や熱い灰となって地表に噴き出す。

貫入火成岩 マグマが地球内部で冷えると鉱物の結晶が成長して硬い岩石を作る。

プレートテクトニクスの作用で、埋没している岩石が地表に運ばれる。 — 隆起

風や水による風化を受けてできた岩屑（堆積物）は浸食によって運ばれる。 — 風化と浸食

堆積物は埋もれて圧縮され堆積岩になる。 — 石化

堆積岩 地表で浸食、運搬の作用を受けて堆積物ができる。堆積物が埋もれると固化して堆積岩になる。

溶岩が冷えると、さまざまな鉱物がはっきりした結晶を作る。 — 結晶化

変成岩 変成作用によって岩石は別の岩石に変化する。砂岩は再結晶して石英になる。石灰岩は再結晶して大理石になる。

地球内部で熱と圧力により岩石が融け、別の岩石に変わる。 — 変成作用

「私は、これまで人類が見たことのないはるか彼方の宇宙を見てきた」

ウィリアム・ハーシェル、1813年頃

1789年
燃焼の理論

アントワーヌ・ラヴォワジエが著した『化学原論』（*Traité élémentaire de chimie*）は近代で最初の化学書とされている。その中でラヴォワジエは、酸素には燃焼と呼吸を助ける働きがあるとする新しい燃焼の理論を提唱した。ラヴォワジエの研究により従来のフロギストン説は支持を失った。

▷ アントワーヌ・ラヴォワジエの実験装置

1788年 ジョゼフ＝ルイ・ラグランジュが『解析力学』（*Mécanique analytique*）を出版する。古典的なニュートン力学を単純な数式に書きかえる、16年に及ぶ研究の集大成

1789年
『植物の属』

フランスの植物学者アントワーヌ・ローラン・ド・ジュシューが『植物の属』（*Genera Plantarum*）を出版した。ジュシューは植物の分類における門、綱、目の重要性を認め、カール・リンネの遺産に立脚して、分類に関する重要な研究をその後も数多くおこなった。

『自然科学の辞典』（*Dictionnaire des sciences naturelles*）に掲載されたジュシューの図版 ▷

1789年

1789年 ドイツの化学者マルティン・クラプロートが元素ウランを発見する。元素名は少し前に発見されていた惑星ウラヌス（天王星）に由来。同年、クラプロートはジルコニウムも発見する

1788年
地球の歴史

農場経営者、事業家、地質学者のジェームズ・ハットンは『地球の理論』（*Theory of the Earth*）を出版し、地球の歴史は現在の岩石の中にはっきり刻まれているとする自説を詳しく説明した。生まれ故郷のスコットランドで岩石の形成を綿密に調査したハットンは、ほとんどのものは神によって一度に創造されたのではなく、原初の時代に海の底でさまざまな物質が集まって形成されたという結論を導いた。当時、ハットンの説は無神論的と非難されたが、少しずつ受け入れられ地質学の基礎を築くことになった。

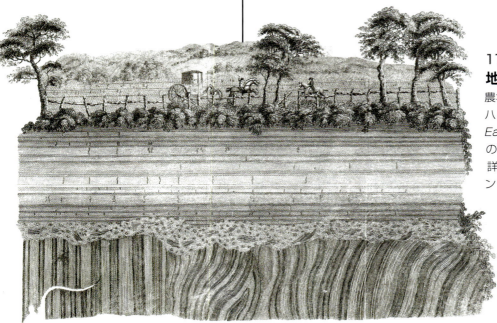

△ ジェドバラで観察されたハットンの不整合

神経信号

神経を伝わる信号の正体はインパルス（電気信号）である。電気信号が、神経伝達物質と呼ばれる化学物質を介してニューロン（神経細胞）間を伝わっていく。ニューロンは長い線維（軸索）と樹状の末端（樹状突起）からなり、樹状突起はさらに数千のニューロンと接している。受容器に接続するニューロンが刺激（接触など）を検知するとインパルスが誘発される。インパルスがニューロン間を伝わり、効果器（作動体）に接続するニューロンまでたどりつくと、応答（筋収縮など）が引き起こされる。たとえばピンを踏んだ場合、その信号が足から脳を経て最終的に足の筋肉へ、ほんの一瞬で伝わる。

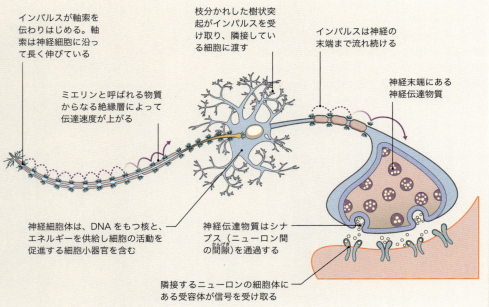

- インパルスが軸索を伝わりはじめる。軸索は神経細胞に沿って長く伸びている
- 枝分かれした樹状突起がインパルスを受け取り、隣接している細胞に渡す
- インパルスは神経の末端まで流れ続ける
- ミエリンと呼ばれる物質からなる絶縁層によって伝達速度が上がる
- 神経末端にある神経伝達物質
- 神経細胞体は、DNAをもつ核と、エネルギーを供給し細胞の活動を促進する細胞小器官を含む
- 神経伝達物質はシナプス（ニューロン間の間隙）を通過する
- 隣接するニューロンの細胞体にある受容体が信号を受け取る

1790年

1790年 米国議会で同国初の特許法が成立する

1791年 生物の組織には一種の電気が存在すること、その電気は神経伝導と筋肉収縮に関わっていることをイタリアの科学者ルイージ・ガルヴァーニが明らかにする

1792年 ドイツの化学者イェレミアス・リヒターが、化学反応の定量的な関係を論じる「化学量論」（Stöchiometrie）という言葉を作る

1791年
メートル法

フランス革命が始まるとほどなくしてフランス科学アカデミーは、合理的な度量衡を確立するために委員会を設けた。委員会で検討を重ねた結果、メートルとキログラムの基本単位を10進数で割ったり掛けたりするメートル法が策定された。1メートルは赤道から北極までの距離の1000万分の1と定められた。

△ メートル法の分銅

1790年頃
惑星状星雲

ウィリアム・ハーシェルは円形に見える星雲を観測し、惑星状星雲と名づけた。この名前は現在も使われ続けているが、じつは実体にはそぐわない。丸い形は、進化の最終段階を迎えた恒星が噴き出すガスであり、惑星とは何の関係もない。

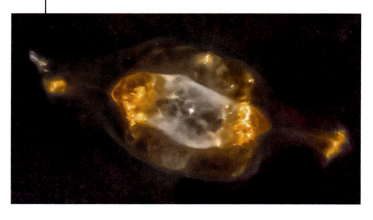

◁ ハーシェルが観測を始めて間もなく発見した土星状星雲

1790年–1794年 | 107

1794年
精神疾患の治療の進歩

フランスの医師フィリップ・ピネルは『精神錯乱に関する報告』の中で、精神病と診断された人に対する人道的処置を訴え、精神疾患は治療を施して治すことができると主張した。それまで標準治療とされていた瀉血や瀉下ではなく、患者を注意深く観察し、時間をかけて話をして、患者ひとりひとりの状況を理解することをピネルは勧めた。

精神疾患の患者を鎖から解放するフィリップ・ピネル ▷

1793年
昆虫による授粉

ドイツの教師で博物学者のクリスティアン・シュプレンゲルが『花の構造と受精に関してあばかれた自然の秘密』(Das entdeckte Geheimnis der Natur im Bau und in der Befruchtung der Blumen) を出版した。植物の授粉に果たす昆虫の重要な役割をまとめた初めての専門書である。それまでは、昆虫はたいてい蜜泥棒とみなされていた。

△ 花に授粉をしているハチ

1794年

1794年 化学を切り開いたアントワーヌ・ラヴォワジエが絞首刑に処される。フランス革命の恐怖政治の犠牲者

1794年 フランスの化学者ジョゼフ・ルイ・プルーストが、化合物は必ず一定の比率で結合することを示す定比例の法則を提出する

1794年 イングランドの物理学者ジョン・ドルトンが、自身の色覚異常について考察した結果をマンチェスターの学会で発表する

1794年
有機的生命の法則

イギリスの思想家エラズマス・ダーウィンが『ゾーノミア あるいは有機的生命の法則』(Zoonomia or The Laws of Organic Life) の第1巻を出版した。おもに人体を取り上げていたが、地球上のあらゆる生命は、自身が「偉大な第一原因」と呼ぶところのものから生じたとも、さりげなく主張していた。この発想は、後に孫のチャールズが詳しく解説する進化論の初期の段階と見られている。

◁ エラズマス・ダーウィン

「地球が存在しはじめてから、きわめて長い時間が経つ中で……温血動物は1個の生きた糸状のものから生じた」

エラズマス・ダーウィン、『ゾーノミア』、1794年

1796年
牛痘のワクチン

イングランドの医師エドワード・ジェンナーは、ウシの乳搾り女性の手にできた牛痘の疱疹から膿をこすり取り、これを自分の家で働いていた庭師の幼い息子に接種した。牛痘に似ているが、牛痘よりもずっと危険な天然痘に対する免疫ができることをジェンナーは期待していた。この結果を2年後に『牛痘の原因および作用に関する研究』（*Inquiry into the Causes and Effects of the Variolae Vaccinae*）にまとめる。Variolae Vaccinae はジェンナーが牛痘にあてた造語。後に使われる「ワクチン」(vaccine)はこの語に由来する。

1749～1834年
ギルバート・ブレーン

スコットランドの医師ブレーンは艦隊付きの医師を務めた。海軍の衛生改革を進め、レモン果汁や石けん、医療用品を支給し、換気を徹底した。さらに医療船も導入し、軍人の生活を改善した。

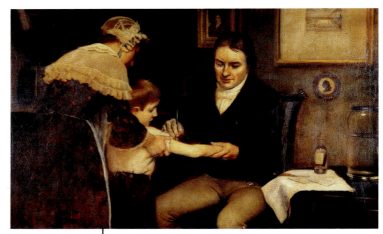

◁ ワクチンを接種するエドワード・ジェンナー

1795年

1795年 ギルバート・ブレーンが英国海軍に対して壊血病予防のためにレモン果汁の支給を義務づける。ほどなくして壊血病は船から消える

1796年 ドイツのカール・フリードリヒ・ガウスがわずか19歳で、合同算術につながる考察や素数の研究など数学における突破口を次々と開く

1797年 ドイツの天文学者ハインリヒ・オルバースが彗星の軌道計算に関する研究結果を著作にまとめる

1796年
比較解剖学

フランスの動物学者ジョルジュ・キュヴィエは、動物の骨格に関する研究を初めて発表したことから、古生物学の祖といわれる。キュヴィエの研究により、アフリカゾウとインドゾウは異なる種に属し、マンモスの骨はどちらの種にも属さない絶滅した系統のものであることが突きとめられた。またキュヴィエは、マストドンを現生のゾウとは独立した生物と同定し、南米に生息していた絶滅した巨大なナマケモノにメガテリウム（*Megatherium*）と名前をつけた。

インドゾウ ▷

「大いなる喜びをもたらしてくれるのは知識ではなく学ぶという行為であり、所有することではなくそこに至るという行為です」

カール・フリードリヒ・ガウス、ハンガリーの数学者ファルカシュ・ボヤイへの手紙、1808年

1799年
アレクサンダー・フォン・フンボルト

ドイツの博物学者アレクサンダー・フンボルトが南米に向かう旅に出た。この旅でフンボルトは自然地理学、植物地理学、気象学という学問分野を切り開き進展させた。たとえば、空気と水が移動して高度や緯度によって異なる気候を作る様子を明らかにしたり、海流を追跡調査したりした。南米の西海岸に沿って大西洋を北に向かう海流にはフンボルトの名前がつけられている。

▷ フンボルトが描いた植物の高度分布図

1798年
地球の質量

ヘンリー・キャヴェンディッシュがクーロンのねじれ秤を利用して、地球の密度を求める実験、いわゆるキャヴェンディッシュの実験をおこなった。キャヴェンディッシュが導いた結果は、今日一般に受け入れられている数字の1%以内におさまっている。この研究により、後年、地球の質量と比重を算出する下地が整った。

△ 重力の実験の模型

1797年 フランスの化学者ルイ・ニコラ・ヴォークランが、シベリアで産出した紅鉛鉱から新しい元素クロムを発見する

1799年

1798年
人口増加

イングランドの聖職者で経済学者のトーマス・マルサスが『人口論』（*Essay on the Principle of Population*）の第1版を刊行した。人口学の先駆けとなった著作である。世界人口は食糧生産をはじめ、さまざまな資源が追いつかないほどの速さで増加しているため、必然的に飢饉の可能性も高まっているとマルサスは論じた。

△ トーマス・マルサス

1798年
熱伝達

アメリカ生まれの物理学者ベンジャミン・トンプソン（後にランフォード伯爵に叙される）が論文『摩擦によって刺激を受ける熱源に関する実験』（*An Experimental Enquiry Concerning the Source of the Heat which is Excited by Friction*）を発表し、熱の発生に関する研究を飛躍的に進展させた。大砲の砲身をくり抜く際に発生する摩擦熱を研究したことがきっかけとなり、トンプソンは当時の理論、すなわち熱は熱い物体から冷たい物体へ流れる流体「カロリック」であるとする説に反論を展開していった。

△ ミュンヘンの大砲製造工場を訪れたベンジャミン・トンプソン

1800年 電池

イタリアの科学者アレッサンドロ・ヴォルタは、ガルヴァーニのカエルの実験（p.102を参照）で金属とカエルをつないだときに電気が発生した原因は、動物電気ではなく異種金属（鉄と真ちゅう）にあると気づいた。その後、ヴォルタは銅と亜鉛の円板を交互に組み合わせ、間に塩水に浸した厚紙を挟んだものを積み上げ、「電堆」すなわち電池の原形となるものを作った。

▷ ヴォルタ電堆

1800年 不可視光

1800年5月、ウィリアム・ハーシェルが、光スペクトルの赤色の少し外側に温度計を置いたところ、温度が上昇した。ハーシェルは見えない「光」の存在に気づいた。ハーシェルが熱線と命名したこの光は、今日、赤外線と呼ばれている。

▽ ハーシェルの実験装置

1800年 フランスの医師マリー・フランソワ・グザヴィエ・ビシャが、体の組織を機能に基づいて21種類に分類する

1800年 イングランドの化学者ウィリアム・ニコルソンが、当時発明されたばかりの電池を使って水を電気分解する

電池と電気化学

電池とは、エネルギーを化学的な形で貯蔵し、必要に応じて電気エネルギーに変換する携帯可能な電源である。電池のそれぞれの端には正極と負極があり、導電性の電解質で分けられている。回路が両端子につながると、負極から回路を通って正極へ自由電子が流れる。これが電流である。電池にはさまざまな種類がある。よく使われているアルカリ乾電池にはアルカリ性電解質が含まれている。

アルカリ乾電池が放電する仕組み

電池では化学反応によって金属原子から電子が解き放たれる。放電している間、自由になった電子は電極間を流れ、電流を発生し、接続する機器に電力を供給する。

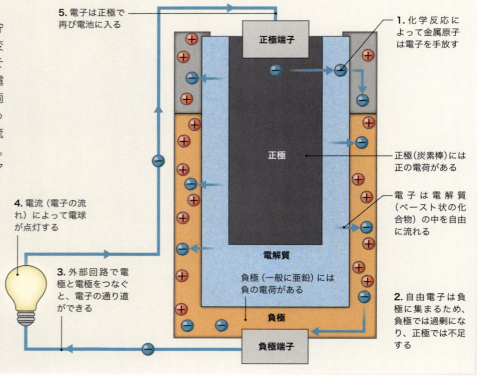

1. 化学反応によって金属原子は電子を手放す
2. 自由電子は負極に集まるため、負極では過剰になり、正極では不足する
3. 外部回路で電極と電極をつなぐと、電子の通り道ができる
4. 電流（電子の流れ）によって電球が点灯する
5. 電子は正極で再び電池に入る

- 正極端子
- 正極
- 正極（炭素棒）には正の電荷がある
- 電子は電解質（ペースト状の化合物）の中を自由に流れる
- 電解質
- 負極（一般に亜鉛）には負の電荷がある
- 負極
- 負極端子

1801年
光波と干渉

1704年にアイザック・ニュートンが『光学』（*Opticks*）を発表して以来、ほとんどの科学者は光を粒子の流れと考えていた。イングランドの科学者トーマス・ヤングは水の波紋のような現象を光でも作り出し、光が波のように振る舞うことを明らかにした。

波の回折と干渉

波は、端を通ったり隙間を通り抜けたりすると広がる（回折する）。二つの波が重なると「干渉する」。つまり、山と山が重なるとさらに大きな波となり、山と谷が重なると打ち消しあう。光の波が起こす干渉によって明暗のはっきりした縞模様ができることをヤングは示した。

- 光の波
- スリットが二つある厚紙
- 相殺的干渉
- 建設的干渉
- スクリーン
- 光の強弱が作る模様

1801年 ドイツの化学者ヨハン・ヴィルヘルム・リッターが、スペクトルの紫色の外側に見えない光線、紫外線を発見する

1802年 スウェーデンの化学者アンデシュ・グスタフ・エーケベリが、耐酸性の金属タンタルを発見。純粋な元素としてのタンタルは単離しづらいことが判明する

1802年

1802年 フランスの化学者ジョゼフ・ルイ・ゲー＝リュサックが、一定の圧力下では気体の体積は温度に比例することを突きとめる

1801年
ケレスと小惑星

イタリアの天文学者ジュゼッペ・ピアッツィが、小惑星帯で最大の小惑星ケレス（セレスともいう。現在は準惑星に分類）を発見した。小惑星帯で見つかった初めての天体である。1808年までにさらに3個の小惑星が発見され、現在では100万個以上が知られている。ほとんどの小惑星は直径数キロメートルほど。

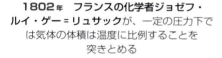
◁ ケレス

1745～1827年
アレッサンドロ・ヴォルタ

イタリアの物理学者で化学者のアレッサンドロ・ヴォルタは生まれ故郷（イタリアのコモ）で物理学教授として教鞭を執りながら、メタンガスを発見したり、静電気の実験をおこなったりした。研究人生の後半はパヴィア大学（イタリア）で過ごした。

1801年
無脊椎動物の分類

フランスの生物学者ジャン＝バティスト・ラマルクはパリで医学と植物学を学んだ後、国立自然史博物館の昆虫・蠕虫学教授となる。この新たな研究テーマに取り組みながら、ラマルクは「無脊椎動物」という言葉を作り、それまでほとんど研究されてこなかった膨大な数の無脊椎動物を分類する仕組みを整えた。関連する研究を『無脊椎動物誌』（*Histoire naturelle des animaux sans vertèbres*）にまとめ、出版した。

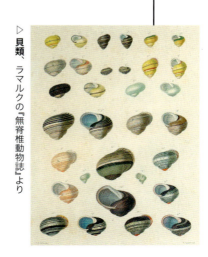
▷ 貝類、ラマルクの『無脊椎動物誌』より

△ 飛行準備をしているゲー＝リュサックとビオ

1804年
高高度研究

フランスの化学者ジョゼフ・ルイ・ゲー＝リュサックとジャン＝バティスト・ビオが熱気球上で最初となる科学研究を実施する。高度4000mまで上昇し、地球の磁場を調べ、大気の組成を決定するための試料を採取してきた。同じ年にゲー＝リュサックは単独で飛行し、高度7000mにも達した。この記録は50年以上破られなかった。

1805年頃 ドイツの薬学者フリードリヒ・ゼルチュルナーがアヘンからモルヒネ（活性アルカロイド）を単離し、アルカロイド化学の基礎を築く

1803年

1803年 イングランドの気象学者ルーク・ハワードが雲の分類を提案する。このとき初めて積雲（cumulus）、層雲（stratus）、巻雲（cirrus）と名前がつけられる

1804年 緑色植物がおこなう光合成の**基本原理**をスイスの化学者ニコラ＝テオドール・ド・ソシュールが初めて突きとめる

1803年
隕石

4月26日、フランス・ノルマンディー地方のレーグルで澄みわたった青空から石がシャワーのように降ってきた。著名な物理学者ジャン＝バティスト・ビオが現地に派遣され、落下した37kg分の石を調べた。その性質は周辺の石とはまったく違っていたことから、火山から噴出したものではなく地球外の宇宙から飛来した隕石であると、ビオは正しく結論を下した。

△ ビオが調べたレーグルの隕石

▽ ドルトンの原子量表

1803年
ドルトンの原子論

イングランドの科学者ジョン・ドルトンが、元素が違えばその原子は大きさも質量も異なるという考えを提出した。ドルトンは原子の相対的な重さを示す表も作成した。ドルトンの表と原子論は、反対者が多勢を占め、受け入れられるまで半世紀近くかかった。

原子論

ジョン・ドルトンの原子論では、あらゆる物質を原子とその属性という観点から説明しようとしていた。つまり、あらゆる物質は微小な原子（「固体で重さがあり、硬くて貫通できない動ける粒子」）からできていて、このような原子は分割できないし、創り出すことも破壊することもできないと考える。種類の異なる元素は、それぞれ質量や大きさなどの属性が異なる原子からなる。同じ種類の元素であれば原子の属性も同じ。ドルトンの原子論に従うと、化合物とは、異なる元素の原子が結合してできたものであり、化学反応とは原子の組合せに生じる変化である。

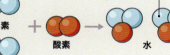

仮定1 あらゆる物質は、それ以上分割できない原子というきわめて小さな粒子でできている。後に誤りと証明される。

仮定2 任意の元素について、その原子はすべて同一の属性を有する。種類が異なる元素については原子の属性も異なる。

仮定3 種類が異なる元素の原子が結びついて化合物を作る。原子を分割することはできない。したがって原子は必ず整数比で結びつく。

仮定4 化学反応とは、原子が再配列して新しい化合物を作ることである。原子自体は変化しない。創り出されたり、破壊されたりもしない。

1807年 有機（炭素を含む）化合物と無機化合物はまったく異なる化学分野の対象であると、スウェーデンの化学者イェンス・ヤコブ・ベルセリウスが指摘する

1808年 ジョン・ドルトンが『化学哲学の新体系』（*A New System of Chemical Philosophy*）を出版し、同じ元素であれば大きさも質量も同じと提案する

1808年

1807年
金属の単離

イングランドの化学者ハンフリー・デーヴィ卿は、電気を使えば化合物を化学成分に分解できるかもしれないと考えた。電池を利用して確かめたところ、溶融した苛性カリからカリウム、苛性ソーダからナトリウムをみごとに単離できた。デーヴィはその後、バリウム、ストロンチウム、カルシウム、マグネシウムも単離した。

◁ カリウムとナトリウムを単離しているハンフリー・デーヴィ

マリュスの法則の実験

偏光では波の方向が一平面に限られている。直交する2枚の偏光フィルターに、偏光していない光を通すと光は遮断される。

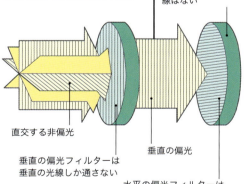

偏光フィルターを通り抜ける光線はない

直交する非偏光

垂直の偏光フィルターは垂直の光線しか通さない

垂直の偏光

水平の偏光フィルターは垂直の光線を遮断する

1808年
偏　光

フランスの数学者エティエンヌ・ルイ・マリュスは、偏光フィルターの役割を果たす方解石を使って実験をおこない、2枚のフィルターのなす角度と通り抜ける光の量との関係を表すマリュスの法則を導いた。

1809年–1813年

1744〜1829年
ジャン゠バティスト・ラマルク
フランスに生まれたラマルクは医学を学んだ後、自然史を研究し、フランスの植物相や無脊椎動物に関する重要な研究を発表した。獲得形質の遺伝に関する説を唱えたことでもよく知られている。

1809年
ラマルキズム
ジャン゠バティスト・ラマルクは著書『動物哲学』（*Philosophie zoologique*）の中で、動物が一生の間に獲得した形質はそのまま受け継がれることがあるという考えを示し、進化の研究に貢献した。たとえば、首を伸ばして高い木から食べ物を取ることができたキリンの子孫は、長い首を受け継いで生息地にうまく適応するという事例を紹介したが、その仕組みについては不明だった。

◁ 木の葉を食べるキリン

1809年

1811年 フランスの化学者ベルナール・クルトアが海草灰を硫酸で処理してヨウ素を単離する

1811年 恒星は輝くガス雲の崩壊によって生まれるとウィリアム・ハーシェルが主張する

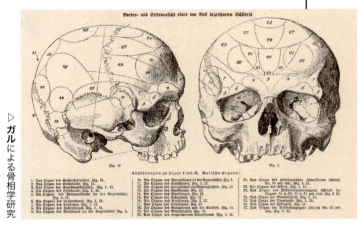

▷ ガルによる骨相学研究

1810年
脳と骨相学
ドイツ生まれの医師フランツ・ヨーゼフ・ガルが骨相学に関する主著を出版した。骨相学（Phrenologie）とは、人間の頭の形状には性格や才能が反映されていると考えたガルが、自説を説明するためにつけた名称である。ガルの考えは教会には異端とみなされたものの、ハーバードやイェールなどの大学で講演をしたこともあって米国とヨーロッパ各地に広まった。

◁ アメデーオ・アヴォガドロ

1811年
アヴォガドロの仮説
イタリアの科学者アメデーオ・アヴォガドロは、この年に発表した論文で、同じ温度と圧力ならば体積の等しい2種類の気体に含まれる粒子（原子または分子）の数は同じであるとする仮説を立てた。アヴォガドロの仮説は1860年代まで見向きもされなかったが、アヴォガドロの死後に認められ、今日では近代原子論および分子論の基礎として確立している。

1813年
化学の文字

スウェーデンの化学者イェンス・ヤコブ・ベルセリウスは化学に関する内容を明瞭かつ簡潔に記録するために、各元素をそのラテン語名の1文字または2文字を用いた化学記号として表す方法を考案した。さらに分子については各元素の相対的原子数を加えることも提案した。たとえば、窒素と水素の化合物であるアンモニアならば、化学式は NH_3 となる。

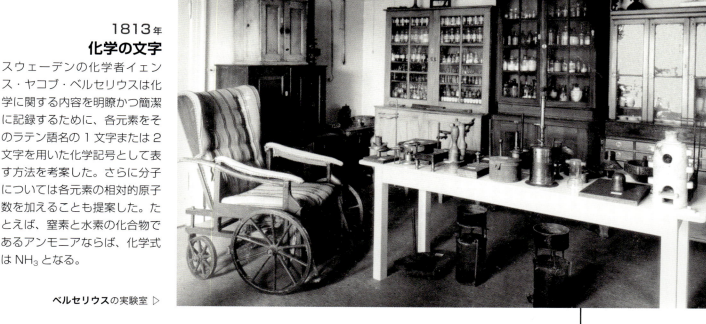

▷ ベルセリウスの実験室

「こぎれいな実験室は怠惰な化学者を意味します」

イェンス・ヤコブ・ベルセリウス、ニルス・セフストレームへの手紙、1812年

1813年

1812年 ロシアの化学者ゴットリーブ・キルヒホッフが硫酸を触媒として用い、デンプンを糖(ブドウ糖)分子にまで分解する

1812年 彗星の尾は固体核から放出された物質でできていて、太陽とは反対向きに伸びているとドイツの天文学者ハインリヒ・オルバースが指摘する

1812年 フランスの数学者ピエール＝シモン・ラプラスが『確率の解析的理論』(*Théorie analytique des probabilites*)を著し、ある事象が起こる確率を先行する事象に基づいて考察する

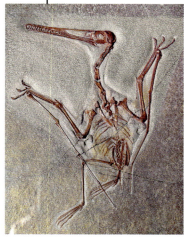

△ 翼竜の化石

1812年
翼 竜

翼竜の最初の化石は1784年にイタリアの科学者コジモ・コリーニが報告していたが、コリーニはこれを海洋生物と考えていた。1812年、コウモリと鳥類の中間生物であるとするドイツの解剖学者サミュエル・トマス・フォン・ゼンメリングと、空飛ぶ爬虫類とするジョルジュ・キュヴィエとの間で論争が起こった。正しかったのはキュヴィエの説明だった。

岩石に埋まる
陸上で生活する動物の全身が保存されることはめったにない。腐食性の動物によってばらばらにされるからだ。写真のシームリアは2億7500万年前に息絶えた後、時間を置かずに堆積物に覆われたおかげで、肉こそなくなったものの骨は保存されている。

化石と化石化

生命の歴史は、堆積層に埋もれた地球38億年分の化石記録に閉じ込められている。埋もれた化石は、最古の海洋微生物に始まり、殻をもつようになった最初の動物、かつて海や陸に棲んでいた脊椎動物の骨や歯というように順をたどる。また、植物の種子や花粉、樹木も記録されていて、地球が緑で覆われるようになった経過がわかる。

じつは、化石化という現象はきわめて選択的であり、軟体動物はめったに保存されない。有機物である遺骸が保存されるためには、多くの場合、死後すぐに堆積物に覆われて埋もれなければならない。状況によっては樹脂や氷、タールピットや溶岩で化石が保存されることもある。科学の世界では、化石を体化石（貝殻や骨など、体の硬い部分の化石）と生痕化石（堆積物に残された足跡や巣といった生活の跡の化石）に分けて考える。また死後、遺骸が分解して残った石油やガス、古代のDNAといった化学化石もある。

進化についてはまだ解明されていないことが多い。その欠落している部分を埋めるために科学者は、生命体が化石化する仕組みを研究している。クラゲや羽根や毛など通常は化石化しない柔らかい体や組織を保存している珍しい環境を発見したこともある。

現在を生きる私たちは、化石がなければ恐竜など絶滅した動物や植物を知ることはできない。とはいえ、化石が教えてくれることは限られている。現生の生物もあわせて研究することで、絶滅した生き物の外観を知る手掛かりが得られるし、体のつくりを行動と関係づけられる。さらには遺伝情報を利用して進化上の関係を明らかにできたりもする。

形の保存
現生するヒユサンゴ属（*Trachyphyllia*）の炭酸カルシウム（方解石）骨格。死後、海底の堆積層に埋もれたため、圧縮による変形を受けなかった。

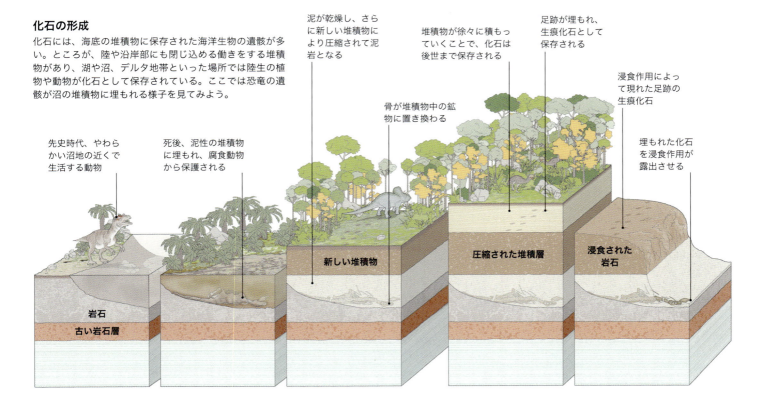

化石の形成
化石には、海底の堆積物に保存された海洋生物の遺骸が多い。ところが、陸や沿岸部にも閉じ込める働きをする堆積物があり、湖や沼、デルタ地帯といった場所では陸生の植物や動物が化石として保存されている。ここでは恐竜の遺骸が沼の堆積物に埋もれる様子を見てみよう。

先史時代、やわらかい沼地の近くで生活する動物

死後、泥性の堆積物に埋もれ、腐食動物から保護される

泥が乾燥し、さらに新しい堆積物により圧縮されて泥岩となる

骨が堆積物中の鉱物に置き換わる

堆積物が徐々に積もっていくことで、化石は後世まで保存される

足跡が埋もれ、生痕化石として保存される

浸食作用によって現れた足跡の生痕化石

埋もれた化石を浸食作用が露出させる

岩石
古い岩石層
新しい堆積物
圧縮された堆積層
浸食された岩石

1814年
フラウンホーファー線

ドイツの物理学者ヨーゼフ・フォン・フラウンホーファーが1814年から分光器（自身が考案）を用いて太陽光の観測を始め、500本を超える暗線を見つけた。以後、ほかの科学者も新たに見つけた暗線を次々とリストにまとめていった。暗線とは、太陽大気に含まれる元素の原子が特定波長の光を吸収する結果生じたもので、フラウンホーファー線とも呼ばれる。

1816年
聴診器

心臓、血管、肺、腸といった臓器の音を聞く聴診で使うための器具をフランスの医師ルネ・ラエンネックが考案し、ステトスコープ（聴診器）と命名した。その後、改良が重ねられ、柔軟性のあるチューブと両耳に当てる部分からなる形態になった。

木製の片耳用聴診器 ▷

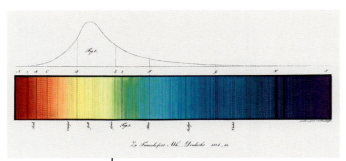

△ フラウンホーファーが観測した太陽のスペクトル

1814年 イングランドの技術者ジョージ・スティーブンソンの蒸気機関車が、馬よりも効率よく石炭を運び、鉄道の基礎を築く

1815年 イングランドの医師ウィリアム・プラウトが、あらゆる元素の原子量は水素の原子量の整数倍であると主張する

1815年 ハインリヒ・オルバースが彗星を発見する。後にこの彗星はオルバース彗星（13P/Olbers）と命名される

1815年
岩石層と化石

さまざまな堆積層を同定する際に化石が有用であることに、イングランドの地質学者ウィリアム・スミスが初めて気づいた。その結果スミスは、イングランド、ウェールズ、一部スコットランドでさまざまな種類の岩石が分布あるいは連続している様子を明らかにする、精密な大縮尺の地質図を作成することができた。

ウィリアム・スミスの地質図 ▷

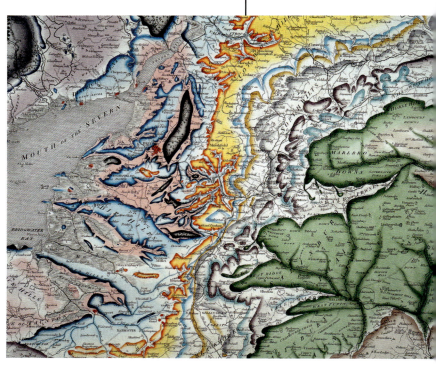

「自然学者にとっての化石とは、古物商にとっての古銭のようなものである」

ウィリアム・スミス、『化石の層序体系』（Stratigraphical System of Organized Fossils）、1817年

◁ ジョゼフ・ニセフォール・ニエプスが撮影した初期の写真

1816年
写真の始まり

レンズやピンホールを通して写し出された風景の像を、感光性のある化学物質を利用して保存することにフランスの発明家ジョゼフ・ニセフォール・ニエプスが初めて成功した。1820年代半ばには、こうした像を永遠に保存する写真を作ることにも成功した。当初は1枚撮影するために数時間露光しなければならなかったが、1839年にフランスの発明家ジョゼフ・ルイ・ダゲールが露光時間を短縮した。

1818年 イェンス・ヤコブ・ベルセリウスが10年かけて2000種を超える化合物を分析した後、正確な原子量表を発表する

1819年 物質を構成する原子や分子が重いほど温度上昇に必要な熱量が増えることを、フランスの物理学者デュロンとプティが明らかにする

1819年

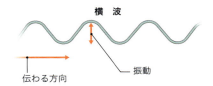
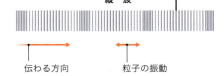

1818年
光波の性質

1816年、フランスの物理学者オーギュスタン=ジャン・フレネルは、光が粒子の流れではなく波動であることを複雑な数学を用いて示し、この議論に決着をつけた。2年後には、横波の振動面が1平面に限られている偏光の研究を通して、光波が横波であることを確かめた。

光波と音波

音波は縦波。音波を構成する空気の圧力は波の進行方向と同じ方向に振動する。光波は横波。光波は波の進行方向に対して垂直に振動する。

◁ キナノキ (*Cinchona officinalis*)

1819〜20年
抗マラリア薬療法

キナノキの樹皮に含まれる抗マラリア成分であるキニーネを、フランスの化学者ピエール=ジョゼフ・ペルティエとジョゼフ=ビアンネメ・カヴァントゥーが単離した。キナノキは南米原産の樹木。現地では昔から、その樹皮の抽出物をマラリアなどの病気の治療に用いていた。

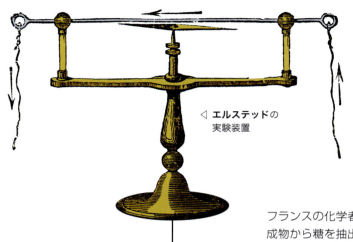

◁ エルステッドの実験装置

1820年
エルステッドの針

デンマークの物理学者で化学者のハンス・クリスチャン・エルステッドは電気と磁気の関連を追究する中で、2年にわたって電池、針金、磁針を使った実験を重ね、1820年、電流が針金に流れると近くにある磁針が触れるという実験結果を論文にまとめて発表した。この報告がきっかけとなり、新しい研究分野、電磁気学の扉が開いた。

1820年
アミノ酸

▽ グリシンの分子模型

フランスの化学者アンリ・ブラコノーが動物性生成物から糖を抽出しようとして、硫酸中でゼラチンを沸騰させていたところ、グリシンを単離した。グリシンとはもっとも単純で安定したアミノ酸である。ブラコノーによるグリシンの単離を契機に、タンパク質の組成を明らかにし理解を深める研究、さらにタンパク質がどのようなアミノ酸の配列でできているのかを調べる研究が始まった。

1820年

1820年 フランスの数学者オーギュスタン＝ルイ・コーシーが、物理系の分析に微積分学を利用する数理解析学の基礎を築く

1821年 エストニア生まれのドイツの物理学者トマス・ゼーベックが、熱電対の基礎であるゼーベック効果を発見する

電磁気学

電気と磁気は密接に絡みあっている。磁場が変化すると電場が生じ（発電の基本）、電場が変化すると磁場が生じる。じつは、電気と磁気は電磁現象という同じ現象の異なる要素である。電場と磁場は電磁波として一緒に空間を伝わる。

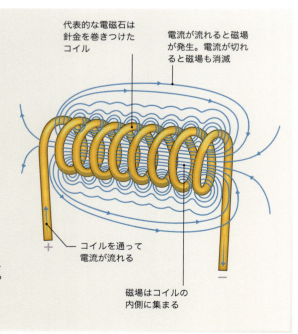

代表的な電磁石は針金を巻きつけたコイル

電流が流れると磁場が発生。電流が切れると磁場も消滅

コイルを通って電流が流れる

磁場はコイルの内側に集まる

電流と磁場

電流は局所磁場を発生させる。電磁石は、電流のスイッチが入ると磁石として振る舞う装置である。

1791～1867年
マイケル・ファラデー

イングランドの物理学者で化学者のファラデーは電気と磁気の研究に多大なる貢献をした、この分野の先駆者。王立研究所でデーヴィの公開講座を聴いたことをきっかけに、科学に関心を抱くようになった。その後、同研究所で40年にもわたって研究を続けた。

1822年
岩石層の年代決定

フランスの地質学者で博物学者のアレクサンドル・ブロンニャールが、三葉虫に関する広範な研究を著作にまとめた。三葉虫とは、カンブリア紀初期から2億7000万年間、世界中の海に生息していた無脊椎動物。ブロンニャールはヨーロッパと南北アメリカの種を分類した。これは三葉虫を相対年代でグループ分けする試みでもあった。各岩石層で産出する典型的な化石の同定に基づいて地質の年代を決定するという考え方も、ブロンニャールは提唱した。

▷ 三葉虫の化石

1822年 フランスの数学者ジョゼフ・フーリエが熱の流量に関する研究を発表する。この研究は、さまざまな科学分野で重要な役割を果たすことになる

1823年 ドイツの化学者J. W. デーベライナーが、白金には水素が関わる反応の速度を上げる触媒作用があることを発見する

1823年

1821年
力の場

1821年、マイケル・ファラデーは電気と磁気という見えない力に関する一連の実験にとりかかり、以後、数十年にわたってこの二つの力がどのように関連しているのかを追究していった。磁石のまわりや、電流が流れている針金のまわりの空間が磁力線で満たされている様子を可視化し、1852年には、そのような状況に「場」(field)という言葉をあてた。

◁ ファラデーが作った電磁石

▷ 自作の分光器を披露するフラウンホーファー

1823年
星のスペクトル

ヨーゼフ・フォン・フラウンホーファーが明るめの星をいくつか観測していたとき、スペクトルに現れる黒い吸収線が太陽光のもの（p.130を参照）とはかなり違っていて、さらに星によっても異なっていることに気づいた。フラウンホーファーは、このような吸収線は地球の大気を光が通ることによって生じるのではなく、恒星自体の性質に起因すると結論した。

> 「もし自然法則が一貫したものであれば、それほどすばらしいことはない」
>
> マイケル・ファラデー、『実験日誌』、1849年

1824年
恐竜の発見

イングランドの博物学者たちが、巨大なトカゲに似た動物の化石を新たに2種類発見した。ウィリアム・バックランドはオックスフォード近くのジュラ紀の地層から出土したあごの骨をもつ生物にメガロサウルス、ギデオン・マンテルはサセックスの白亜紀の地層から出土した化石にイグアノドンと命名した。しばらく後にイングランドの博物学者リチャード・オーエンが、これらの絶滅した動物に「恐竜」(dinosaurs、恐ろしい爬虫類を意味する)という一般名を与えた。

▽ メガロサウルス、あごの骨の化石

◁ 蒸気鉄道による最初の旅客輸送

1825年
蒸気鉄道による輸送

イングランドでストックトンとダーリントンを結ぶ、世界初の鉄道が開通した。機関車ロコモーション1号を、製造者であり「鉄道の父」であるジョージ・スティーブンソンが運転したのが最初の公式走行。ロコモーション1号は乗客450人を乗せて時速24 kmで走り、その後3年間、ボイラーが爆発するまで運用された。

1824年 イェンス・ヤコブ・ベルセリウスが四フッ化ケイ素と金属カリウムを反応させてケイ素を単離する

1826年 宇宙が無限かつ不変で、星が一様に分散しているとするならば、夜空が暗いのはなぜかと、ハインリヒ・オルバースが疑問を提起する

1824年

1824年 ジョゼフ・ルイ・ゲー=リュサックが、原子の数は同じだが性質が異なる化合物（後に異性体と命名）の存在を指摘する

1825年 フランスの医師フランソワ=ジョゼフ=ヴィクトール・ブルセが、医療用ヒルによる瀉血療法の効用を説く

1826年
米国の鳥類学

独学で絵画を習得した米国の画家で鳥類学者のジョン・ジェームズ・オーデュボンが、精緻な画法で鳥類を描いた絵を携え英国に向けて旅立った。英国ではスコットランドの鳥類学者ウィリアム・マクギリブレイと一緒に研究を進め、鳥種の生活史に関する記述も書き加え、いよいよ著作の出版元も見つけることができた。『アメリカの鳥類』(Birds of America)の図版は銅版画から印刷され、刷った後に手彩色された。同書には435点の実物大の水彩画が収められ、描かれた489種に関する注釈も付記されている。このみごとな著作の完全版は、現在は120冊しか残っていない。

『アメリカの鳥類』に描かれたエリマキライチョウ ▷

有機化合物

炭素と炭素以外の元素（おもに水素、酸素、窒素）が結合した分子を有機化合物という。炭素どうしの結合は安定していて、長い鎖、環、あるいは官能基といったさまざまな分子を作ることができる。その結果、メタン（CH_4）などのガス、生命に必要な生体物質（脂質、タンパク質、炭水化物）、工業で利用される長鎖分子（プラスチック）など、有機化合物には幅広い性質がある。

官能基と族

炭素は他の原子や分子と最大で四つ結合して官能基を作ることができ、大きくなった分子に特定の性質を与える。同じ官能基をもち、似たような化学式で表される有機化合物を同族体という。

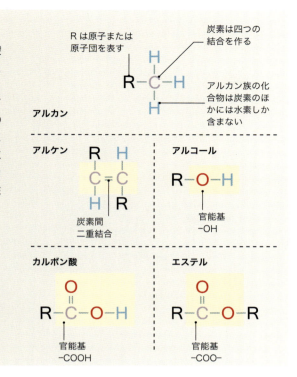

1828年
有機合成

ドイツの化学者フリードリヒ・ヴェーラーが、無機物であるシアン酸アンモニウムを熱したところ尿素ができた。ヴェーラーは初めて有機化合物を合成した。

◁ フリードリヒ・ヴェーラー

1829年

1827年 ドイツの物理学者ゲオルク・オームが、電池の電圧と回路を流れる電流との関係を突きとめる

1827年 スコットランドの植物学者ロバート・ブラウンが水に浮かんだ花粉の不規則な動きを観察する。この動きは現在、ブラウン運動として知られている

▽ ナメクジウオ

1828年
脊索

ドイツの科学者カール・エルンスト・フォン・ベーアが胚の発生を研究する中で脊索を発見し、脊索とは脊索動物の発生の過程で現れる棒状の構造をしたものであると初めて記載した。脊椎動物（ヒトを含む）では多くの場合、成体になると脊索は軟骨や骨でできた脊柱に置き換わっている。無脊椎脊索動物（ナメクジウオなど）では、脊索は成体になっても残っていることが多い。

1785〜1851年
ジョン・ジェームズ・オーデュボン

ジョン・ジェームズ・オーデュボンはサン・ドマング（現在のハイチ）で生まれた。幼少時代をフランスで過ごし、18歳で米国に渡った。鳥の絵を熱心に描き続け、米国に生息する鳥類を実物大に描いた絵画は膨大な点数にのぼった。

大きなアメリカシロヅルから小さなノドアカハチドリまで、オーデュボンはさまざまな鳥を描いた

1830年
地質学の原理

スコットランドの地質学者チャールズ・ライエルは『地質学原理』（*Principles of Geology*）を著し、地球および地球の気候は長い時間をかけてゆっくり変化していて、地球が誕生してからは数億年が経っていると主張した。現在生じている火山噴火などの現象は、過去に起こった同様の現象と同じ自然法則の支配下にあるとライエルは考えた。

◁ 『地質学原理』の挿画 ▷

1791 ～ 1875年
チャールズ・ライエル

弁護士の経験もあるライエルは、19世紀の地質学に多大なる影響を与えたひとり。『地質学原理』はチャールズ・ダーウィンの思考にも深く関わった。また地球の研究に対しては近代科学の視点を持ち込み、その基礎を築いた。

1830年 イングランドの医師トーマス・サウスウッド・スミスが、貧困とコレラなどの伝染病との関連を明らかにする

1830年 スコットランドの生理学者チャールズ・ベルが、触覚や運動に関連した神経に関する研究を認められ、ナイト爵に叙される

1830年

△ ジョゼフ・リスターと自作の顕微鏡

1830年
リスターの顕微鏡

イングランドのアマチュア科学者ジョゼフ・ジャクソン・リスターが顕微鏡に一大革新をもたらした。色収差を補正した顕微鏡を初めて作り、さらにレンズの質も改良した。色収差（異なる波長の光が異なる角度で回折して生じる）によって起こる像のゆがみの問題が解決されたリスターの顕微鏡は、細かい観察が求められる医学研究でも信頼できる装置として普及した。

1830年
顕微鏡で見た岩石

スコットランドの博物学者ウィリアム・ニコルが薄片の作成方法を考案した。岩石を切り出しガラスの上に貼り付け、すり減らす。これにより鉱物の粒子を光が透過できるようになるという方法である。ニコルが作った化石木のスライドは細胞構造を初めて明らかにした。さらにニコルは方解石のプリズムで光を偏光させる方法も開発した。この方法のおかげで、岩石の薄片を顕微鏡下で観察して、光が透過するときの振る舞いの違いによって鉱物組成を決定できるようにもなった。

△ 隕石の薄切片の偏光顕微鏡写真

1830年–1831年 | 125

1831～36年
ビーグル号の航海

チャールズ・ダーウィンが博物学者として英国海軍の艦船ビーグル号に乗り込み、航海に出た。ビーグル号の航海は生物学の歴史の中でもとりわけ重要な意味をもつことになった。5年をかけておもに南米を巡りながら、ダーウィンは行く先々で動植物や地質を克明に記録していった。このときの観察をまとめた著作を1839年に出版する。後の版では、とくにガラパゴス諸島に生息するフィンチやゾウガメの形質の多様性をきっかけに進化の考えを深めた。

◁ 探検に向かう英国海軍艦船ビーグル号

1831年 クロロホルムが発見される。濃縮エタノールにさらし粉を加えて蒸留したところ、クロロホルムが得られた

1831年

1831年 スコットランドの植物学者ロバート・ブラウンが細胞下の微細構造に核（nucleus）と名前をつける

△ ファラデーの円盤

◁ 宇宙から見たハリケーン

1831年
低気圧の風を伴う嵐

米国のアマチュア気象学者ウィリアム・レッドフィールドは、1821年にロングアイランドを襲ったハリケーンで木が倒れた様子を観察し、このような嵐の正体は、まとまった空気が巨大な渦となって旋回する風であると結論した。後にレッドフィールドは正しかったことが証明される。現在では、このような暴風雨では中心に向かって速度が上がり、陸地や水上を通過するときは暴風雨本体の移動速度よりも速い速度で回転すると理解されている。

1831年
電動機と発電機

1830年代、各国の科学者が実用的な電動機（モーター）や発電機を作りはじめた。それまでの10年間はマイケル・ファラデーや、ハンガリーの物理学者イェドリク・アーニョシュらが単純な電動機を作っていたものの、実用には供されなかった。1831年にマイケル・ファラデーが電磁誘導、すなわち金属などの導体を通る磁場が変化すると導体に電圧が誘導される現象を発見したのに続いて、発電機を初めて考案した。

1832年
電気分解

1800年に電池が発明され、一方の電極から、間に化合物の溶液を挟んでもう一方の電極へ流れる電流の効果を研究できるようになった。電流によって化合物は分離し、陰極に元素が析出することがある。このような過程は電気分解の特徴のひとつである。マイケル・ファラデーは溶液を流れる電荷の量と、析出する元素の質量との間に関係があることを発見した。

◁ ファラデーの電気分解装置

1791～1871年
チャールズ・バベッジ

数学者、技術者、発明家などいくつもの肩書きをもつチャールズ・バベッジは王立天文協会の設立にも協力し、ケンブリッジ大学では数学を教え、暗号学にも通じていた。線路にいるウシを近づいてくる列車から守るための装置も考案した。

1833年 ドイツの天文学者フリードリヒ・ベッセルが、5万個の恒星のきわめて正確な位置を掲載した星表をまとめる

1834年 ロシアの物理学者エーミール・レンツが、誘導された電流の方向と、電流を引き起こした磁場の方向とを関連づける法則を発表する

1833年 米国の医師ウィリアム・ボーモントが、腹部に傷を負い胃が開いたままの患者で消化過程を直接観察する

△ アンセルム・パヤン

1833年
酵素

フランスの化学者アンセルム・パヤンが酵素（生体で化学反応の速度を上げる触媒の働きをするタンパク質）を初めて発見した。麦芽抽出液に含まれる化合物にデンプンの糖化を促す働きがあることを見抜いたパヤンは、その物質にジアスターゼ（現在はアミラーゼという）と名前をつけた。その3年後にドイツの生理学者テオドール・シュワンが酵素ペプシンを見つけた。

1834年
南天を探索

イギリスの天文学者ジョン・ハーシェルは南アフリカの喜望峰に建てた自分の天文台で、南半球から見える空を5年にわたって綿密に調べた。最終的に1847年に出版されたハーシェルの星表には、現在では天の川銀河の衛星銀河であることがわかっている大マゼラン雲、小マゼラン雲の天体も含まれていた。

△ 南天に見える天の川とマゼラン雲（右）

1834年
解析機関

イングランドの博識家チャールズ・バベッジは1820年代に、複雑な数学関数を計算できる「差分機関」の原型を作った。1834年にはさらに高く目標を掲げ、「解析機関」の開発に着手した。この解析機関は、パンチカードを使ってプログラムする汎用機械式計算機を目指し、算術演算装置、制御装置、記憶装置、さらにはプリンターも備えたものになる予定だった。だがバベッジの存命中には、電動でなかったため負荷がかかりすぎて実用化に至らなかった。

◁ バベッジの解析機関の一部

1835年 チャールズ・ダーウィンがガラパゴス諸島に到着。島の様子を観察し、これが後に自然選択の理論を裏づけることになる

1836年 イングランドの化学者ジョン・ダニエルが、安定して使える電気化学セル（電池）を開発。すぐに電信機の標準電源として採用される

1836年

◁ ドライアイスの雲

1835年
ドライアイス

フランスの発明家アドリアン゠ジャン゠ピエール・ティロリエが二酸化炭素ガスに圧力を加えて液化させる装置を作った。装置を開けて見ると、圧縮されたガスが雪のような白い固体（ドライアイス）、いわゆる固体二酸化炭素になっていた。

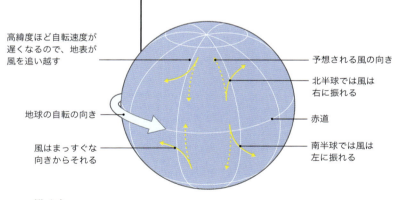

働く力
コリオリの効果は地球規模の風や気象のパターンに影響を及ぼす。地球の自転速度は極に比べると赤道のほうが速い。そのため大気は地球の表面を移動する際にわん曲する。北半球では風は右に、南半球では左に偏る。

1835年
コリオリの力

フランスの数学者ガスパール゠ギュスターヴ・ド・コリオリが論文「物体系の相対運動方程式について」（*Sur les équations du mouvement relatif des systèmes de corps*）を発表し、水車のような回転体によるエネルギーの移行について数学を用いて考察した。慣性力は時計回りに対しては左向きに、反時計回りに対しては右向きに働くことを明らかにした。

1837年-1839年

◁ モールス‐ベイルの電鍵

1837年
電信

電気信号を使って遠く離れた場所にメッセージを送ることができる通信方式、電信が1830年代に急速に発達した。1837年にはイングランドの発明家ウィリアム・フォザギル・クックとチャールズ・ホイートストンが特許を取得し、鉄道の線路に沿って走る電信システムを構築した。ところが、米国のサミュエル・モールスとアルフレッド・ベイルがさらに安価で単純なシステムを構築し、ほどなくしてこれが世界中に張り巡らされることになった。

1838年
恒星までの距離の測定

フリードリヒ・ベッセルがヘリオメーター（太陽儀）と呼ばれる装置を用いて、恒星（はくちょう座61番星）までの距離を初めて精密に測定した。ベッセルは恒星の年周視差の測定に基づいて恒星の距離を決定していた。視差とは、1年を通して地球の軌道の反対側から恒星を観測するときに見られる、見かけの位置の変化。視差の測定は、すぐに他の恒星の距離決定にも使われるようになった。

ヘリオメーター ▷

1837年 ほとんどの植物に存在する緑色色素クロロフィル（葉緑素）の働きによって植物は二酸化炭素を同化していることを、フランスの植物学者アンリ・デュトロシェが実証する

1837年

1837年 ヨーロッパと北米を雪と氷が覆っていた氷河時代があったことを、スイス生まれの地質学者ルイ・アガシーが示す

1837年
酵母と発酵

ドイツの生理学者テオドール・シュワンが顕微鏡を用いて酵母を観察し、植物組織の細胞に似た構造が酵母にもあることを見つけた。酵母が生物であり、発酵は酵母の細胞の働きによることをシュワンは突きとめた。当時、発酵の原因は酸素にあると一般に考えられていたが、シュワンの発見はその誤りを証明した。

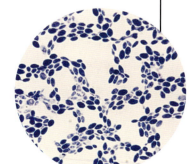

△ 酵母細胞

1839年
南極探検

太平洋と周辺の島々の探検および調査のため、米国の海軍将校チャールズ・ウィルクスが艦船7隻、乗員350人を率いて4年に及ぶ遠征に出発した。1839年12月にオーストラリアから南に向かい、1840年1月16日に初めて南極を見つける。その後、南極大陸の沿岸を2400kmにわたって調査し続けるが、上陸は氷によって阻まれた。

1839年
燃料電池

1839年、ウェールズ生まれのウィリアム・グローブが電気を発生する新しい装置、すなわち燃料電池を考案したと発表した。グローブが気体ヴォルタ電池と呼んだ装置は、白金被覆電極がそれぞれ水素ガスと酸素ガスと接触している電池がいくつもつながっているものだった。とてもうまく機能する装置だったが、燃料電池として実用化され商業利用されるようになったのは、ほぼ100年後のことだった。

燃料電池の仕組み

燃料電池とは、燃料（水素やメタンなど）と酸素との化学反応、すなわち燃料の燃焼反応によって放出されたエネルギーを利用する電池である。燃料電池ではエネルギーは電気として放出される。炎の場合はエネルギーは熱や光になる。

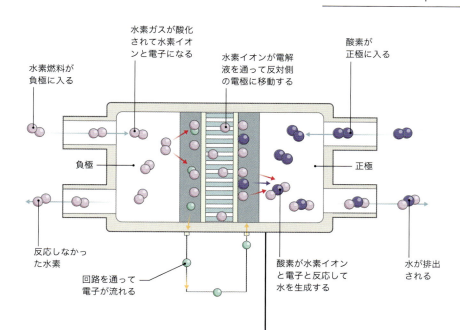

1838年 イェンス・ヤコブ・ベルセリウスが、卵白などに含まれ重要な役割を果たす大きな分子を表す語としてタンパク質（protein）を初めて用いる

1839年 米国の発明家チャールズ・グッドイヤーが、天然ゴムに硫黄を結合させてゴムの強度を高める方法を見出す

1839年 フランスの発明家ルイ・ダゲールがヨウ化銀板を利用して写真処理の時間を短縮する

1839年
細胞の科学

ドイツの生理学者テオドール・シュワンが名著『動物および植物の構造と成長の一致に関する顕微鏡的研究』（*Mikroskopische Untersuchungen über die Uebereinstimmung in der Struktur und dem Wachsthum der Thiere und Pflanzen*）を著し、細胞生物学に関する数多くの基礎を築いた。最大の研究成果は、あらゆる生物が細胞と細胞生成物でできているという事実を明らかにしたこと。

◁ テオドール・シュワン

◁ ウィルクスの南極探検

「あらゆる組織の基本部分は細胞からなる」

テオドール・シュワン、『顕微鏡的研究』、1839年

1840年
熱化学

スイス生まれのロシアの化学者ジェルマン・アンリ・ヘスは、化学反応中に生じるエネルギーの変化を研究した。化学物質を反応させて新しい生成物を作るときに発生あるいは吸収する熱の総量は、途中の反応経路にかかわらず一定であることにヘスは気づいた。反応熱に関するヘスの研究は熱化学の基礎を築いた。

◁ 1840年頃の温度計

1842年
エネルギーの保存

ドイツの物理学者で化学者のユリウス・フォン・マイヤーは水の力を制限するものについて研究をする中で、物理学の根幹のひとつとなる原理を見出した。エネルギー保存の法則である。すなわち、閉じた系ではエネルギーは生成されず、消滅することもない。一方から他方へ変換されるだけである。

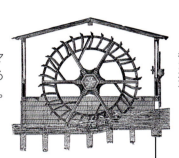

◁ マイヤーがひらめきを得た水車

1840年 ドイツ生まれのスイスの化学者クリスチャン・シェーンバインが異臭を放つ気体を単離し、オゾン（Ozon）と命名。後年、オゾンは酸素の同素体であることが判明

1841年 米国の科学者ジョン・ウィリアム・ドレーパーが月を写真撮影。天文学に発見をもたらす新しい技術として天体写真術をいち早く導入する

1840年 感染症の多くは微小な生物を介して伝染すると、ドイツの医師フリードリヒ・ヘンレが述べる

音の周波数の変化

列車が近づいてくるとエンジンから発生する音波は圧縮される。音波の山は高い振動数となって届くため、私たちには高い音として聞こえる。列車が遠ざかっていくと音は低くなる。

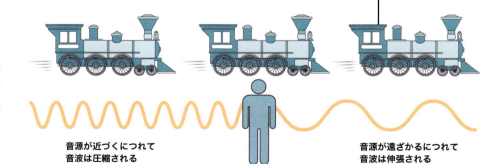

音源が近づくにつれて音波は圧縮される

観測者

音源が遠ざかるにつれて音波は伸張される

1842年
ドップラー効果

オーストリアの物理学者クリスチャン・ドップラーが論文の中で、ある種の恒星の色は地球に近づいたり遠ざかったりする運動によるものだと指摘した。つまり、地球に向かって動いている恒星からの光の周波数はスペクトルの短いほう（青色）にずれて現れる。ドップラーは音波についても数学を用いて分析した。以来、この現象はドップラー効果として知られている。

1840年–1843年 | 131

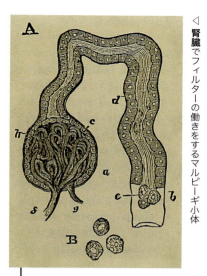

◁ 腎臓でフィルターの働きをするマルピーギ小体

1842年
腎臓の機能

腎臓には尿を分泌する腺としての働きしかないと長い間考えられていたが、ドイツの生理学者カール・ルートヴィヒが、尿の排泄には二つの過程が関わっていることを明らかにした。すなわち、ろ過と再吸収である。ルートヴィヒは、腎臓でろ過がおこなわれる仕組みを正確に説明した最初の科学者である。

1842年 イングランドの古生物学者リチャード・オーエンが、絶滅した陸生爬虫類のグループに恐竜類（ダイノサウルス類、Dinosauria）と命名する

1843年
太陽の黒点

ドイツの天文学者ザムエル・ハインリヒ・シュワーベは太陽の黒点を17年かけて観測し続け、その結果をもとに、黒点の数には周期的な増減があると発表した。現在では、黒点は出現数と出現位置の両方に周期があり、約11年で変化を繰り返していることがわかっている。

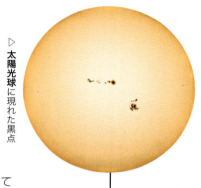

▷ 太陽光球に現れた黒点

1843年 未知の惑星が天王星の軌道に及ぼす影響に着目したイングランドの数学者**ジョン・カウチ・アダムズ**が、その惑星の位置を算出する研究を進める

1843年
熱の仕事当量

1840年代になると、エネルギーが異なる形態へ伝達される仕組みが解明されはじめる。ある形態から別の形態へ等しく変換される現象が明らかにされ、これを契機にエネルギーの理解が深まっていった。1843年にはイングランドの物理学者ジェームズ・ジュールが、蒸気機関のような力学的仕事と熱が数学的には等価であることを実験から導き出し、新しい局面を開いた。ジュールは、錘を落下させて羽根車を回すと、水の温度がわずかだが上昇していることを実験で示した。

△ ジュールの実験

> 「私の目指すところは、まずは正しい原理を解き明かし、次いで実用的な方向を提言することである」

ジェームズ・ジュール、『電気学紀要』（Annals of Electricity）、1840年

エネルギーの種類

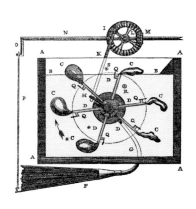

永久機関
永久機関とは、外部からエネルギーをいっさい取り込まなくても永遠に働き続ける夢のような装置。このような装置があるとすると、エネルギー保存の法則に反していることになる。

エネルギーとは、物体を動かしたり温めたりするといった、物事を変化させる（仕事をする）能力と考えられる。自然現象であれ人工現象であれ、あらゆる現象には仕事が関わっている。

エネルギーはさまざまな形態で存在する。運動エネルギー、熱エネルギー、核エネルギーがよく知られているが、そのほかにも数種類ある。仕事がおこなわれたときは、エネルギーが元の形態から別の形態へ変換されている。電力会社で電力を作る場合は、さまざまな形態のエネルギー（水の流れによる運動エネルギー、化石燃料に含まれる化学エネルギーなど）が、消費者のニーズに合った使いやすい電気エネルギーに変換されている。

エネルギーには種々の形態があるが、大きくは位置エネルギーと運動エネルギーの二つに分けられる。位置エネルギーとは、系内の異なる部分との相対的位置によって定まる、物体のもつエネルギーである。たとえば、ばねは伸びているときは弾性エネルギーをもち、空中にあるテニスボールは重力エネルギーをもつ。いずれも一種の位置エネルギーである。運動エネルギーは運動と関連している。物質中で動いている粒子のエネルギーである熱エネルギーも運動エネルギーである。

物理学でとりわけ重要とされる法則の中に、エネルギー保存則がある。これは、宇宙におけるエネルギーの総量は変わらないことを意味する。つまり、エネルギーは創り出すことも壊すこともできず、ある形態から別の形態へ変えることしかできない。もうひとつ重要な法則にエントロピーの概念がある。エントロピーは、時間の経過とともにエネルギーが拡散し、仕事をおこなうのに有用でなくなっていく様子を説明する。

エネルギーの形態

積み荷を押して斜面を登り、端まで来たら下に捨てるといった単純な作業でも、エネルギーの形態が何度か変化している。化学エネルギーが運動エネルギーに変わり、積み荷を落とすときには重力エネルギーが運動エネルギーに変わる。

体から手押し車に運動エネルギーが伝わる。このとき、体からはその分のエネルギーが熱として失われる

手押し車に伝わった運動エネルギーは摩擦に打ち勝ち、手押し車を動かす

斜面を登る人の運動エネルギーは、体と手押し車とで重力エネルギーに変わる

重力エネルギーが増加する

体に蓄えている化学エネルギーが減少する

重力エネルギーが運動エネルギーに変わる

れんがが落下するとき、運動エネルギーは増加し、重力エネルギーは減少する

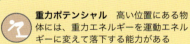

重力ポテンシャル 高い位置にある物体には、重力エネルギーを運動エネルギーに変えて落下する能力がある

熱エネルギー 熱エネルギーには、原子の運動によって発生する熱も含まれる

弾性エネルギー 伸びている物体や縮んでいる物体には、元の形に戻ろうとする能力がある

核エネルギー 核兵器などで原子核を分裂させると、蓄えていた膨大なエネルギーを放出する

音響エネルギー 音波は、そのエネルギーによって媒質を圧縮または膨張させながら媒質を移動する

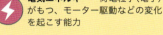

化学ポテンシャル 物質の化学結合が蓄えていたエネルギーは化学反応によって放出される

放射エネルギー 電磁場を変化させる形態で現れる。光など

電位 電池は、電流として放出される電気エネルギーを蓄えている

電気エネルギー 荷電粒子(電子)がもつ、モーター駆動などの変化を起こす能力

運動エネルギー 原子から惑星にいたるまで、あらゆる動いている物体がもつ、運動に関連するエネルギー

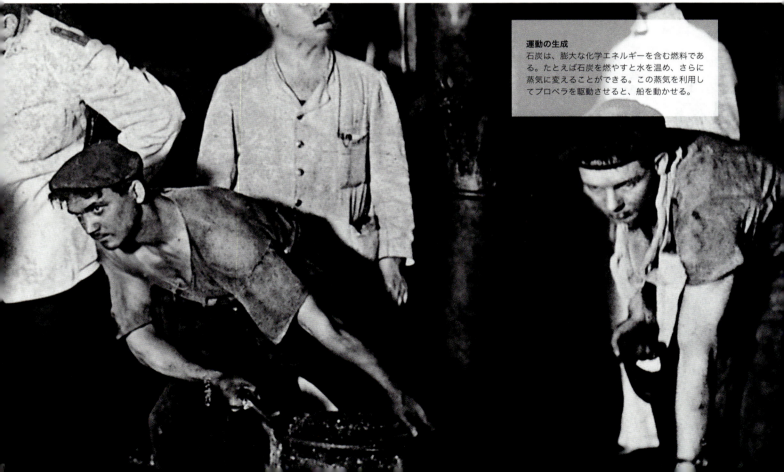

運動の生成
石炭は、膨大な化学エネルギーを含む燃料である。たとえば石炭を燃やすと水を温め、さらに蒸気に変えることができる。この蒸気を利用してプロペラを駆動させると、船を動かせる。

| 134 | 1844年–1849年

1845年
渦巻星雲

アイルランドの天文学者ウィリアム・パーソンズ（ロス卿）が自作したばかりの巨大な望遠鏡（愛称パーソンズタウンのリヴァイアサン）を用いて、もやがかかったように見える星雲M51を観測した。もやの正体は、渦巻状に広がる無数の恒星が放つ淡い光だった。パーソンズがM51以外にも「渦巻星雲」の存在をいくつか確かめた結果、その性質をめぐって論争が起こった。「渦巻星雲」は形成中の太陽系型天体なのか、あるいは銀河系の外側にある独立した恒星系なのか、議論が交わされた。

▷ ロス卿が作った口径1.8mの反射望遠鏡

1844年

1844年 サミュエル・モールスが米国のワシントンからボルティモアまで初めての長距離電報を送信する

1846年 吸入エーテル（ジエチルエーテル）が麻酔薬として使えることを、米国の歯科医ウィリアム・モートンが実証する

1844年 恒星シリウスが未知の重い伴星（後年、白色矮星と判明）の影響を受けていることをフリードリヒ・ベッセルが突きとめる

1845年 マイケル・ファラデーが『光線の振動についての考察』（Thoughts on Ray Vibrations）の中で、光が電磁気現象のひとつであると指摘する

「What hath God wrought （神のなせる業）」

世界初の電文

1846年
原形質

ドイツの植物学者フーゴー・フォン・モールは研究人生の大半を植物細胞に捧げ、その生理学と解剖学を徹底して追究した。細胞の核は、動いているコロイド状の物質の中にあることを示し、この物質に原形質（protoplasm）と命名した。原形質は活動している各細胞内に存在する、生きている塊であり、ここに細胞を活動させるエネルギーが蓄えられているとモールは説明した。

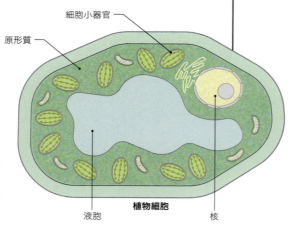

細胞小器官 / 原形質 / 液胞 / 核 / 植物細胞

◁ 海王星

1846年
海王星の発見

フランスの数学者ユルバン・ル・ヴェリエとケンブリッジの天文学者アダムズが1845年に天王星の外側にある惑星の位置を予測したのに続き、ドイツの天文学者ヨハン・ガレがベルリン天文台で、太陽系のもっとも外側にある巨大惑星、海王星を初めて観測した。その17日後には天文学者ウィリアム・ラッセルが、海王星で最大の衛星トリトンを見つけた。

1844年–1849年 | 135

1847年
ベルクマンの規則

比較解剖学に関心を寄せていたドイツの生物学者カール・ベルクマンは近縁の関係にある動物（たとえばペンギン類）を観察し、体の大きな種ほど寒冷環境に棲み、小形の種はたいてい温暖な生息地で暮らしていることに気づいた。

◁ **コウテイペンギン、**下図と同率で縮小

◁ **ガラパゴスペンギン、**上図と同率で縮小

1848年
異性体

フランスの化学者ルイ・パストゥールが、酒石酸には2種類の結晶があることを発見し区別した。どちらの結晶も化学式は同じだが、溶液に溶かすとそれぞれを通る光の振動面は逆向きに回転した。これは、溶液中の分子がわずかに異なる形、すなわち互いに鏡像の関係にある光学異性体だったために生じた現象だった。

◁ 酒石酸の結晶

1849年

1846年 イタリアの化学者アスカーニオ・ソブレロが濃硝酸と濃硫酸の混合液にグリセリンを加えて、強い爆発性を有するニトログリセリンを作り出す

1847年 ジョン・ハーシェルが南天の観測結果を書籍にまとめ、出版する。星雲、土星の衛星、黒点に関する章も含まれている

1849年
フィゾーと光の速さ

フランスの物理学者イッポリート・フィゾーは地上での光速の測定に初めて本格的に取り組む中で、高速で回転する歯車を通して光を照射した。光は、8km先に置いた鏡で反射され、歯車を通って戻ってくる。特定の回転速度のときに歯車は戻ってくる光を遮るので、これをもとに光速を算出できる。フィゾーの得た値は5%以内の誤差だった。

フィゾーの実験装置 ▷

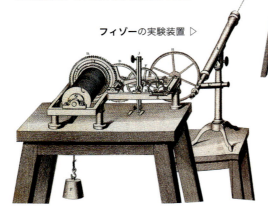

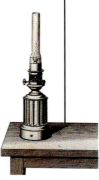

1851年
地球の自転

フランスの物理学者レオン・フーコーは独創的な実験を考え出し、地球が自転していることを初めて直接実証した。長い振動周期をもつ振り子を1点から吊り下げる。すると振り子はゆっくり前後に揺れる。その間に振り子の下では地球が自転するので、振り子の揺れる軸は地面に対してゆっくり向きを変えていく。

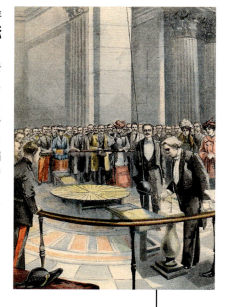

フーコーの振り子、パリ ▷

1852年
原子価

イングランドの化学者エドワード・フランクランドは、有機分子と金属イオンが結合した有機金属化合物をいち早く研究したひとり。有機金属化合物を調べ、各原子には他の原子と結合できる固有の数があるとする原子価の理論を提唱した。フランクランドの考察は、化学において結合と構造を解明していく中で重要な一歩となった。

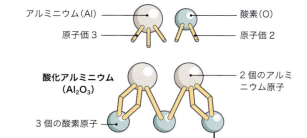

結合の数
原子価が3の原子、たとえばアルミニウムは結合を三つ作ることができる。酸素は原子価が2なので結合を二つ作る。

1850年

1850年 伝染病の研究を推進するためにロンドン疫学協会が設立される

1850年 スコットランドの化学者トーマス・グレアムが、コロイド化学の基盤となる研究をおこなう

1852年 レオン・フーコーが、高速回転するジャイロスコープを利用して地球の自転の影響を観測し、これを実証する

ロンドン、ブロードストリートの井戸 ▷

1850年
熱によって発生する動力

ドイツの物理学者で数学者のルドルフ・クラウジウスはベルリン科学アカデミーで発表した論文で、「仕事」がおこなわれない限り、つまり系にエネルギーが投入されない限り、熱は冷たい物質から温かい物質へは流れないという事実を掘り下げ検討した。クラウジウスの考察は、当時有力だった熱を物質と考える「カロリック」説を否定し、いわゆる熱力学第二法則を初めて定式化するものだった。

ルドルフ・クラウジウス ▷

1854年
疫学

疫学研究の基礎を築いたひとりであるイングランドの医師ジョン・スノーは、ロンドンでのコレラ大流行を受けてその発生源を探り、ブロードストリートに設置された共同の井戸に原因のひとつがあることを突きとめた。さらに、テムズ川上流のきれいな水を引いている地区と汚染された水を引いている地区を比べると、後者のほうがコレラの発生率が高いことに気づき、コレラが飲料水を介して広がることを明らかにした。

△ コレラを配る死神を描いた風刺画

フーコーの振り子はパリのパンテオンのドームから吊り下げられた

1855年
近代海洋学
米国の海軍士官マシュー・モーリーは航海日誌に記録された風、潮流、水深に関するデータをもとに、『海洋の自然地理学と気象学』（Physical Geography of the Sea and Its Meteorology）を著した。同書に記載された地図は航海士にとってきわめて有益なものとなった。

◁ 北大西洋の水深を表すモーリーの地図

1831～79年
ジェームズ・クラーク・マクスウェル
スコットランドの数学者で物理学者のマクスウェルは電磁気学（光が電磁放射の一種であることを実証）、熱力学、色覚の分野で多大なる貢献をした。

1854年 ドイツの物理学者ヘルマン・フォン・ヘルムホルツが、太陽は重力収縮によってエネルギーを生成すると説明する。この説は後に誤りと判明する

1855年 スコットランドの科学者ジェームズ・クラーク・マクスウェルが、電気と磁気に関するマイケル・ファラデーの実験を数式（マクスウェルの方程式）にまとめた画期的な論文を発表する

1855年

1855年
真空管
ドイツの物理学者ヨハン・ガイスラーはかつて習得したガラス吹きの技術をいかし、高真空を作り出せる手回しポンプを開発した。さらにこのポンプを使って、自ら設計したガラス管の空気をすべて取り除くことに成功した。以後、科学者はこの装置を用いて希薄な気体でガラス管を満たし、その気体に電流を流すことができるようになった。ガイスラー管は物理学において欠かせない装置となり、電子の発見、ネオンライトの開発、現代電子工学の契機となる熱電子管の発明につながった。

◁ ガイスラー管

自然選択

有性生殖をおこなって繁殖する生物では、個体間に生まれついての相違がある。環境に適している個体のほうが生き残って子を生む可能性が高い。すると、そのような個体の遺伝子が代々伝わり、集団内で長期にわたる変化がもたらされることになる。生物が生き残り繁殖する確率は適応度を示す尺度である。ここから「適者生存」という言葉が生まれた。

適者生存

チョウの幼虫を例に自然選択を見てみる。幼虫が生き残る可能性は、捕食者に食べられないよう体色によってどの程度カムフラージュされているかにかかっている。うまくカムフラージュされていないと捕食者に目をつけられてしまう。

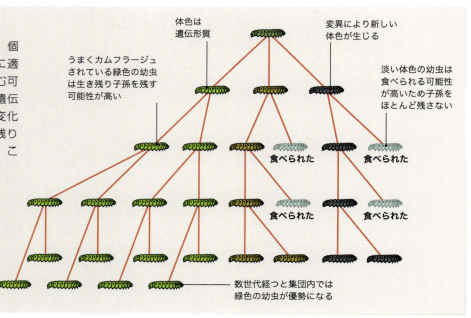

1856年

1856年 イングランドの発明家ヘンリー・ベッセマーが溶融銑鉄に酸素を吹き込む方法を確立し、安価な鋼鉄を入手できるようになる

1857年 炭素は最大で四つの原子（炭素原子も含む）と結合できるという考えをドイツの化学者フリードリヒ・アウグスト・ケクレが提出する

1856年 ドイツのネアンデル渓谷で、現生人類より前の先史人のものと認められる骨が初めて発見される

1857年 フランスの生理学者クロード・ベルナールが、肝臓の組織からグリコーゲンを単離したと報告する

1856年
低温殺菌

フランスの化学者ルイ・パストゥールは発酵を研究し、ビールやワイン、牛乳の味を損なう原因は微生物にあることを突きとめた。さらにこういった液体を60〜100℃で加熱すると、問題を引き起こす細菌やカビがほぼ死滅することにもパストゥールは気づいた。食品を加熱して保存する方法はパスツーリゼーション（低温殺菌）と呼ばれている。

◁ 実験室でのパストゥール

△ ハドロサウルスの骨格スケッチ

1858年
ハドロサウルス

ハドロサウルス（カモノハシリュウ、*Hadrosaurus foulkii*）がニュージャージー州ハドンフィールドで発掘された。北米で初めてとなるほぼ完全な恐竜骨格である。属名は「がっしりした恐竜」を意味し、種小名は発見者である米国の弁護士でアマチュア地質学者のウィリアム・パーカー・フォークにちなむ。大型の草食恐竜であるハドロサウルスは白亜紀の中頃、約1億年前に生息していた。

1856年-1859年 | 139

1809〜82年
チャールズ・ダーウィン
イングランド、シュールズベリーで生まれたダーウィンは医学と神学を学んだものの、博物学に強く引かれ、化石、動物、植物を大量に収集した。自然選択による進化の理論を打ち立てたことで大きな影響力をもつようになった。

「自然選択は変化の主要な方法ではあるが、それが唯一の方法というわけではない」

チャールズ・ダーウィン、『種の起源』、1859年

1859年
『種の起源』

進化生物学において最大の影響をもたらすことになる著作の初版が出版された。チャールズ・ダーウィン著『自然選択という手段、または生存闘争の中で好ましいとされる種が保存される事による種の起源について』（Natural Selection, or the Preservation of Favoured Races in the Struggle for Life）である。発売後すぐに売り切れとなり、多くの人の関心を引くと同時に論争も呼んだ。最終的に第6版まで出版された。

▽『種の起源』初版

1858年 イングランドの外科医ヘンリー・グレイが『グレイ解剖学』（Gray's Anatomy）を出版。人体解剖学の代表的な教科書となる

1858年 イタリアの化学者スタニズラーオ・カニッツァーロが、アヴォガドロの仮説を支持する有力な証拠を発表する

1859年

1859年
フレア

イングランドのアマチュア天文学者リチャード・キャリントンは、黒点がたくさん集まっている様子を観測していたときに、ひときわ明るい光を発している場所があることに気づいた。これがフレアの最初の記録とされている。その数時間後に、世界各地でとてつもなく明るいオーロラが見られ、同時に電信線などの電気系統が正常に機能しなくなった。スコットランドの物理学者バルフォア・ステュアートは、電気系統の障害の原因は地球および地球大気に衝突した太陽粒子の大群にあることを実証した。

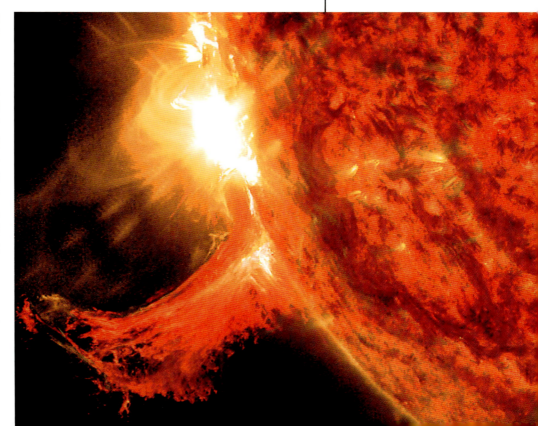

太陽の表面に発生しているフレア ▷

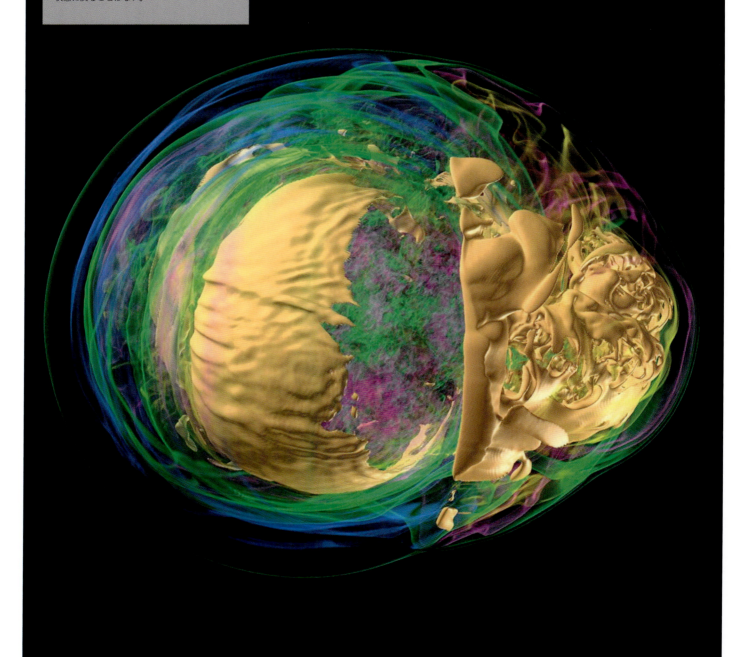

エントロピー
恒星が超新星となり破壊されると(図はコンピュータ・シミュレーション)、そのエネルギーは宇宙に散っていく。最初にあった恒星が元の状態に戻ることはない。

熱力学の法則

熱力学は熱、温度、仕事、エネルギーを研究する物理学の一分野。熱力学の基本法則は、熱力学系のさまざまな性質（たとえば風船内の気体の温度）や、そういった性質が異なる状態下でどのように変化するかを説明する。

当初は熱力学の法則は三つとされていたが、後にもうひとつ加えられた。熱力学第０法則によれば、二つの系が３番目の系と熱平衡（熱の流れがない状態）であるならば、三つの系は互いに熱平衡である。

第一法則はエネルギーの保存を表す。つまり、エネルギーは創造することも消滅させることもできないため、宇宙に存在するエネルギーの量は一定である。言い換えると、系が得た（あるいは失った）エネルギーは、その周囲が失った（あるいは得た）エネルギーと等しい。

第二法則と第三法則ではエントロピーの概念を扱う。エントロピーとは系の無秩序さを表す尺度である。秩序のある系（エントロピーが小さい）ほどピストンの駆動のような仕事を多くできる。第二法則によれば系のエントロピーは決して減少しない。つまり、系が自発的に秩序を形成することはない。第三法則では、系の温度が絶対零度に近づくにつれて、系のエントロピーは一定の値に近づくとする。系が絶対零度になると完全な秩序が保たれるため、完全結晶のエントロピーは０となる。

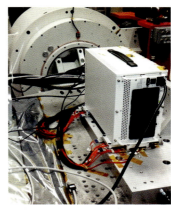

冷却原子装置
絶対零度（0°Kまたは−273.15℃）に達するのは不可能だが、現在、あと１兆分の数十℃というところまで迫っている。

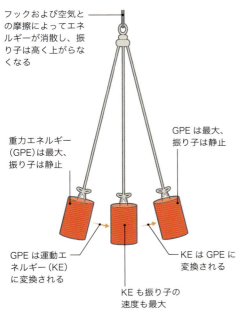

第一法則
エネルギーは創造することも消滅させることもできないが、形態を変えることは可能である。たとえば重力エネルギーは運動エネルギーに変換できる。系の内部エネルギーの変化は、周囲から系に加えられた熱（入るエネルギー）と、周囲に対して系がおこなった仕事（出るエネルギー）との差に等しい。

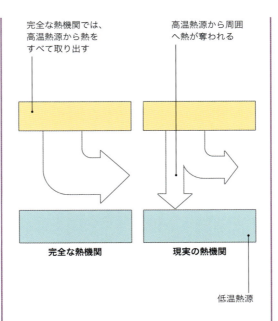

第二法則
第二法則は、要するに熱は必ず温かい物体から冷たい物体へ自発的に移動し、その逆はないことを示す。熱機関（熱を利用して仕事をする過程を繰り返す機関）では周囲の冷たい場所に熱を奪われるため、すべての熱を仕事に使うことはできない。

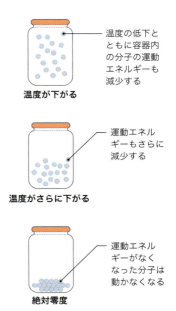

第三法則
第三法則によれば、系の温度が下がるほど秩序が高くなる。つまりエントロピーが小さくなる。絶対零度になるとエントロピーは最小になる。

分光学

原子や分子は電磁波（光、マイクロ波、電波など）を吸収したり放射したりするため、原子に固有の波長スペクトルが生じる。分光学では、波長の分布を研究して原子を同定したり、複雑な分子の構造を決定したりする。

光の波長を示す線

放射スペクトル

元素が放射する光の波長には固有のパターンがある。これを利用して元素を同定できる。

水素　ヘリウム　ネオン　ナトリウム

1860年
色の分析

ドイツの化学者ロベルト・ブンゼンと物理学者グスタフ・キルヒホッフが未知の元素を2種類発見した。ルビジウムとセシウムである。二人は、ブンゼンが考案したガスバーナーを用いて試料を熱し、発光スペクトルを分光器で調べて特定に至った。この方法によって、その後、元素が多数発見されていく。

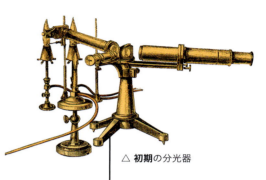

△ 初期の分光器

1860年 マクスウェル‐ボルツマン統計として知られる数学的道具が導かれ、気体分子の挙動を解析できるようになる

1860年

1860年 フランスの化学者ピエール＝ウジェーヌ＝マルセラン・ベルトロが、当時、作ることはできないと考えられていた自然界の有機化合物を人工合成する

1860年 ベルギーの技術者ジャン・ルノアールが最初の内燃機関を開発する

△ グスタフ・キルヒホッフ

1860年
黒体放射

電磁波の完全な放射体であり、同時に完全な吸収体でもある仮想的な物体、黒体の概念をドイツの物理学者グスタフ・キルヒホッフが発表した。キルヒホッフによる黒体放射の研究はその後マックス・プランクに引き継がれ、量子物理学の概念を導くことになった。

1861年
始祖鳥

始祖鳥（アルカエオプテリクス、*Archaeopteryx*、「古い翼」を意味する）は長い間、最古の鳥類と考えられてきた。最初に記載されたのは、1861年ドイツのゾルンホーフェン近郊にある石灰岩の石切場で発見された1枚の羽根。約1億5000万年前に生息していた始祖鳥は、爬虫類と鳥類の特徴をあわせもち、両者の進化上のつながりを示唆している。

△ 始祖鳥の化石

1860年–1862年 | 143

1861年
ブローカ野

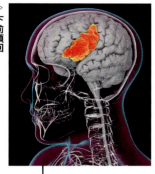
▷ 下前頭回

フランスの医師ピエール・ポール・ブローカは、話すことがほとんどできなくなった患者ルイ・ヴィクトール・ルボルニュの脳を調べ、左前頭葉に損傷があることを突きとめた。問題の部位は下前頭回にあり、ここが会話に関係しているとブローカは正確に推測した。

1862年
葉緑体

葉緑素を含む粒状の葉緑体が無機化合物からデンプンを合成する場であり、そのデンプンは日光を利用して合成され、さらにデンプンが植物の成長に欠かせないことをドイツの生物学者で生理学者のユーリウス・フォン・ザックスが突きとめた。ザックスは光合成研究の草分けと、広く認められている。

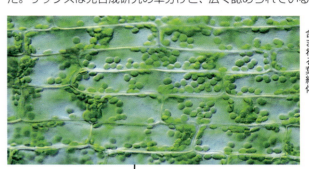
◁ ヒルムシロの細胞に含まれる葉緑体

> 「私は神秘のベールに包まれそうになるが、そのベールは少しずつ薄らいできている」
>
> ルイ・パストゥール、手紙、1851年

1861年 ドイツの生物学者マックス・シュルツェが、細胞は核を含む原形質からなると説明。ここから細胞生物学が始まる

1862年

▽ パストゥールの実験装置の再現

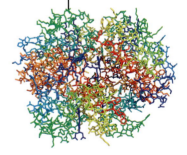
▽ ヘモグロビンの分子モデル

1862年
病原菌説

1860年代に入って間もなく、パストゥールがおこなったいくつかの実験を足がかりに、病気の多くは体外から侵入した病原体によって生じることが確かめられていった。パストゥールは発熱患者の血液に微生物が存在することも突きとめた。それまでは、病気の原因は「悪しき空気」にあるとする得体の知れない汚染（ミアスマ）説が信じられていたが、これに代わって病原菌説が受け入れられていく。

1862年
ヘモグロビン

ドイツの生理学者で化学者のエルンスト・フェリクス・ホッペ＝ザイラーは生化学と分子生物学の創始者のひとり。血色素を研究してヘモグロビン（Hämoglobin）と命名したり、赤血球中でヘモグロビンが酸素と結合し酸素ヘモグロビンを形成することを実証したりもした。

温室効果

地球の大気を通り抜けた太陽光は地表を温め、さらにその一部の熱は反射されて宇宙に戻る。ところが、温室効果ガスが存在すると熱は大気中で保持される。

- 熱の一部は宇宙に戻る
- 熱の一部は温室効果ガスによって大気にとらえられる
- 大気
- 熱の一部は地表で反射される
- 太陽
- 太陽光が地表を温める
- 地球

1863年 温室効果

二酸化炭素や水蒸気といった気体には熱を吸収する働きがあることを、アイルランドの物理学者ジョン・ティンダルと米国の科学者ユーニス・フットがそれぞれ独立に突きとめた。地表の温度が予測される温度よりも高いのは、大気中の気体が太陽光の熱を吸収し、その熱が大気から出ていくのを防いでいるからだと、ティンダルもフットも説明した。「温室効果」とは、地球の表面に熱が蓄積する傾向を意味する。大気に含まれる二酸化炭素や水蒸気などの量が変わると気候が変化する可能性があることもティンダルは指摘していた。

1863年 イングランドの科学者ウィリアム・ハギンズとウィリアム・アレン・ミラーが恒星のスペクトルを観測し、恒星の大気に含まれる元素を明らかにする

1863年

1863年 元素を原子量順に並べると同じ性質が繰り返し現れることに気づいたイングランドの化学者ジョン・ニューランズが、この繰り返しは（音階に似ているので）「オクターブの法則」に従っていると指摘する

1863年 高気圧と天気図

イングランドの博識家フランシス・ゴルトンは地域と日付ごとに気象データを集め、気象図に表し、その意味を解き明かした最初の人物。一連の作業を続ける中でゴルトンは、高気圧の帯を見つけ、大気の諸現象を研究する近代科学である気象学を開いた。ゴルトンが1875年3月31日に作成した最初の天気図はヨーロッパ北西部のもので、翌日の『タイムズ』紙に掲載された。この天気図には、海と空の状態の変化、気圧、気温、風向き、風速が記されていた。

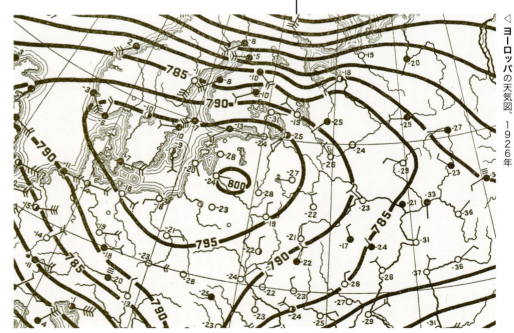

◁ ヨーロッパの天気図、1926年

1863年–1864年 | 145

1825～95年
トーマス・ヘンリー・ハクスリー
イングランドの生物学者ハクスリーはロンドンに生まれ、医学を学んだ後に海軍の外科医となった。1856年にチャールズ・ダーウィンと出会ってからはダーウィンを熱烈に支持したので「ダーウィンのブルドッグ」と呼ばれた。

「科学的な研究方法とは人間精神の活動様式の必要不可欠な形態に他ならない」

トーマス・ハクスリー、『生物体の諸現象の原因についての我々の知識』
(On Our Knowledge of the Causes of the Phenomena of Organic Nature)、1863年

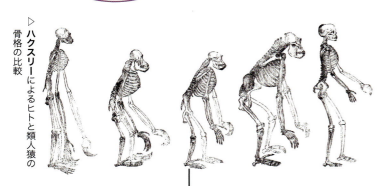

▷ ハクスリーによるヒトと類人猿の骨格の比較

1863年
ヒトの進化
イングランドの生物学者トーマス・ハクスリーはダーウィンの進化理論を人類の進化に適用し、自身の見解を著作『自然における人間の位置』(Evidence as to Man's Place in Nature)で発表した。ヒトの祖先について論じた同書は話題を呼んだ。

1864年

1864年 ダーウィンの研究に影響を受けたイングランドの生物学者ハーバート・スペンサーが、後によく知られることになる「適者生存」という語を作る

1864年 米国の天文学者ヒューバート・アンソン・ニュートンが、しし座流星群の活動には33年の周期があることを突きとめる

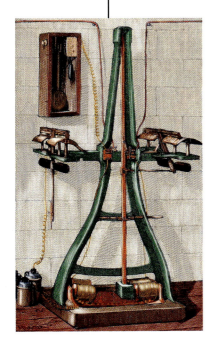

1863年
パンテレグラフ
イタリアの物理学者ジョヴァンニ・カゼッリが考案したパンテレグラフが1863年にフランスで初めて実用化された。パンテレグラフとは電信網を通じて手書きの文を送る装置。まず送信側が絶縁インクを使って金属板に文字を書く。その上を、先端に電極がついている長い振り子が往復する。そうして得られた電気信号が電信線を伝って、送信側の振り子と同期している受信側の装置に届く。受信側には電流が流れると黒くなる溶液に浸した紙があり、ここでメッセージが再現される。

◁ パンテレグラフ

▽ マンモスの牙に彫られたマンモス

1864年
人間とマンモス
フランス、ドルドーニュ地方のマドレーヌ岩陰遺跡で先史時代の彫刻物が発見され、有史以前の人類の生活の解明に新たな手がかりが与えられた。フランスの古生物学者エドワール・ラルテ率いる英仏の調査隊が発見したのは、マンモスの姿が彫られたマンモスの牙だった。この人工遺物をもとに、かつて人類が、この絶滅種の近くで生活していたことが明らかとなった。

電磁波の放射

宇宙を構成している重要な要素には、物質のほかにもうひとつ、電磁放射がある。電磁放射とは、宇宙空間を光の速さで飛び交っている電磁波のこと。電磁波は電場と磁場が完全に同期して振動しながら空間を伝わる波である。電場の変化は磁場を作り、磁場の変化は電場を作るという具合に両者は互いに支えあっている。電場と磁場（別の現象ではなく、電磁力という基本的な力の異なる側面）の相互作用は物理学者ジェームズ・クラーク・マクスウェルが定式化した方程式で説明される。

電磁波の発生源は自然界にも人工物にも数多く存在している。発生源から放射された電磁波は池の表面に広がる波紋のように伝播していく。たとえば宇宙空間は、パルサー（高密度で回転している天体）などの天体や通信衛星から放たれた電波で満ちている。通常の物体も、どれも一定量の電磁波を放射している。

電磁波にはさまざまな種類があり、すべての電磁波を合わせた電磁スペクトルは広い領域に及ぶ。電磁波は種類にかかわらず速度は同じだが、それぞれ周波数と波長が異なる。電波（ラジオ波）の周波数はもっとも低く、波長はもっとも長い。ガンマ線の周波数はもっとも高く、波長はもっとも短い。スペクトルの領域ごとに異なる特徴がある。たとえば可視光は人間の目で見ることができる。もっとも高い周波数の電磁波（もっとも高いエネルギーをもつ電磁波）は細胞に損傷を与え、高性能の医療機器にも使われる。

波長と視覚
人間の目では電磁スペクトルのわずかな領域しか見ることができない（図左）。人間とは違う領域を検知する動物もいる。ハチは紫外線を見ることができる（図右）。

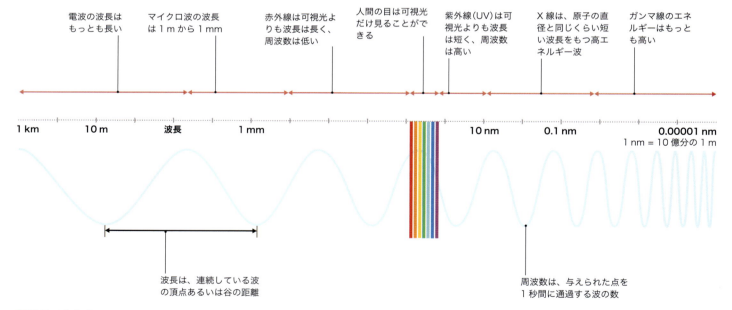

電磁スペクトル
電磁スペクトルは、異なる波長と周波数をもつ電磁波を順に並べた直線図でよく表される。もっとも低い周波数、もっとも長い波長から、もっとも高い周波数、もっとも短い波長の間で通常は七つに分けられる。地球の半径よりも長い波長の電磁波や、原子核の直径よりも短い波長の電磁波もある。

電磁波の放射 | 147

波長の組合せ
天文学者は電波望遠鏡やX線望遠鏡といった機器を利用して、肉眼では見えない宇宙を詳しく調べる。この写真のような画像は、電磁スペクトルの異なる電磁波を利用して作成される。

1865年
ベンゼンの構造

重要な化合物であるベンゼンは1825年に発見されていたものの、その構造については1865年まで謎のままだった。ドイツの化学者アウグスト・ケクレが、自らの尾を食べているヘビの夢を見て、それぞれ水素原子をつけた炭素原子が6個、環状につながっている構造を思いつき積年の謎を解くことができた。[訳注：この夢はベンゼン本人の作り話であることが判明している]

△ 自らの尾を食べているヘビ。古代エジプトにさかのぼる図案

ベンゼンの炭素原子はそれぞれ水素原子1個と結合して、環をつくる▽

— 炭素原子
— 水素原子

1822〜84年
グレゴール・ヨハン・メンデル

オーストリアの生物学者で修道士のグレゴール・メンデルは遺伝学の父として知られている。ブルノ（現在はチェコ共和国）の修道院の庭でマメ科植物を育て、花色などの形質の遺伝に関する先駆的な研究をおこなった。

1865年 グレゴール・メンデルが、異なる花色の豆を用いた交雑実験の研究結果を地方の研究会で発表し、遺伝の基本的な原理を確立する。ただし35年間忘れられていた

1865年

1865年 ドイツの物理学者ルドルフ・クラウジウスが「エントロピー」（Entropie、無秩序）という語を作る。エントロピーの概念は熱力学の基礎となる

1865年 ジョゼフ・リスターが消毒薬として石炭酸を用い、外科手術後の生存率を大幅に上げる

1865年
マクスウェルの方程式

スコットランドの物理学者で数学者のジェームズ・クラーク・マクスウェルは1865年の論文で、電場と磁場の振る舞いおよび相互作用を表す各方程式をひとつにまとめた。後にマクスウェルの方程式は波動方程式であることが判明する。つまりマクスウェルの方程式によって求められる電磁波の速度は光の速度である。マクスウェルは光が電磁波であることを証明し、同時に光の速度で移動する光以外の電磁波の存在を予言した。

▽ 紙で作ったメビウスの帯

1865年
メビウスの帯

位相幾何学の発達に、ドイツの数学者ルドルフ・メビウスが重要な役割を果たした。位相幾何学とは変形している（たとえば伸び縮みしている）図形の幾何学的性質を扱い、物理学をさまざまな場面で支えている学問分野。ひとつの面からなる表裏のない物体であるメビウスの帯は、1858年にメビウスと数学者ヨハン・ベネディクト・リスティングがそれぞれ独立に発見していた。メビウスは考察を深め、1865年に論文にまとめた。

ジェームズ・クラーク・マクスウェル ▷

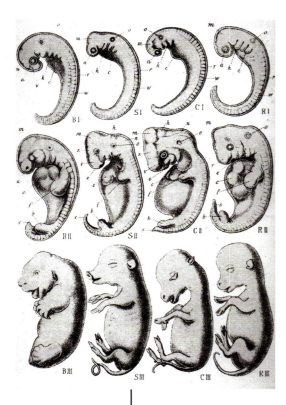

1866年
生物発生原則

ドイツの動物学者エルンスト・ヘッケルが提唱した進化理論、生物発生原則によれば、胚発生の各段階は他の動物の成体に似ていて、それぞれ進化上の祖先生物の成体を表す。したがって胚の段階を見れば、動物がたどってきた進化の関係がわかるとヘッケルは指摘した。後に、ヘッケルの理論では胚発生を十分に説明できないことが明らかにされた。

◁ **ヘッケル**がスケッチした胚発生

原生生物は、動物、植物、細菌、菌類のいずれにも当てはまらない生物

1866年 当時確立していた**動物界と植物界**に対して、エルンスト・ヘッケルが第三の界を設け原生生物界（Protista）と命名する

1866年

遺 伝

親から子に特徴が伝わる現象を遺伝という。遺伝する特徴には遺伝子によって決められているものが多い。有性生殖の場合、両親の遺伝子が無作為に選択されて受け継がれる。遺伝子には顕性を示すものと潜性を示すものがあり、また他の遺伝子と共同して機能するものもある。マメの鞘や種子は大きさ、形、色といった区別しやすくかつ計測可能な特徴をもつことから、遺伝の研究にはマメ科植物がよく使われてきた。

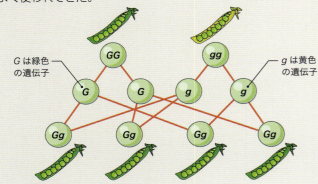

1回目の交配
緑色の鞘と黄色の鞘を交配させると、子はすべて緑色になる。これは緑色が、顕性遺伝子という遺伝の単位によって決定されるからである。

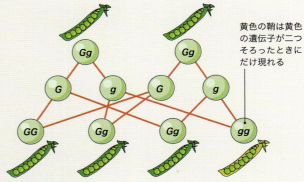

2回目の交配
緑色の子どうしを交配させると、次の世代の四つに一つは緑色の遺伝子が存在しないため、黄色の鞘になる。

150 | 1867年–1869年

1868年
クロマニョン人

約3万年前に生きていたクロマニョン人の化石を、フランスの古生物学者ルイ・ラルテが1868年に発見した。私たちの種である現生人類（Homo sapiens）に属するとみなされる初期人類の化石である。名前は、発見場所であるフランス、レ・ゼジー近くのクロマニョン岩陰遺跡にちなむ。クロマニョンの洞窟には4体の骨と、数個の装飾品が含まれていた。頭骨は長くて丸く、眉の上部に隆起を欠き、現生人類に固有の特徴を備えていた。

◁ 現生人類の頭骨

1847〜1931年
トーマス・エジソン

米国中西部出身のエジソンは数多くの発明を生み、事業でも成功を収めた。蓄音機の発明や電気照明の開発がよく知られている。他に先駆けて映画用撮影機も考案した。

1867年

1867年 イタリアの天文学者アンジェロ・セッキが星表を出版し、スペクトルに従って恒星を分類する方法を紹介する

1868年 米国の大発明家トーマス・エジソンが投票記録装置の特許を取得。これを皮切りに1000を超える特許を取る

1867年 スウェーデンの化学者アルフレッド・ノーベルが、爆発性の高いニトログリセリンを安全に扱えるようにしたダイナマイトを考案し特許を取得する

1868年 フランスの天文学者ジュール・ジャンサンが日食時の太陽大気を分析し、未知のスペクトル線からヘリウムを発見する

「私のダイナマイトは、1000の世界会議よりも迅速に平和を実現する」

アルフレッド・ノーベルの言葉

1868年
深海の生物

スコットランドの博物学者チャールズ・ワイビル―・トムソンは深海の生物に関心を寄せ、英国海軍軍艦ライトニング号、ポーキュパイン号、有名なチャレンジャー号（p.154を参照）と立て続けに探検航海に参加する。行く先々の海洋で測量、海底の試料採取、測温を何百回も実施し、水深1200mに動物が生息していることを明らかにした。さらに、持ち帰った約4500種の無脊椎動物の中には新種が多数あっただけでなく、絶滅したと考えられていた種も含まれていた。

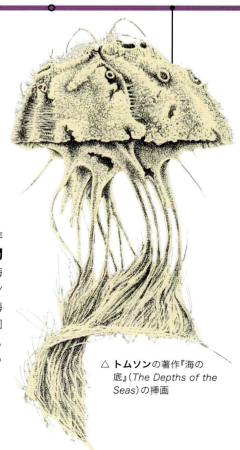

△ トムソンの著作『海の底』（The Depths of the Seas）の挿画

1869年
動物地理学

ウェールズの博物学者アルフレッド・ラッセル・ウォレスがかつてマレー諸島で野外調査を実施した際の発見を著書『マレー諸島』（The Malay Archipelago）で発表した。インドネシアの西部にはおもにアジア起源の動物、東部にはオーストラリアの種と一致する動物が生息し、両者は区別できることをウォレスは見抜いていた。この境界を現在ではウォレス線という。ウォレスは動物地理学の父として知られている。

1869年
DNAの単離

細胞の組成の研究に取り組んでいたスイスの医師フリードリヒ・ミーシャーが白血球の核から未知の分子を単離して「ヌクレイン」（Nuclein）と命名し、この分子が水素、酸素、窒素、リンからなることを明らかにした。ミーシャーが単離したのはDNA（デオキシリボ核酸）だった。当時、核酸の役割はまだ不明だったものの、ミーシャーは遺伝にからんでいると考えていた。

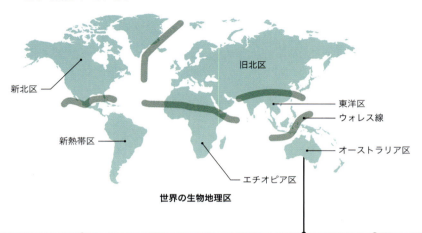

世界の生物地理区

◁ 白血球

1868年 地球から遠ざかっているために生じるドップラー偏移を、ウィリアム・ハギンズがシリウスからの光で測定する

1869年 ロシアの化学者ドミトリ・メンデレーエフが元素を原子量の順に並べた表を初めて発表し、性質に周期性があることを明らかにする

1869年
膵臓の細胞

ドイツの生理学者パウル・ランゲルハンスはさまざまな生物の膵臓の組織を研究していた。博士号取得に向け研究を進める中で、膵臓には9種類の細胞があることを突きとめ、多角形状の小さな細胞については特別な機能を有するとの仮説を提出した。それから20年ほどしてフランスの組織学者グスタフ゠エドワール・ラゲスが、この小細胞の集まりにランゲルハンス島と名前をつけた。現在では、ランゲルハンス島はインスリンなどのホルモンを生成することがわかっている。

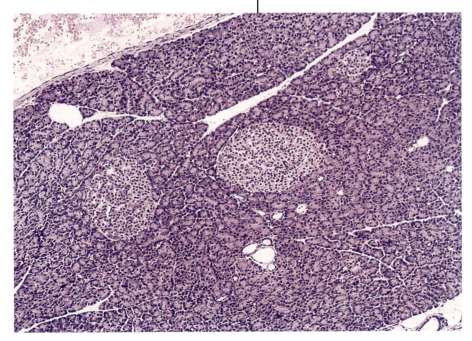

ランゲルハンス島の光学顕微鏡写真 ▷

メンデレーエフのノート

右の写真は、ロシアの化学者ドミトリ・メンデレーエフが初めてまとめた元素の周期表。メンデレーエフは、未発見ではあるものの存在を予言できる元素については疑問符を記した。

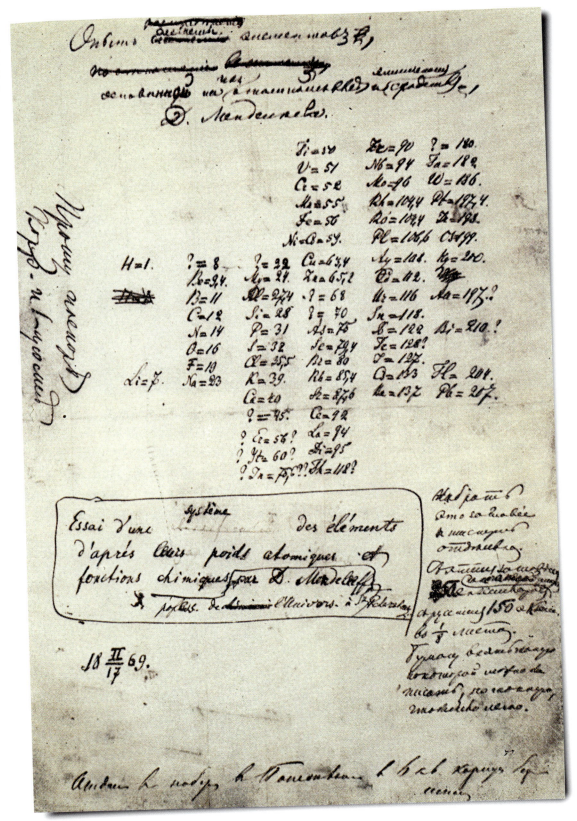

周期表

周期表とは、発見された元素および実験室で作り出された元素を並べた表である。かつて化学者たちは、似たような性質をもつ元素を縦の列（族）に並べたことにより、化学的性質、物理的性質に周期性（反復性）を見出した。同じ列に並ぶ元素は、元素の状態、融点、密度、硬度といった特性がすべて似ている。

科学的な根拠が解明されていなくても、元素を順に並べることはできたものの、周期表の並び順や構造の理由を明らかにするには、亜原子（陽子、電子、中性子）の発見を待たなければならなかった。各元素に固有の原子番号は、原子核に含まれる陽子（正の電荷を帯びた粒子）の数と同じ。原子核のまわりの電子殻と呼ばれる領域を回っている、負の電荷を帯びた電子の数も同じである。

周期のパターンは、電子殻への電子の入り方によって説明がつく。同じ横列（周期）に並ぶ元素はすべて同じ数の電子殻をもっている。電子殻に入ることのできる電子の数はそれぞれ 2、6、10、14 のいずれかである。

元素の性質と化学的振る舞いは、原子核のまわりの電子殻の大きさと、電子殻に入る電子の数と分布によって決められる。18 族の貴ガスの場合は、もっとも外側の電子殻が完全に埋まっていて電子を簡単に共有したりあるいは失ったりしない。したがって貴ガスは化学反応しない。

欠けている元素
メンデレーエフは周期表の空欄の意味を理解して、欠けている元素とその性質を正確に予言し、それぞれにエカケイ素、エカアルミニウム、エカホウ素と暫定の名前をつけた。この 3 種類の元素は後に発見され、ゲルマニウム（上写真）、ガリウム、スカンジウムと命名された。

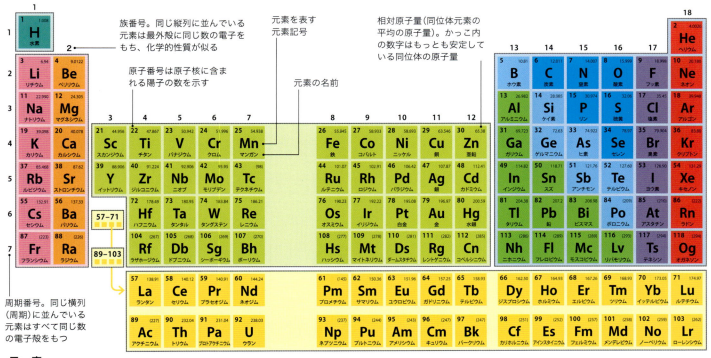

元素

化学は、元素に固有の化学的性質、物理的性質を解明した上に成り立っている。元素は自然界ではめったに純粋な形で存在せず、時間をかけて少しずつ発見され単離されてきた。元素を原子番号の順に並べると 1（水素）から 118（オガネソン）まである。

154 | 1870年-1873年

1826～1911年
ジョージ・ストーニー
アイルランドの物理学者ストーニーはゴールウェーのクイーンズカレッジで教鞭を執った後、ダブリンのクイーンズ大学で書記として働く。分子物理学の研究では電子が電荷の基本単位であることを突きとめた。

1871年
性淘汰
イングランドの生物学者チャールズ・ダーウィンが著書『人間の由来と性淘汰』（The Descent of Man, and Selection in Relation to Sex）の中で性選択理論を発表し、性には進化の諸相を促す役割があるとする考えを提出した。たとえば、もっとも「魅力的な」雄を雌が選んでつがう種の場合、ゴクラクチョウの雄のように派手な生殖羽をもつようになることがある。

◁ 雌と過ごす色鮮やかな雄のゴクラクチョウ

1870年 大脳皮質が運動の調節に関わっていることを、ドイツの科学者グスタフ・テオドール・フリッチュとエードゥアルト・ヒッツィヒが実験で裏づける

1871年 ロシアの化学者ドミトリ・メンデレーエフが未知の元素を予言し、その元素のために周期表に空欄を残す

1870年

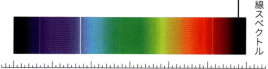

◁ 水素の明るい線スペクトル

1870年代前半
水素のスペクトル
励起状態（電子が一時的に占める、基底状態よりも高いエネルギー状態）にある元素はそれぞれ固有の電磁スペクトルを放出する。つまり特定の波長の輝線が帯状につらなって現れる。アイルランドの物理学者ジョージ・ストーニーは水素に着目し、そのスペクトルのパターンに初めて気づいた。輝線が表す波長の関係を土台にして、量子物理学の基礎が築かれていくことになる。

> 「チャレンジャー号探検航海で実施された海洋観測によって、海洋学のあらゆる分野の舞台が整えられた」
>
> ジェイク・ジェビー博士、ウッズホール海洋研究所、米国、2020年

1872年
英国海軍艦船チャレンジャー号
英国海軍艦船チャレンジャー号は4年の歳月をかけ、12万7000 kmを巡り、近代的な海洋地図の作成に取り組んだ。博物学者チャールズ・ワイビル・トムソンとジョン・マリーは海深を系統立てて測定し、大西洋の海盆の形状を明らかにした。

△ 英国海軍艦船チャレンジャー号

1870年-1873年 | 155

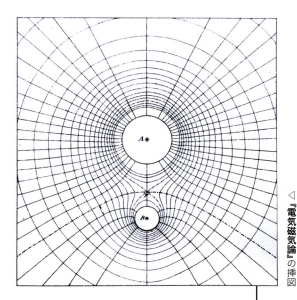

◁『電気磁気論』の挿図

1873年
電磁気学の法則
ジェームズ・クラーク・マクスウェルが『電気磁気論』（*A Treatise on Electricity and Magnetism*）を出版した。それまでの研究の集大成であり、電磁気学の各方面に多大なる影響を与えた。

1873年
物質の状態の研究
オランダの物理学者ヨハネス・ファン・デル・ワールスが論文「気体と液体の連続性について」(*Over de Continuiteit van den Gas- en Vloeistoftoestand*) の中で、気体、蒸気、液体の振る舞いを説明する方程式を発表した。この論文は後に大きな影響を及ぼすことになる。ほとんどの物理学者が分子そのものの存在をまだ疑問視していた時代にあって、ファン・デル・ワールスの方程式では分子間の引力が考慮されていた。この点を見抜いて考察を深めたファン・デル・ワールスは1910年にノーベル物理学賞を受賞した。

◁ 記念メダルに描かれたヨハネス・ファン・デル・ワールス

1873年

1872年 アメリカの天文学者ヘンリー・ドレーパーが恒星スペクトルの詳細な写真撮影に成功する

1873年
神経細胞の研究
イタリアの生物学者カミッロ・ゴルジは、アビアテグラッソの病院で神経組織を研究するかたわら染色法を開発した。後に、この方法にはゴルジの名前がつけられる。ゴルジ染色（黒色反応）を施すとニューロンがすみずみまではっきりと見えるため、神経組織を顕微鏡下で入念に研究できるようになった。さまざまな脳の部位や感覚神経の研究、あるいは細胞小器官の分類にゴルジ染色は道を開いた。

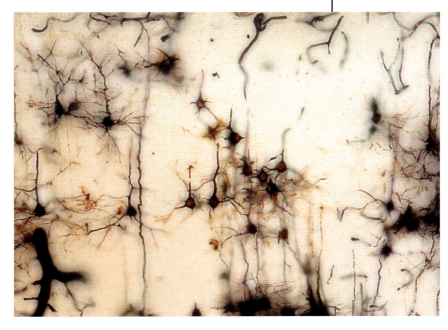

ゴルジ染色したマウスの脳の切片 ▷

1874年
分子の立体構造

4個の原子と結合している炭素原子は正四面体構造をとることを、オランダの化学者ヤコブス・ファント・ホッフとフランスの化学者ジョセフ=アシル・ル・ベルがそれぞれ独立に提唱した。この構造が突きとめられた結果、一部の有機分子には互いに鏡像の関係にある二つの形、すなわち光学異性体が存在する理由が解明された。

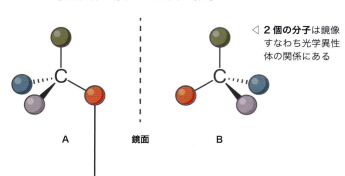

◁ 2個の分子は鏡像すなわち光学異性体の関係にある

A　鏡面　B

1875年
細胞分裂の仕組み

ドイツの生物学者ヴァルター・フレミングが細胞分裂に関する重要な発見をし、この現象に有糸分裂（mitosis）と名前をつけた。フレミングはアニリン染色を利用して、細胞核内に存在する糸状構造のクロマチン（染色質）も見つけた。さらに有糸分裂に関わる構造体である中心体も発見した。フレミングはこれらの知見を著書『細胞物質、核、細胞分裂』（*Zellsubstanz, Kern und Zellteilung*）にまとめ、1882年に発表した。

フレミングがスケッチした有糸分裂 ▷

1874年

1875年 フランスの化学者ポール=エミール・ルコック・ド・ボアボードランがガリウムを発見し、この元素が、メンデレーエフが周期表で予言していた元素のひとつであることを示す

1875年 ジェームズ・クラーク・マクスウェルが、原子には内部構造があることを示す有力な証拠を提出する

---

1. 各染色体内でDNAが複製され、同一の染色体が2本できる。2本の染色体は動原体（セントロメア）という領域で結合している。

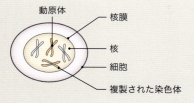
動原体／核膜／核／細胞／複製された染色体

2. 核のまわりの膜が分解され、細胞では紡錘糸が形成される。染色体が紡錘糸に付着して中央に並ぶ。

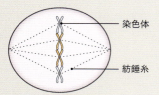
染色体／紡錘糸

体細胞有糸分裂

同一の娘細胞が2個できる細胞分裂を体細胞有糸分裂という。体細胞有糸分裂は、成長や、傷んだ細胞の修復の際に起こる。体細胞有糸分裂では、細胞が分裂する前にまずDNAが複製される。元のDNAの2本の鎖がそれぞれ鋳型の役割を果たし、新しい鎖が作られる。これに続いて細胞の内容物が分割され、同一のゲノムをもつ2個の娘細胞ができる。

3. 複製された新しい染色体が紡錘糸で引っぱられて分離する。染色体は1本ずつ細胞の反対側へ移動する。

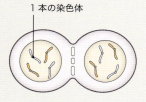
1本の染色体／紡錘糸

4. 染色体のセットのまわりに核膜がそれぞれ形成される。細胞は2個の新しい細胞に分裂しはじめる。

1本の染色体

5. 新しい細胞が2個できる。各細胞には、まったく同じ遺伝子をもつ同一の染色体セットを含む核がある。

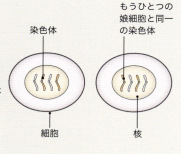
染色体／もうひとつの娘細胞と同一の染色体／細胞／核

「ワトソン君、こっちに来てくれ。用事がある」

アレクサンダー・グレアム・ベル、電話で話した最初の言葉、1876年

1876年
最初の電話

1876年の同じ頃、実用可能な電話を2人の人物が別々に発明し、同じ日に米国特許局に特許を出願した。2人とは、スコットランド生まれの米国の発明家アレクサンダー・グレアム・ベルと、米国の技術者イライシャ・グレイ。特許はベルに与えられ、ベルは引き続き米国電話電信会社(AT&T)の設立に取りかかった。

初期のデザインの電話 ▷

1876年 ドイツの物理学者オイゲーン・ゴルトシュタインが真空管での放電現象に「陰極線」(Kathodenstrahlen)と名前をつける

1876年

1876年 ドイツの技術者ニコラウス・オットーが実用的な4行程内燃機関を初めて製作する。この内燃機関が自動車の誕生へとつながる

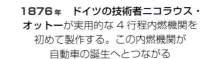

1875年
クルックスの放射計

イングランドの物理学者ウィリアム・クルックスは、自作の化学天秤の皿に太陽光が当たると計量結果に影響が出ることに気づいた。この現象を調べたことがきっかけとなり、クルックスは放射計(ラジオメーター)を考案した。放射計とは、真空容器の中に軽量の羽根をつけた回転子を取り付けた装置である。羽根に光が当たると回転子が回転する現象をめぐって、物理学者の間でしばらく意見が対立し議論が続いた。

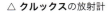

△ クルックスの放射計

◁ ジョサイア・ウィラード・ギブス

1876年
化学熱力学

米国の物理学者ジョサイア・ウィラード・ギブスが化学反応に作用する力について重要な考察を発表した。この論文でギブスは、化学反応の進行に関わる自由エネルギーと化学ポテンシャルの概念を定義した。さらに、温度、圧力、濃度が変わると接触している物質はどのように変化するかを決める法則、相律も導き出した。

1877年–1879年

△ スキアパレッリの火星地図

1877年
火星をめぐる発見

火星が地球に大接近した際に米国の天文学者アサラ・ホールは火星の衛星フォボスとデイモスを発見した。イタリアの天文学者ジョヴァンニ・スキアパレッリは、火星表面の暗い領域につながる直線を観測したと報告した。この直線は火星人が造った運河ではないかと憶測を呼んだが、スキアパレッリの溝（イタリア語でcanali）と運河（英語でcanal）を取り違えたために生まれた誤解であったと判明した。

1877年

1877年 ドイツの医師エルンスト・ホッペ＝ザイラーが、生物系における反応や分子を研究する学問に対して生化学（Biochemie）という言葉を当てる

1877年 トーマス・エジソンが、音を記録し再生する装置、蓄音機を発明する

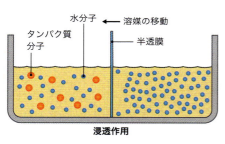

浸透作用

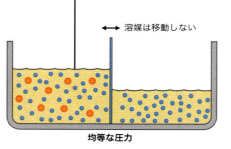

均等な圧力

浸透圧の測定
半透膜は、水（溶媒）とタンパク質分子（溶質）からなる溶液と、水とを分離する。半透膜の両側で圧力が等しくなるまで水分子は移動しつづける。

1877年
浸透圧

ドイツの植物生理学者ヴィルヘルム・ペッファーが他に先駆けて半透膜の研究に取り組む。半透膜は溶液中の小さな水分子は通すが、タンパク質などの大きな分子は通さない。溶媒（この場合は水）は膜を通る（浸透という現象）ので、膜を挟んだ溶液間に圧力が生じる。ペッファーは浸透圧を測定して、タンパク質の分子量を決定した。

1877年
骨戦争

米国西部で恐竜の化石が発見されはじめたのを機に、フィラデルフィア自然科学アカデミーの古生物学者と、イェール大学ピーボディ自然史博物館の古生物学者との化石発掘競争が激しくなった。最高の化石を求める両者の争いは窃盗や賄賂にまで発展した。

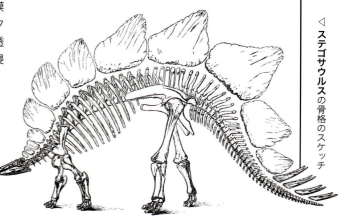

◁ ステゴサウルスの骨格のスケッチ

1878年
ミュラー擬態

異なる種がよく似た外観に進化することがあると、ドイツの博物学者ヨハン・フリードリヒ・テオドール（フリッツ）・ミュラーが報告した。たとえば北米のイチモンジチョウと中米のオオカバマダラ。この2種は何の関係もないが、見かけはそっくりだ。どちらも捕食者にとって不快な味を呈し、似た外観をしていることで、捕食者に対する抑止力を生むコストを分担している。

1879年
放射エネルギー

1879年、オーストリアの物理学者ヨーゼフ・シュテファンが、物体が放射したエネルギーの総量と、物体の温度との関係を表す重要な方程式を導き出した。1880年代にオーストリアの物理学者ルートヴィヒ・ボルツマンがシュテファンの研究を拡張し、シュテファン－ボルツマンの法則を確立した。

△ オオカバマダラ

△ イチモンジチョウ

ヨーゼフ・シュテファン ▷

1879年 ルイ・パストゥールが、ニワトリコレラ菌に感染したニワトリの血液を空気に曝して菌を弱毒化することで初めてワクチンを人為的に得る

1878年 潜水時に生じる有痛性けいれん（減圧症）と深海での昇降との関係をフランスの生理学者ポール・ベールが明らかにする

1879年 米国の物理学者エドウィン・ホールがホール効果を発見する。ホール効果は高精度の電磁気測定装置に利用されている

> エジソンと共同研究者は、電球のフィラメントになりそうな素材を次々と試験し、数千にのぼる中から炭化させた綿糸を選んだ」

◁ エジソンが作った最初の電球（複製品）

1879年
電球

最初の電球には竹や紙を炭化させた細いフィラメントが使われ、これに電流を流すと白熱光が灯った。米国のトーマス・エジソンとイングランドのジョゼフ・スワンが1879年に初めて電球の製品化に成功する。それ以前にも電球はいくつか開発されていたが、実用には至らなかった。

| 160 | 1880年–1881年

1880年
共感覚

イングランドの博識家フランシス・ゴルトンが、現在は共感覚として知られている珍しい現象を研究し、報告した。共感覚をもつ人は、たとえば楽音ごとに違う色が見えるというように、刺激とは関係のない感覚が引き起こされる不思議な体験をする。19世紀に入ったあたりから、このような感覚は知られていたが、「共感覚」（シナスタジア、synasthesia）と命名されたのは1892年頃。ロシアの抽象画家ワシリー・カンディンスキーをはじめ、芸術家にはこの神経現象を体験している人が多いと考えられている。

△『滝』、ワシリー・カンディンスキー

1880年

1880年　フランスの物理学者エミール・アマガが高圧下で気体の実験をおこなう

1880年　イングランドの地質学者ジョン・ミルンが自作の新しい地震計で地震を観測する

1880年
陰極線は粒子の流れ

1870年代に入ると物理学者は、クルックス管（名称はイングランドの物理学者ウィリアム・クルックスにちなむ）という真空ガラス管で観察される、一方の電極から反対側の電極へ流れる光線を研究しはじめた。当時、この光線は、電磁波の放射とも粒子線とも考えられていた。1880年、クルックスが、その正体が粒子であるという証拠を見つけ、1897年にイングランドの物理学者J. J. トムソンが、現在は電子として知られる粒子を発見した。

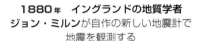

クルックス管 ▷

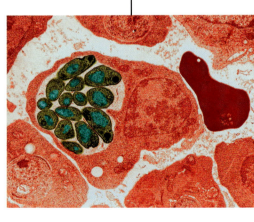

◁ マラリアに感染した血液細胞

1880年
マラリアを運ぶ生物

フランスの軍医アルフォンス・ラヴランが、マラリア患者の血液に潜む寄生虫を発見した。現在は、この寄生虫が原生動物（プラスモジウム属、*Plasmodium*）であり、ハマダラカ属（*Anopheles*）の特定種の雌によって媒介されることが明らかにされている。マラリアは世界中に最大規模で広がっている消耗性疾患であり、年間の死亡者数は60万人を超える。

1880年-1881年 | 161

1880年
圧電気

ピエール・キュリーとジャック・キュリーの兄弟が、水晶などの結晶に機械的な圧力を加えると結晶表面に電荷が生じる現象を発見した。この現象を圧電効果、または「押す」という意味のギリシャ語にちなんでピエゾ効果という。圧電効果は逆向きにも働き、外から電荷を加えると結晶に機械的な力を発生させる。水晶時計は圧電効果を利用している。

1881年
プイイ＝ル＝フォールの実験
弱毒ワクチンの開発

フランスの微生物学者ルイ・パストゥールはワクチン研究の草分けであることから、免疫学の父とよく称される。1879年に、死に至る病気である炭疽病がヒツジに大流行したのを受けて、パストゥールはその原因が細菌にあることを確かめた。弱毒化した炭疽菌を培養し、これを接種したヒツジと対照群とで実験をおこない、免疫を与えたヒツジが炭疽病に罹らないことを証明した。

△ 炭疽菌の胞子

◁ 水晶の結晶

1881年 プロシアの発明家ヘルマン・ガンズヴィントが乗り物を宇宙に発射する方法を発表する

1881年 電荷を加えると物体の質量が変化することをJ.J.トムソンが明らかにする。この研究は相対論の根拠のひとつとなる

1881年

1881年 ドイツの病理学者カール・ヨーゼフ・エーベルトが腸チフスの原因菌を単離する

1822〜91年
フランシス・ゴルトン

イングランドの科学者フランシス・ゴルトンは探検家、地理学者、統計学者であり、気象学、法医学、心理学にも関心を寄せていた。チャールズ・ダーウィンの従兄弟でもあり、遺伝学にも興味を示し、優生学（ユージェニクス、eugenics）の語を作った。

◁ 干渉計を用いた実験

1881年
光の速度

米国の物理学者アルバート・マイケルソンが1881年と再度1887年（米国の科学者エドワード・モーリーと共同）に、地球がさまざまな方向を向きながら公転軌道を移動する際の光速の変化を検出すべく、干渉計を用いた実験をおこなった。いずれも光速の変化は検出されなかった。光速の変化を否定する結果は、光速が絶対的なものであり、相対的ではないという事実によって説明される。つまり、特殊相対性理論の根拠のひとつと一致する。

1882年
古生物学

古生物学者のルイ・アントワーヌ・マリ・ジョゼフ・ドロがベルギー王立自然史博物館に任用され、脊椎動物化石部門の責任者となった。ドロは、おもにイグアノドンの化石を発掘して復元する作業に取り組んだ。また、恐竜を過去の生態系の一部といち早く考えたひとりでもあり、古生物学の発展に尽力した。後に、進化の過程で失われた構造や器官が再び現れることはないという考え（ドロの法則）を提唱した。

◁ イグアノドン（復元図）

1882年
食細胞

ロシアの科学者イリヤ・メチニコフはヒトデの透明な幼生を調べていたときに、特殊な細胞が組織内を自由に動き回り、微生物を取り込んで消化している現象に気づいた。この観察結果などをもとにメチニコフは、ヒトの血液に含まれる白血球も同様の機能を有し、病気の原因となる微生物を取り込んで感染症を治すと考え、このような働きをする細胞に食細胞（ファゴサイト、phagocyte）と名前をつけた。メチニコフは、特定の細胞が病原微生物を取り込むことによって感染から体を守る過程、つまり食作用の発見者とされている。

食作用の仕組み

1 食細胞は細胞の一部を仮足状に伸ばし、細菌を取り囲む。2 仮足が細菌を包み込むにつれて細胞膜がつながり、液体を満たした食胞と呼ばれる袋の中に標的を閉じ込める。3 食胞内に消化酵素が入り、細菌を殺して分解する。

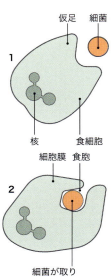

1882年 ドイツの微生物学者ロベルト・コッホが、結核は細菌が原因で起こり、遺伝する病気ではないことを明らかにする

1882年 ドイツの数学者フェルディナント・フォン・リンデマンが、パイ（π）は超越数という数に分類されることを証明する

1883年
交流の利用

直流（DC）ではなく交流（AC）で動作する誘導電動機の実用模型を、セルビアの技術者ニコラ・テスラが製作した。この誘導電動機は、高電圧交流を用いて電気を広域に供給するというテスラの構想の一部を担っていた。テスラのACのアイデアは米国でウェスティングハウス・エレクトリック社に採用された。ところが、エジソン・エレクトリック・ライト社の電灯はDCで動作する仕様だった。そこで激しい「電流戦争」が繰り広げられ、最後はACが勝利を収めた。

△ 誘導電動機

「あらゆる摩擦抵抗の中でも、とくに無知は人間の歩みを妨げている。仏陀はこれを"世界最大の悪である"と説いている」

ニコラ・テスラ、『人類エネルギー増大の問題』（*The Problem of Increasing Human Energy*）、1900年

減数分裂

配偶子（卵子と精子）を形成する細胞分裂を減数分裂という。完全な遺伝情報をもつ母細胞が2回減数分裂すると4個の配偶子ができる。このとき各配偶子に含まれる遺伝情報の量は、母細胞の半分になる。

1. DNAが複製され、同一の染色体が2本できる。2本の染色体は動原体（セントロメア）という領域で結合している。

2. 核のまわりの膜が分解され、複製された染色体が紡錘糸に付着して中央に並ぶ。

3. 複製された二価染色体が紡錘糸で引っぱられて分離する。染色体はそれぞれ細胞の反対側へ移動する。

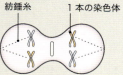

4. 細胞が分裂して2個の新しい細胞になる。それぞれ、元の細胞の染色体を複製した染色体を1セットもつ。

5. 複製された染色体が並び、それぞれに紡錘糸が付着する。染色体は紡錘糸で引っぱられ、1本の染色体になる。

6. 2個の細胞が分裂して4個の細胞ができる。各細胞に含まれる遺伝物質は元の細胞の半分になる。

減数分裂の仕組み

対になる染色体は遺伝物質をランダムに交換する。そのため最終的にできる精細胞や卵細胞に含まれる遺伝子の組合せは、細胞ごとにわずかに異なる。

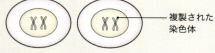

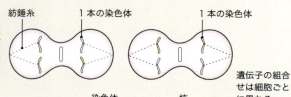

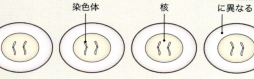

遺伝子の組合せは細胞ごとに異なる

1883年 イングランドの冶金学者ロバート・ハドフィールドが鉄にマンガンと炭素を加え、強靭な合金鋼を作る

1883年 ベルギーの動物学者エドゥアール・ヴァン・ベネーデンが、生殖細胞の形成に関わる細胞分裂である減数分裂の仕組みを明らかにする

1883年 フランシス・ゴルトンが、人間の遺伝的性質を改良する方法に優生学という語を当てる

1883年

ベネーデンは寄生性のカイチュウを研究して減数分裂を発見した

1856～1943年
ニコラ・テスラ
オーストリア帝国に生まれたテスラはヨーロッパで電気通信や電気設備の仕事に就いた後、1884年に米国に移住した。テスラによって躍進を遂げた無線やX線、電気技術は現代にも影響を及ぼし続けている。

◁ハイラム・マキシム

1883年
マキシム機関銃

実用に耐える単銃身の機関銃を米国生まれの発明家ハイラム・マキシムが初めて考案した。射撃時に生じる反動を利用して使用済みの薬莢を排出し、次の薬莢を自動で装填する仕組みで、1分間に600回以上発射できるため、ほどなくしてヨーロッパ各国の軍隊で採用された。第一次世界大戦では大量に使用され、何百万という人の命を奪った。

パストゥール−シャンベラン濾過器によって、都市で飲料用水を大規模濾過する準備が整った

1884年
病気を濾す

フィルター部に素焼きの磁器を利用して微生物を取り除き水質を改良する装置を、フランスの微生物学者シャルル・シャンベランとルイ・パストゥールが考案した。パストゥール−シャンベラン濾過器は水を通し、細菌などの病原微生物の大半は除外した。後に、ある種の毒やウイルスは小さすぎて磁器製フィルターも通過してしまうことが明らかとなり、これがウイルス学の進展につながった。

◁ パストゥール−シャンベラン水濾過装置

1884年

1884年
細菌を染色

細菌に色をつけて観察しやすくする技術を、デンマークの細菌学者ハンス・クリスチャン・グラムが開発した。細菌には大きく二つのグループがあり、グラム染色を利用すると判別できる。グラム陽性菌は細胞壁が厚いので紫色や青色に、グラム陰性菌は細胞壁が薄いのでピンク色に染まる。

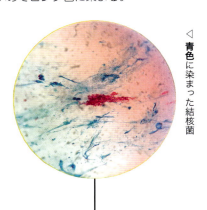

◁ 青色に染まった結核菌

1884年 イングランドのグリニッジを通る経度0度の経線が本初子午線とされ、世界標準時の基準となる

1884年 イングランド生まれのアイルランドの技術者チャールズ・パーソンズが、発電所や蒸気船で利用できる蒸気タービンの特許を取得する

ウイルス

ウイルスは、DNAまたはRNAの遺伝物質がタンパク質の殻で包まれた小さなひとまとまりの構造体である。寄生虫のように振る舞い、宿主となった生物の細胞の仕組みを利用して自らを複製させる。ウイルスには無害のものも、宿主に利益をもたらすものもあるが、中には宿主生物を死に至らしめる病気を引き起こすものもいる。一般に、ウイルスは生きているとは考えられていない。その理由のひとつに、ウイルスは生きている生物の助けを借りて初めて複製できることがあげられる。

ウイルス複製

ウイルスは宿主の細胞に入り込んで繁殖する。宿主の仕組みと材料を利用して、宿主に自らのDNAを複製させタンパク質を合成させる。

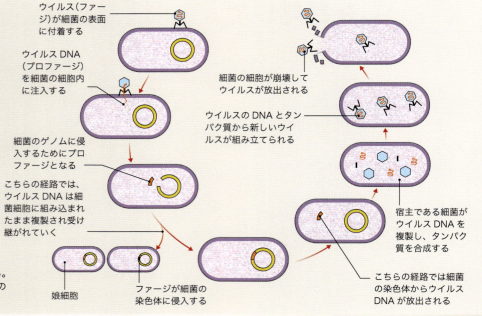

1884年-1885年 | 165

△ スヴァンテ・アウグスト・アレニウス

1884年
イオン解離

スウェーデンの物理学者で化学者のスヴァンテ・アウグスト・アレニウスが、溶液の電気伝導性は溶液中に存在するイオンによって生じるとの結論を導き、電離理論を定式化した。電解液中の分子は2種類の電荷を帯びた粒子、すなわち正の電荷をもつイオン（陽イオン）と負の電荷をもつイオン（陰イオン）に解離していることをアレニウスは実証した。

1885年
生物測定学の始まり

個人を特定するために、生物測定に基づく識別方法、すなわち指紋を利用する科学的方法をフランシス・ゴルトンが初めて確立した。ゴルトンは8000を超える指紋を集めて詳細に調べ、実用できる指紋の分類方式を提示した。また、指紋は生まれる前に形成され、終生ほぼ変わらないこともゴルトンは明らかにした。

◁ 指紋

1885年 アンドロメダ星雲に明るく輝く星が出現する。後に、この星は、はるかかなたで生じた超新星であることが明らかにされる

1885年 イングランドの物理学者ジョン・ストラット（レーリー卿）が、地球の表面に沿って伝わる地震波の存在を予測する。後年、この波はレーリー波と命名される

1885年 イングランドの技術者ホレース・ダーウィンが、生物試料を薄く切り出す振動式ミクロトームを考案する

1885年 ドイツの化学者クレーメンス・ヴィンクラーが、メンデレーエフの周期表で欠けていた元素のひとつ、ゲルマニウムを発見する

1885年

1885年
ベンツの自動車

実用に供することのできた最初の自動車は、ドイツの技術者カール・ベンツが1885年に開発して翌年に特許を取得したベンツ・パテント・モトールヴァーゲン。単気筒4サイクル内燃機関を搭載した三輪車で、チェーンで後輪を駆動し、単純な歯車のついたステアリングコラムで前輪を回転させた。ベンツ・パテント・モトールヴァーゲンは全部で20数台生産されている。ベンツの妻ベルタが同車を運転してマンハイムからプフォルツハイムまで106 kmを走破し、その実用性を実証した話はよく知られている。

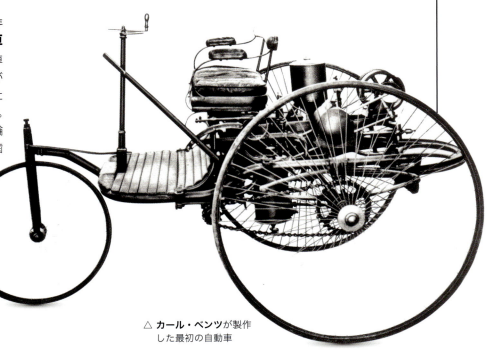

△ カール・ベンツが製作した最初の自動車

1886年
マメ科植物の窒素固定

ドイツの化学者ヘルマン・ヘルリーゲルとヘルマン・ウィルファルトは、マメ科植物に見られる空気中の窒素を吸収する能力を研究していた。マメ科植物の根にできる膨らみに着目し、この部分に空気中の窒素を「固定」する、つまり窒素を植物が利用できるアンモニアや関連化合物に変える細菌が含まれていることを発見した。

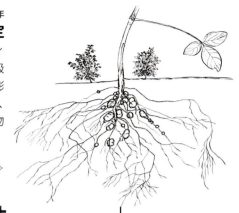

窒素を固定するマメ科植物の根粒部分 ▷

19世紀が終わりを迎える頃には83種類の元素が発見されていた。現在では118種類に増えている

1886年

1886年 予言されていた元素、ジスプロシウム、ガドリニウム、フッ素、ゲルマニウムが発見され、周期表に加えられる

1886年 オイゲーン・ゴルトシュタインが、陰極線に似ているが陰極線とは反対方向に向かう陽極線を発見する

1887年 オーストリアの物理学者エルンスト・マッハが、物体の速度と音速との比を表すマッハ数を導入する

1886年
アルミニウムの製造

アルミニウムは1820年代以降、少量ならば製造できるようになっていたものの、価格はまだ銀並みに高価だった。手頃な価格に落ち着いたのは、米国の化学者チャールズ・マーティン・ホールとフランスの科学者ポール・エルーが、電解浴にアルミナを溶かし込み、電気分解によってアルミニウムを製造する方法をそれぞれ独立に考案してから。

△ **ワシントン記念塔**の最上部にアルミニウムを載せているところ

1887年
最大の屈折望遠鏡

米国カリフォルニア州のリック天文台で世界最大の屈折望遠鏡（レンズ使用）の建設が完了した。口径90cmの対物レンズ、長さ17.4mの主鏡筒を備えた望遠鏡は、その後、数十年間、世界最高級の性能を発揮する。木星の5番目の衛星の発見や、かつてないほど詳しい観測写真の撮影などで成果を残す。

◁ リック天文台の屈折望遠鏡

1886年-1888年 | 167

1857〜94年
ハインリヒ・ヘルツ
ドイツ生まれのハインリヒ・ヘルツは科学と技術を学んだ後に、物理学の教授となった。研究分野は多岐にわたったが、とりわけ力を注いだのは電磁波の研究だった。周波数の単位ヘルツに名を残す。

1887年 アルバート・マイケルソンと米国のエドワード・モーリーが、1881年におこなった実験の精度を高め、再度実験をおこなう。結果は同じだった

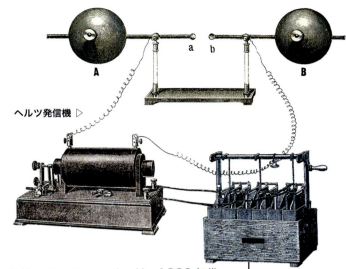

ヘルツ発信機 ▷

1888年
電磁波
ドイツの物理学者ハインリヒ・ヘルツは、1880年代はもっぱら電磁波を発生させ検知する研究に取り組んでいた。電磁波の存在は、それより20年前に予言されていた。1888年、ヘルツは2本の金属棒の間に一定間隔で火花を飛ばして電磁波を発生させることに成功した。電磁波が生じると、共振器の2本の棒の間隙に小さな火花が飛ぶので、これをもって電磁波を検知できた。

1888年

1887年 滑らかな金属に可視光や紫外線が当たると、光電効果によって電子が放出される現象をハインリヒ・ヘルツが発見する

1888年 化学合成を効率よく進めるには反応温度、圧力、濃度をどのような条件にすればよいかを、フランスの化学者アンリ＝ルイ・ル・シャトリエが明らかにする

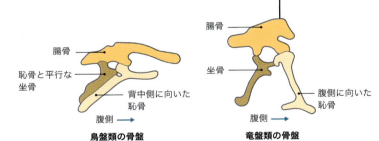

1887年
恐竜の分類
イングランドの古生物学者ハリー・ゴーヴィア・シーリーが、絶滅した爬虫類である恐竜を骨盤の構造に基づいて二つのグループに分ける案を提出した。「トリ型の骨盤」をもつ鳥盤類と「トカゲ型の骨盤」をもつ竜盤類。シーリーの分類を機に、恐竜の研究は進歩した。この分け方は有効ではあったが、見直しを求める声も出ている。

骨盤の形
鳥盤類の骨盤では、恥骨は坐骨と平行に背中側を向いている。竜盤類の骨盤では、恥骨は腹側に向かい下に伸びている。

◁ 渦巻銀河NGC3982

1888年
NGC星表
デンマークの天文学者ジョン・ルイ・エミール・ドライヤーが銀河、星団、ガス星雲を掲載した『ニュー・ジェネラル・カタログ』（NGC星表、*New General Catalogue*）を発表した。ハーシェル家のウィリアム、カロライン、ジョンが作成した星表をもとに作られたNGC星表は、いわゆる深宇宙天体の標準星表となった。

1889年
地殻均衡説

米国の地質学者クラレンス・ダットンは、地球上で見られるさまざまな地形は地殻とマントルの間の重力平衡状態に起因すると理解し、このような状態を地殻均衡（アイソスタシー、isostasy）と命名した。地表の地殻岩石は、高密度で粘性の高いマントルの上に「浮いている」。地殻岩石はその密度に応じて浮力と標高を変化させる。大陸を造る軽くて低密度の岩石は、海底を造る重くて高密度の地殻岩石よりも標高が高くなる。

均衡の維持

水に浮いている同じ密度の塊（たとえば氷山）は、その大きさに応じて、つり合いを保っている。同様に考えると、高密度で動いているマントルの上に地殻岩石は「浮いている」ので、その大きさと密度に応じて標高が変化する。

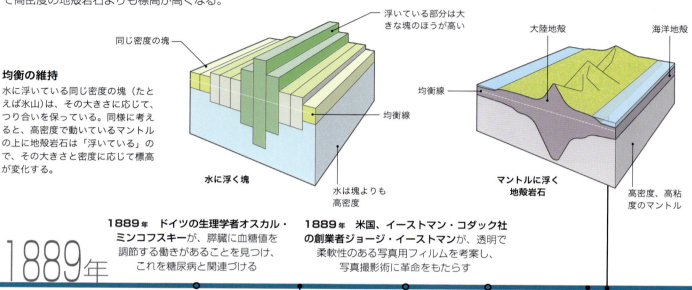

1889年 ドイツの生理学者オスカル・ミンコフスキーが、膵臓に血糖値を調節する働きがあることを見つけ、これを糖尿病と関連づける

1889年 米国、イーストマン・コダック社の創業者ジョージ・イーストマンが、透明で柔軟性のある写真用フィルムを考案し、写真撮影術に革命をもたらす

1889年

1889年
シナプスの発見

スペインの神経学者サンティアゴ・ラモン・イ・カハールは神経系の構造を観察していたときに、神経細胞と神経細胞の間に間隙（シナプス）があることに気づき、神経は、単一のネットワークをなして働いているのではなく、細胞がそれぞれ独立に機能していることを明らかにした。カハールとカミッロ・ゴルジは神経学における研究に対して1906年にノーベル賞を受賞した。

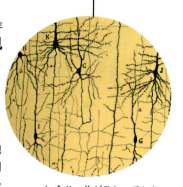

△ **カハール**がスケッチした脳の構造

1889年 パリにエッフェル塔が完成し、世界でもっとも高い構造物となる

1889年
分光連星

ドイツのカール・フォーゲルや米国の天文学者エドワード・チャールズ・ピッカリングが恒星から放射された光の性質を調べ、1個と思われていた恒星の多くがじつは連星であることを明らかにした。たとえば連星の軌道が一方は地球に向かい、もう一方は地球から離れていく場合、それぞれの恒星から放射される光の見かけの波長はドップラー効果（p.130を参照）にしたがって変化する。この変化を観測すれば恒星の速度と相対質量を算出できる。

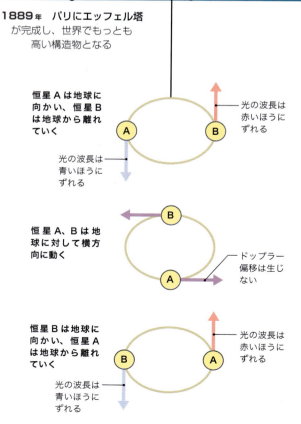

1889年
活性化エネルギー

スウェーデンの科学者スヴァンテ・アレニウスは、反応温度を上げると反応の進行速度がどのように速くなるのかを研究し、化学物質が反応する前には「活性化エネルギー」を超えなければならないという考えを提出した。たとえば花火などで、爆発できるだけのエネルギーを一瞬で発生させなければならない理由も、アレニウスの考えで説明できた。

1889年
動物の向性

植物の屈性（刺激源に応答して屈曲する性質）に関する研究に着想を得たドイツ生まれの米国の生物学者ジャック・ロイブは、動物も同様の性質を示すと考え、その一例として光に応答するチョウの幼虫を提示した。また、自身が深めた考察の中には、いつの日か、人間の行動を説明する数学理論の基礎となるものがあると考えていた。

◁ 花火

◁ 光に向かって移動するチョウの幼虫

1890年 ドイツの生理学者エーミール・フォン・ベーリングが、致死的な中毒性感染症であるジフテリアと破傷風の治療薬となる抗毒素を開発する

1890年
『心理学原理』

米国の心理学者で哲学者のウィリアム・ジェームズは『心理学原理』（The Principles of Psychology）を著し、心理学研究の基礎となる自身の考えを説明した。その中で、心理学における主要な四つの側面、すなわち意識の流れ、感情、習慣的行為、意志を指摘した。『心理学原理』は大きな影響を及ぼし、科学としての心理学を確立した。

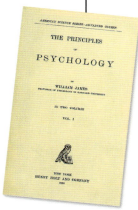
◁ 『心理学原理』

1843～1910年
ウィリアム・ジェームズ

19世紀米国を代表する思想家ウィリアム・ジェームズは医学を修めたものの、その道を離れ心理学と哲学に専念した。心理学の原理を確立し、哲学者としてはプラグマティズムと根本的経験論の立場を通した。

> 「あらゆる教育において大切なのは、神経系を敵にまわすのではなく味方につけることである」

ウィリアム・ジェームズ、『心理学原理』、1890年

1891年
樹液の上昇

植物が水を取り込んで枝や小枝、葉まで運んでいることは昔から知られていたが、その経路や仕組みは謎に包まれていた。樹液が、木部として知られる並んだ細胞の中を通って、根から葉まで1本の水柱を形成していることを、ポーランド生まれのドイツの植物学者エードゥアルト・シュトラスブルガーが実証した。シュトラスブルガーはさらに、樹液を上昇させているのは空気や根の圧力ではなく、別の仕組みであることを明らかにした。後に、この仕組みは毛管現象であることが解明された。

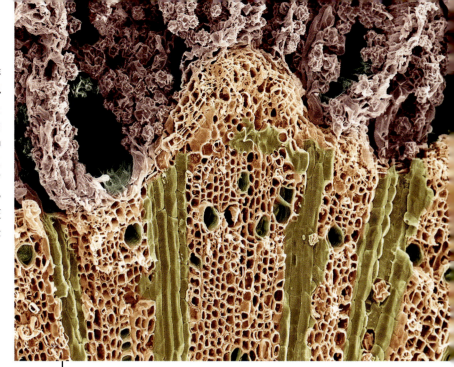

▷ 導管が水を運ぶ

1891年 ドイツの化学者アグネス・ポッケルスが、液体と固体表面の性質に関する自身の最初の研究をまとめた論文を発表。表面科学の確立を後押しすることになる

1891年 電荷の基本単位に対して「電子」（エレクトロン、electron）という名称をジョージ・ストーニーが提案する

1891年

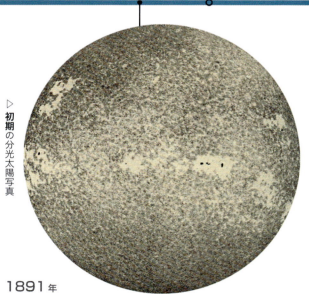

▷ 初期の分光太陽写真

1891年
太陽を撮影

米国のジョージ・エラリー・ヘールとフランスのアンリ＝アレクサンドル・デランドルがそれぞれ独立に分光太陽写真儀を考案した。単色の波長だけを写真板に投影する仕組みの分光太陽写真儀で撮影した写真は、それ以外の波長が写らないため太陽表面を詳細に観察できる。したがって太陽の見かけの表面である光球に現れる粒状斑の様子がよくわかる。

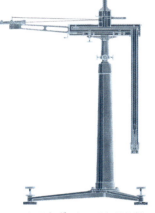

△ **エトヴェシュのねじり秤**

1891年
質量と重力

昔から「質量」という用語は、重力に起因する物体の重さと、慣性（運動を変化させないようにする性質）の大きさが示す物体の重さの両方に関連づけて使われていた。ところが、重力質量と慣性質量を同じものとして扱う理由ははっきりしていなかった。1891年、ハンガリーの物理学者エトヴェシュ・ロラーンドが、その少し前に考案したばかりのねじれ天秤を用いて実験をおこない、慣性質量と重力質量が同一であることを2000万分の1の精度で証明した。エトヴェシュの実験はアルベルト・アインシュタインの一般相対性理論への道を開くことになった。

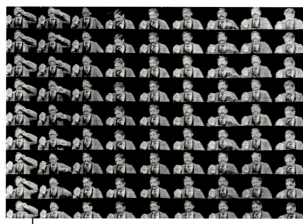

◁『フレッド・オットのくしゃみ』のフィルムのコマ

1891年
映画

蓄音機で成功を収めたトーマス・エジソンは、英国の発明家で部下のウィリアム・ディクソンに映画撮影用カメラの開発を依頼した。ディクソンは、動いている画像を1秒間に40コマの速さで撮影するキネトグラフを作った。さらにディクソンは動いている画像を見る装置キネトスコープを考案し、現存する最古の映画、上映時間は5秒足らずの『フレッド・オットのくしゃみ』も残した。オットはエジソンの助手。

「蓄音機が耳に対してしているのと同じことを目についてもできる装置はないかと、試しているところです」

トーマス・エジソン、弁護士に宛てた手紙、1888年

1892年 ドイツの生物学者アウグスト・ヴァイスマンが、体細胞と、卵巣あるいは精巣の細胞であり遺伝情報を伝える「生殖質」とを区別する

1893年 1600年代後半に太陽黒点がほとんど現れなかった時期、いわゆるモーンダー極小期があったことをイングランドの天文学者 E. W. モーンダーが突きとめる

1892年 アイルランドの物理学者ジョージ・フィッツジェラルドが、運動している物体の長さは静止してるときよりも短くなるという考えを提出する

1893年 オーストリアのヨーゼフ・ブロイエルとジークムント・フロイトが著書『ヒステリー現象の心的機構』（*Über den psychischen Mechanismus hysterischer Phänomene*）を発表。ここから精神分析研究が始まる

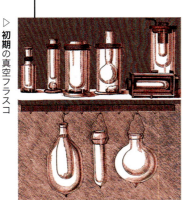

◁ 初期の真空フラスコ

1892年
デュワー瓶

低温環境下で実験をしていたスコットランドの化学者で物理学者のジェームズ・デュワーは熱の出入りを防ぐために、壁と壁の間を真空にした二重壁の容器を考案した。この構造は、飲み物を保温または保冷する容器にも使われるようになった。魔法瓶ともいわれる。

◁ 赤橙色を放つタングステンフィラメント

1893年
温度と波長を結びつける

ドイツの物理学者ヴィルヘルム・ヴィーンが、物体の温度と、物体から放射される電磁スペクトルの最大波長との関係を理論的に導いた。ヴィーンの変位法則を使えば、電磁波を放出する物体の温度を求められる。

1895年
最初のX線

ドイツの物理学者ヴィルヘルム・レントゲンは陰極線の実験をしていたときに、陰極線管を覆っていた黒いボール紙を突き抜けた正体不明の光線が、偶然近くにあった写真乾板を感光させることに気づいた。蛍光板に蛍光を生じさせる目に見えない電磁波が出ていると考え、レントゲンはこの電磁波にX線と名前をつけ、数週間後にはX線を用いて妻の手の骨を撮影した。

◁ レントゲンが撮影した最初のX線写真

1894年
マラリアと蚊

スコットランドの寄生虫学者パトリック・マンソンは、寄生性回虫によって引き起こされるフィラリア症の伝播には蚊が関与していることを突きとめ、その後マラリアも蚊によって感染することを明らかにした。マンソンはマラリアの研究を論文「マラリア血に含まれる鞭毛を有する三日月状の塊の性質と意義について」(*On the nature and significance of the crescentic and flagellated bodies in malarial blood*)にまとめ、報告した。

ハマダラカ ▷

1894年

1894年 ドイツの発明家ルドルフ・ディーゼルが、自身の名前を冠した強力で効率のよい内燃機関を開発する

1894年 英国の化学者ジョン・ストラットとウィリアム・ラムゼーがアルゴンを発見。さらにラムゼーはヘリウムも単離する

1894年 オランダの古人類学者ウジェーヌ・デュボアが、自身が発見した初期のヒト科の化石がピテカントロプス・エレクトス (*Pithecanthropus erectus*、直立猿人) のものであると発表する

1894年 イングランドの生理学者アルバート・シャーピー゠シェーファーとジョージ・オリバーが副腎に含まれる物質の作用を報告。この物質は後にエピネフリン (アドレナリン) と同定される

---

4. 核内で受容体－ホルモン結合体に誘発された遺伝子が特定のタンパク質を産生する

5. エストロゲンに誘発されたタンパク質が、今度はオキシトシンの産生を誘発する

ホルモン受容体

核

標的細胞

細胞膜

2. エストロゲンは細胞膜を通って細胞質（水性の液体）に入る

3. エストロゲンが受容体と結合する

細胞質

1. 卵巣からエストロゲンが分泌される

エストロゲン

ホルモンの一種であるエストロゲンは標的細胞内に入って受容体と結合する。結合した受容体はエストロゲンを核内に取り込み、タンパク質産生を誘発する。産生されたタンパク質は次に別のタンパク質の産生を誘発する。

1. 膵臓からグルカゴンが分泌される

ホルモン受容体

核

肝臓細胞

細胞膜

細胞質

2. グルカゴンは細胞膜上で受容体に結合する

3. 活性化した受容体

4. グルカゴンの刺激に応答して別の情報物質が産生され、この情報物質が次に肝臓を刺激してグルコースを産生させる

グルカゴン

膵臓で分泌されるホルモンの一種グルカゴンには、インスリンと拮抗して血糖値を調節する働きがある。グルコース濃度が低下すると、グルカゴンは肝臓細胞の表面で受容体と結合し、貯蔵グリコーゲンをグルコースに変えて放出させる。

1896年
二酸化炭素と気候

スウェーデンの科学者であり気候変動科学の父とされるスヴァンテ・アレニウスは、物理化学の基本原理を用いて、大気中の二酸化炭素量の変化が地表の温度に及ぼす影響を推定した。アレニウスの計算によれば、二酸化炭素濃度が半分になると地表温度は4〜5℃下がり、同じく2倍になると5〜6℃上がる。現在の評価では、この数字は2〜3℃と算出されている。

△ 二酸化炭素や汚染物質を排出する工場、1900年頃

1896年 酵素チマーゼが発酵を促進して二酸化炭素とアルコールが生じることを、ドイツの生化学者エードゥアルト・ブフナーが発見する

1896年

1895年 オランダの物理学者ヘンドリック・ローレンツが、質量は速度とともに増加し、光速で無限大になるとする考えを正確に説明する

1896年 オランダの医師クリスティアーン・エイクマンが、ベリベリ病（脚気）に似た症状のニワトリに見られる食品成分の不足を明らかにし、チアミン（ビタミンB）発見への道を開く［訳注：これとは独立して鈴木梅太郎は脚気の原因を米ぬかに含まれる成分の欠乏であるとする論文を書いた（1910年）。後に単離しオリザニンと命名］

ホルモン

動物、植物、菌類の体内で化学的情報伝達の役割を担い、成長や発達を調節する物質をホルモンという。動物のホルモンには行動に影響を及ぼすものもある。アドレナリンは心拍数を上げ、不安を引き起こす。またインスリンは細胞に指示を出し、血液からグルコースを取り込ませて血糖値を調節する。他のホルモンを調節するホルモンもある。アドレナリンはインスリンの分泌を阻害する。植物ではオーキシンと呼ばれるホルモンが、芽や茎を日光に向かって成長するように促す。オーキシンは植物と菌類の互恵的な相互作用にも関与している。

▷ アンリ・ベクレル

1896年
放射能

フランスの物理学者アンリ・ベクレルは、りん光（暗闇で生じる光）を放つウラン化合物がX線に似た透過性の放射線を発していることに気づいた。りん光を放たないウラン化合物でも同様の結果が得られたことから、ベクレルは、この放射線がウランそのものから生じていることを突きとめた。こうしてベクレルは放射能を発見した。

物質の放射能はベクレルまたはキュリー単位で測定される

放射能

ウラン
ウランの放射性同位体は燐銅ウラン鉱（上写真）などの天然鉱石から取り出される。

原子核は正の電荷をもつ陽子と、質量は陽子と同じだが電荷をもたない中性子とからなる。陽子の数と中性子の数がつり合っていれば、原子核は安定しているとされる。ここでいうつり合いとは、単純な同数を意味するのではない。大半の原子では中性子は陽子よりも多く存在する。たとえば銅の場合、陽子は29個、中性子は34個である。

不安定な原子核は時間の経過とともに崩壊し、エネルギーあるいは粒子（下図左を参照）を放出して安定した配置になる。このようにしてエネルギーあるいは粒子を放出する能力を放射能という。このような放出現象は化学変化ではなく、核の配置に従う物理変化によって生じる。元素の中には安定な元素と不安定な元素の両方が存在するものがある。たとえば炭素12は炭素6個と中性子6個からなり安定している。炭素14は陽子6個と中性子8個からなり放射能を有する。このような違いのある元素を同位体という。

放射能は自然界に存在するが、誘発されることもある。地球ができた時点で存在した放射性元素の中には、半減期（下図右を参照）が長いため、現在も残っているものがある。また、非放射性の原子核に宇宙線が衝突し、放射性原子核ができることもある。さらに原子炉（p.224〜25を参照）や粒子加速器の中で、原子核にエネルギーや粒子を衝突させて放射性物質を作ることもできる。

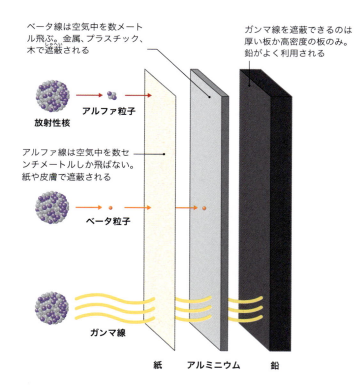

放射線の種類
不安定な原子核は過剰なエネルギーや質量を粒子あるいは放射線として放出する。質量が大きすぎる原子核はアルファ粒子（陽子2個と中性子2個）を放出する。中性子が多すぎる原子核は1個の中性子を1個の陽子に変えてベータ粒子を放出する。エネルギーが多すぎる原子核は粒子には変化を起こさず、大きなエネルギーを運ぶガンマ線を放出する。

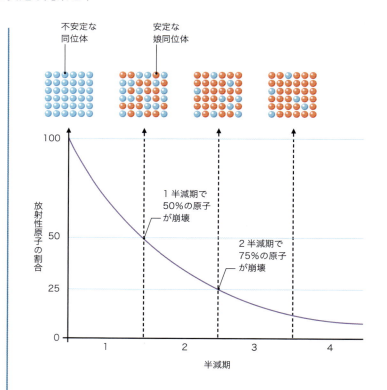

放射能と半減期の測定
放射性元素にはそれぞれ固有の半減期がある。半減期とは、原子の半数が崩壊するまでに要する時間であり、100万分の1秒から数十億年まで幅がある。元素の放射能は1秒当たりに崩壊する原子の数で決められる。SI単位ではベクレル（Bq）が用いられる。1 Bqは1秒間に1個崩壊することを意味する。

検出をかわす
放射能が長い間見つからなかったのは、目に見えない現象だからである。霧箱などの装置を用いると放射線を検出できる。霧箱の中では放射線が蒸気と相互作用して、霧のような飛跡が生じる。この飛跡は放射線の種類によって異なる。

素粒子

原子は、宇宙を構成する究極の基本要素である素粒子が集まってできている。素粒子は大きく二つのグループに分けられる。物質を形づくる素粒子（フェルミオン）と力の伝達に関わる素粒子（ボソン）である。素粒子の中には電子や光子のように単独で存在できるものもあれば、クォークのように他の素粒子と結びついた状態でしか存在できないものもある。クォークは陽子や中性子といった粒子と結びついて複合粒子を作る。素粒子物理学でもっとも成功した理論とされている標準模型では、現時点でわかっている素粒子を性質に従って右図のように分類する。

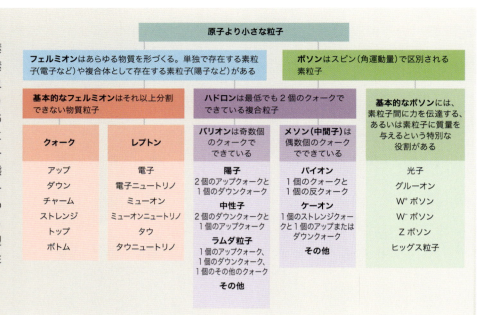

原子より小さな粒子

- **フェルミオン**はあらゆる物質を形づくる。単独で存在する素粒子（電子など）や複合体として存在する素粒子（陽子など）がある
  - **基本的なフェルミオン**はそれ以上分割できない物質粒子
    - **クォーク**: アップ／ダウン／チャーム／ストレンジ／トップ／ボトム
    - **レプトン**: 電子／電子ニュートリノ／ミューオン／ミューオンニュートリノ／タウ／タウニュートリノ
  - **ハドロン**は最低でも2個のクォークでできている複合粒子
    - **バリオン**は奇数個のクォークでできている
      - 陽子: 2個のアップクォークと1個のダウンクォーク
      - 中性子: 2個のダウンクォークと1個のアップクォーク
      - ラムダ粒子: 1個のアップクォーク、1個のダウンクォーク、1個のその他のクォーク
      - その他
    - **メソン（中間子）**は偶数個のクォークでできている
      - パイオン: 1個のクォークと1個の反クォーク
      - ケーオン: 1個のストレンジクォークと1個のアップまたはダウンクォーク
      - その他
- **ボソン**はスピン（角運動量）で区別される素粒子
  - **基本的なボソン**には、素粒子間に力を伝達する、あるいは素粒子に質量を与えるという特別な役割がある
    - 光子／グルーオン／W^+ボソン／W^-ボソン／Zボソン／ヒッグス粒子

1897年

1897年 ドイツの物理学者で技術者のカール・ブラウンが、電気信号を映し出す装置オシロスコープを考案する

1897年 米国、ヤーキス天文台にレンズ口径1mの屈折望遠鏡が完成する

1897年 フランスの化学者ポール・サバティエが、炭素化合物に水素を添加する際にニッケルが触媒の働きをすることを突きとめる

1897年 ニュージーランドの物理学者アーネスト・ラザフォードが、放射線には2種類、アルファ線とベータ線があることを突きとめる

1897年 電子

1890年代、物理学者は陰極線の性質について議論を戦わせていた。1897年にイングランドの物理学者J. J. トムソンが、クルックス管の電場を利用して陰極線を屈曲させ、陰極線が小さな粒子、すなわち「電子」の流れであることを証明した。電子の発見により、原子よりも小さな粒子の存在が初めて明らかになった。

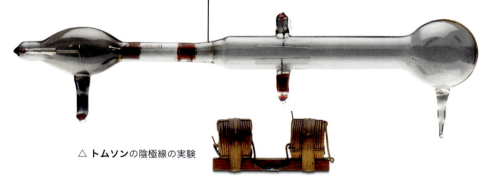

△ トムソンの陰極線の実験

> 「[陰極線が] 粒子によって運ばれた負の電荷であると結論しないわけにはいかない」
>
> J. J. トムソン、『哲学雑誌』（Philosophical Magazine）、1897年

1897年–1899年 | 177

▷ タバコモザイクウイルスに感染したタバコの葉

1898年
ウイルス性の病原体

タバコモザイク病の原因は細菌よりも小さな感染性病原体にあることを、オランダの微生物学者マルティヌス・ベイエリンクが濾過器を利用した実験で突きとめ、その結果を発表した。ベイエリンクは問題の病原体の単離まではできなかったものの、その病原体を「伝染性の生きている液体」と考え、ウイルスと命名した。

1867～1934年
マリー・キュリー

マリー・キュリー、旧姓マリア・スクロドフスカはポーランドのワルシャワで生まれ、フランスのパリに移り物理学と化学を学ぶ。いち早く放射能の研究に取り組み、夫ピエールとともに研究成果をあげ、マリーはノーベル賞を2回受賞した(1903年、1911年)。

1898年 ポーランド生まれのフランスの化学者
マリー・キュリーと夫ピエールが放射性元素
ポロニウムを発見する

1899年

◁ ジャガディッシュ・チャンドラ・ボース

1898年 スコットランドの化学者
ウィリアム・ラムゼーとイングランドの化学者
モリス・トラバーズが不活性ガスのクリプトン、ネオン、キセノンを発見する

1899年 スコットランドの化学者
ジェームズ・デュワーが、当時到達可能な
最低温度 14K（−259℃）で
水素を固化させる

1897年
マイクロ波

インドの物理学者で生物学者のジャガディッシュ・チャンドラ・ボースが、波長の短い電波（ラジオ波）領域、現在でいうマイクロ波に関する実験をおこない、得られた結果を、その2年後にロンドンの王立研究所で実演する。マイクロ波を照射する装置を用いてベルを鳴らしたり、部屋の反対側にある火薬を爆発させたりした。マイクロ波は今日ではWi-Fiなどの電気通信で利用されている。

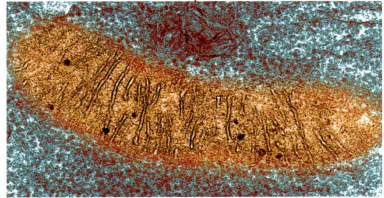
◁ 電子顕微鏡で見たミトコンドリア

1898年
ミトコンドリアの観察

ドイツの微生物学者カール・ベンダは、いち早く顕微鏡を用いて細胞の内部構造を調べた研究者のひとりである。細胞をクリスタルバイオレットで染色して内容物を可視化したところ、細胞質に小さな構造物がいくつも存在していることに気づいたベンダは、その構造物にミトコンドリアと名前をつけ、細胞の代謝に関係していると推察した。後に、ベンダの考えは正しかったことが証明される。

1900年
無意識

オーストリアの神経学者ジークムント・フロイトが精神分析学を確立して、パーソナリティの理解を目指した。フロイトはウィーンとパリで医学を学んだ後にウィーンで開業医となり、神経疾患を患う患者を治療した。1900年に代表作『夢判断』（*Die Traumdeutung*）を出版する。フロイトは同書で夢を分析し、その意味を無意識の経験や欲求と関連づけて説明した。

◁ ジークムント・フロイト

「夢を解釈することは、心における無意識の活動を知るための王道である」
ジークムント・フロイト、『夢判断』、1900年

1900年 イングランドの科学者オーウェン・リチャードソンが、熱した金属から放出される電荷が電子の放出に関係していることを突きとめる

1900年 フランスの物理学者ポール・ヴィラールが、放射性物質から放出される第三の放射線を発見。この放射線は後にガンマ線と命名される

1900年 フランスの物理学者アンリ・ベクレルが、ベータ線は電子と同じ質量と電荷をもつ粒子でできていることを明らかにする

◁ トリフェニルメタン
不対電子 ― 炭素原子

1900年
安定したフリーラジカルの発見

ロシア生まれの米国の化学者モーゼス・ゴンバーグが、トリフェニルメタンから安定した有機フリーラジカルを初めて単離した。トリフェニルメタンラジカルの中心にある炭素原子の結合は通常の4本ではなく3本であり、不対電子が存在している。この発見を足がかりにして、ラジカルの反応性の高さは不対電子に起因することが解明されていく。ラジカルは各種化学反応においてきわめて重要な役割を果たしている。

△ 熱い石炭から放出される光の色は温度によって変わる

1900年
エネルギーの量子

あらゆる波長を吸収、放射する理想の物体である黒体から放出される波長には広がりがある。マックス・プランクは、この広がりを説明する公式を導出した。プランクの公式では、量子論の基本である量子と呼ばれるエネルギーの「パケット」（小包）の存在を仮定していた。

1858～1947年
マックス・プランク

現在はドイツに含まれている都市キールに生まれたプランクは、9歳の年に家族でミュンヘンに移り、この地で物理学と数学を学ぶ。研究人生の大半をベルリンのフリードリヒ・ヴィルヘルム大学（現在のフンボルト大学）で理論物理学教授として過ごした。

1901年
突然変異説

1901年にオランダの遺伝学者ユーゴー・ド・フリースが、進化を説明するために「突然変異説」を提唱した。ド・フリースの突然変異説によると、突然ジャンプをするかのような変化が生物に起こり、新しい種ができる。そのため突然変異説は、自然選択による漸進進化を主張するダーウィンの説と対立した。ド・フリースはオオマツヨイグサを用いて、新しい形質をもつ個体が突然生じることを示し、そのような現象に突然変異（mutation）と命名した。さらにこの結果をもとに、新しい種も突然生じるという考えを導いたのだった。後に、突然変異説は覆され、ダーウィンの説が支持されていった。

ド・フリースが研究したオオマツヨイグサの葉 ▷

1901年
血液型

かつては輸血をすると、うまくいくこともあったが、たいていは合併症を伴い、時には死に至ったりもしていた。その原因を、オーストリアの生理学者カール・ラントシュタイナーが突きとめた。ヒトの血液には異なる型があり、問題なく輸血するには適合する型の血液を使わなければならないことを明らかにした。

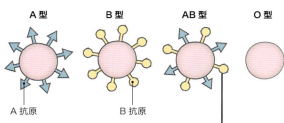

血液型
血液型は大きく四つの型、A、B、AB、Oに分けられる。それぞれA抗原をもつ型、B抗原をもつ型、両方をもつ型、どちらももたない型として分類される。各型はさらにRh（アカゲザルと共通の抗原）陽性、陰性でも分けられる。

1901年 フランスの化学者ヴィクトル・グリニャールが、有用な有機反応を促すマグネシウム化合物を発見する

1900年 ドイツの化学者フリードリヒ・ドルンが、高い放射能を有する貴ガス、ラドンを発見する

1900年 イングランドの生物学者ウィリアム・ベートソンが「遺伝学」（genetics）という語を初めて使い、遺伝学を科学の分野として確立する

1901年 イタリアの発明家グリエルモ・マルコーニが、大西洋を横断する無線通信に成功したと主張する

1901年
オカピ

キリンと近縁の関係にあるオカピ（*Okapia johnstoni*）はコンゴ民主共和国の標高500〜1500mの森に生息している。ウガンダでは絶滅した。キリンに似ているが、オカピの首はキリンよりもずっと短く、胴体は濃い茶色、脚にはシマウマのような縞模様がある。昔話や伝説の中だけの生き物と思われていたが、1901年にイングランドの動物学者フィリップ・ラトリー・スクレーターによって初めて正式に記載され、名前がつけられた。

オカピ ▷

量子計算 量子の世界では粒子は同時に二つの状態で存在しうる。こういった量子現象をコンピュータによる計算に利用することができる。量子コンピュータを用いると、従来のコンピュータには複雑すぎる問題も少なからず解決する。

量子物理学

原子や素粒子の尺度では、私たちが日常生活で慣れ親しんでいる振る舞いが、すっかり勝手の違う振る舞いに取って代わられる。これが量子物理学の世界である。波動と粒子の二重性（p.84を参照）として知られる現象により、物質が波のように振る舞うこともあるし、光が粒子のように振る舞うこともある。

量子物理学の中心には量子化の概念がある。何かが量子化されているという場合、その何かは最小限の量（これを量子という）をもち、何かに関連する量はすべて量子の整数倍でのみ存在する。つまり、何かは離散的なものとなる。たとえば、光は光子という量子になる。

量子物理学のもうひとつの重要な特性に不確定性がある。古典物理学では宇宙は時計仕掛けのように描かれ、そこでは理論上、あらゆることが完璧な精度で予測できる。量子の世界では、これは不可能である。なぜならば、量子の世界は決定論的ではなく確率論的だからである。つまり、電子の正確な位置は計算できないが、ある領域内に存在する確率は計算できる。測定されるまでは、電子は同時にあらゆる場所に存在しうる。測定されたとしても、位置が正確にわかればわかるほど、運動量は正確にわからなくなる。この概念は不確定性原理として知られている。

量子の世界は、こうした不思議な現象に満ちている。ただし、日常の振る舞いをうまく記述できる古典物理学のような大きな尺度では、量子の現象は必ずしも正確に理解できない。

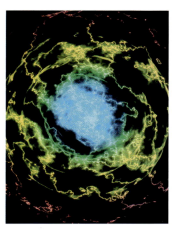

電子雲
ヘリウム原子の電子がさまざまな場所に存在する確率は、量子力学に基づいて雲のように描かれる。

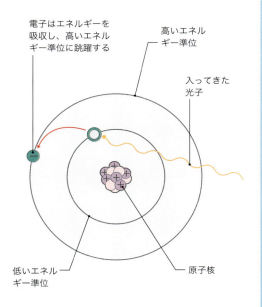

エネルギーのパケット（小包）
量子化とは、あらゆる物理量には最小量、すなわち量子が存在することを意味する。たとえば光は、それ以上分割できない光子という量子になる。原子核のまわりを回っている電子が光子を吸収すると、より高いエネルギー準位に跳躍できるだけのエネルギーが得られる。

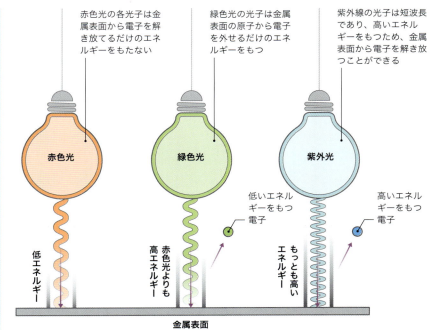

光電効果
物質に光を照射すると電子が放出され、電流が発生することがある。このような現象を光電効果という。物質の原子の軌道に束縛されている電子が光子を吸収すると、電子は脱出できるだけのエネルギーを得る。ただし、そのためにはある振動数以上の光を照射しなければならない。

1902年
光電効果

紫外光は、金属から負の電荷を帯びた電子を放出させる。いわゆる光電効果という現象である。1902年にドイツの物理学者フィリップ・レーナルトが、光電効果で放出された電子のエネルギーは光の振動数の増加とともに大きくなることに気づいた。だが、この事実は光の波動説とは相いれなかった。光電効果は後にアインシュタインによって量子論で説明される。

▷ フィリップ・レーナルト

1902年
大気を調べる

フランスの気象学者テスラン・ド・ボールが、観測装置を取り付けた気球をいち早く利用して高層大気を詳しく調べ、気温は高度17kmで−51℃まで下がり、それ以上は変わらないことを明らかにした。ボールは大気の下の層を対流圏（トロポスフィア）、上の層を成層圏（ストラトスフィア）と命名した。

◁ 気象観測用気球を飛ばすところ

1902年 イングランドの生理学者アーネスト・スターリングとウィリアム・ベイリスが セクレチンを発見。ホルモンの存在が初めて明らかになる

1902年 アーネスト・ラザフォードとイングランドの化学者フレデリック・ソディーが、放射性元素が崩壊すると別の元素に変わるという説を発表する

大気圏の構造

気球や航空機、衛星から集めたデータを分析すると、地球の大気は層構造になっていることがわかる。最下層の対流圏は酸素を豊富に蓄え、気象条件を変化させて生命を支えている。対流圏より上はさらに四つの層、成層圏、中間圏、熱圏、外気圏に分かれていて、それぞれ温度も組成も異なる。成層圏のオゾン層は、対流圏で活動する生命を太陽放射の害から守る。太陽放射は上部成層圏を温めるが、中間圏で温度はいったん約−90℃まで下がり、それより上の熱圏になると1500℃まで上がる。もっとも外側の外気圏には気体はほとんど存在せず、ここは宇宙とつながっている。

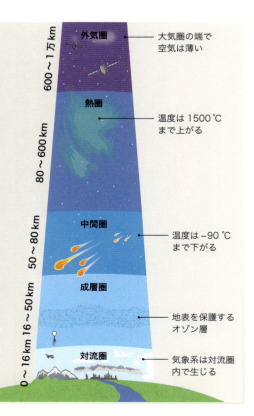

- 外気圏　600〜1万km — 大気圏の端で空気は薄い
- 熱圏　80〜600km — 温度は1500℃まで上がる
- 中間圏　50〜80km — 温度は−90℃まで下がる
- 成層圏　16〜50km — 地表を保護するオゾン層
- 対流圏　0〜16km — 気象系は対流圏内で生じる

1871〜1937年
アーネスト・ラザフォード

ニュージーランドのネルソンに生まれたラザフォードは、英国とカナダで先駆的な研究をして、原子の構造や振る舞いの解明に貢献する。1908年にノーベル化学賞を受賞。

△ **キティホーク**上空を飛ぶライトフライヤー号、1903年12月17日

1903年
動力飛行

1903年12月17日、ウィルバー・ライトとオーヴィル・ライトの兄弟がノースカロライナ州キティホークで、空気より重い物体の飛行を初めて成功させた。ライト兄弟は何年もかけて研究を重ね、翼のねじりや可動式方向舵といった革新的な空気力学技術を考え出した。12秒間の飛行はその集大成だった。

1903年 オランダの医師ウィレム・アイントホーフェンが心臓の電気活動を記録する心電計を考案する

1903年 オーストリアの物理学者エルンスト・マッハが絶対空間の概念に異議を唱える。マッハの考えはアインシュタインに強い影響を与え、相対性理論へとつながっていく

1903年

△ 条件付けの実験をするイワン・パヴロフ

1903年
条件反射

ロシアの生理学者イワン・ペトローヴィチ・パヴロフは、自分の飼い犬が、食事を運んでくる人を見ただけで唾液を流しはじめることに気づいた。食事のときにメトロノームなど特定の音を一緒に聞かせたところ、イヌは食事がなくても音が聞こえただけで唾液を出すようになった。この現象をパヴロフは条件反射と呼んだ。

1903年
遺伝の染色体説

遺伝情報の担体である染色体の挙動が遺伝の法則に従っていることを、アメリカの遺伝学者ウォルター・サットンが突きとめた。ドイツの動物学者テオドール・ボヴェリも同様の結論に至る。

「学習し、比較し、事実を集めよ！」

イワン・パブロフ、『漸進主義』(Gradualism)

染色体が遺伝情報を運ぶ ▷

1904年
フレミングのバルブ

イングランドの物理学者ジョン・フレミングが、電熱線と金属板を封入した真空ガラス管を考案した。熱電子放出（金属からの電子の放出現象）を利用し、電流を一方向にしか流さないことからバルブとも呼ばれる。フレミングの真空ガラス管により、後の無線通信の発展に不可欠な種々の基本的な電子部品が実現する。

▷ 熱電子管、フレミング管ともいう

▽ 大脳皮質のシナプス信号

1904年
シナプス理論

スペインの科学者サンティアゴ・ラモン・イ・カハールは神経科学の父として広く認められている。脳や脊髄の組織を顕微鏡で観察して、神経細胞（ニューロン）が途切れなくひとつづきになっているのではないことを示し、実際はどのようにつながっているのかを明らかにした。カハールはイタリアのカミッロ・ゴルジとともに1906年にノーベル賞を受賞した。

1904年 オランダの天文学者ヤコブス・カプタインが反対方向に流動する二大星流を確認。後に、天の川銀河が回転している証拠となる

1904年 イングランドの物理学者J. J. トムソンが原子の「プラム・プディング」モデルを発表。後に誤りとされる

1904年 英国の物理学者チャールズ・バークラが、X線は光、赤外線、電波などと同じ電磁波の一種であることを明らかにする

◁ オリオン・ベルト（三連星(みつらぼし)）のミンタカ（上左）

1904年
星間物質

オリオン座の連星ミンタカからのスペクトルを観測していたドイツの天文学者ヨハネス・フランツ・ハルトマンは、ほとんどのスペクトル吸収線がミンタカの軌道によって一定のパターンで前後に移動しているのに対して、カルシウムに関連した吸収線は動いていないことに気づき、地球とミンタカの間にはカルシウムを含む見えない雲が存在すると指摘した。これが、現在では天の川銀河の大部分を満たしていることがわかっている、まばらな「星間媒質」の存在を示す初めての証拠だった。

1905年
アインシュタインの画期的な4報の論文

アルベルト・アインシュタインが斬新な論文を4報発表した1905年は、アインシュタインの「奇跡の年」と呼ばれる。最初の論文は光電効果に関するもので、光エネルギーは量子によって運ばれると述べた。2報目ではブラウン運動（下図を参照）に着目し、当時はまだ疑う向きもいた原子の存在を示す。3報目で特殊相対性理論について述べ、4報目では特殊相対性理論の帰結である $E = mc^2$ の式を説明した。

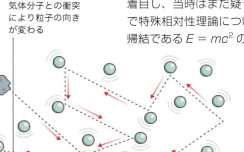

気体分子との衝突により粒子の向きが変わる

ブラウン運動
顕微鏡で煙粒子を観察すると不規則な動きが見られる。これをブラウン運動という。ブラウン運動は、見えない原子や分子が大きな煙粒子と衝突した結果生じる現象であるとアインシュタインは説明した。

空気中の気体分子
煙の粒子

1879～1955年
アルベルト・アインシュタイン
アルベルト・アインシュタインはドイツのウルムに生まれる。アインシュタインが導いた特殊相対性理論、一般相対性理論、ならびに彼が量子論にもたらした数々の貢献によって現代物理学の礎が築かれた。アインシュタインは史上屈指の科学者とされる。

1905年 デンマークの天文学者アイナー・ヘルツシュプルングが恒星の色と明るさの関係を明らかにし、光度の違いを用いて恒星の等級を分類する

1906年 ドイツの化学者ヴァルター・ネルンストが熱力学の第三法則を提出する

1906年

1905年 米国の遺伝学者ネッティー・スティーブンズとエドマンド・ウィルソンが、哺乳類の性別を決定する染色体を発見する

1906年 J. J. トムソンが、電子の数はその元素の原子番号と等しいことを示す

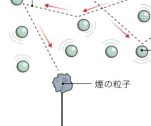

▷ 子ども用知能検査用具

1905年
IQ検査
知能指数（IQ）検査とは、「知能」を評価したり比較したりすることを目的とした試験方法。フランスの心理学者アルフレッド・ビネーが、特別援助を必要とする児童を見分けるためにテオドール・シモンの協力を得て開発したのが始まりである。

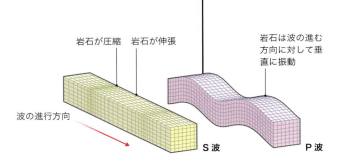

岩石が圧縮　岩石が伸張　岩石は波の進む方向に対して垂直に振動
波の進行方向
S波　P波

1906年
地核
英国の物理学者 R. D. オールダムは地震の揺れを調べ、一次波（圧縮波、P波）と二次波（ねじれ波、S波）の性質の違いを突きとめた。地球内部を伝わるP波を地球の反対側で観測すると、何の変化もなくそのまま伝わる場合に想定される時間よりも遅く到達する。オールダムは、地球内部の組成は深さによって異なり、核の部分は波の速度を下げる高密度の物質でできていると結論した。

P波とS波
地震波は、疎密が移動する一次波か、ねじれが移動する二次波のいずれかで地球内部を伝わっていく。P波もS波も硬い岩石の中を伝わるが、S波は液体の中は伝わらない。

Ersetzt man in der Bewegungsgleichung die gestrichenen Grössen durch die ungestrichenen, so erhält man zunächst

$$\frac{m\frac{dq}{dt}}{\left(1-\frac{q^2}{c^2}\right)^{\frac{3}{2}}} = \varepsilon\, n_2 \quad \cdots \quad (26).$$

Berücksichtigt man, dass

$$\frac{\frac{dq}{dt}}{\left(1-\frac{q^2}{c^2}\right)^{\frac{3}{2}}} = \frac{d}{dt}\left\{\frac{q}{\sqrt{1-\frac{q^2}{c^2}}}\right\}$$

ist, und dass die rechte Seite von (26) nach einer Anmerkung des §2 als die auf den materiellen Punkt wirkende Kraft aufzufassen ist, so nimmt (26) die Form an

$$\frac{d}{dt}\left\{\frac{mq}{\sqrt{1-\frac{q^2}{c^2}}}\right\} = K_x\, k_x$$

Soll also in der Relativitätstheorie der Impulssatz aufrechterhalten werden, so müssen wir den in der geschweiften Klammer stehenden Ausdruck als den Impuls des materiellen Punktes auffassen. Hieraus schliessen wir verallgemeinernd, dass $\frac{mq}{\sqrt{1-\frac{q^2}{c^2}}}$ dem Impulsvektor eines beliebig bewegten materiellen Punktes gleich ist. Soll also der Impulssatz in der Relativitätstheorie aufrecht erhalten und die Grundlage der Lorentz'schen Elektrodynamik beibehalten werden, so muss die Vektorgleichung der Bewegung des materiellen Punktes unter der Einwirkung der bewegten Kraft k, l lauten

$$\frac{d}{dt}\left\{\frac{mq}{\sqrt{1-\frac{q^2}{c^2}}}\right\} = k \quad \cdots \quad (27)$$

Ist die einzige auf den materiellen Punkt wirkende Kraft elektrodynamischer Natur, so ist hierbei $k = \varepsilon\left\{n + \left[\frac{q}{c}, f\right]\right\}$ zu setzen. Es ist leicht zu zeigen, dass (27) nach dem Energiesatz gericht als Ausdruck wird, wenn wir als Ausdruck $k\, q$ für die pro Zeiteinheit an dem materiellen Punkte geleistete Arbeit beibehalten wird. Man erhält nämlich

$$kq = q\frac{d}{dt}\left\{\frac{mq}{\sqrt{1-\frac{q^2}{c^2}}}\right\} = \frac{d}{dt}\left\{\frac{mq^2}{\sqrt{1-\frac{q^2}{c^2}}}\right\} - \frac{mq\,\dot q}{\sqrt{}} = \frac{d}{dt}\left\{\frac{mq^2}{\sqrt{1-\frac{q^2}{c^2}}} + mc^2\sqrt{1-\frac{q^2}{c^2}}\right\}$$

oder

$$kq = \frac{d}{dt}\left\{\frac{mc^2}{\sqrt{1-\frac{q^2}{c^2}}}\right\}. \quad \cdots \quad (27a)$$

Der Ausdruck unter der Klammer rechts spielt die Rolle der kinetischen Energie des bewegten Massenpunktes, wobei allerdings $\int$ von einer Integrationskonstante. Dieser Ausdruck wächst für

$$E_k = \frac{mc^2}{\sqrt{1-\frac{q^2}{c^2}}} \quad \cdots \quad (28)$$

アインシュタインのノート
アルベルト・アインシュタインは
1905 年に特殊相対性理論を提出し
た。古典力学とジェームズ・クラー
ク・マクスウェルの電磁方程式が相
いれないことが判明したため、アイ
ンシュタインは特殊相対性理論で力
学を更新するつもりだった。

特殊相対性理論

質量とエネルギー
質量にはエネルギーが集中していて、わずかな質量の中に膨大な量のエネルギーが含まれうる。この原理に基づいて核兵器は威力を発揮する。

1905年に提出されたアルベルト・アインシュタインの特殊相対性理論は、物体の速度が質量、時間、空間に及ぼす影響を説明する。光源がどれほど速く動いていても、光は常に同じ速度で真空中を進む。光は特別な存在なのである。つまり光には普遍的な速度の制限がある。物体が光速に近づくにつれ、その質量は無限大に向かって増加し、物体を動かすのに必要なエネルギーも同様に増大する。しかし、制限があるため物体は光速には到達できない。特殊相対性理論を、物理法則はあらゆる慣性系で同じであるという原理（つまり、誰かが止まっていようと、一定の速度で動いている列車に乗っていようと物理学は変わらない）と組み合わせると、興味深い結果がいくつも導かれる。

特殊相対性理論では、時間と空間は絶対的ではなく相対的なものであり、光速に近づくとゆがむ可能性があるとする（これを感じられるほど速く動いているものは、「相対論的速度」で移動していることになる）。つまり2人の人間がいて、1人は地上に残り、もう1人は相対論的速度で宇宙空間を移動する場合、経過する時間の長さが異なるということである。こういった現象は、時間の遅れや長さの収縮として知られている。

さらに、質量とエネルギーは等価であり、この二つは光速を介して関連している。アインシュタインの理論から導かれる効果は直感に反するように見えるが、相対論的速度の物体を調べる実験によって確認されている。衛星航法のような私たちの生活に関わる技術にも相対性理論の原理が利用されている。

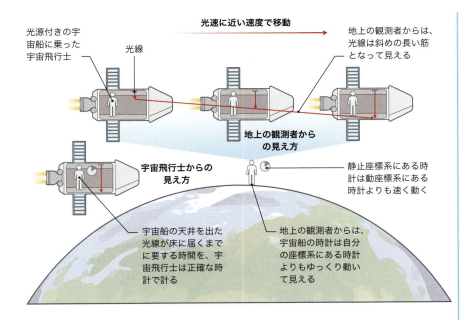

時間の遅れ
特殊相対性理論によれば時間は相対的なものである。つまり、観測者が異なる速度で動いているならば時間は異なる速度で経過する。光速に近い速度で空間を移動している時計を地上から観測すると、時計の針は遅く動いているように見える。時計が速く移動すればするほど、時間の遅れは大きくなる。

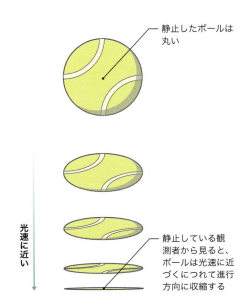

長さの収縮
アインシュタインの理論は長さの収縮として知られる効果を予測する。長さの収縮とは、動いている物体のまわりの空間（その物体や測定器を含む）が観測者からは収縮して見えることを意味する。物体が光速に近づくにつれ、いっそう収縮する。

1907年
岩石の年代測定

放射性ウランが途方もない時間をかけて崩壊して鉛になることを、アメリカの化学者ベルトラム・ボルトウッドが突きとめた。ボルトウッドはジルコンなどの鉱物に含まれる2種類の元素、ウランと鉛の割合を測定し、その鉱物ができた年代を算出した。

△ ジルコンの結晶
（中央の濃い色の結晶）

1908年　アイナー・ヘルツシュプルング
が指標となる距離をもとに恒星の見かけの明るさを算出して、等級に分類する方法を提案する

1908年
カラー写真

フランスの物理学者ガブリエル・リップマンがカラー写真用の乾板を初めて作製し、ノーベル賞を受賞した。リップマンは色を再現するために染料を使うのではなく、感光板を水銀で処理して鏡を作った。光は水銀面で反射され、入射光と干渉して元の色を再現した。しかし画像に再現する技術が難しく、この方法は広く普及するところまではいかなかった。

1907年

1907年　ドイツの化学者エミール・フィッシャーが18個のアミノ酸からなる合成ペプチドを作る。ここにタンパク質の構造研究が始まる

1908年　ドイツの物理学者ハンス・ガイガーがアルファ粒子を検出する技術を開発し、放射線計測装置、ガイガー計数管を考案する

1908年　電気の単位と標準に関する国際会議でアンペアとオームが国際単位として正式に決定される

放射年代測定

この100年ほどの間に放射年代測定は地球科学に革命をもたらし、地球の形成や歴史を記した年表を絵空事としてではなく実際に利用できるまでにした。岩石の中には、ウランやカリウムのような不安定な放射性元素からなる鉱物を含むものがある。放射性元素はそれぞれ一定の速度で崩壊し、より安定な元素に変わる。そのため、岩石試料中の放射性元素と、その崩壊生成物の比率を測定すれば、岩石が形成されてから経過した時間が明らかになる。

ウラン－鉛年代測定法
ウラン235を含む鉱物が結晶化すると、結晶の内部に閉じ込められたウラン235が一定の割合で崩壊しはじめ、鉛207になる。

ウラン235の原子
岩石内の鉱物結晶

1. 形成されて間もない岩石
冷えたマグマの内部で結晶が成長して岩石が形成される。岩石の中にはウラン235などの放射性元素を含むものもある。

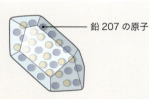

鉛207の原子

2. 7億300万年後
ウラン235は異なる元素、鉛207に崩壊したため、濃度は半分になる

ウラン235に対する鉛207の割合が増える

3. 14億600万年後
ウラン235の濃度はさらに半分になり、安定した鉛207のほうが主になっている。

鉛207とウラン235の割合は7：1

4. 現在
岩石試料の鉛207とウラン235の割合が7：1であれば、その岩石は28億1200万年前に形成されたことになる。

1907年–1910年 | 189

ベークライトは優れた絶縁体である。したがって電気機器には理想の素材だった

◁ ガブリエル・リップマンによる初期のカラー写真

1909年
合成プラスチック
ベルギー生まれの米国の化学者レオ・ヘンドリック・ベークランドが合成樹脂を初めて作り出し、ベークライトと命名した。ベークライトは、化学物質フェノールとホルムアルデヒドを原料にして商業生産されるようになった。丈夫で、耐水性や耐薬品性を備えたプラスチックであり、どのような形にも固めることができたので、電話機やラジオをはじめ種々の製品の素材として利用された。

◁ 1920年代前半のベークライト製電話

1909年 クロアチアの地球物理学者**アンドリア・モホロビチッチ**が、地震波の速度は岩石の組成によって変化することを突きとめる

1910年

1910年 J. J. トムソンとイングランドの**化学者フランシス・アストン**が、同一元素の異なる同位体の質量を測定する

1908年
アンモニアの工業生産
窒素ガスと水素ガスを高圧条件下に置き触媒を用いるとアンモニア（NH_3）を効率よく合成できることを、ドイツの化学者フリッツ・ハーバーが明らかにした。この方法により窒素系肥料を工業生産できるようになり、ひいては作物の収穫量を上げ増大する人口をまかなえるようになった。さらにアンモニアからは硝酸化合物が作られ、これが第一次世界大戦では強力な爆薬として使われた。

△ **研究室**で実験をするフリッツ・ハーバー

ショウジョウバエの眼の色の変異 ▽

1910年
性に連鎖した形質
米国の発生学者トーマス・ハント・モーガンがショウジョウバエ（*Drosophila melanogaster*）の眼の色に着目して遺伝研究をおこなったところ、大多数は赤眼だったが、わずかながら白眼のハエもいた。白眼のハエはすべて雄だったことから、動物の特徴には性に連鎖するものがあることが実証された。

190 | 1911年-1912年

1911年
宇宙線

検電器には薄い金属箔が2枚取り付けられている。この金属箔を電離放射線で帯電させると2枚は反発しあう。オーストリア生まれの米国の物理学者ヴィクトール・ヘスは、検電器を気球で高高度まで運んでこの現象を追究し、電離作用を有する放射線は宇宙に由来することを突きとめ、宇宙線の存在を明らかにした。

◁ 金箔検電器

1868～1921年
ヘンリエッタ・スワン・リービット

米国マサチューセッツ州ランカスターに生まれたリービットは、オーバリン大学、次いで「ハーバード大学別館」（現在のラドクリフ大学）で学ぶ。その後、ハーバード大学天文台に無給で勤務。リービットの天文学研究の成果は、恒星の位置や恒星間の距離を星図に表す際の有用な手段となった。

1911年

1911年 ドイツの医師アロイス・アルツハイマーが神経変性疾患患者の脳に異常を見つける

1911年 オランダの物理学者ヘイケ・オネスが水銀線を超低温にして超伝導現象を発見する

1912年 ドイツの物理学者マックス・フォン・ラウエがX線回折実験をおこない、結晶の原子構造に関する知見を得る

◁ 伐採した木の年輪

1911年
樹木に記録された気候

年輪の数と幅は、樹齢と、成長してきた期間の気候の変化を記録している。米国の天文学者アンドリュー・ダグラスは樹齢の長い樹木の年輪を比較検討し、樹木の成長に見る気候の歴史記録を初めて作成した。ここから年輪気候学が始まる。

アルファ粒子の散乱実験

放射線源から放出されたアルファ粒子は金箔に向かってまっすぐ進む。粒子の大部分は金箔を通り抜けたが、中にいくつかはね返ってくるものがあった。

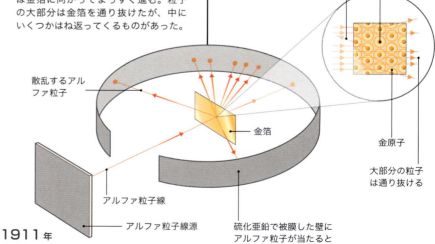

1911年
物質の構造

1908年、アーネスト・ラザフォードは2人の研究者と一緒に、物質がアルファ粒子（2個の陽子と2個の中性子が結合した粒子）をどのように屈曲させるかを調べる実験に取りかかった。いくつかおこなった実験の中に、アルファ粒子を薄い金箔に通す実験があった。粒子が屈曲する様子を分析したところ、原子に含まれる正の電荷は中心部分に集中していることが確認され、原子核の存在が明らかとなった。

プレートテクトニクス

地球の表層部はいくつかのプレートに分かれ、各プレートは絶えず移動し続けている。地球の長い歴史の中で、プレートは押しあっては山をつくり、離れては海を広げてきた。このような一連の変動をプレートテクトニクスという。

プレートの動き

プレートの動きは、地球内部の熱によって引き起こされる。熱の上昇は火山活動を活発にしたり、プレートを引き離したりする。2枚のプレートが衝突すると、重いプレートがもう一方のプレートの下に沈み、マントルに入る。

- 上部マントルの動きと一緒に運ばれるプレート
- プレートは沈み一部が自重で下に引っぱられる
- マントルのプルーム（上昇流）によって引き離されるプレート
- 下部マントルから熱い物質が地表に向かって上昇する
- 脆い地殻からなるプレートはマントルの上層に融ける

地殻／上部マントル／下部マントル／核

1912年 大陸移動説

オーストリアの気象学者アルフレート・ヴェゲナーは世界の陸塊の形をつなぎ合わせ、これらの陸塊がかつてはひとつの超大陸を形成し、「漂流」して離れていった陸塊の地質構造や化石は一致するのではないかと推測した。ヴェゲナーの研究は発表当初はほとんど無視された。

◁ アルフレート・ヴェゲナー

1912年 ヘンリエッタ・スワン・リービットが、セファイドと呼ばれる変光星の周期と光度との関係を明らかにし、他の銀河の恒星までの距離を測定する方法を提示する

1912年 ドイツの化学者フリードリヒ・ベルギウスが、石炭の微粉末と水素からガソリンを作る方法を確立する

1912年

1912年 ポーランド生まれの生化学者カシミール・フンクが、ハトの病気（鳥類白米病）を治す物質を米から単離し「ビタミン」（vitamin）と命名する

1912年 ピルトダウン人

イングランドのアマチュア考古学者チャールズ・ドーソンがサセックスのピルトダウン村近くで砂礫層からヒトに似た頭骨の一部を発見した。当初は、この化石は50万年前のものであり、類人猿とヒトをつなぐミッシングリンクであるとされた。ところが、後に科学的測定法を用いて調べたところ、この化石は2種類の生物からなることが明るみになった。頭蓋部は現生人類、顎部はオランウータンのものと判明。ピルトダウン人は科学における不正な捏造行為だった。

△ ピルトダウン人の頭骨の調査

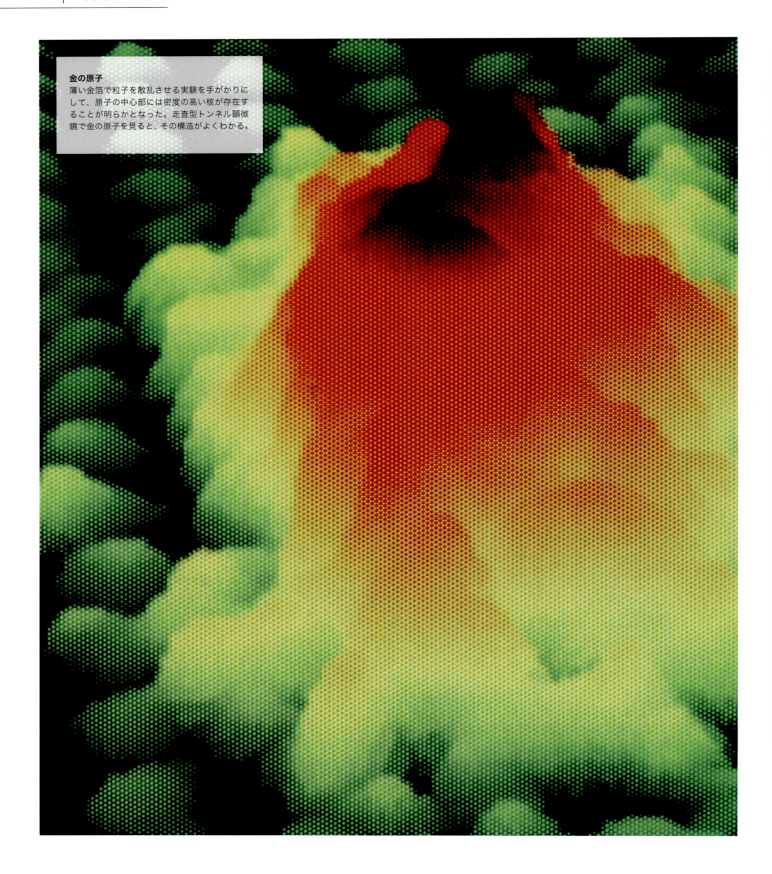

金の原子
薄い金箔で粒子を散乱させる実験を手がかりにして、原子の中心部には密度の高い核が存在することが明らかとなった。走査型トンネル顕微鏡で金の原子を見ると、その構造がよくわかる。

原子の構造

原子は分割できないと長い間、考えられてきた。だが、じつは原子はさらに小さな粒子、陽子、中性子、電子からできている。原子を構成する小さな粒子の数は原子によって異なるが、軌道を回る電子が原子核を取り囲むという基本構造はどの原子も同じである。

水素原子以外の原子核は、正電荷を帯びた陽子と電気的に中性の中性子からなる。水素の場合は、もっとも一般的な形の原子は1個の陽子しかもたない。

原子の質量の大部分（99.9%以上）は原子核に存在する。ところが、原子核は原子全体から見れば小さい。原子がたとえばスポーツ競技場ほどの大きさだとすると、原子核は豆粒ほど。

陽子と中性子の質量はほぼ同じである。

原子に含まれる陽子の数（原子番号）によって、その原子がどの元素かが決まる。たとえば陽子が26個の原子は、中性子や電子の数に関係なく鉄である。中性子の数は、同位体（同一元素で質量数の異なる原子）の種類を決める。

原子核のまわりには殻があり、小さな電子は殻の中に入っている。電子の電荷は、陽子と大きさは同じだが性質は反対（負）なので、原子核の陽子と電気的に引き合い、殻に留まっている。電子は原子核に近いほど強く引きつけられ、原子から離れにくくなる。陽子と電子の数が同じ場合、原子は電気的に中性であり、異なる場合、その原子はイオンとなる。

キャヴェンディッシュ研究所
サー・アーネスト・ラザフォードは原子の構造を解明した中心人物。ケンブリッジ大学キャヴェンディッシュ研究所で、太陽系に似た原子モデルを提出した。

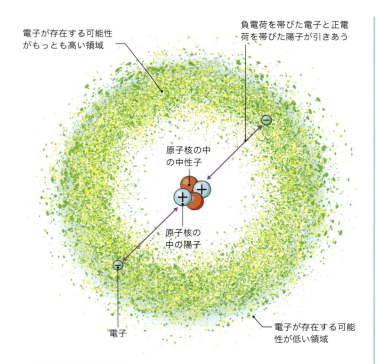

ヘリウム原子の構造
ヘリウムは水素に次いで2番目に軽い元素。電気的に中性なヘリウム原子の場合、原子核には陽子2個と（通常は）中性子2個が含まれ、そのまわりを電子2個が回っている。電子の位置は、ある領域内に電子が存在する確率を示す雲で表される。密度が高いほど存在確率が高い。

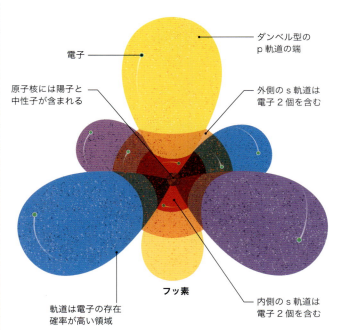

電子軌道
電子は、惑星が太陽のまわりを回るように原子核のまわりを回っているのではない。電子は量子的な性質（p.180～81を参照）を有するため、その位置を1点に特定できない。電子は軌道、つまり原子殻を取り巻く領域に存在する。各軌道は電子を2個まで入れることができ、原子核にもっとも近い軌道から埋まっていく。

1913年
ヘルツシュプルング – ラッセル図

デンマークの天文学者で化学者のアイナー・ヘルツシュプルングと米国の天文学者ヘンリー・ノリス・ラッセルがそれぞれ独立に、恒星の色と明るさの傾向を調べていた。1911年にヘルツシュプルングが、プレアデス星団では暗い星に比べて明るい星ほど温度が高く、色は青いことを示す図を発表した。その2年後にはラッセルがヘルツシュプルングよりも多くの星を対象にして、同じ傾向があることを示す図を作成した。

◁ ヘンリー・ノリス・ラッセル

星の進化

恒星は生まれてから何十億年もかけて歳を重ね、やがて死を迎える。星は一生の大半を、中心部で水素を核融合させてヘリウムを作りながら輝いて過ごす。核融合の速度は、星の質量と中心部の温度によって決まる。中心部の水素を使い果たすと、周辺部で核融合が始まる。中心部ではその後、再び温度が上がり、より重い元素が核融合する。こういった変化を経ながら星は明るくなり、大きく膨張していく。中心部が完全に使い果たされると、徐々に冷え、終わりに近づく。そして外層を穏やかに放出するか、あるいは激しい超新星爆発を起こして最期を迎える。

1913年

1913年 デンマークの物理学者ニールス・ボーアが量子論を用いて、電子は「許容」された軌道で核のまわりを回ると説明する

1913年 フランスの物理学者シャルル・ファブリが、大気のオゾン層には太陽からの紫外線放射を取り除く働きがあることを突きとめる

1913年 ドイツの生化学者レオノール・ミカエリスとカナダの医師モード・メンテンが、酵素反応の速度を説明する式を導出する

炭素の同位体

炭素の変種いわゆる同位体は、陽子の数（原子番号）は変わらないが、中性子の数が違うため、原子全体の質量が異なる。

陽子
中性子

原子核は陽子6個と中性子6個を含む

炭素12原子

原子核は陽子6個と中性子8個を含む

陽子
中性子

炭素14原子

1913年
同位体の理論

放射性元素の研究に取り組んでいたフレデリック・ソディーは、放射性崩壊して生成した元素には原子番号が同じで質量数が異なるものがあることに気づいた。友人のスコットランドの医師マーガレット・トッドの意見を取り入れ、ソディーはそのような元素に「同じ位置」（周期表で）を意味するアイソトープ（同位体）と命名した。

1878～1958年
J. B. ワトソン

米国、南カリフォルニアで育ったジョン・ブローダス・ワトソンはシカゴ大学で心理学を学び、メリーランド州ボルティモアのジョンズ・ホプキンス大学で教鞭を執った。行動主義の立場から心理学に取り組むことを推進した。

1913年-1914年 | 195

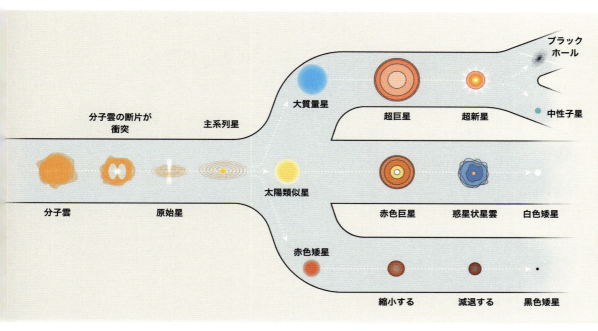

			大質量星	超巨星 超新星	ブラック ホール 中性子星
分子雲の断片が 衝突		主系列星	太陽類似星	赤色巨星 惑星状星雲	白色矮星
分子雲	原始星		赤色矮星	縮小する 減退する	黒色矮星

質量の大きい恒星
数百万年にわたって輝きを放った後、超新星爆発を起こして最期を迎える。中性子星になるものもあるが、超大質量級の星はブラックホールになる。

質量が中程度の恒星
数百万年にわたって輝きを放った後、ふくらんで赤色巨星になり、やがて外層を放出して惑星状星雲となる。

質量の小さい恒星
数百億年の間、ぼんやりと輝き続け、水素を使い果たすとゆっくり崩壊して冷えていく。

1913年 米国の物理学者ロバート・ミリカンが「油滴」実験により電子の電荷を算出し、その結果を発表する

1914年 米国の化学者エドワード・カルビン・ケンダルが、甲状腺で生成されるホルモン、チロキシンを単離する

1914年

1914年 イングランドの物理学者ヘンリー・モーズリーが、原子番号は単なる周期表上の順番ではなく、実際の量に対応していることを解明する

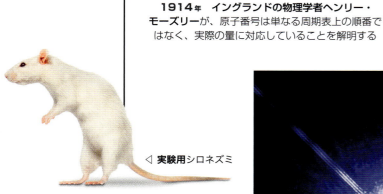

◁ **実験用**シロネズミ

1913年
行動主義
米国の心理学者 J. B. ワトソンらは行動を客観的に研究する方法を模索していた。ワトソンはコロンビア大学でおこなった「行動主義者が見た心理学」という演題の講演で、持論を述べた。ワトソンが目指していたのは、実験による行動の証明と、反射、連合、強化因子の影響に基づく行動の説明だった。ワトソンは実験動物として実験用ネズミを好んで用いた。

1914年
白色矮星
恒星の近くで薄暗い光を放つエリダヌス座40番Bが、通常はもっと明るい星で観測される高温で白い表面の天体であることを、米国の天文学者ウォルター・シドニー・アダムズが確認し、未知の種類の天体である可能性を指摘した。1915年にアダムズは、夜空にひときわ輝く星の近くにある暗い伴星、シリウスBが同じような特徴を示すことを明らかにした。この種の恒星は現在では白色矮星として知られている。後に、白色矮星は太陽類似星の核が崩壊したものであることが明らかにされた。

◁ **ひときわ明るい**シリウスの左下にある小さな点がシリウスB

1916年
シュヴァルツシルト半径

アインシュタインの一般相対性理論は、空間に質量やエネルギーが存在すると、宇宙の四次元連続体である時空がどのようにゆがむか、つまり変形するかを説明した。この場合、曲率は、場の方程式と呼ばれる公式を使って算出される。1916年、ドイツの物理学者カール・シュヴァルツシルトがこれらの方程式を使って球体のまわりの重力場を計算し、きわめて密度の高い物体の中心からある半径以内では、重力場は光さえも逃さないほど強くなることを明らかにした。こうしてシュヴァルツシルトはブラックホールを表す数式を導いた。「シュヴァルツシルト半径」はブラックホールにおける事象の地平線の位置を決定する。

― ブラックホールの衝突

重力波が光の速さで広がる

ブラックホール
巨大な恒星が終わりを迎えると、重力によって崩壊しシュヴァルツシルト半径以下に到達してブラックホールとなる。ブラックホールの重力の影響はとてつもなく大きく、ブラックホールどうしが衝突すると、重力波と呼ばれる時空のさざ波が生じる。

1915年

1915年 米国バージニア州アーリントンからフランス・パリのエッフェル塔へ、無線電話が初めて大西洋を横断する

1915年 スコットランド生まれの南アフリカの**天文学者ロバート・イネス**が、太陽にもっとも近い恒星プロキシマ・ケンタウリを発見する

1915年
飛躍による進化

イングランドの遺伝学者レジナルド・パネットはチョウに見られる擬態の進化を研究した。たとえばシロオビアゲハの雌の中には、捕食者が嫌がる毒を出す、関係のない種に似た外見のものがいる。このような変化は、ダーウィンの進化理論が一般に提示するような漸進的なものではなく、不連続な進化によって生じるとパネットは指摘した。

▽ 岩塩の結晶

塩化ナトリウムの結晶構造 ▽

1915年
X線結晶構造解析

イングランドの物理学者であるブラッグ親子、父ヘンリーと息子ローレンスがX線回折を応用して種々の結晶の原子配列を決定し、その研究成果を詳しくまとめた解説書を出版した。ブラッグ親子は、岩塩（塩化ナトリウム）やダイヤモンドなど数種類の化合物を手始めに結晶構造の解明に取り組み、手応えのある結果を得ていた。

◁ シロオビアゲハ

1916年
細菌を食べるもの

フランス生まれのカナダの微生物学者フェリックス・デレルが、細菌に感染して菌体を破壊するウイルスを発見した。このウイルスは後にバクテリオファージ（「細菌を食べるもの」）と呼ばれるようになる。細菌に感染したバクテリオファージは細菌から細胞を奪い、新しいウイルスを作るように仕向ける。

△ 大腸菌に感染したバクテリオファージ

1918年
質量分析器

イングランドの物理学者フランシス・アストンが、実用に供することのできる質量分析器を初めて完成させた。質量分析器を用いると、異なる質量をもつ原子や同位体を分離できる。まず測定したい物質をガラス球に入れて電流を流し、原子をイオン化させる（電荷を与える）。次に、イオン化した原子を加速し電場や磁場に通すと、それぞれの質量に従って曲率の異なる軌跡を描きながら流れていく。

◁ 1919年の質量分析器

1917年 米国カリフォルニア州で**フッカー望遠鏡**が観測を開始する。1949年までは世界最大の望遠鏡

1916年 アルベルト・アインシュタインが、自ら切り開いてきた一般相対性理論（下段を参照）の最終版を発表する

1918年 米国の天文学者ハーロー・シャプレーが、天の川銀河はかつて考えられていたよりもはるかに大きく、太陽は銀河中心からかなりずれた位置にあることを明らかにした

1918年

一般相対性理論

一般相対性理論では重力を、アイザック・ニュートンが提出したような巨大な天体間の引力ではなく、天体によって生じた時空の幾何学的特性として説明する。恒星などの巨大な物体は時空という「織物」を曲げ、このようなゆがみが重力として現れる。一般相対性理論はニュートンの理論では説明できない観測を説明する。アインシュタインがこの理論を提出してから1世紀後の2015年に検出された重力波など、一般相対性理論を使って予測されていた現象が実際に観測されている。

重力と時空

アインシュタインの理論では、三次元の空間と一次元の時間を四次元の時空にモデル化する。時空は質量の存在によって形づくられる。

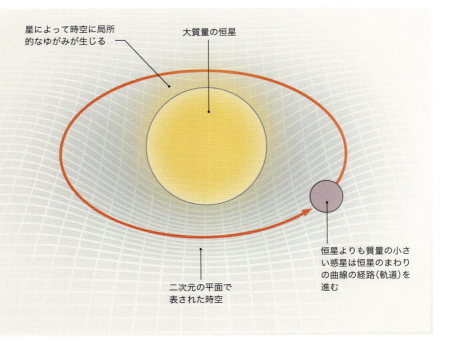

星によって時空に局所的なゆがみが生じる

大質量の恒星

二次元の平面で表された時空

恒星よりも質量の小さい惑星は恒星のまわりの曲線の経路（軌道）を進む

化学結合

金属の性質
金属に見られるさまざまな特性は金属結合に負うところが大きい。金属には自由電子が豊富に存在する。そのため金属は熱と電気の良導体となる。金属に熱を加えると打ち延ばすこともできる。

私たちのまわりにある物質は分子やイオン、金属、結晶でできている。そういった物質を作っているのが化学結合、つまり原子と原子の間の相互作用である。化学結合を可能にしているのは、原子よりも小さくて負の電荷をもつ粒子、すなわち電子である。

原子の中心には正の電荷をもつ陽子を含む原子核があり、原子核を取り囲む殻には陽子と同じ数だけ電子が入っている。最外殻（原子価殻）に入る電子の数によって、結合の種類や結合の数が決まる。

分子は非金属原子（炭素、酸素、窒素など）でできている。こういった非金属原子は、最外殻を完全に埋めるために1対の電子を共有して結合する。このような結合を共有結合（下記を参照）という。同じ元素の原子間でも、異なる元素の原子間でも共有結合をすることはできる。原子の中には、複数の電子対を共有して二重結合や三重結合はもちろん、それ以上の結合をするものもある。

金属原子が最外殻の電子を非金属原子に供与すると、金属原子は正の金属イオン（陽イオン）、非金属原子は負の非金属イオン（陰イオン）となる。金属イオンと非金属イオンは静電気力を利用してイオン結合（下記を参照）をする。結晶も、このようなイオン結合を介してできている。また、金属原子は最外殻電子を放出して金属結合をする。金属結合では、共有する自由電子に取り囲まれた金属イオンが格子構造の結晶をつくる。

分子間では弱い静電的な化学結合も生じる。水を室温で液体にしている水素結合はその一例である。

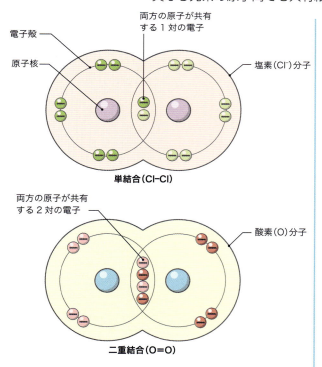

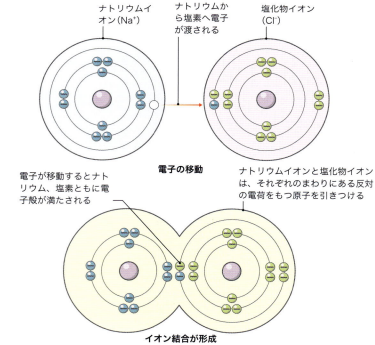

共有結合
2個の非金属原子が電子対を共有すると共有結合ができる。電子を共有することによって分子中の原子の最外殻が満たされ、安定する。電子対に使える電子の数を原子価という。原子価を手がかりにすると、異なる元素がどのように結合するかがわかる。

イオン結合
一方の原子（おもに金属）からもう一方の原子（おもに非金属）に電子が移動するとイオン結合ができる。電子の移動によってできた陽イオンと陰イオンが静電気引力を及ぼしあって結合し、各原子の最外殻は満たされている状態になる。

化学結合 | 199

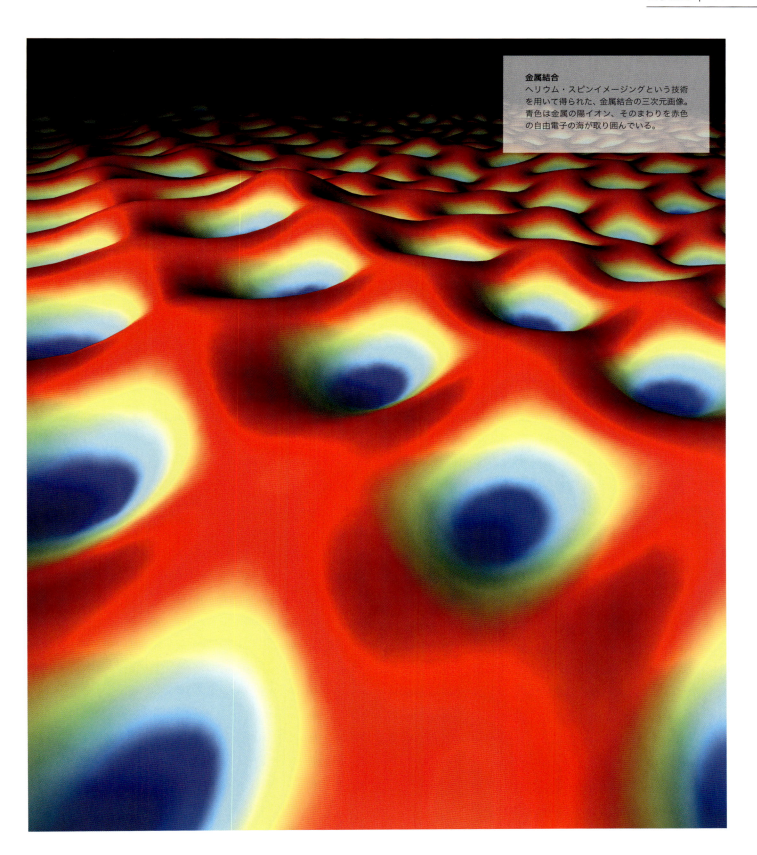

金属結合
ヘリウム・スピンイメージングという技術を用いて得られた、金属結合の三次元画像。青色は金属の陽イオン、そのまわりを赤色の自由電子の海が取り囲んでいる。

1919年
アインシュタインの理論の確認

アインシュタインの一般相対性理論によると、質量の存在は時空をゆがめ、質量の影響がなければ直進するはずの光の進行方向も変える。科学者たちはアインシュタインの方程式を用いて、空間の曲がりを表す量を算出した。そんな科学者たちにとって5月29日の皆既日食はアインシュタインの理論を確かめる格好の機会となった。遠く離れた場所にそれぞれ観測隊が赴き、皆既日食の写真を撮った。これらの写真を分析したところ、太陽の近くに見える恒星は、アインシュタインの理論によって予言されたとおりに位置を変えていた。

▷ 皆既日食

1879〜1958年
ミルティン・ミランコビッチ
オーストリア・ハンガリー帝国、現在はセルビアに含まれている村に生まれたミランコビッチはウィーンで工学を学んだ。いったん工学関係の職に就いた後に数学を教えるようになる。天文学の観点から氷期を引き起こす要因にも関心を抱き、長期にわたる気候の変化を研究した。

1919年

1919年 米国の化学者アービング・ラングミュアが、原子がどのように共有結合を作るかを説明。ラングミュアは1932年にノーベル賞を受賞する

1919年 ドイツの物理学者アルベルト・ベッツが、動いている空気から風車が取り出せる最大エネルギーに関する法則を発表する

1919年 アルファ粒子を照射すると窒素などの元素は陽子を放出して「崩壊」することをアーネスト・ラザフォードが発見する

1919年
ハチのダンス

オーストリアの生物学者カール・フォン・フリッシュはミツバチ（*Apis mellifera*）の生活を研究し、ミツバチがダンスのような動きを通して情報を伝達していることを明らかにした。円を描くダンスでは、食べ物が近くにあることを仲間に伝え、食べ物が遠くにある場合にする複雑な尻振り（8の字）ダンスには、方向と距離に関する情報が込められている。方向は鉛直方向に対するダンスの角度で、距離は8の字を描くダンスの時間でそれぞれ表される。おもにミツバチのダンスの研究が高く評価され、フリッシュは1973年にノーベル賞を受賞した。

◁ 巣で踊るハチ

1920年
ミランコビッチ・サイクル

地球の軌道に生じる予測可能な変化について、セルビアの天文物理学者ミルティン・ミランコビッチが仮説を立てた。ミランコビッチは、公転運動に関係する変化が氷床の進退など長期の気候変動を支配すると考え、三つの要素が作用していることを提示した。太陽のまわりを回る地球の軌道の変化（軌道の離心率）と、地軸の角度の変化（地軸の傾き）と、地軸の向きの変化（歳差運動）である。地球は太陽のまわりを移動しながら、地球と太陽の関係に関わる三つの要素を周期的に変化させている。これらの変化が相まって、太陽から地球に届くエネルギー（熱）の量が変動する。三つの要素を合わせてミランコビッチ・サイクルという。

ミランコビッチ・サイクル
地球の軌道は10万年の周期で円から楕円に変化する（離心率）。地軸は4万2000年の周期で傾きを変え、2万5800年の周期で向きを変える（歳差運動）。時間の経過とともにこれらの変化が相まって地表温度に影響を及ぼし、氷河期の開始や終了といった気候変動をもたらす。

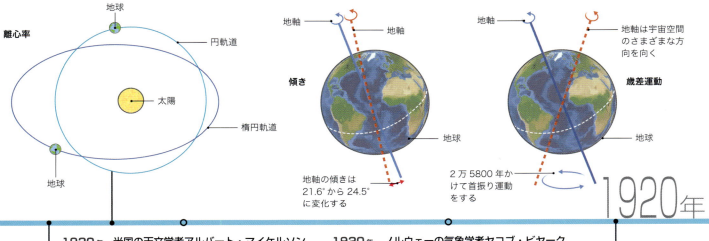

1920年 米国の天文学者アルバート・マイケルソンとフランシス・ピーズが恒星ベテルギウスの直径を測定し、ベテルギウスが太陽の約300倍の大きさであることを明らかにする

1920年 ノルウェーの気象学者ヤコブ・ビヤークネスが、大西洋では気流のうねりに沿って生じる前線が成長してサイクロンという大気の波になることを突きとめる

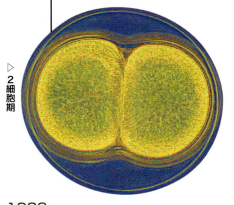

▷ 2細胞期

1920年
形成体

ドイツの科学者ハンス・シュペーマンとヒルデ・マンゴールトは両生類の胚を研究する中で、発生生物学研究の焦点を新たにし方向性を変えることになる発見をした。2人が見つけたのは、中枢神経系の発生を誘導する細胞の集まり。ある種の細胞がまわりの細胞の発生に影響を与える誘導という現象は、発生の過程において重要な働きをしている。

1920年代
貧血

貧血とは、体内を循環する赤血球の数が減少した状態をいう。米国の生理学者ジョージ・ホイット・ホイップルが、食事によって新しい赤血球の形成を促す方法を提出した。とくに肝臓などの肉類の摂取が貧血を緩和する一助になることをホイップルは突きとめた。

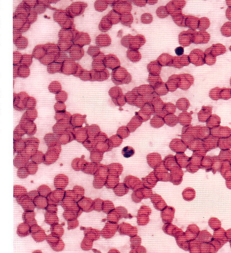

△ 顕微鏡で撮影した赤血球

インスリンは血液中のグルコース量を調整するホルモンである

◁ 初期のインスリン製剤

1921年 インスリンの発見

カナダの外科医フレデリック・バンティングと医学生チャールズ・ベストが、カナダのトロント大学でイヌからインスリンを単離した。これをまず試しに別のイヌに投与し、その後、ウシの膵臓から抽出したインスリンを、糖尿病を患う14歳の少年に投与したところ、血糖値はみごと改善した。こうして、かつては不治の病といわれた糖尿病の治療への道が開かれた。

1921年 ドイツの生物学者オットー・レーヴィが、神経は化学伝達物質を介して作用すること実証する

1921年 スコットランドの生物学者アレクサンダー・フレミングが細菌を殺す物質を発見し、リゾチームと命名する

1922年 ノルウェーの鉱物学者ヴィクトール・ゴルトシュミットが元素を種々の鉱物と関連づけて分類する

1921年 ビタミンとくる病

米国の生化学者エルマー・ベルナー・マッカラムがラットを用いた食餌実験をおこない、食品に含まれる重要な物質を次々と発見する。卵とバターからは成長に欠かせない物質を見つけ、これにファクターA（後のビタミンA）と名前をつけた。またビタミンBの確定にも貢献した。くる病は、骨が正常に形成されない病気である。マッカラムは、くる病のラットにタラ肝油を与えると病状が改善することを突きとめ、肝油に含まれる重要な物質にビタミンDと名前をつけた。さらにマッカラムらは、日光がラットのくる病を予防することも見出した。

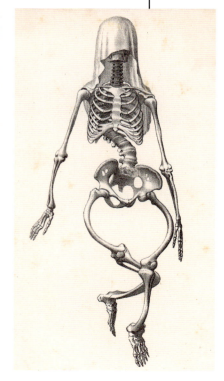

◁ くる病患者の骨格

ビタミン

体の成長や活力、健康に欠かせないビタミンは、量はほんのわずかで十分だが、他の栄養素を利用するためにはなくてはならない栄養素でもある。ミネラルが土壌や水から得られるのに対して、ビタミンは植物や動物によって作られる。人体の場合、油溶性のビタミンは貯蔵できるが、水溶性のビタミンは貯めておけないため、ひんぱんに補充しなければならない。

ビタミンの機能
ビタミンにはさまざまな種類があり、大きくは水溶性と脂溶性に分けられる。種々の食品に含まれ、体内ではそれぞれ異なる機能を果たす。

磁力線
回転する粒子

1922年
粒子のスピン

ドイツの物理学者オットー・シュテルンとワルター・ゲルラッハは、加熱した銀蒸気を磁場の中に送ると、ビームが二つに分かれることにより、粒子のスピンが量子化されていることを明らかにする画期的な実験をおこなった。つまり、この場合、スピンは特定の値しかとりえないことを突きとめた。これを手がかりにすると原子中の電子配置を理解できる。

磁場と粒子スピンの誘導
粒子のスピンは物理的な回転のようなものである。スピンにより素粒子には磁場が与えられる。

1923年
粒子と波

米国の物理学者アーサー・コンプトンが、以前は波と考えられていたX線に粒子の性質があることを突きとめた。同年、フランスの科学者ルイ・ド・ブロイは、かつては粒子と考えられていた電子が波のように振る舞うことを明らかにした。こうしてX線と電子の理解が深まり、波動と粒子の二重性が裏づけられた。

◁ ルイ・ド・ブロイ

1922年 ロシアの物理学者アレクサンドル・フリードマンが一般相対性理論の方程式を応用して、宇宙が膨張している可能性を指摘する

1923年 スウェーデンの化学者テオドール・スヴェドベリが、タンパク質など、それぞれ質量の異なる小さな粒子を分離できる超遠心機を考案する

1923年 酸と塩基が、陽子を与える傾向をもつ化学種（酸）と陽子を受け取る傾向をもつ化学種（塩基）として定義される

1923年

脂溶性

- **ビタミンA** 視力、成長、発育に必要。欠乏すると視力が低下する。
- **ビタミンD** カルシウムなどミネラルの吸収を促進。低濃度になると、くる病を発症する。
- **ビタミンE** 健康な皮膚や目の維持。欠乏すると免疫系を損なう。
- **ビタミンK** 血餅の生成に必要。欠乏すると失血や皮下出血を起こす。

水溶性

- **ビタミンB_1** 食品からエネルギーを取り出す過程に関与。筋肉や神経の働きを促す。
- **ビタミンB_2** 皮膚、目、神経系を健康に保つ。欠乏すると貧血を引き起こす。
- **ビタミンB_3**（ニコチン酸）神経系、心循環系、血液、皮膚を健康に保つ。
- **ビタミンB_5** 食品からエネルギーを取り出す過程に関与。脂肪の分解を助ける。あまり欠乏しない。
- **ビタミンB_6** 神経の機能などを高める。欠乏すると心の健康に影響が及ぶ。
- **ビタミンB_7**（ビオチン）健康な骨や髪に必須。欠乏すると皮膚炎や筋肉痛を起こしたり脚気を発病。
- **ビタミンB_9**（葉酸）妊婦が欠乏すると、胎児が二分脊椎症を発症する可能性が高くなる。
- **ビタミンB_{12}** 赤血球産生に関わる。欠乏すると血液疾患を発症する。
- **ビタミンC** 皮膚、血管、骨、軟骨を健康に保つ。欠乏すると壊血病を発症する。

1924年
アウストラロピテクス・アフリカヌス

オーストラリアの人類学者レイモンド・ダートの発見により、人類の進化に対する解釈が変わることになった。南アフリカで大学に勤務していたダートは、タウングという町の近郊で出土した化石を手に入れた。そのうちの1個は、幼い類人猿を思わせる生物の頭骨だった。顎と歯は現生人類に似て、脳はさほど大きくない。ダートはこの化石を、初期人類が類人猿に似た祖先から進化してきたことを示す重要な証拠と考え、アウストラロピテクス・アフリカヌス（*Australopithecus africanus*、「アフリカ南部の猿人」）と命名した。

◁ **アウストラロピテクス・アフリカヌスの復元頭骨**

1926年
波動力学

エルヴィン・シュレディンガーが量子物理学に新しい手法をもちこんだ。「波動力学」では量子系（たとえば原子）の振る舞いは「波動関数」で説明される。波動関数は、量子系が許容される状態のいずれかに存在する確率を表す。シュレディンガー方程式を用いると波動関数を記述できる。

▷ エルヴィン・シュレディンガー

1924年 米国の天文学者エドウィン・ハッブルが、ヘンリエッタ・スワン・リービットの研究に基づき変光星を手がかりにして、いわゆる「渦巻星雲」が実際には遠方の銀河であることを明らかにした

1924年 インドの物理学者サティエンドラ・ナート・ボースが、ボソンとして知られる素粒子の振る舞いを説明する方法を確立する

1924年 ドイツの発生生物学者シュペーマンとマンゴールトが、胚の発生を誘導する形成体となる細胞を特定する

1925年 ドイツの化学者カール・ボッシュが、工場規模で水素を製造する方法を確立する

1924年
電子の量子数

1924年までは、原子内における電子の状態は、エネルギー、角運動量、軌道の方位という3種類の量子数で表されていた。この年、ヴォルフガング・パウリが4番目の量子数（後に「スピン」と呼ばれる）を提出した。パウリの排他原理によると、4種類の量子数が同じ電子は2個は存在できず、これが原子内の電子配置を理解する手がかりとなる。1940年に入ると、パウリは排他原理の対象をあらゆる「スピンが半整数」の粒子（フェルミオン）にまで広げた。

パウリの排他原理
どのような原子でも、対になっている電子はそれぞれ3種類の量子数は同じだが、スピン量子数だけは異なる。

同じエネルギーをもつ2個の電子の量子数は3種類については同じだが、スピンは反対称

スピンによって粒子に磁場が生じる

「物理学は……とにかく私にはむずかしすぎる」

ヴォルフガング・パウリ、R. クローニッヒへの手紙、1925年

1926年
ロケット工学の進展

米国の技術者ロバート・ゴダードが、最初の液体燃料ロケットを打ち上げた。宇宙飛行における液体ロケット推進薬の有用性（従来の粉末燃料と比較して）については、1903年にロシアの教師コンスタンチン・ツィオルコフスキーが指摘していた。ゴダードが実施した、わずか2.5秒の短時間飛行は、ツィオルコフスキーの構想を初めて実証するものだった。と同時に、この短時間飛行をきっかけにいくつかの国で、ロケット工学と宇宙探査への関心に弾みがついた。

マサチューセッツ州オーバーンの発射場に立つロバート・ゴダード ▷

1901～54年
エンリコ・フェルミ

ローマ出身のフェルミは才気あふれる物理学者だった。エネルギー状態を表すための量子統計を提起し、自然界に存在しない重い元素をいち早く生成した。ファシスト政権から逃れ米国に移住してからは、世界初となる原子炉の開発チームを率いた。

1926年 エンリコ・フェルミが、パウリの排他原理に従う素粒子「フェルミオン」の振る舞いを表す数学的方法を確立する

1926年

1926年
テレビ

スコットランドの発明家ジョン・ロジー・ベアードが1926年に「テレビ受像機」の初めての公開実験をおこない、未完成のテレビジョン方式ではあったが注目を浴びた。ベアードのテレビ受像機では、等間隔の穴がらせん状に並び、被写体を1秒間に数回走査するニプコー円板を用いていた。1927年にカラー画像を送信し、1928年には電話回線網を利用して700 kmも離れた場所まで画像を送った。ベアードの方式は後に全電子式に取って代わられた。

◁ ジョン・ロジー・ベアードが公開実験に使ったテレビ装置

人類の進化

共存していた種
ネアンデルタール人は43万年前から4万年前までの間、私たちの祖先と同じ時間を生きていた。ゲノム科学によって、現代のヨーロッパ人にはネアンデルタール人のDNAが約1％から2％含まれていることが明らかにされている。

現生人類（ホモ・サピエンス、*Homo sapiens*）がどのように進化してきたかを解明するには、今も化石やDNA、遺跡の研究に頼るところが大きい。

人類と類人猿のDNAを調べると、約600万年前に共通の祖先がいたことがわかる。600万年前を境に両者は枝分かれして進化し、いわゆるヒト族が誕生した。ヒト族ではとくにアウストラロピテクス属やホモ属など複数の種が存在していたが、現在も生き残っているのは現生人類だけである。最古のヒト族の種はチンパンジーに似ているが、道具を使いこなせたようだ（少々、混乱を招くが、道具を使えるチンパンジーもいる）。

人類は約20万年前に東アフリカで進化し、9万年前から4万5000年前頃にユーラシア大陸を移動したと長い間、考えられてきた。ところが、アフリカ北西部で31万5000年も前の現生人類の化石が発見され、地中海東岸では20万年前にさかのぼる化石も見つかっている。さらに、比較的最近のヒト族の化石も次々と発見されてきている。

1864年にネアンデルタール人が確認されて以来、現生人類に連なる系統樹では20種が発見された。たとえば、近いところでは2003年にインドネシアのフローレス島の洞窟で、身長が約1mの小柄なヒト族の骨格の一部が発見され、2019年にはフィリピンのルソン島でさらに小柄なヒト族の化石が発見された。ルソン島の化石は2003年に発見されたホモ・フローレシエンシス（*Homo floresiensis*）ではなく、6万7000年前にさかのぼる新しい種、ホモ・ルゾネンシス（*Homo luzonensis*）のものだった。

人類進化の歩み

ヒト族にはいくつもの種、属が含まれる。進化の系統を端からたどるとホモ・サピエンスにつながっていることはまちがいない。だが、直接の祖先関係というと、そこまではっきりしていない。この年表からわかるのは、さまざまな種が存在した年代であり、互いがどのような関係にあるのかまでは不明である。とはいえ、新しい発見が続いているため、いつかこの年表も変わる日がくるかもしれない。

凡例：
- アルディピテクス属 (Ardipithecus)
- アウストラロピテクス属 (Australopithecus)
- ホモ属 (Homo)

- アウストラロピテクス・セディバ (Australopithecus sediba)
- アウストラロピテクス・ガルヒ (Australopithecus garhi)
- アウストラロピテクス・アフリカヌス (Australopithecus africanus)
- アウストラロピテクス・バーレルガザリ (Australopithecus bahrelghazali)
- アウストラロピテクス・アファレンシス (Australopithecus afarensis)
- アウストラロピテクス・アナメンシス (Australopithecus anamensis)
- アルディピテクス・ラミドゥス (Ardipithecus ramidus)
- ホモ・サピエンス (Homo sapiens)
- ホモ・ネアンデルターレンシス (Homo neanderthalensis)
- ホモ・ナレディ (Homo naledi)
- ホモ・ハイデルベルゲンシス (Homo heidelbergensis)
- ホモ・アンテセッサー (Homo antecessor)
- ホモ・エレクトス (Homo erectus)
- ホモ・エルガステル (Homo ergaster)
- ホモ・ルゾネンシス (Homo luzonensis)
- ホモ・ゲオルギクス (Homo georgicus)
- ホモ・フローレシエンシス (Homo floresiensis)
- ホモ・ハビリス (Homo habilis)

500万年前　400万年前　300万年前　200万年前　100万年前

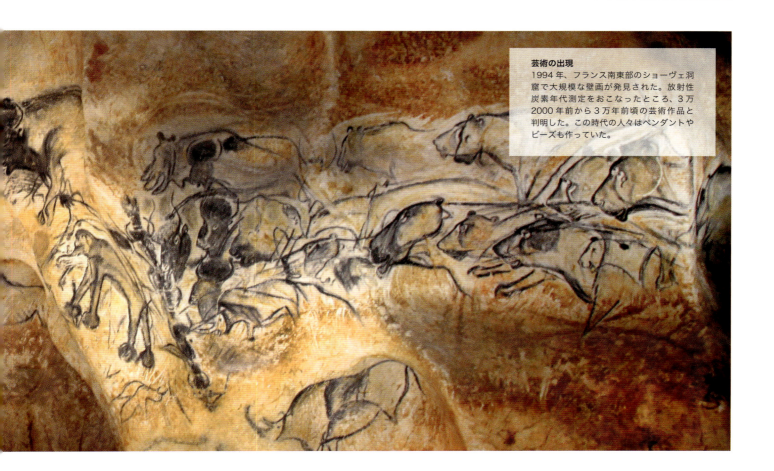

芸術の出現

1994年、フランス南東部のショーヴェ洞窟で大規模な壁画が発見された。放射性炭素年代測定をおこなったところ、3万2000年前から3万年前頃の芸術作品と判明した。この時代の人々はペンダントやビーズも作っていた。

1927年
宇宙の卵

ベルギーの物理学者ジョルジュ・ルメートルが一般相対性理論のアインシュタイン方程式を新たに解き、この方程式は、時間とともに成長する安定した宇宙を認めていると主張する論文を発表した。ルメートルは1931年には、宇宙の膨張を高温で高密度の起源「原始の原子」までさかのぼり、ビッグバン理論の先駆けとなる考えに至った。

◁ 聖職者であり物理学者でもあったルメートル

◁ ヴェルナー・ハイゼンベルク

1927年
ハイゼンベルクの不確定性原理

波動力学では、粒子の正確な状態は関数で表される。この関数は波の性質をもつため、粒子の位置と運動量は正確にはわからない。ドイツの物理学者ヴェルナー・ハイゼンベルクは、こうした制約（他の変数の組合せにも当てはまる）は宇宙における基本的な制約であり、数学的観点からの関心にとどまるものではないことを示した。

1927年 電子線の回折が観測され、粒子は波のように振る舞うというド・ブロイの仮説が裏づけられる

1928年 ハンガリーの生化学者アルベルト・セント＝ジェルジが副腎からヘキスウロン酸（後にビタミンCと同定）を単離する

1927年

1927年 技術者ヘルマン・オーベルトの著作に刺激を受け、ドイツでロケット関係の協会が設立される。1930年には実用的なロケットエンジンの試験が開始される

「正直に申し上げますと、ペニシリンは偶然、気づいたところから始まったのです」

アレクサンダー・フレミング、ノーベル賞記念講演、1945年

1928年
ペニシリンの発見

スコットランドの微生物学者アレクサンダー・フレミングがペニシリンを発見した。正真正銘の初めての抗生物質である。フレミングがスタフィロコッカス属の細菌を培養していたときのこと、ペトリ皿を観察すると、おかしなことが起こっていた。開けっ放しの窓からカビが混入して、そのまわりが透明になっていたのだ。フレミングは、細菌の成長を止める何か（後にペニシリンと命名される）がアオカビ（*Penicillium notatum*）から分泌されているのではないかと考えた。

◁ 実験するサー・アレクサンダー・フレミング

1929年
脳波計

ドイツの心理学者ハンス・ベルガーが自身で開発した脳波記録法（EEG）を論文にまとめ発表した。EEGとは脳の電気活動を記録する方法で、ベルガーは1924年に初めて実施していた。ベルガーはアルファ波や、それよりも速いベータ波といった脳波のパターンを説明し、てんかん発作に伴う脳波の変化、注意や精神的努力をしているときの脳波の変化を調べた最初の人物である。

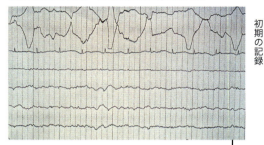

◁ 夢を見ている間の脳波、初期の記録

1929年
膨張する宇宙

米国の天文学者エドウィン・ハッブルは変光星の周期光度関係をもとにして、アンドロメダをはじめ近くにある銀河の距離を求めた後、スペクトル線に見られるドップラー偏移などの特性を調べた。1929年、概して、遠く離れた銀河ほど地球から速く遠ざかっているという法則を発表した。この現象は宇宙全体が膨張していることに起因する。

◁ アンドロメダ銀河

1928年 イングランドの物理学者ポール・ディラックが相対論と量子論を結びつける方程式を発表し、反物質の存在を予言する

1929年 ドイツの生化学者アドルフ・ブーテナントと米国の生化学者エドワード・アダルバート・ドイジーがそれぞれ独立にエストロンを単離、精製。エストロゲンが初めて同定される

1929年

ビッグバン

現在のビッグバン理論では、宇宙、つまりあらゆる物質とエネルギーと空間と時間の始まりは、138億年ほど前の巨大な爆発にあると考える。初期の宇宙は超高温、超高密度の状態にあり、物質とエネルギーは交換可能だった。ところが、宇宙が冷えてくるとほとんどのエネルギーは素粒子の中に「閉じ込められた」。その素粒子が集まって原子となり、やがて恒星や銀河を形成していった。

ビッグバンから最初の恒星へ

最初に爆発した後、宇宙は膨張しながら急速に冷えていった。その中で、徐々に大きくて複雑な天体ができ、安定した状態を保つようになった。

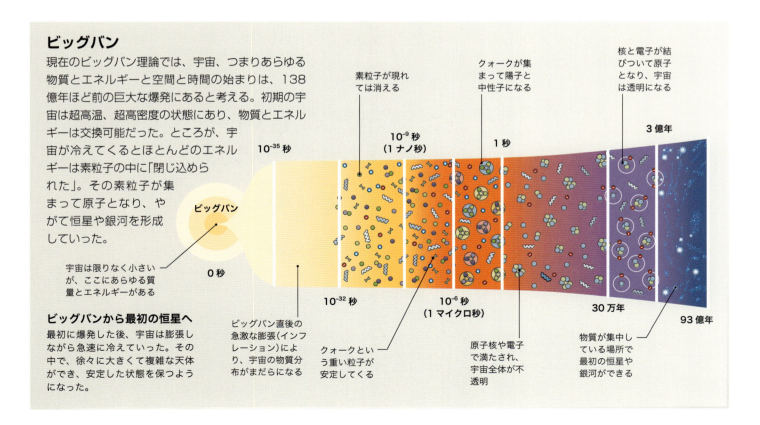

1930年-1931年

1930年
冥王星の発見

海王星よりも遠方に存在する惑星を探索していた米国の天文学者クライド・トンボーが準惑星の冥王星を発見した。当初、冥王星は惑星に分類されたが、惑星にしては小さいため2006年に準惑星に格下げされ、太陽系の外縁を周回する氷天体の可能性があると指摘された。

冥王星。米国の宇宙探査機ニューホライズンが2015年に撮影 ▷

1930年 米国の発明家ヴァネヴァー・ブッシュが機械式コンピュータ、積分器を発明する

1930年 イングランドの物理学者ポール・ディラックが相対性理論と量子物理学を結びつけ、反粒子の存在を予言する

1930年 オーストリアの物理学者ヴォルフガング・パウリが放射性崩壊に関連する素粒子、ニュートリノの存在を予想する

1930年 スイス生まれの天文学者ロバート・トランプラーが、遠方にある恒星の明るさは星間空間を漂う塵粒子によって減じることを明らかにする

冥王星の英名プルート（Pluto）の名づけ親はイングランドの11歳の女子生徒ヴァニーシア・バーニー

▷ビービとバートンと潜水球

1930年
最初の潜水球

鋼線で母船につながれた耐圧鋼製の潜水球（バチスフェア）を、米国の海洋生物学者ウィリアム・ビービと技術者のオーティス・バートンが製作した。1930年から34年の間にバミューダ沖で35回潜水し、人類史上初めて水深923mで生物を観察した。

1930年
望遠鏡の大進歩

エストニアの光学機器技術者ベルンハルト・シュミットがレンズと鏡を組み合わせて、空の広い範囲を鮮明に映し出す画期的な望遠鏡を考案した。フランスでは天文学者ベルナール・リヨが、明るい光源からの光を遮り、暗い天体を見つけることができる観測装置、コロナグラフを完成させた。

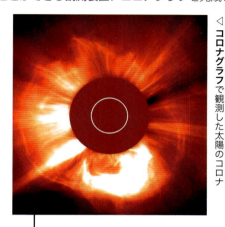

◁ コロナグラフで観測した太陽のコロナ

◁ ジャンスキーと自作した初期の電波望遠鏡

1931年
電波宇宙学

電波障害を研究していた米国の物理学者カール・ジャンスキーは宇宙空間から伝播する電波信号に気づき、もっとも強い信号は天の川銀河の中心、いて座の方向から来ていることを突きとめた。ジャンスキーの研究を機に宇宙背景放射が研究され、電波天文学が発達していった。

1931年 中性子を1個ではなく2個もつ水素の重同位体、重水素を米国の科学者ハロルド・ユーリーが発見する

1931年

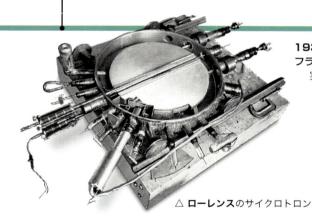

△ ローレンスのサイクロトロン

1930年
サイクロトロン

1920年代になると物理学者たちは、イオン（電荷を帯びた原子）などの粒子を高速で加速する装置を開発し、加速した粒子を使って原子の構造を研究しはじめていた。初期の加速器は線形だったが、1930年に米国の物理学者アーネスト・ローレンスが、変動する電場を用いて粒子を加速させていく円形の加速器サイクロトロンを初めて考案する。

1930年 イングランドの技術者フランク・ホイットルが初めての実用的なジェットエンジンを考案する

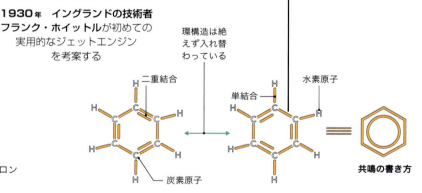

ベンゼン結合
ベンゼン分子の炭素原子間の結合は、単結合と二重結合が共鳴している。

1931年
共鳴する結合

ベンゼンに代表されるある種の化合物の性質を説明する際に、米国の化学者ライナス・ポーリングが電子の共鳴という考えを導いた。ベンゼンについては異性体が存在せず、炭素原子間の距離が等しい。したがって、結合に関与する電子は特定の三つの二重結合を固定したままではなく、移動して別の二重結合も形成していることを、量子力学を使うと説明できるとポーリングは指摘した。

1932年
クライバーの法則

スイスの生物学者マックス・クライバーが、動物の体の大きさと代謝量の間には関係があるとする考えを提案した。クライバーによると、両者は直線的な関係ではなく、代謝量は体重の4分の3乗に比例する。現在、クライバーの法則として知られるこの関係は、微小な細菌から地球最大の動物に至るまで合致することが確認されている。

◁ サイとリ

1932年
中性子の発見

1920年代になると物理学者たちは、原子核には正の電荷を帯びた陽子とは別の種類の粒子があるのではないかと予想し、電荷をもたないその粒子を中性子（neutron）と呼んだ。中性子は、1932年にイングランドの物理学者ジェームズ・チャドウィックによって発見された。

チャドウィックの中性子検出装置（複製品）▷

1932年　米国の天文学者セオドール・ダンハムが金星の赤外線スペクトルを分析し、二酸化炭素の存在を確認する

1932年

1932年　英国のケンブリッジで物理学者アーネスト・ウォルトンとジョン・コッククロフトが原子を分裂させる。リチウム原子核を破壊してヘリウム原子核にする

1932年
陽電子

質量は電子と同じだが、反対（正）の電荷をもつ粒子、反電子の存在は、1930年にポール・ディラックが予言していた。1932年、米国の物理学者カール・アンダーソンがその粒子を発見し、陽電子（positron）と命名した。

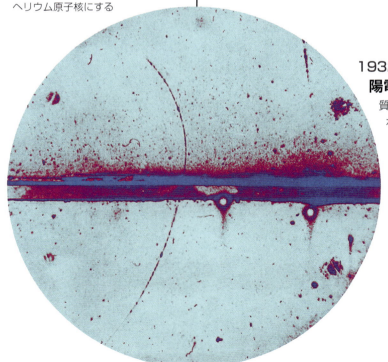

◁ 曲線を描く陽電子の飛跡をとらえたアンダーソンの霧箱写真

暗黒物質

宇宙に存在する物質の大半は目に見えない。現在までの観測結果からは、「通常の」可視物質の約6倍の暗黒物質の存在が示唆されている。その一方で、暗黒物質の性質については、いまだに説明がついていない。単に通常の物質がぎっしり詰まった、検出できないブラックホールのようなものという見方は、研究によって否定されている。現時点では、重力に対しては相互作用するが、電磁放射とは相互作用しないという未知の粒子ウィンプでできている可能性が高いとされている。

重力レンズ効果

遠方の銀河からの光が巨大質量の銀河団を通過すると屈折して、地球からは銀河の形がゆがんで見える。このような「重力レンズ効果」によって、暗黒物質に関する有益な情報が得られることがある。

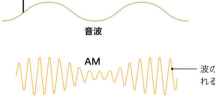

- 地球上の観測者からは銀河の光は環状に広がって見える
- 遠方の銀河
- 銀河団を通過すると、地球に向かう光は向きを変えて進む
- 銀河団
- 遠方にある銀河の実際の位置と形
- 巨大質量の暗黒物質をもつ銀河団はレンズのような働きをし、遠方にある銀河からの光の向きを変える
- 遠方にある銀河からの光は全方向に広がって進む
- 地球
- 地球から見える光の形によって、銀河団に暗黒物質が分布している様子がわかる

1933年 スイスの天文学者フリッツ・ツビッキーが、銀河の動きは、まだ観測されていない暗黒物質の影響を受けていると指摘する

1933年 スイスの化学者タデウシュ・ライヒシュタインが、1928年に分子の構造が決定されたばかりのビタミンCを実験室で合成する

1933年

▷ 自作の電子顕微鏡を操作するエルンスト・ルスカ

1932年
最初の電子顕微鏡

ドイツの物理学者エルンスト・ルスカが1931年に現在の電子顕微鏡の原型となる装置を製作し、その1年後には初めての像を写した。電子顕微鏡は光ではなく電子を利用して像を捉えるため、従来の顕微鏡よりもはるかに高倍率で観察できる。

電子顕微鏡の倍率は最初は400倍。現在は1000万倍に届く

- 音波
- AM
- 搬送波 — 波の振幅が調整される(変調)
- FM — 周波数が調整される(変調)

搬送波の変調
振幅変調(AM)では音波が搬送波の振幅(高さ)を変調する。周波数変調(FM)では音波が搬送波の周波数を変調する。

1933年
FMラジオ

ラジオ放送では、「搬送する」電波を変調することによって搬送波に音波の形を符号化して伝送する。1933年に米国の技術者エドウィン・アームストロングが、搬送波の周波数をわずかに変化させて音波の振動を符号化する周波数変調(FM)を考案した。

超新星はピークに達すると、銀河全体に匹敵するほどの光を放出する

1934年
チェレンコフ放射

ソビエトの物理学者パーヴェル・チェレンコフは、放射性物質のまわりにある水が青く光る現象を初めて観察した科学者である。チェレンコフ放射は原子炉の冷却水でも見られる。超音速機のソニックブームに似た衝撃波の一種だが、電磁波を伴う。電荷を帯びた粒子が媒質の中を光よりも速く移動するときに生じる。

◁ 原子炉で青い光を放つチェレンコフ放射

1934年
新星と超新星

フリッツ・ツビッキーとドイツの天文学者ウォルター・バーデが、爆発している恒星は新星と超新星の2種類に分類されることを明らかにし、超新星は通常の恒星が中性子星へ移行しつつある状態だと指摘した。つまり、インドの天文学者スブラマニアン・チャンドラセカールが理論的に提唱していた超高密度の恒星の残骸である。名前とは裏腹に超新星は大質量星の最期を意味する。

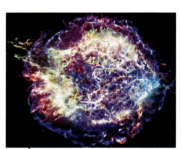

◁ 超新星残骸カシオペヤ座A

1934年

1934年 イレーヌ・ジョリオ゠キュリーとフレデリック・ジョリオ゠キュリーがアルミニウムにアルファ粒子を照射して、放射性同位体を初めて人工的に作る

1935年 合成高分子繊維のナイロンが米国の化学者ウォーレス・カローザスによって開発される。後に、最初の合成繊維として市場に出る

1934年
中性子衝突

アルファ粒子の照射による放射性元素の合成をフランスの化学者イレーヌ・ジョリオ゠キュリーとフレデリック・ジョリオ゠キュリーが報告して間もなく、イタリアの物理学者エンリコ・フェルミも人工放射性元素の合成を成功させた。ただし、フェルミは中性子を利用していた。中性子は電荷をもたず原子核と反発しあわないため、原子核にぶつかる可能性が高くなり、アルファ粒子よりも目的を果たしやすいことが示された。フェルミの研究は核分裂の発見を導き、種々の重い元素の発見へとつながっていく。

◁ エンリコ・フェルミと中性子計数管

1934年-1935年 | 215

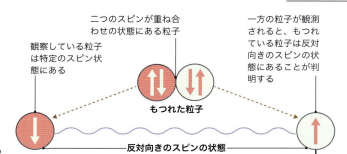

1935年
EPRパラドックス

EPRパラドックスとは、量子物理学を実際に考える際に生じる疑問を扱った思考実験。量子物理学では、あらゆる粒子の挙動や粒子系の状態は波動関数で数学的に完全に決定される。EPRパラドックスでは、波動関数が「もつれ」て、つまり共依存して存在している粒子の対に焦点を当てる。当時の量子物理学に従うと、もつれた状態の粒子は光よりも速く情報を伝達し、アインシュタインが証明した特殊相対性理論と両立しなくなる。その後、EPRパラドックスは解決された。

粒子の問題

EPRパラドックスには「スピン」という量子の性質が関係している。スピンは「上向き」または「下向き」の状態をとりうる。最初、二つのもつれた粒子は両方の状態が「重ね合わせ」の状態になっている。ところがしばらくして、一方の粒子の状態を観察することにより、もう一方の粒子の波動関数が「崩壊」して反対向きの状態になる。

1935年 米国の地震学者チャーリー・リヒターが地震活動の大きさを表す尺度を考案する

1935年 日本の物理学者、湯川秀樹が、原子核をひとつにまとめる力は中間子（メソン）と呼ばれる粒子の交換によって運ばれるという考えを提出する

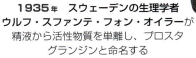

1935年 スウェーデンの生理学者ウルフ・スファンテ・フォン・オイラーが精液から活性物質を単離し、プロスタグランジンと命名する

◁ コンラート・ローレンツと飼っていたアヒル

1935年
刷り込み

オーストリアの動物学者コンラート・ローレンツは、動物の行動には本能が重要な役割を果たしていると結論づけた。たとえば、アヒルやガチョウは孵化直後に目の前を動くもの（上の写真のようにすぐ前を歩く人間など）を本能的に親と認識し愛着を示すようになる。この行動を説明するために、ローレンツは刷り込みという概念を導入した。

1935年
レーダー

スコットランドの技術者ロバート・ワトソン＝ワットは、航空機が電波を反射することを示し、レーダー技術の可能性を実証した。既存のラジオ放送送信塔を利用して実験をしたところ、近くを飛ぶ飛行機からの電波のエコーがはっきり確認された。ワトソン＝ワットの研究に基づくシステムは第二次世界大戦中、敵機の早期探知に重要な役割を果たした。

サー・ロバート・ワトソン＝ワットの像 ▷

ポリマーとプラスチック

世界中で人気のおもちゃ
数え切れないほどのブロックを製造しているデンマークのレゴ社は、再生可能プラスチックだけでできた製品の開発に取り組んでいる。

ポリマー（重合体）とは高分子でできた天然物質あるいは合成物質である。つまり、いずれもモノマー（単量体）と呼ばれる単純な化合物の単位からなる大きな分子である。生物にとってなくてはならないポリマーには、タンパク質、セルロース、核酸がある。合成ポリマー（プラスチックなど）は現代社会には欠かせない素材であり、私たちのまわりにあふれている。世界で初めて工業生産に至ったプラスチック、ベークライトが発明されたのは1907年のことである。

熱可塑性プラスチックも単純な出発物質を反応させて長鎖分子にしたものだが、これは熱と圧力を加えて成型したり形を整えたりできる。異なる出発物質を用いることにより、最終的なプラスチックの性質（密度、電気伝導性、透明性、強度）を変えることが可能となる。さまざまな種類のプラスチック製品を作ることができるのは、このような柔軟性のおかげである。飲料ボトル（ポリエチレンテレフタレート、PET製）、たわみ管（ポリ塩化ビニル、PVC製）、軽量容器（発泡ポリスチレン製）、飛散防止窓（ポリメチルメタクリレート製）、布地（ナイロンやスパンデックス製）など、安価で使い捨てにできるプラスチックが数多くある。また、ポリウレタン・フォームなどは熱硬化性であり、一度できあがると化学反応によってポリマー鎖が固定されるため、再成型できない。

プラスチック廃棄物が問題となり、プラスチック製品はリサイクルされるようになってきた。自然界で分解される生分解性プラスチックも開発されている。使い捨てプラスチックに対する懸念はあるものの、プラスチックは金属に代わる軽量な素材としての可能性を有する。たとえば自動車にプラスチックを使用すると車両重量が軽くなるため、燃費がよくなる。

モノマー

モノマーとは、適切な条件下で反応して長鎖ポリマーを作る分子である。モノマーは長鎖にさまざまな原子を導入するだけでなく、側鎖に原子や基をつけることもできる。加える原子や基によって、それぞれ異なる性質をもつポリマーやプラスチックが得られる。

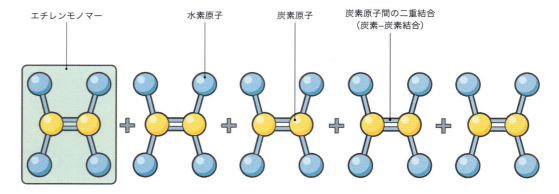

ポリマー

ポリマーは一定の条件下でモノマーを反応させて作られる。長鎖に含まれるモノマーの数は1万から10万ほどまでさまざま。たとえばエチレンを反応させてプラスチックのポリエチレンを作る場合（右図）、エチレンの二重結合を切断することによりモノマーが付加して鎖になる。この鎖は、モノマーを繰り返しつなげていく重合反応によって伸びていく。

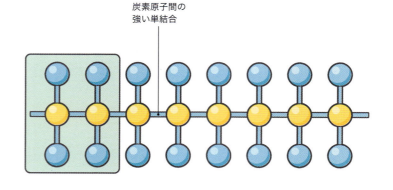

ポリマーとプラスチック | 217

用途の広い素材
20世紀に登場したプラスチックは既存の素材に取って代わり、さまざまな用途に使われた。写真の1950年代のホテルのロビーの電話も透明のドームもプラスチックでできている。

1936年
クレブス回路

細胞内で酸素を使って糖、脂肪、タンパク質を分解し、エネルギーに富む化合物や水、二酸化炭素に変える一連の反応をドイツ生まれの生化学者ハンス・クレブスが解き明かした。この反応は最初にクエン酸を使い、反応の過程でクエン酸が再生産される回路になっている。

▷ 実験をしているハンス・クレブス

フクロオオカミ、別名タスマニアタイガー ▷

1936年
最後のフクロオオカミ

タスマニアのホバートで飼育されていた有袋類のフクロオオカミ(タスマニアタイガー、タスマニアオオカミともいう。*Thylacinus cyanocephalus*)の最後の1匹が死亡した。フクロオオカミは、かつてはオーストラリア大陸、タスマニア島、ニューギニアに生息していたが、ディンゴと獲物を争い、さらに羊農家によって駆除される中で急激に数を減らしていった。

1936年

1936年 デンマークの地球物理学者インゲ・レーマンが地震波を分析し、地球の核には固い内核があることを明らかにする

1936年 イングランドの医師レオナルド・コールブルックが、連鎖球菌性髄膜炎などの細菌感染症の治療にスルホンアミド系の薬(サルファ剤)が有効であることを証明する

1937年 電荷を利用して懸濁液中のタンパク質を分離する技術、電気泳動法をスウェーデンの生化学者アルネ・ティセリウスが他に先駆けて開発する

△ 実験用ジェットエンジン

1937年
ジェットエンジン

フランク・ホイットルは1930年にジェットエンジンの特許を取得した後、1937年に自ら設計したエンジンで最初の試験をした。1938年には試運転に成功し、莫大な推進力を得るところまでこぎつけた。しかし1939年、最初のジェット機ハインケルHe178を完成させて初飛行に成功したのはドイツの技術者ハンス・フォン・オハインだった。

1936年-1938年 | 219

1937年
ヒンデンブルク号の惨劇

LZ129 ヒンデンブルク号はドイツの旅客輸送用飛行船。当時の飛行船にならいヒンデンブルク号も、軽いけれども可燃性の気体である水素を詰めて浮かび揚がる仕組みで飛行した。目的地、米国ニュージャージー州レイクハーストの海軍航空基地に着陸する寸前で水素が爆発して炎上した。機体は焼き尽くされ、36人が亡くなった。

◁ 炎に包まれる飛行船、ヒンデンブルク号

1937年 米国の物理学者カール D. アンダーソンとセス・ネッダーマイヤーが宇宙線の粒子群「シャワー」の成分としてミューオンを発見する

1938年 ドイツ生まれの米国の物理学者ハンス・ベーテが恒星内部で元素が作られる過程（元素合成）を説明する

1938年

1937年 ウクライナ生まれの米国の生物学者テオドシウス・ドブジャンスキーが、種と生物集団の進化における変異の役割を説明する

1937年 イングランドの生物学者フレデリック・チャールズ・ボーデンがウイルスには核酸（RNA または DNA）が含まれていることを突きとめる

1938年
生きた化石を発見

シーラカンス（ラティメリア属、*Latimeria*）は、約3億6000万年前から8000万年前にかけて生息していたことが化石からしか確認できない大型の魚類である、とかつては考えられていた。南アフリカで現生種が捕獲され、瞬く間に生きた化石と呼ばれるようになった。その後、別の個体も発見され、現在ではこの珍しい魚類には2種が確認されている。

△ シーラカンス

◁ 実験室のハーンとマイトナー

1938年
核分裂

ドイツの化学者オットー・ハーンとフリードリヒ・ヴィルヘルム・シュトラスマンがウランに中性子を当ててみたところ、予想だにしていなかったバリウムが生成された。2人のかつての同僚、オーストリア生まれでスウェーデンの物理学者リーゼ・マイトナー（当時、ナチスドイツから亡命してスウェーデンに渡っていた）が、大きなウランの原子核が分裂し、エネルギーを放出すると同時に安定なバリウム同位体を生成した過程を解明した。

1939年
核の警告

大きな原子核を分裂させると自由な中性子が放出される。すると自由な中性子は近くにある原子核と衝突して、さらに核分裂を引き起こし、以後、同様の反応が続いていく。こうした制御できない核分裂の連鎖反応がもたらす事態に気づいたのが、ハンガリー生まれの物理学者レオ・シラードだった。1939年、シラードは核分裂を達成するとただちに、ナチスドイツが核爆弾を計画している可能性があると警告する手紙を書いた。アルベルト・アインシュタインの署名入りの、この有名な手紙は米国大統領のもとに届けられた。

▷ レオ・シラード

◁ 兵舎へのDDT散布

1939年
DDT

ジクロロジフェニルトリクロロエタン（DDT）に強力な殺虫剤としての作用があることを、スイスの化学者パウル・ヘルマン・ミュラーが見出した。第二次世界大戦の頃に発疹チフス（シラミが媒介）とマラリア（カが媒介）を防ぐために使用されたが、後にほかの生物に対する危険性が明らかとなり、使用が禁止された。

1939年 ロシア生まれの米国の**免疫学者フィリップ・レビン**が、ヒトの血液におけるアカゲザル（Rh）因子の重要性を見抜く

1939年 スイス生まれの米国の物理学者**フェリックス・ブロッホ**が、中性子は複合粒子（さらに小さな粒子からなる）であることを突きとめる

ある種の電波は電離層に妨げられるため地球まで届かない

短波と電離層
短波（電波の一種）は電離層に存在する自由電子によって反射され、地面に当たって跳ね返る。したがって、短波を利用すると大陸を越えて放送を届けることができる。

- 電離層
- 電離層にある自由電子が短波を反射する
- 短波の経路

1939年
電離層の研究

高度が50km付近になると大気は徐々にイオン化する。負の電荷をもつ電子が原子から分かれ、正の電荷を帯びた陽イオンが残る状態である。このようにイオンと自由電子が混在している一帯を電離層という。イングランドの物理学者エドワード・アップルトンが1927年に電離層の存在を確認した。1930年代も続けられた電波信号と電離層に関するアップルトンの研究は、第二次世界大戦で重要な役割を果たした。

1939年
ヘリコプター

数十年にわたって、数多くの技術者が回転翼航空機の実用化に取り組んできた中で、一定の成果が出はじめた。その代表がスペインの技術者フアン・デ・ラ・シェルバが1920年に考案したオートジャイロ。現在のヘリコプターの原型となった最初の実用機は、ロシア生まれの米国の技術者イーゴリ・シコルスキーが開発した独創的な機体だった。

◁ 自作したヘリコプターの原型に乗るシコルスキー

1940年 ウラン原子に中性子あるいは重水素を照射して、それぞれ放射性元素ネプツニウムとプルトニウムが合成される

1940年 スコットランドの化学者アレクサンダー・トッドが、RNAとDNAの構成成分であるヌクレオチドを詳しく調べる

1941年 イングランドの天文学者ハロルド・スペンサー・ジョーンズが地球と太陽の距離を正確に算出する

1941年

1940年 米国の遺伝学者ジョージ・ビードルとエドワード・テータムが、遺伝子の機能は特定の酵素の形成を指示することにある（一遺伝子一酵素）との結論を導く

1941年 ペニシリンの臨床試験が初めて実施され、著しい効果を示す

1941年 細胞内でのエネルギー生成には、高エネルギー結合を有するリン酸分子が重要な役割を果たしていることを、ドイツ生まれの米国の化学者フリッツ・リップマンが明らかにする

抗生物質

ある種の細菌の感染を治療あるいは予防する際に使われる抗生物質には、細菌を殺したり増殖を防いだりする働きがある。抗生物質は宿主（患者）の細胞を損なわず、細菌の細胞に損傷を与えて効果を発揮する。1928年に発見されたペニシリンは最初の抗生物質であり、現在使用されている抗生物質の中にもペニシリンを基本とするグループがある。ペニシリン系の治療薬（その他の抗生物質の多くも）は、カビが産生する天然の生成物がもとになっている。抗生物質は細菌感染との戦いには有効だが、ウイルス感染には効かない。

抗生物質が細菌を破壊する仕組み

抗生物質は、細菌の細胞が機能する仕組みを阻害する。細菌の増殖を防ぐものや、細胞内での重要な反応を断ち切って細菌を殺すものなどがある。

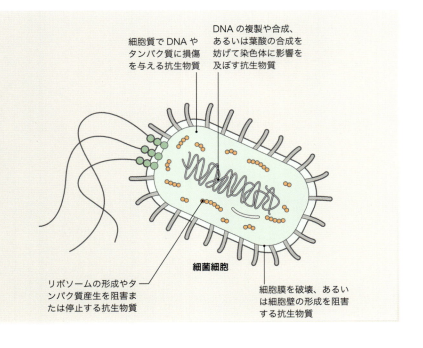

細胞質でDNAやタンパク質に損傷を与える抗生物質

DNAの複製や合成、あるいは葉酸の合成を妨げて染色体に影響を及ぼす抗生物質

細菌細胞

リボソームの形成やタンパク質産生を阻害または停止する抗生物質

細胞膜を破壊、あるいは細胞壁の形成を阻害する抗生物質

1942年-1943年

◁ 最初の原子炉

1942年
核反応の継続

核爆弾の製造を目論む連合国軍はマンハッタン計画を極秘に進めていた。その一環として、イタリア出身の物理学者エンリコ・フェルミ率いる研究グループが世界初の原子炉を完成させた。ウラン、酸化ウラン、黒鉛、木材を使ったこの原子炉は、シカゴ大学の競技場の観客席の地下に建設された。

1942年
宇宙の電波地図

米国の天文学者グロート・リーバーが全天の電波源を初めて調べ、その結果をまとめた。リーバーは、方向を変えることができる直径9mの皿形の受信器を使い、電波を増幅させて大まかな方角を特定した。ここから、後の電波望遠鏡につながる道が開かれていった。

◁ グロート・リーバーと自作の電波望遠鏡

1942年 米国政府が核爆弾を製造するためにマンハッタン計画を極秘に開始する

1942年 イングランドの物理学者ジェームズ・スタンレー・ヘイが、太陽の大きな黒点から電波が放出されていることを突きとめる

1942年 米国の薬理学者アルフレッド・ギルマンとルイス・グッドマンが、ナイトロジェンマスタードにリンパ腫を小さくする作用があることを見出し、化学療法の第一歩をしるす

1912〜77年
ヴェルナー・フォン・ブラウン

ドイツの技術者フォン・ブラウンは、1920年代後半にさかんに活動していたドイツ宇宙旅行協会VfRの会員だった。協会の解散後、フォン・ブラウンをはじめ会員の多くは軍のために働き、やがてV-2ロケットを開発した。

1942年
V-2ロケットの試験

ドイツのV-2ロケット推進ミサイルは最初の発射試験で高度84.5km、宇宙との境界まで到達した。エタノールと液体酸素を燃やして推進するV-2は、世界初の大型液体燃料ロケットだった。ところが、その後の開発に手間取り、兵器として初めて使えるようになったのは1944年後半だった。第二次世界大戦の戦況を左右するには遅すぎた。

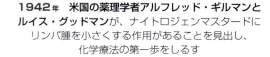

◁ V-2の発射準備

コロッサス計算機は1945年までに6300万に及ぶドイツの暗号を解読した

1943年 コロッサス計算機
プログラムで制御する世界初の電子式デジタルコンピュータは、ブレッチリー・パークにあった英国政府暗号学校で作られたコロッサス・マークI。ドイツ軍が戦時情報の通信に用いた複雑な暗号を解読するために設計された。

△ ブレッチリー・パークのコロッサス計算機

1943年 フランスの海洋学者ジャック・クストーと技術者エミール・ガニアンが初めての潜水用の水中呼吸装置(スキューバー)、アクアラング(商標名)を考案する

1943年 オランダの医師ウィレム・コルフが、腎臓疾患の患者を治療するために人工腎臓、すなわち透析装置を初めて作る

1943年

1942年 世界初のジェット戦闘機メッサーシュミット Me 262 V3 が初めての試験飛行をする

▽ セイファート渦巻銀河 NGC1433

1943年 火山噴火の過程
パリクティン火山の始まりは、メキシコのトウモロコシ畑にできた割れ目からの噴火だった。噴火はその後、9年にわたって続き、溶岩と灰でできた高さ424m、円錐台形のパリクティン火山に成長した。火山の誕生から終息までの過程を科学者が研究できたのは、パリクティン火山が初めてだった。

△ 噴火するパリクティン山

1943年 セイファート銀河
米国の天文学者カール・セイファートが、中心核に独特の強い光源をもつ渦巻銀河を確認した。恒星の集団だけでは説明できないほど明るく、さらにスペクトルには強い輝線が示されていた。「セイファート銀河」の振る舞いは後に、超大質量ブラックホールが近くの物質を食べている現象と関連づけられた。

核分裂と核融合

核分裂炉
核分裂炉では、ウランまたはプルトニウムの原子核を分裂させてエネルギーを放出させる。このエネルギーを利用して水を蒸気に変え、その蒸気でタービンを回して発電する。

核分裂と核融合はどちらも核反応、つまり原子核どうし（または原子核と素粒子）が衝突して形を変え、異なる原子核を生成する反応である。通常、核反応が起こると原子核はある元素から別の元素へと変化する。たとえば核分裂では、中性子などの軽い粒子が重い原子核に吸収され、原子核が少なくとも二つの軽い原子核に分裂する。核融合では、軽い原子核が結合して、重い原子核を一つだけ生成する。

原子核は強い力（p.288〜89を参照）で固く結合しているため、核反応で変化を起こすには大量のエネルギーを必要とする。また核分裂や核融合の際にはエネルギーが放出される。核反応の間に、質量が少しだけ消滅したように見えることがある。この、いわゆる質量欠損とは、原子の質量と、構成粒子の質量の和との差である。たとえば、ヘリウム原子の実際の重さは、陽子2個と中性子2個の質量の合計よりも軽い。これは、原子核を分裂させて構成粒子にするためには、一定量のエネルギー（エネルギーは質量と等価、p.186〜87を参照）が必要であるという事実によって説明できる。このエネルギー量を結合エネルギーという。結合エネルギーは原子によって異なる。軽い原子核が融合したり、重い原子核が分裂したりすると、余分な結合エネルギーが一気に放出されることになる。原子力発電所ではこのエネルギーを利用して発電している。

私たちは核反応を原子炉や兵器に利用しているが、核反応は恒星内部でも起きているし、宇宙線と物質の相互作用でも起こる。

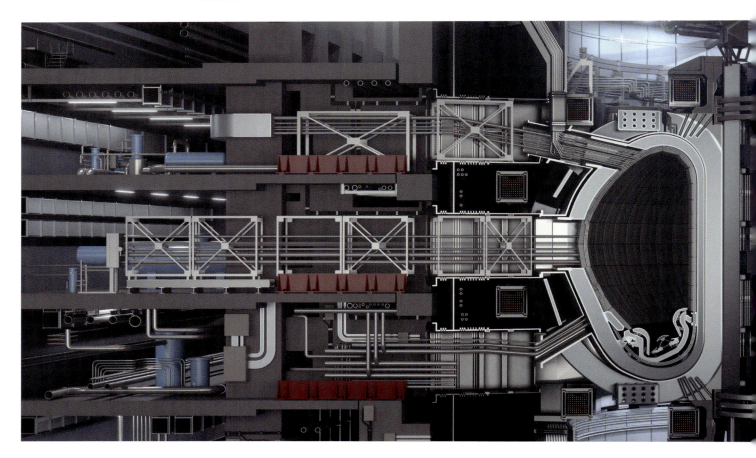

核分裂と核融合 | 225

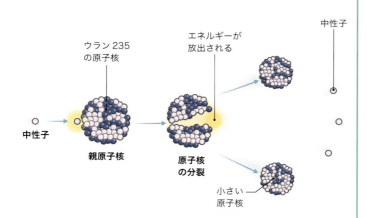

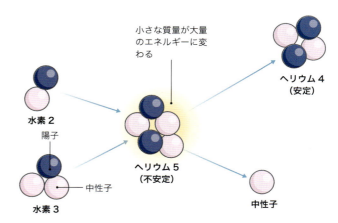

核分裂

核分裂反応では親原子核が分裂して2個以上の小さな娘原子核になる。このような反応ではたいてい、ガンマ線や速く移動する中性子という形で大量のエネルギーが放出され、一定の条件が整えば、核分裂反応が連鎖しはじめる可能性もある。核分裂は誘導されることもあれば、不安定な原子核では自発的に生じることもある。

核融合

核融合では、原子核が結合して重い原子核を生成する。たとえば、水素の原子核は融合してヘリウムになる。軽い原子核が核融合すると、エネルギーが放出される。核融合は太陽などの恒星に「力を供給する」反応であり、そのおかげで地球にいる私たちのまわりのさまざまな元素が作り出されている。

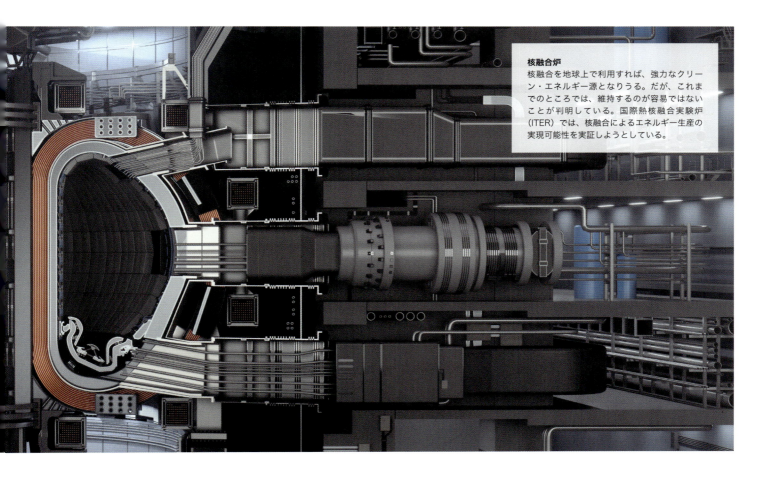

核融合炉
核融合を地球上で利用すれば、強力なクリーン・エネルギー源となりうる。だが、これまでのところでは、維持するのが容易ではないことが判明している。国際熱核融合実験炉（ITER）では、核融合によるエネルギー生産の実現可能性を実証しようとしている。

1944年
DNAと遺伝

DNAが細菌に形質転換を引き起こす物質であり、遺伝情報を運んでいる物質でもあることを、カナダ生まれの米国の医師オズワルド・エーヴリーとコリン・マクラウド、米国の遺伝学者マクリン・マッカーティが実験で明らかにした。病気を引き起こす細菌から繊維状の物質を抽出し、この物質によって、同じ細菌の毒性を示さない株が致死性の株に転換することを示した。さらにDNAをたくみに単離し、遺伝的変化をもたらす主体がタンパク質ではなくDNAであることを突きとめた。

◁ 実験中のオズワルド・エーヴリー

1944年 惑星は、微惑星と呼ばれる小さな天体が集積や合体をして誕生したとする説をドイツの物理学者カール・フォン・ヴァイツゼッカーが発表する

1944年

△ アブラコウモリ

1944年 イングランドの科学者 A. J. P. マーティンと R. L. M. シングが混合物から化合物を分離する方法、ペーパークロマトグラフィーを考案する

1945年 米国の物理学者が試料としたパラフィンワックスで核磁気共鳴（NMR）を観察する

1944年
反響定位

米国の動物学者ドナルド・グリフィンが、コウモリが洞窟の暗闇の中でも迷わず飛行できる仕組みを説明し、反響定位（echolocation）と命名した。グリフィンと共同研究者ロバート・ガランボスは、コウモリは高周波数の音波を出していて、音波を出せなくしたり聞こえなくしたりして妨害すると、飛行能力が損なわれることを示した。

1945年
ジョドレルバンクの電波望遠鏡

イングランドのジョドレルバンクで物理学者のバーナード・ラヴェルが電波天文学に関する実験を始めた。最初は、地球大気に突入した流星の電波信号を調べた。1947年からは新しく完成した天頂儀（頭上を通過する天空の地図を作成できる望遠鏡）を利用して、宇宙の電波源をこれまでにない精度で特定できるようになった。天頂儀で観測を始めて間もなく、アンドロメダ銀河からの電波信号を捉えた。

△ 建設中のジョドレルバンク望遠鏡

1945年
コンピュータアーキテクチャー

ハンガリー生まれの米国の数学者ジョン・フォン・ノイマンはENIACコンピュータの開発に関わる中で、最新のコンピュータを作るための内部装置の組合せや、命令や計算の実行などに関する基本的な枠組みを練り上げた。ノイマンの構想の核心は内蔵プログラム（命令一式）にあった。

◁ ジョン・フォン・ノイマン

デジタル・コンピュータの演算

コンピュータはプログラム、すなわち与えられた命令に基づいて、データに対してさまざまな演算を自動で実行する機械である。一般的には、データを入力、保存、処理、出力する装置が該当する。デジタル・コンピュータは通常、2進数の数字列でデータを扱う。0と1の並び（右図）は、それぞれ小さな内蔵部品に流れる電流のオン・オフの切り替えを表している。

2進数

2進数とは二つの記号、0と1だけで表記される数値。2進数はデジタル・コンピュータの演算で使用される基本の言語である。

10進数	2進数の視覚化 16s 8s 4s 2s 1s	2進数 16s 8s 4s 2s 1s
1	□ □ □ □ ■	0 0 0 0 1
2	□ □ □ ■ □	0 0 0 1 0
3	□ □ □ ■ ■	0 0 0 1 1
4	□ □ ■ □ □	0 0 1 0 0
5	□ □ ■ □ ■	0 0 1 0 1
6	□ □ ■ ■ □	0 0 1 1 0
7	□ □ ■ ■ ■	0 0 1 1 1
8	□ ■ □ □ □	0 1 0 0 0
9	□ ■ □ □ ■	0 1 0 0 1
10	□ ■ □ ■ □	0 1 0 1 0

1945年 イングランドの作家アーサー・C.クラークが、赤道上空の軌道を周回する人工衛星を利用して、世界中に通信回線をつなげる構想を発表する

1945年 英国と米国の物理学者が強力な粒子加速器、シンクロトロンを開発する

1946年

1945年 米国とソ連が、それぞれ今後のプロジェクトに向けてロケット技術を確保するために、ドイツのロケット科学者を捕らえる

1945年
最初の核爆弾

ニューメキシコ州の砂漠でおこなわれた爆発実験で、最初の原子爆弾が炸裂した。実験には「トリニティ」というコードネームがつけられていた。プルトニウムを用いた核分裂爆弾は「ガジェット」と呼ばれ、これは1か月後に日本の長崎に投下された原爆と同じ型だった。「ガジェット」の爆発は2万5000トンのTNT火薬に相当した。

◁ 最初の核爆発、ニューメキシコ州

「我は死神なり、世界の破壊者なり」

ロバート・オッペンハイマー、トリニティ実験計画の責任者、『バガヴァッド・ギーター』より引用、1945年

1947年–1948年

> 「まるで突然、壁に囲まれた果樹園に侵入したかのようだった。そこには保護された樹木が生い茂り、風変わりな果実がいく種類もたわわに実っていた」
>
> セシル・パウエル、新しい粒子の発見について

1947年
パイオン

イングランドの物理学者セシル・パウエルが高山に登り、宇宙線（宇宙から高速で飛来する陽子などの粒子）が衝突した結果を写真乾板に記録した。日本の物理学者、湯川秀樹が存在を予言していたパイ中間子（パイオン）を、20年後の1947年にパウエルが発見したのである。左の写真では、宇宙線が原子核に衝突して（左下）、星型の粒子のシャワーが発生している。パイ中間子を含むこの粒子シャワーは右上方向へ進み、さらに別の原子核に衝突して二つ目の星型の粒子のシャワーが発生している。

◁ 原子核乾板によるパイオンの写真

1947年 米国のテストパイロット、チャック・イェーガーがロケット機X-1に搭乗し、初めて超音速飛行をする

1948年 米国の植物学者ベンジャミン・ダガーが、重要な抗菌薬テトラサイクリン系抗生物質の第1号となるオーレオマイシンを発見する

1947年 米国の化学者 J. A. マリンスキー、L. E. グレンデニン、C. D. コリエルが、当時、存在が予測されていた最後の元素プロメチウムを核分裂の生成物として発見する

▷ 放射性炭素年代測定法で調べた死海文書

◁ バーディーン、ショックレー、ブラッテン

1947年
放射性炭素年代測定法

米国の化学者ウィラード・リビーが放射性炭素年代測定法を考案した。この測定法により、綿や紙といった古い時代の有機材料に含まれる放射性炭素14の含有量を測定して、その年代を推定できるようになった。炭素14は長い時間をかけて崩壊する。安定した同位体炭素12に対する炭素14の存在比を比較すると、試料の年代を決定できる。

1947年頃
トランジスタ

米国の物理学者ジョン・バーディーン、ウォルター・ブラッテン、ウィリアム・ショックレー・Jr. は真空管に代わる装置を開発する中でトランジスタを考案した。トランジスタとは、電子回路で電流を増幅させたり切り替えたりする機能を有する部品。3人が考え出したトランジスタは大型で精巧ではなかったものの、電子機器に革命を引き起こして、社会のあらゆる分野に影響を及ぼした。

1947年–1948年 | 229

1948年
ヘール望遠鏡

米国カリフォルニア州のパロマ山天文台に世界最大の反射望遠鏡が完成した。口径5.1mのヘール望遠鏡には、新しい鋳造技術で作られた大型で比較的軽量の歪みにくい鏡が搭載されていた。また望遠鏡架台は、巨大な望遠鏡の方向を精度よく定めたり、軸を滑らかに操縦したりできるようになっていた。1990年代になるまで、ヘール望遠鏡は世界でもっとも高い観測能力を誇る望遠鏡だった。

◁ ヘール望遠鏡ドーム

1948年
原子核の殻モデル

原子核の殻モデルが提出され、原子核を構成する陽子と中性子について新たな観点から理解が深まっていった。原子核の殻モデルは、原子内の電子のエネルギーレベルを予測するために使われていた量子力学の規則に基づき、ドイツ生まれの米国の物理学者マリア・ゲッパート・メイヤー、ドイツの物理学者ヨハネス・イェンゼン、ハンガリー生まれの米国の物理学者ユージン・ウィグナーによって独立に考え出された。

マリア・ゲッパート・メイヤー ▷

1948年 米国の遺伝学者ジョージ・スネルが、マウスでは組織拒絶反応に対して遺伝的差異がどのように関わるかを示す研究結果を発表する

1948年

1948年 米国の物理学者リチャード・ファインマンが、荷電粒子の振る舞いを量子力学と相対性理論の観点から説明する量子電磁力学を確立する

1948年 ビッグバンによって宇宙でもっとも軽い元素が生成される過程を、米国で物理学者ラルフ・アルファーとジョージ・ガモフが示す

トランジスタと半導体

デジタル電子機器は、トランジスタと呼ばれる小さな部品を何十億個も組み合わせた集積回路によって情報を処理する。トランジスタは通常、それぞれ独自の電気的特性をもつ3層の半導体材料で構成されている。半導体の電気的特性は、元の結晶に新しい元素を添加(ドーピング)することによって変えられる。異なるドープを施した半導体を挟み込むと、電流が特定の方向にしか流れない経路ができる。半導体は電気信号を中継し、切り替えたり増幅したりもする。まさに電子機器の脳細胞といえる。

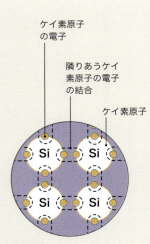

ケイ素
純粋なケイ素では、原子から自由になれるだけのエネルギーを電子が吸収すると電気が流れる。

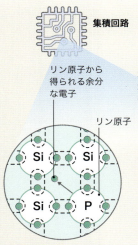

n型(負型)ケイ素
リン原子を添加すると、自由に動く電子をもつn型半導体になる。つまり電流を作り出せる。

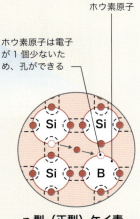

p型(正型)ケイ素
p型半導体では電子が欠落して、正の電荷を帯びた「孔」ができる。この孔はケイ素からケイ素へ移動していく。

1949年–1950年

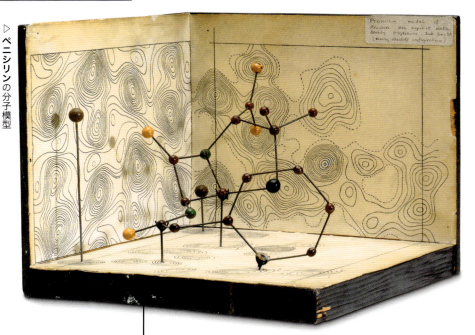

▷ ペニシリンの分子模型

1949年
分子模型の作成

英国の生化学者ドロシー・ホジキンは、大きな分子の構造を突きとめるためにX線回折法を用いた。回折パターンのデータを大量に集めてコンピュータで処理することにより、ホジキンはペニシリンの分子模型を決定した。このとき初めて、生化学の問題を解決するためにコンピュータが直接利用された。

1949年

1949年 米国の天文学者フレッド・ホイップルが彗星の「汚れた雪玉」(岩石と氷の混合物)モデルを提唱する

1949年 ソ連がカザフスタンのセミパラチンスクの核実験場で、同国で初となる核兵器実験を秘密裏におこなう

1949年 米国の科学者ラルフ・ボールドウィンが、月のクレーターの成因は火山ではなく隕石の衝突にあると主張する

1949年 米国の生化学者ウィリアム・ローズが動物の食事を厳密に調整した実験をおこない、必須アミノ酸を特定する

1910～94年
ドロシー・ホジキン

ドロシー・クローフット・ホジキンは、大きな分子の構造を解明する際にX線結晶構造解析を利用する道を開いた。ホジキンは抗生物質のペニシリンや、ビタミンB_{12}などの構造を明らかにし、1964年にノーベル化学賞を受賞した。

1949年
原子時計

最初の原子時計は、米国の物理学者ハロルド・ライアンズが率いるアメリカ国立標準局(現在のアメリカ国立標準技術研究所、NIST)の研究チームによって開発された。ライアンズらの原子時計は、アンモニア分子内で生じている異なるエネルギー準位間の電子遷移によって発生するマイクロ波を利用していた。原子時計は、それまでよりも格段に高精度の時間計測法の到来を告げた。

△ NIST原子時計

1949年-1950年 | 231

「紙と鉛筆と消しゴムを与え、厳密な規則に従うようにした人間は、まさに万能マシンである」

アラン・チューリング、『知能機械：報告書』(Intelligent Machinery: A Report)、1948年

▷ アラン・チューリング

1950年 チューリングテスト

イングランドの科学者で数学者のアラン・チューリングが、コンピュータの（人工）知能を実際に判定するテストを提案した。当初は模倣ゲームと呼ばれていた。チューリングテストでは、人間の質問者が2人のプレーヤー（人間とコンピュータ）に文字を介して質問をする。出てきた回答がどちらのプレーヤーのものかを、質問者が言い当てられなければ、そのコンピュータは人間並みの知能を有していると判定される。

1949年 世界初のジェット旅客機デ・ハビランド・コメットが英国で初めての試験飛行をする

1950年 米国の生化学者エルヴィン・シャルガフが、DNAに含まれるアデニンとチミンの量、ならびにシトシンとグアニンの量は等しいことを明らかにする。この知見を手がかりに、DNAにおける情報伝達の仕組みが突きとめられていく

1950年

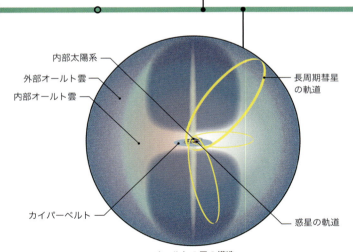

オールトの雲の構造

1950年 オールトの雲

オランダの天文学者ヤン・オールトは、太陽のまわりを数千年かけて周回する長周期彗星を研究し、長周期彗星の起源は太陽系を球殻状に取り巻く、大きさ1光年ほどの巨大な領域にあるとする説を提出した。この球殻状の領域は、じきにオールトの雲として知られるようになった。

1950年 遺伝子制御

米国の遺伝学者バーバラ・マクリントックは細胞生物学と遺伝学の観点からトウモロコシを研究した。トウモロコシの粒はそれぞれ個別の胚であり、系統によって粒の色が異なることがよくある。マクリントックの功績は、動く遺伝子としても知られる転移因子の発見にある。マクリントックが突きとめた、転移因子が遺伝可能な変化を引き起こす現象は、遺伝学の考え方を変えた。さらに、後にエピジェネティクスとして知られるようになる分野の発展にも影響を及ぼした。移動する因子は現在はトランスポゾン（transposon）と呼ばれている。

トウモロコシの穂軸を調べるバーバラ・マクリントック ▽

1951年
天の川の形

天の川が無数の星からなる円盤状の天体で、回転していることは20世紀前半に明らかになっていたものの、正確な構造は1951年までわかっていなかった。この年、熱い青色超巨星が集中していて、銀河全体に渦を巻くように伸びている領域と、それに関連した星形成領域を米国の天文学者ウィリアム・モルガンが特定した。

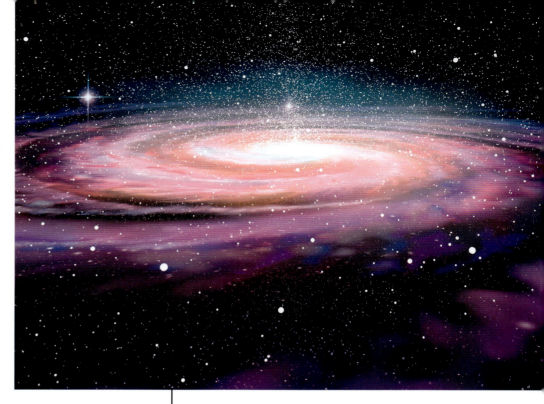

外から見た天の川銀河（想像図）▷

1951年

1951年 業務用に設計された万能自動計算機（UNIVAC）がデジタルコンピュータとして初めて商業生産に成功する

1951年
ヒーラ細胞

米国人ヘンリエッタ・ラックスが子宮頸がんで亡くなり、不滅の細胞系という、とてつもない遺産を残した。ラックスの体から採取したがん細胞を実験室で培養したところ、通常この種の細胞は数回分裂して死んでしまうのだが、予想に反して増殖し続けたのである。ラックスの細胞は最初のヒト細胞系として樹立され、米国の細胞生物学者ジョージ・オットー・ゲイによってヒーラ（HeLa）細胞と命名された。ヒーラ細胞は現在では医学に欠かせない研究材料であり、ワクチン開発をはじめとする種々の研究に貢献している。

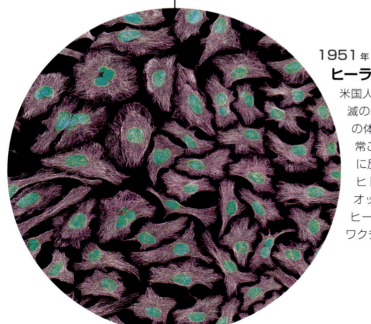

△ 走査型レーザー顕微鏡で写したヒーラ細胞

1951年以来、50万トンを超えるヒーラ細胞が培養されている

1952年
生命の起源

米国の化学者スタンリー・ミラーとハロルド・ユーリーは、地球上で生命がどのようにして誕生したのかを解き明かそうと、35億年前の状態を再現する実験をおこなった。水、アンモニア、水素、メタンからなる混合気体に火花放電したところ、アミノ酸や、生命に不可欠な遺伝情報を運ぶリボ核酸（RNA）の合成に必要な化合物が生じた。

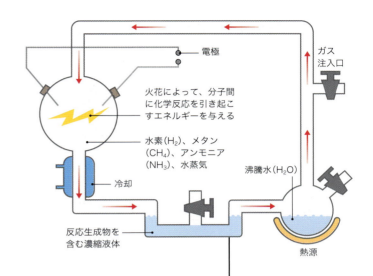

ユーリー-ミラーの実験
原始地球の大気の化学的条件を想定して、水蒸気と数種類の気体に火花放電（雷を模して）をした。1週間後、複雑な分子の「原始スープ」ができていた。

1952年 イングランドの生理学者アラン・ホジキンとアンドリュー・ハクスリーが**ニューロンの活動電位を説明する数学モデルを作る**

1952年 米国の物理学者ロサリン・ヤロウが、体内の微量物質を定量する**放射性免疫測定法を考案する**

1952年 ポーランドの物理学者マリアン・ダーニシュとイエジィ・プニエフスキが、陽子と中性子、さらに重核子（ハイペロン）を含む**原子核、ハイパー核を発見する**

1952年 オランダの天文学者アドリアーン・ブラウが、ペルセウス座ゼータ星を中心とする恒星のグループには、誕生から数百万年ほどしか経っていない若い星が含まれていることを明らかにする

◁ バミューダミズナギドリ

1951年
戻ってきたミズナギドリ

バミューダミズナギドリ（*Pterodroma cahow*）は優雅な姿をした海鳥で、3世紀ほど前に絶滅したとされていたが、バミューダにある四つの小さな岩島で18組のつがいの小集団が見つかった。熱心な保護活動の結果、個体数は徐々に回復し、現在ではおよそ400羽が生息している。

◁ エルゲラブ島での爆発

1952年
熱核爆発

太平洋のエルゲラブ島で、米国が本格的な熱核兵器の実験を初めておこなった。核分裂だけに頼る核兵器とは異なり、熱核兵器（水素爆弾）の場合、エネルギーの大半は核融合によって放出される。

1953年
DNAの構造

遺伝を担う分子であるDNA（デオキシリボ核酸）の構造の解明には4人の科学者が関わっていた。イングランドの化学者ロザリンド・フランクリンとニュージーランド生まれの生物物理学者モーリス・ウィルキンスがX線結晶構造解析を駆使してDNAの詳細な画像を得た。この画像に助けられて、ともに分子生物学者である米国のジェームズ・ワトソンとイングランドのフランシス・クリックがDNAの分子モデルを完成させた。ワトソンとクリックは1953年2月に「生命の秘密」を発見したと発表した。

1953年
ストレンジネス

素粒子の状態は、エネルギーや運動量などの量を表す数字、量子数によって決められる。米国の物理学者マレー・ゲル＝マンは宇宙線の衝突で生じた未知の粒子を調べていたときに新しい量子数に気づき、これをストレンジネス（strangeness）と呼んだ。

◁ マレー・ゲル＝マン博士

DNAの球‐棒模型 ▷

1953年 米国の医師ジョン・ギボンが血液の循環と酸素添加を患者に代わって維持する人工心肺装置を考案し、心臓手術を可能にする

1953年 ドイツの化学者カール・ツィーグラーとイタリアの化学者ジュリオ・ナッタが、高分子の枝分かれを少なくする触媒を発見する

中央海嶺は、地殻を構成するプレートの境界を示す

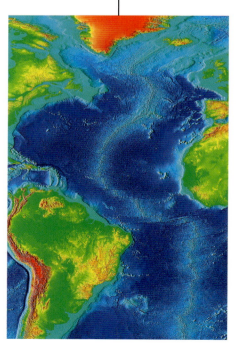

◁ 大西洋の海底地形図

1953年
中央海嶺

米国の地質学者ブルース・ヒーゼンが海上で収集した海底地形の音響データをもとに、米国の地図製作者マリー・サープが大西洋の海底を表す画期的な地形図を作成した。この海底地形図には大西洋中央海嶺と呼ばれる山脈が初めてはっきりと描かれ、山頂部には予想されていなかった独特の中央地溝を伴っている様子も示されていた。

1953年
レム睡眠

睡眠は眼球の動きによっておもに二つの段階に区別される。レム（急速眼球運動）睡眠とノンレム睡眠である。1953年、米国の生理学者ナサニエル・クレイトマンとユージン・アセリンスキーが、脳活動が活発化し夢を見ている状態とレム睡眠を初めて関連づけて定義した。

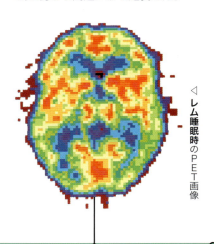

◁ レム睡眠時のPET画像

▷ 米国海軍潜水艦ノーチラス号の進水

1954年
原子力の実用化

1954年1月に米国コネティカット州で世界初の原子力潜水艦、米国海軍のノーチラス号が進水。同年6月にはソ連で世界初の、送電網に接続された原子力発電所、オブニンスク原子力発電所が発電を開始した。

1954年 米国の医師ジョナス・ソークが、手足の機能を奪う疾患であるポリオウイルス感染症（ポリオ）のワクチンを初めて開発する

1954年頃 ダイナモ理論によって、地球内部で流体の運動が地球ダイナモの作用を引き起こし、地球に磁場を作ることが示される

地磁気

地球内部では外核にある液状の鉄が運動することによって強力な磁場が発生する。この磁場は地球全体と数千km先の宇宙空間にまで及び、太陽からの有害な放射線が地表に到達するのを防いでいる。棒磁石と同じく地球の磁場にも北極と南極があり、そのおかげで人々は長い間、羅針盤を頼りに航海をしてきた。羅針盤の方位磁針は磁気を帯びているので、磁場に沿って北を指す。

磁場と磁極

地球の磁場は想像上の磁力線で表される。磁極の位置と磁場の強さは一定ではなく、絶えず変化している。

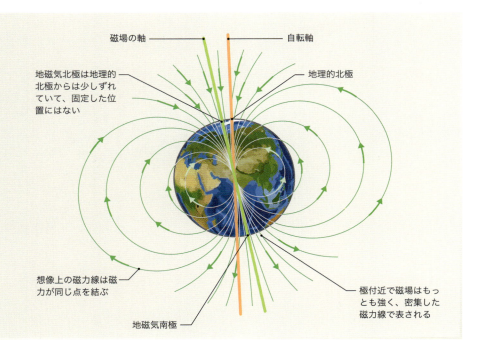

DNA

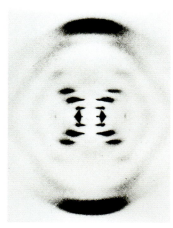

らせんの発見
上の写真は、1953年にロザリンド・フランクリンが撮影したDNAのX線回折像。X型のバンドから、DNAがらせん状であることがわかる。

デオキシリボ核酸（DNA）は、生物が成長して繁殖し、体が機能するために必要なすべての指示を運ぶ分子である。かつては、DNAは4種類のサブユニット〔2種類のプリン塩基（アデニンとグアニン）と2種類のピリミジン塩基（チミンとシトシン）〕からなる長いポリマーと考えられていた。1950年代にワトソン、クリック、フランクリン、ウィルキンスによってDNAの二重らせん構造が突きとめられたのを機に、この分子が数多くの情報をどのように複製し、コード化しているかが解明されていった。

一方の鎖の塩基ともう一方の鎖の塩基が対になることで、DNA分子のはしごの段の部分（下図を参照）が形成される。必ずアデニンはチミンと、シトシンはグアニンと対になる。ヒトゲノムには30億の塩基対がある。すべてのDNAがタンパク質を作るための情報（遺伝子）をコードしているわけではない。ヒトの場合、タンパク質をコードしているのは全ゲノムのわずか3％。残りの数十億の塩基は、遺伝子のオン・オフの切り替えなど別の役割を担っている。

DNAは非常に長く（ヒトの細胞1個に2m）、コイル状に折りたたまれて染色体に収納され、さらに核の中に収まっている。このような仕組みは核をもつすべての生物に当てはまる。細菌（核をもたない）の細胞には、環状の染色体が1個と、プラスミドと呼ばれる小さな環状DNA分子が複数個あり、プラスミドは他の細菌と交換されることがある。ヒトの場合、各細胞には、それぞれの親から23本ずつ受け継いだ計46本の染色体がある。

人間のゲノムは他の誰と比べても99.9％同一である。違いは遺伝子ではなく、遺伝子を制御する塩基配列にあることが多いようだ。一卵性双生児を除いて、同じDNA配列をもつ人間は存在しない。

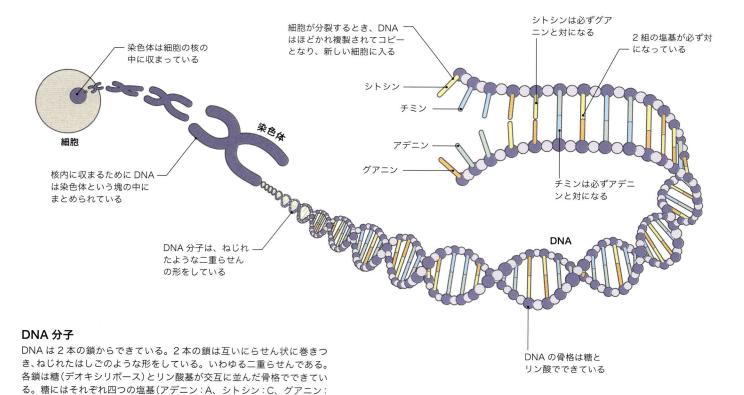

DNA分子
DNAは2本の鎖からできている。2本の鎖は互いにらせん状に巻きつき、ねじれたはしごのような形をしている。いわゆる二重らせんである。各鎖は糖（デオキシリボース）とリン酸基が交互に並んだ骨格でできている。糖にはそれぞれ四つの塩基（アデニン：A、シトシン：C、グアニン：G、チミン：T）のいずれかが結合している。

クリックとワトソンのモデル
フランシス・クリックとジェームズ・ワトソンは化学結合に関する知識と、ロザリンド・フランクリンによるX線結晶構造解析の結果をもとに、DNAの二重らせんモデルを構築した。

1955年
インスリンの配列決定

イングランドの生化学者フレデリック・サンガーが、血糖量を調節するホルモンの一種、インスリンのアミノ酸配列を突きとめた。インスリンは2本のポリペプチド鎖からなる。サンガーはこの鎖を分解し、ペーパークロマトグラフを利用して切り離したアミノ酸を特定した。得られた結果をもとに、51個のアミノ酸からなる完全な配列を決定した。

◁ **コンピュータ**で作成したインスリンの分子モデル

1955年 ドイツ生まれの米国の生化学者**ハインツ・ルートヴィヒ・フランケル゠コンラート**が、RNAはウイルスの中心部に存在し、ウイルスの増殖を支配していることを明らかにする

1955年 スペインの生化学者**セベロ・オチョア**がRNAを合成する酵素を発見。その少し後に米国の生化学者アーサー・コーンバーグがDNAを合成する酵素、DNAポリメラーゼを単離する

1955年 イングランドのフレッド・ホイルとドイツ生まれの米国のマーティン・シュヴァルツシルトが共同で、恒星は一生の終わり近くになると赤色巨星になるという星の進化モデルを発表する

現在わかっている最大の赤色巨星の直径は太陽の1000倍を超えている

1955年
原子を可視化

1951年、ドイツの物理学者エルヴィーン・ミュラーが電界イオン顕微鏡を考案した。電界イオン顕微鏡では強力な電場を利用して、針状の金属試料からイオンをはじき飛ばす。するとイオンは蛍光スクリーンに衝突する。このとき飛ばされたイオンは、試料の原子の並びにそのまま対応するパターンを描く。1955年、ミュラーの電界イオン顕微鏡は初めて、試料に忠実な原子スケールの像を鮮明に写し出した。

◁ **電界イオン顕微鏡**で観察したイリジウム原子の画像

1955年-1956年 | 239

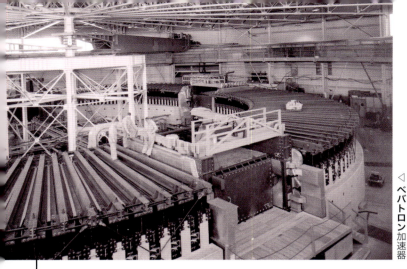

◁ ベバトロン加速器

1956年
リボソーム

ルーマニア生まれの米国の細胞生物学者ジョージ・パラーデが電子顕微鏡で細胞の成分を調べていたときに、それまで知られていなかった細胞小器官リボソームを見つけ、タンパク質合成の場であることを突きとめた。リボソームはパラーデの名を冠して、パラーデの顆粒と呼ばれることもある。

◁ ウサギのリボソーム

1955年
反陽子を検出

反陽子とは陽子の反粒子であり、陽子と質量は同じだが反対の電荷をもつ。反陽子の存在は1933年にポール・ディラックによって予言されていたものの、1955年になるまで検出されなかった。この年、イタリア生まれの米国の物理学者エミリオ・セグレと米国の物理学者オーウェン・チェンバレンがローレンスバークレー国立研究所にある粒子加速器ベバトロンでエネルギーを衝突させて反陽子を作り出した。

1956年 最初の大西洋横断電話ケーブル、TAT-1が開通する

1956年

1955年 インド生まれの米国の物理学者ナリンダー・シン・カパニーが光ファイバーに重要な技術革新を起こす

1956年 米国の天文学者コーネル・メイヤーが金星のマイクロ波放射を測定し、金星表面の温度がきわめて高いことを明らかにする

1956年 米国の物理学者クライド・コーワンとフレデリック・ラインネスが、1930年にヴォルフガング・パウリによって指摘されていたニュートリノの存在を実証する

1955年
電波干渉計

イングランドの天文学者マーティン・ライルが、干渉法（2か所以上の離れたアンテナで同時に受信した電波信号を比較する方法）を利用して宇宙電波源の位置を特定する方法を考え出した。干渉計の発達に伴い、ライルは長さ5kmにも及ぶアンテナ網を構築した。ライルが考案した観測技術を利用することによって、ようやく電波望遠鏡で光学望遠鏡と同等の分解能を得られるようになった。

ライルと自作した初期の電波干渉計 ▷

1918〜2013年
フレデリック・サンガー

イングランドの生化学者サンガーはノーベル賞を2回受賞した5人のうちの1人。1回目は1958年、インスリンのアミノ酸配列決定に対して。2回目は1980年、小型ウイルスの全DNA配列の解読に対して。

1957年
スプートニク1号

10月4日、ソビエト連邦が世界初の人工衛星スプートニク1号を打ち上げた。使用したロケットはR-7セミョールカ・ミサイルから派生したものだった。単純な構造の電波送信機を搭載した、重さ84 kgの金属球の打ち上げは突然おこなわれ、世界に衝撃を与えた。アメリカは1957年、国際地球観測年の一環で人工衛星の打ち上げを計画し大々的に喧伝していたが、すっかり出し抜かれた形になった。スプートニクは電池が切れるまでの21日間、信号を送り続けた。

◁ 発射場で待機するスプートニク

△ 長いアンテナをつけたスプートニク1号

1957年

1957年 イングランドのジョドレルバンクに口径76 mの巨大な可動型電波望遠鏡が完成する

1957年 イングランド出身の生態学者ジョージ・イヴリン・ハッチンソンが、生態的地位（ニッチ）とは「種が無限に存在できる環境条件によって形成される多元的空間」であると定義する

1957年
光合成の化学

米国の生化学者メルヴィン・カルヴィンは放射性同位体の炭素14を用いて、光合成で作られる化合物に標識をつけ、それぞれをクロマトグラフィーで同定した。光合成反応はきわめて速く進むため、骨の折れる実験作業だったが、カルヴィンは長い時間をかけて関連する全化合物を突きとめ、反応経路を明らかにした。

◁ メルヴィン・カルヴィン

1957年
植物ホルモン

植物の発芽、休眠、開花、伸長など成長の過程を制御する植物ホルモンであるジベレリンとオーキシンは1920年代に発見されていた。1957年にはジベレリン酸（ジベレリンA）が単離され、以後、農業や園芸分野で開花の促進、果実の肥大化を目指してさかんに利用されていくことになる。

◁ キャベツに現れたジベレリン酸の効果

1957年–1959年 | 241

◁ 宇宙に向かって打ち上げられたエクスプローラー1号

1958年
ヴァン・アレン帯

米国はヴァンガードロケットの打ち上げに失敗した後、ヴェルナー・フォン・ブラウンがミサイルを改良して設計したジュノー1で最初の人工衛星エクスプローラー1号を打ち上げ、成功させた。電波送信機のほかに種々の計測機器も搭載したエクスプローラー1号は、地球の磁場に捕らえられた高エネルギー粒子が集まる一帯を発見した。後にこの領域は、科学部門の指揮をとった科学者ジェームズ・ヴァン・アレンにちなんでヴァン・アレン帯と命名された。

◁ ソ連の新聞報道

1959年
月の裏側の探索

ソ連のルナ3号が月を通過し、月の裏側（地球からは見えない領域）を初めて撮影した画像を地球に送ってきた。電子写真技術はまだ初期の段階にあり、この画像は、写真フィルムで撮影した写真をスキャナーで読み取って電波信号に変換したものだった。

1958年 米国の物理学者ユージン・パーカーが、太陽表面から宇宙空間に吹き出す粒子の流れである太陽風の構造を説明するモデルを提案する

1959年

1957年 イングランドの天文学者ジェフリー・バービッジらが、鉄より重い元素は大質量星の死によって生成することを示す

1958年 イングランドの医師イアン・ドナルドが他に先駆けて超音波診断を導入する

1959年 イングランドのケンブリッジで生化学者マックス・ペルツとジョン・ケンドリューがタンパク質の立体構造を明らかにする

1958年
最初のマイクロチップ

米国の電子技術者ジャック・キルビーが、小さなゲルマニウム片（半導体）の上にトランジスタ、抵抗、コンデンサーからなる回路を組み立て、動作することを示した。キルビーが作ったのは史上初の集積回路、すなわちマイクロチップだった。

1958年に作られたマイクロチップの原型。プラスチック板についている ▷

現代のマイクロチップは数 nm の
トランジスタを何十億個も搭載できる

1960年
レーザー

1950年代は、コヒーレント光（同じ周波数で、波長の位相が一致する光子のビーム）を発生する装置の実現を目指して、研究開発がさかんにおこなわれていた。1960年に米国の技術者セオドア・メイマンが最初のレーザー〔英語の laser は light amplification by stimulated emission of radiation（誘導放射による光増幅）の頭文字からの造語〕を完成させた。メイマンは、明るいコヒーレント光を発生する「レーザー媒質」としてルビー結晶を用いた。

◁ メイマンのルビー・レーザーの部品

1960年
気象衛星

米国宇宙局NASAがタイロス〔TIROS、Television Infrared Observation Satellite（テレビ赤外線観測衛星）〕1号を打ち上げた。タイロス1号は、地球の気象を観測するために設計された初めての本格的な人工衛星だった。近地点の軌道に位置し、可視光写真のほかに雲量を強調した赤外線写真も撮影した。タイロス衛星は、宇宙から地球環境を「リモートセンシング」(遠隔観測)する可能性を示した。

◁ タイロス衛星から写した地球の画像

1960年 米国の生物学者ケネス・ノリスとジョン・プレスコットが、一時的に視力を失ったイルカを利用して、イルカが反響定位をおこなっていることを明らかにする

1960年 米国の物理学者ルイス・アルヴァレズが、粒子加速器で得られたエネルギー曲線のピークから寿命の短い素粒子を数種類発見する

1960年
広がる海底

火山活動のさかんな中央海嶺では新しい海底岩石が噴出するのにつれて、海底地殻が長い時間をかけて海嶺の両側に移動しているという説を米国の地質学者ハリー・ヘスが提出した。この現象は現在では海洋底拡大と呼ばれ、海嶺の端にいくほど海底岩石の年齢が古くなる理由を説明している。

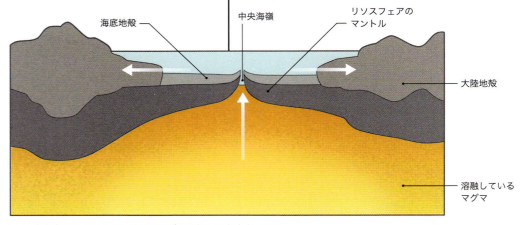

△ **中央海嶺**の下から上昇してくるマグマは新しい海底岩石になる。海底の岩石が海嶺の両側に広がっていくにつれて海底は拡大し、その先にある大陸は押されて互いに離れていく。

「地球が見える！とても美しい！」
ユーリイ・ガガーリン、1961年

1961年
宇宙飛行士
ソ連邦ロシア共和国のパイロット、ユーリイ・ガガーリンがソ連の宇宙船ボストーク1号に乗り、人類で初めて宇宙を飛行した。108分間ほぼ自動で飛び、地球周回軌道を1周してきた。地球に再突入した後、ガガーリンは宇宙船から脱出し、高度7 kmからパラシュートで地上に落下した。

△ ボストーク1号に乗るユーリイ・ガガーリン

1961年 1960年代末までに人類を月面着陸させる計画を米国大統領ジョン・F・ケネディがNASAに託す

1961年 誘導物質（糖）が酵素の働きを阻害しているリプレッサーに結合し、遺伝子が活性化されて酵素を作るという仕組みを、フランスの生化学者ジャック・モノーとフランソワ・ジャコブが明らかにする

1961年

1961年
コードを解読する
米国の生化学者マーシャル・ニーレンバーグとドイツの生化学者ハインリヒ・マタイが有名な実験をおこない、遺伝暗号に含まれる3文字（三つ組）コドンを初めて解読した。2人はまず細菌細胞からの抽出物が細胞外でタンパク質を作ることに気づいた。次にその抽出物にRNAの一種を加えたところ、フェニルアラニンからなるタンパク質が作られた。この結果は、RNAが特定のタンパク質の生成を制御していることを示していた。

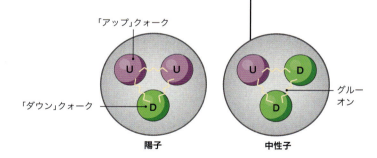

△ ハドロン：陽子と中性子は、それぞれ「アップ」クォークと「ダウン」クォークの組合せが異なるハドロンである

1961年
クォーク理論
次々と発見されつつあった素粒子を分類する研究が進む中、米国の物理学者マレー・ゲル＝マンとイスラエルの物理学者ユヴァル・ネーマンがそれぞれ独立に、現在ハドロンとして知られる粒子のグループを考える枠組みを提出した。その後、ゲル＝マンは、すべてのハドロンに共通するものを説明する理論を提唱した。すなわちハドロンとは、クォークと呼ばれる小さな粒子がグルーオンで結合することによって構成されるものである。

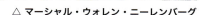

△ マーシャル・ウォレン・ニーレンバーグ

遺伝子と速さ
短距離走選手の中には、速筋線維に含まれる
タンパク質をコードする遺伝子（*ACTN3*）が有
利に働いている人もいる。だが遺伝子の活性
には、他の遺伝子や、食事やトレーニングと
いった環境要因も影響を及ぼしている。

遺伝子の発現

　構造遺伝子を活性化しタンパク質が作られる過程を遺伝子発現という。遺伝子発現の過程ではDNAからメッセンジャーRNA（伝令RNA、mRNA）への転写と、mRNAからタンパク質への翻訳がおこなわれる。

　遺伝子発現には3種類のRNAが関与している。mRNAは核内で、発現する遺伝子のDNAをコピーして運ぶ。トランスファーRNA（転移RNA、tRNA）はタンパク質の構成要素であるアミノ酸を運ぶ。リボソームRNA（rRNA）はタンパク質と結合してリボソームと呼ばれる構造体を形成し、タンパク質合成に関わる。

　生物の各細胞は、その生物のゲノムの構造遺伝子をすべて含んでいる。ただし、どの細胞でも発現するのはごく一部の遺伝子だけである。たとえば肝細胞や神経細胞など細胞によって機能は異なり、それぞれの役割を果たすためには必要なタンパク質も異なる。つまり、遺伝子の発現は厳密に制御されているのである。

　転写は、DNA鎖上のプロモーターという領域にRNAポリメラーゼと呼ばれる酵素が結合して始まる。通常、プロモーターは転写開始点のすぐ上流にある。転写は、プロモーターのほかにオペレーターによっても制御されている。オペレーターとはリプレッサータンパク質が結合するDNA領域である。リプレッサータンパク質は調節遺伝子にコードされていて、転写を抑制する。

　オペロンは、原核生物（細胞内に核をもたない生物）で最初に発見された、単一のプロモーターによって転写を制御される遺伝子群である。同一オペロンに含まれる遺伝子は、一緒に発現するか、まったく発現しないかのいずれかである。

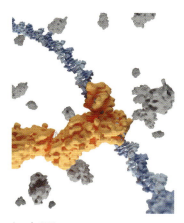

lac オペロン
大腸菌などの細菌で、ラクトース（乳糖）の輸送と代謝に関与するラクトースオペロン（*lac* オペロン）は、最初に解明された遺伝子制御機構である。

調　節
調節タンパク質には、細胞内でタンパク質の合成を制御する働きがある。必要な遺伝子の転写は、その上流に位置するレギュレーター、プロモーター、オペレーターといった一連のDNA領域によって制御される。条件が整って初めて、目的の遺伝子が転写される。

抑　制
リプレッサータンパク質（転写抑制因子）はオペレーター遺伝子に結合してひとつまたは複数の遺伝子の発現を抑制する。リプレッサータンパク質が遺伝子をブロックすると転写は起こらない。環境の変化によってリプレッサータンパク質が取り除かれた場合にのみ遺伝子は活性化される。

活性化
アクチベーター（転写活性因子）が調節遺伝子に結合し、かつリプレッサーが遺伝子をブロックしていない場合に転写が進む。アクチベーターは、特定の配列に特異的なDNA結合ドメインと、遺伝子の転写を増加させる活性化ドメインから構成される。配列に特異的なDNA結合ドメインは、特定の遺伝子のみを活性化できることを意味する。

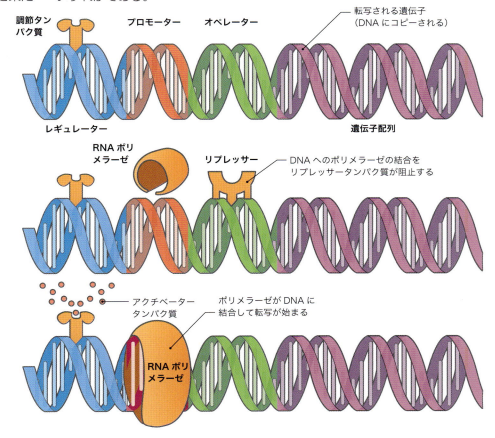

246 | 1962年-1963年

1962年
惑星探査機

NASAが打ち上げた宇宙探査機マリナー2号が12月14日に、金星から3万5000 kmの地点を通過した。宇宙船が地球以外の惑星に接近した初めての成功例だった。マリナー2号に搭載された機器により金星の大気の密度と灼熱の表面温度が明らかになった。太陽表面から吹き出る粒子が太陽風として存在し、惑星間空間を満たしていることも確かめられた。

△ マリナー2号

1962年 ジョン・グレンが米国で初めての宇宙飛行士として地球を周回する

1962年 米国で研究活動をしていた科学者ライナス・ポーリングとエミール・ツッカーカンドルが分子時計の概念を導く。DNAやタンパク質の配列が比較的一定の速さで進化していることから、これをもとに種の分岐を推定する

1962年 初めてのテレビ用通信衛星テルスター1号が打ち上げられる

1962年

「土、水、森林、鉱物、野生生物といった地球の資源にこそ、この国の真の富があります」

レイチェル・カーソン、『ワシントンポスト』紙への手紙、1953年

1962年
環境への目覚め

米国の生物学者レイチェル・カーソンが『沈黙の春』（Silent Spring）を出版。この本がきっかけとなって世界各地で環境保護運動が起こった。同書では、自然に害をもたらす農薬の問題も取り上げていた。しばらくして、毒性の強い化合物DDT（ジクロロジフェニルトリクロロエタン）に代表される数種類の殺虫剤が使用禁止となった。

△ レイチェル・カーソン

1963年
アレシボ天文台

1963年、プエルトリコに口径305 mのアレシボ電波望遠鏡が完成した。アレシボ電波望遠鏡はその後50年にわたり世界最大の望遠鏡として、水星の自転周期やパルサー（高速で回転する、恒星の残骸）の発見に貢献したり、地球外電波の探索に用いられたりした。1974年には地球文明に関するメッセージを初めて遠方の球状星団に向けて送信した。

△ アレシボ望遠鏡の反射鏡

1963年
磁極の逆転

地球の磁場は、地球内部で液状の外核が流動することよって生じている。地球磁場の北極と南極は、現在は地球の自転軸の近くにある。岩石に含まれるある種の鉱物の磁化を調べたところ、長い地質年代の間に磁場の向きが何度も入れ替わっていたことが明らかとなった。1963年に提出されたバイン–マシューズ–モーリー仮説では、海底地殻が磁極逆転の記録媒体として機能していることが提示された。

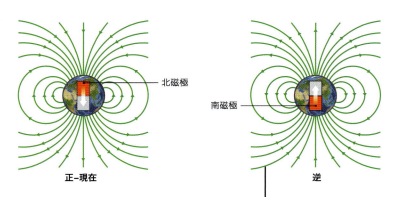

正−現在　　　　　　　　　逆

1963年
遠方の銀河

恒星のように見える天体から、急速に変化する謎の電波信号が発信されていることが明らかとなり、クェーサー（準恒星状電波源）と命名された。オランダの天文学者マールテン・シュミットがクェーサー 3C273 のスペクトルを解析したところ、光が赤方偏移していた。つまりクェーサー 3C273 は、地球から急速に離れている遠方の銀河に含まれていることが判明した。

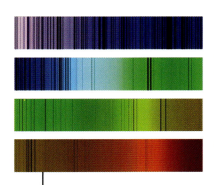

◁ 赤い方にずれたクェーサーのスペクトル線

1963年 米国の気象学者エドワード・ローレンツが、複雑な系（大気など）において小さな変化が予測できない大規模な変動を引き起こす現象を「バタフライ効果」という造語で説明する

1963年 ソ連邦ロシア共和国の宇宙飛行士ワレンチナ・テレシコワがソ連のボストーク6号に乗り、女性で初めて宇宙飛行をする

クェーサー

膨大な量のエネルギーを放出している銀河を活動銀河という。活動銀河の中でもひときわ活発に活動しているのがクェーサーである。あらゆる活動銀河の中心では、超大質量ブラックホールが周囲の物質を食べている。こういった物質は強力な重力場に落ちながら超高温に加熱され、明るい放射線や高速粒子のジェットを噴出する。私たちが観察しているクェーサーは形成過程にあり、まさに急速に成長している最中である。ところが、クェーサーから放出された放射線が地球に届くまでには長い時間がかかるため、私たちが見ているこれら遠方の天体は、じつは遠い過去の姿。銀河進化の形成段階は、実際には何十億年も前にピークを迎えている。

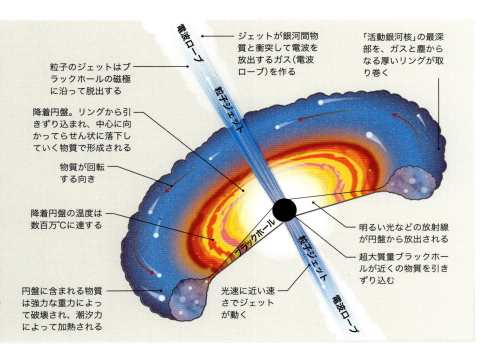

1964年
宇宙マイクロ波背景放射

宇宙ができて間もない頃からの名残とされる放射の発見は、宇宙論だけでなく一般的な物理学においても重要なブレークスルーにあげられる。米国の物理学者アーノ・ペンジアスとロバート・ウィルソンがニュージャージー州ホルムデルの通信用電波アンテナを利用して発見した。宇宙のあらゆる方向からやって来る「宇宙マイクロ波背景放射」は、ビッグバン理論を強く裏づける。

◁ ホルムデルのマイクロ波アンテナ

1964年 ソ連のボスホート1号に3人の宇宙飛行士が乗り込み、複数の乗組員による初の宇宙飛行をする

1964年 イングランドの物理学者ピーター・ヒッグスが、素粒子に質量を与える場の存在を予言する。ヒッグスのほかにも5人の物理学者が同様の予言をしていたが、この場は後にヒッグス場と呼ばれるようになる

1964年
血縁淘汰

英国の生物学者ウィリアム・ドナルド・ハミルトンが血縁淘汰の原理を発表した。血縁淘汰の原理は、標準的な進化理論では十分に説明しきれない利他行動の事例をいくつも説明した。血縁淘汰の中心には、各個体は近縁者の子育てを助けることによって、共通する遺伝子の伝播を増大させるという包括適応度の概念がある。

△ 利他的なオオアリ

> 「宇宙論は、研究に役立つ観測可能な事実がわずかしかない科学です」
>
> ロバート・ウッドロウ・ウィルソン、ノーベル賞記念講演、1978年

1965年
金星探査機

金星に向けてソ連がベネラ3号を打ち上げた。ベネラ3号は接近観測用宇宙船と円錐型の着陸船からなる。着陸船は、金星の大気をパラシュートで落下するように設計されていた。ベネラ3号は惑星間空間に関するデータを次々と送ってきていたが、金星に到着する寸前で通信が不能となった。着陸船は成功裏に投下され、地球以外の惑星表面に初めて到達した人工の物体となった。

△ ベネラ3号に搭載されて宇宙に運ばれたメダル

1965年
ニュートリノ天文学

南アフリカとインドの天文学者が独立に太陽ニュートリノを検出した。太陽ニュートリノとは、太陽の中心部で起こっている核融合反応によって放出される、ほぼ質量のない粒子。どちらのグループも鉱山の地中深くに検出器を設置していたため、ニュートリノは岩盤を通過して検出器のタンクに入り、ニュートリノ以外の粒子は遮蔽された。米国サウスダコタ州のホームステーク鉱山でも、初の大規模ニュートリノ検出器の建設が始まる。

1965年
トランスファーRNA

DNAやRNAの遺伝暗号を翻訳して、タンパク質となるアミノ酸の鎖を作る分子があるはずだとフランシス・クリックは以前より主張していた。1965年、米国の生化学者ロバートW.ホーリーが、酵母に含まれるこのような化合物、すなわちトランスファーRNA（tRNA、転移RNA）の77のヌクレオチド配列を決定した。その後、tRNA分子が特定のアミノ酸をコードしていることが明らかにされた。つまり、メッセンジャーRNA（mRNA、伝令RNA）がDNAの遺伝情報を運び出し、tRNAはmRNAとタンパク質合成を物理的につなぐ働きをしていた。

◁ ホームステーク鉱山の検出用タンク

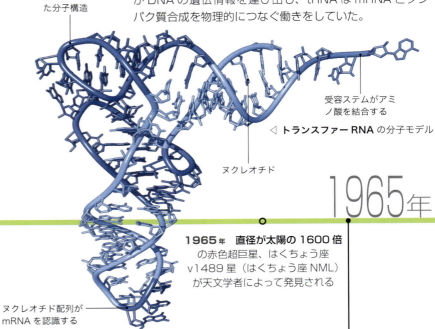

折りたたまれた分子構造

受容ステムがアミノ酸を結合する

◁ トランスファーRNAの分子モデル

ヌクレオチド

ヌクレオチド配列がmRNAを認識する

1965年 ヒト科の化石がタンザニアのオルドバイ渓谷で発見される。240万年前から140万年前のものと推定され、ホモ・ハビリスと命名される

1965年 米国の宇宙船マリナー4号が火星に近づき、初めての火星の近接写真を送ってくる

1965年 直径が太陽の1600倍の赤色超巨星、はくちょう座v1489星（はくちょう座NML）が天文学者によって発見される

1965年
ホログラフィー

二次元の写真乾板は三次元の画像を保持しうるという発想は、ハンガリー生まれの英国の物理学者デニス・ガボールによって1948年に提出されていた。ガボールは電子顕微鏡の画像を改良する中でこの考えを思いつき、光ではなく電子を使って画像を作り出しホログラムと名前をつけた。レーザーを使えるようになると、ガボールのアイデアをもとに身の回りのものについてもホログラフィー画像の作成が可能となった。米国の電気技術者エメット・リースと、ラトビア生まれで米国の物理学者であり発明家のユリス・ウパトニークスが1965年にいち早くレーザーを用いたホログラムを開発した。

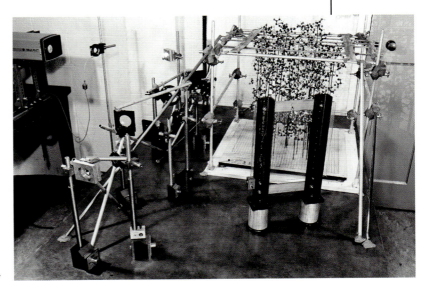

ホログラムを作る ▷

250 | 1966年-1967年

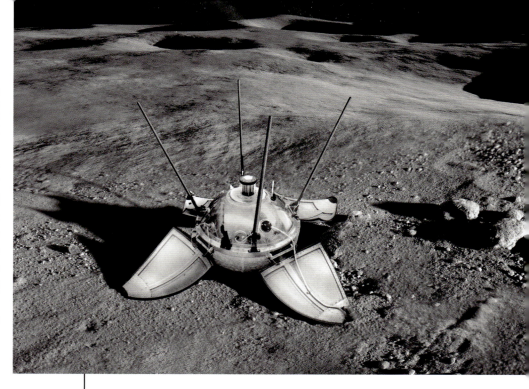

1966年
月探査計画

ソ連と米国の宇宙開発競争が次の段階に入る。両国とも探査機を月面に着陸させ、写真など各種データが月から続々と送られてくるようになった。まずソ連のルナ9号が1966年2月3日に、観測機器を搭載した球形のカプセルを着陸させた。6月2日にはNASAのサーベイヤー1号が、ルナ9号よりも精巧なクモ型の着陸プラットフォームを着陸させ、後のアポロ計画で月着陸船を着陸させる方法を確認した。両探査機の着陸によって、月に宇宙船を支えられるだけの土壌が存在することが証明された。

◁ 嵐の海に着陸したルナ9号

1966年 米国の外科医マイケルE. ド・ベーキーが人工心臓を患者に初めて装着する

1966年 米国の生化学者マーシャル・ニーレンバーグがRNAの三文字暗号（コドン）、64種類の解読を完了させ、全20種類のアミノ酸に対応するDNAの暗号を読み解く

1966年

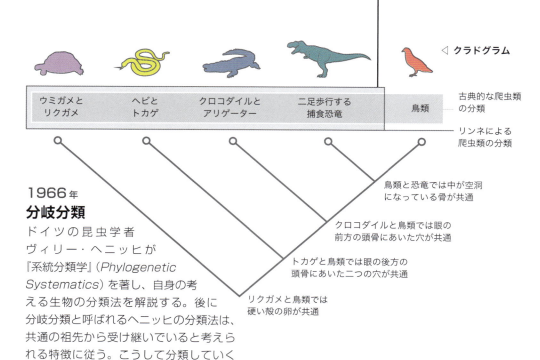

◁ クラドグラム

◁ ヒトデ

1966年
分岐分類

ドイツの昆虫学者ヴィリー・ヘニッヒが『系統分類学』(Phylogenetic Systematics)を著し、自身の考える生物の分類法を解説する。後に分岐分類と呼ばれるヘニッヒの分類法は、共通の祖先から受け継いでいると考えられる特徴に従う。こうして分類していくと、進化上の関係を示す分岐図（クラドグラム）を描くことができる。

1966年
中枢種

米国の生態学者ロバートT. ペインが「中枢種」（キーストーン種）という用語を作り、生態系において食物連鎖の下位にある種に中枢種が及ぼす影響を説明した。ペインは岩場の海で重要な実験をおこなった。この生息環境で最上位の捕食者であるヒトデ（*Piaster chraceus*）を除去したところ、生息する種の数が徐々に減っていくという結果が得られた。

1967年
最初のパルサー

英国の天文学者ジョスリン・ベルがケンブリッジで電波望遠鏡を使いクェーサーを観測していたところ、いまだかつて検出されたことのない信号の記録が得られた。詳しく調べると、この電波信号はきわめて規則的にパルスを送っていた。信号音がまるで宇宙人からの通信音のように聞こえたため、ベルは「緑色の小人」を意味する LGM-1 と名前をつけた。翌年、この不思議な信号は回転する中性子星から放たれていることが判明した。ベルはパルサーを世界で初めて検出していたのである。

◁ ジョスリン・ベル

> 「高速度記録装置のスイッチを入れたら、
> ピー…ピー…ピー…ピー…ピー…
> と聞こえてきました」
>
> ジョスリン・ベル、テレビ番組『ビューティフル・マインズ』、2010年

1966年 低温超伝導磁石を用いた NMR 分光計によって、複雑な有機分子の構造を正確に決定できるようになる

1966年 スコットランドの科学者ジューン・アルメイダが、王冠に似た突起をもつ未知のウイルスのグループを特定し、コロナウイルスと命名する

1967年

1967年 米国で最初のアポロ有人宇宙飛行の予行演習時に火災が発生し、3人の宇宙飛行士が死亡したため、月探査計画に遅れが生じる

1967年
心臓移植

南アフリカの外科医クリスチャン・バーナードがヒトでは初めてとなる心臓移植をケープタウンでおこなった。バーナードの偉業は世界中の注目を集め、以後、心臓移植技術が進展していった。最初の患者ルイス・ワシュカンスキーはわずか 18 日後に亡くなったが、5 番目と 6 番目の移植患者はそれぞれ術後 13 年、24 年と長く生存した。

◁ クリスチャン・バーナード医師

1967年
島の生物地理学の理論

米国の生物学者エドワード O. ウィルソンとロバート・マッカーサーが太平洋のメラネシア諸島のアリの集団を調べ、ひとつの島に生息する種の数は、新しい種が侵入、定着し、すでに生息している種が絶滅する動的平衡で決まるとする考えを提出した。

△ メラネシア諸島

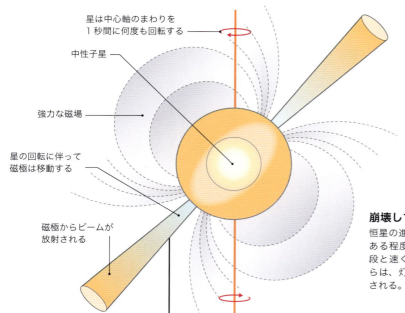

星は中心軸のまわりを1秒間に何度も回転する

中性子星

強力な磁場

星の回転に伴って磁極は移動する

磁極からビームが放射される

1968年
回転する中性子星

米国の天文学者リチャード・ラヴレースは、発見されたばかりのLGM-1「パルサー」から届く信号の周期を巨大なアレシボ電波望遠鏡を使って正確に測定した。LGM-1の特徴は、崩壊した恒星の残骸が高速で回転している状態である中性子星の性質と一致し、強力な磁場からビームが放射されていることをラヴレースらは明らかにした。中性子星が予言どおり存在することがパルサーによって初めて証明された。

崩壊している恒星

恒星の進化の最終段階で中心核が崩壊して、ある程度の大きさの中性子星になると、一段と速く回転して磁場が増大する。磁場からは、灯台の光のような細いビームが放射される。

1968年 米国の物理学者ロバートA. グッドが、一卵性双生児ではない提供者からの骨髄移植を初めて成功させる

1969年 スイスの遺伝学者ヴェルナー・アルバーが制限酵素を発見。この発見により、染色体上の遺伝子の順序を解明する研究が発展していく

1968年

◁ グラショー、サラーム、ワインバーグ（左から）

1968年
電弱相互作用

放射性崩壊に関与する弱い相互作用は、粒子間に働く四つの基本的相互作用（力）のひとつである。弱い相互作用と他の三つの基本的な力（重力、電磁気力、強い力）との間にはある種の不均衡がある。これを説明するために米国の物理学者シェルドン・グラショーが提出した理論を、パキスタンの物理学者モハンマド・アブドゥッ・サラームと米国の物理学者スティーヴン・ワインバーグが発展させ、弱い相互作用と電磁気力をひとつの力、すなわち電弱相互作用に統一する理論を導いた。

◁ エリー湖とその周辺

1968年
環境への警告

「人間がエリー湖を破壊している」と米国連邦水質汚染防止管理局が発表した。同局によると、エリー湖には廃棄物が未処理のまま大量に投棄されていて、この状態を元に戻すには500年かかるという。同じ頃、大統領科学顧問のドナルドF. ホーニッグも、化石燃料を燃やし大気中にCO_2を放出し続ければ、「気候に深刻な影響をもたらすと思われる。おそらく、……かつて起こったような壊滅的な影響になる恐れすらある」と電力会社に警告を発した。

1968年-1969年 | 253

1969年
リストロサウルスの発見

米国の古生物学者エドウィン H. コルバートの率いる研究チームが、南極横断山脈のコールサック・ブラフでリストロサウルス（*Lystrosaurs*）を発見した。イヌに似たこの植物食恐竜の化石は、すでに南アフリカで三畳紀前期の地層から出土していたため、南極での発見はプレートテクトニクスによる大陸移動の仮説を裏付けることになった。

▽ リストロサウルス（復元図）

1969年
五界

米国の生態学者ロバート H. ホイッタカーが、生物を細胞構造、栄養様式、生殖様式、体の構造に基づいて五界に分ける分類体系を提案した。五界とはモネラ界（細菌）、原生生物界（おもに原生動物、藻類）、菌界（カビ、酵母、キノコ）、植物界（植物）、動物界（動物）。

ワカクサタケ、菌類 ▷

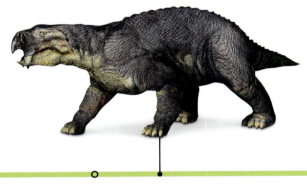

1969年 インターネットの先駆けとなるアーパネット（ARPANET、高等研究計画局ネットワーク）の運用が米国で開始される

1969年 米国の物理学者ジョセフ・ウェーバーが初めての本格的な重力波検出に取り組むも、失敗に終わる

1969年

> 「人類の歴史の中で
> またとないこの瞬間、
> 今まさに地球上の人々は
> ひとつになっています……」
>
> オルドリン、アームストロングと交わした米国大統領
> リチャード・ニクソンの言葉、1969年

1969年
月面着陸

1969年7月20日、月着陸船イーグル号が静かの海に着陸し、ニール・アームストロングとバズ・オルドリンが人類で初めて月面に降り立った。アポロ11号は4回の有人予行飛行の後に実施された。アポロ11号に始まる月面着陸は、その後1972年までに計6回成功を収めた。

▷ 月に降りるバズ・オルドリン

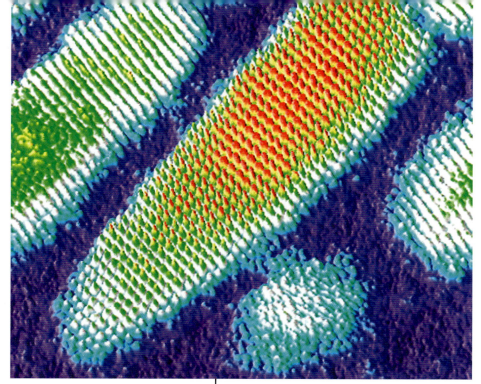

1970年
走査型透過電子顕微鏡

走査型透過電子顕微鏡（STEM）は、薄い試料の上で電子線を前後に走査しながら透過させる、解像度のきわめて高い装置である。この方法により、個々の原子を画像化できるほど詳細な透過像を作成できる。イングランド生まれで米国の物理学者アルバート・クルーが、1964年に自身が考案していた高精度電子銃を利用してSTEMを開発した。

◁ 長さわずか13nmの棒のSTEM画像

1970年

1970年 世界初のX線天文衛星**ウフル**が国際協力のもと、ケニアの沖合いから打ち上げられる

1970年 インドの化学者**ハー・ゴビンド・コラーナ**が生体外で遺伝子を合成し、細菌で機能することを示す

1971年 口径100mの電波望遠鏡がドイツのエフェルスベルクに完成。その後29年間、世界最大の可動型望遠鏡の座を維持する

▷ アンドロメダ銀河の渦巻腕

1970年
見えない質量

米国の天文学者ヴェラ・ルービンとケント・フォードは、アンドロメダ銀河における銀河回転に関する先駆的な研究をおこない、その外側が予想よりも速く周回していることを突きとめた。この現象は、渦巻銀河が可視光線から推測される質量の何倍もの質量を含んでいることを示唆し、宇宙の大部分は重力効果によってのみ検出可能な暗黒物質（ダークマター）でできていることを支持する決定的な証拠となった。

1928～2016年
ヴェラ・クーパー・ルービン

ルービンは米国の天文学者。銀河団と超銀河団の存在を示す証拠を早くに突きとめ、天文学に新たな章を開いた。銀河回転の研究でもよく知られ、米国科学アカデミー会員に選出された2人目の女性。

1971年
火星の表面

米国のマリナー9号が火星を周回する初めての宇宙探査機となった。火星に到着したときは大規模な砂嵐の最中だったが、大気が澄んできてからは、川床、峡谷、そびえ立つ火山など、この赤い惑星の様子がよくわかる初めての画像を撮影した。

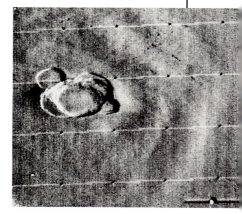

マリナー9号から見た火星のオリンパス火山 ▷

1972年
ハワイの起源

ハワイ-天皇海山列につらなっている火山の成り立ちを米国の地質学者ジェイソン・モーガンが説明した。ハワイの火山群は、地下深くのマントルから上昇しているプルームの上を太平洋プレートが長い時間をかけて移動することによって形成された。海底で溶岩が繰り返し噴出し、海上に火山ができあがる。やがて火山は冷えて島をつくり、ゆっくり沈んでいく。

◁ ハワイ諸島の衛星画像

▷ 陸生マキガイの化石

1972年
断続平衡

米国の古生物学者スティーヴン・ジェイ・グールドとナイルズ・エルドリッジが陸生マキガイなどの種を調べ、漸進進化説に異を唱えた。グールドとエルドリッジによると、ほとんどの種は何百万年にもわたってほぼ変化しないが、このような平衡状態は、短期間で急速に生じる変化によって「断続」されることがある。つまり、新しい種が誕生したとしても、変化が急なため、その途中の証拠は化石記録には残らない。

1971年 ブラックホールを含む可能性がある連星系、はくちょう座 X-1 を天文学者が発見する

1972年 米国の数学者エドワード・ローレンツがカオス理論における画期的な論文を発表し、「バタフライ効果」という用語を確立する

1972年

「カオス：現在が未来を決定するにもかかわらず、近似的な現在が未来を近似的に決定できない状況のこと」

エドワード・ローレンツによるカオス理論の要約

カオス理論

カオス理論の背景には、初期条件に対して非常に敏感な系は一見（真ではないが）でたらめな挙動を示すという考え方がある。このような系がどのように発達していくかを予測することは難しいが、不可能ではない。科学ではカオス理論を利用して、そういった挙動の根底にあるパターンを解明する。カオスは、気象の変動や海洋の乱流などさまざまな自然現象の系や、道路交通や株式市場といった社会現象の系でも散見される。

変数間の相互作用

米国の数学者エドワード・ローレンツは地球の気象をモデル化する際に、三つの単純な気象変数がどのように相互作用するかを検討した。ローレンツの考案したローレンツ・アトラクターは、これらの変数をもつ系が、同じ経路をたどることなく変化し続ける様子を示している。

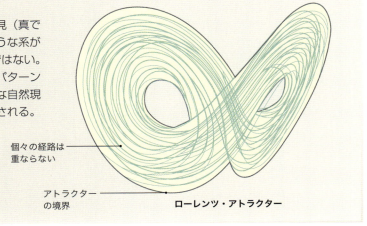

個々の経路は重ならない
アトラクターの境界
ローレンツ・アトラクター

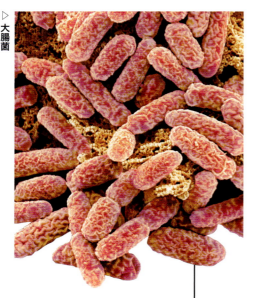

▷ 大腸菌

1973年
遺伝子の導入

米国の科学者ハーバート W. ボイヤーとスタンリー N. コーエンがプラスミド（細胞内にあり、染色体 DNA とは独立して複製する DNA 鎖）を大腸菌（*Escherichia coli*）に導入し、抗生物質テトラサイクリンに対する耐性をもたせることに成功した。この研究により、生物種を超えて遺伝物質を移せることが明らかとなり、細菌を利用してヒトの遺伝子を導入する方法など、さらなる研究が展開していった。

1973年
大統一理論

パキスタンの物理学者アブドゥッ・サラームと、インド生まれで米国の理論物理学者ジョーゲシュ・パティが展開した大統一理論（GUT）は、素粒子の相互作用をひとつの「大統一力」にまとめることによって単純化しようとする試みである。このような力は、ビッグバン直後のようなきわめて高いエネルギー下で作用すると考えられている。

◁ アブドゥッ・サラーム

1973年

1973年 NASA のパイオニア 10 号が木星を通過した初の宇宙船となる。その後も太陽系外へ向かう最初の探査機として飛行を続ける

1973年 米国の古生物学者ジョン・オストロムが、鳥類は恐竜の直接の子孫だとする考えを提唱する

1973年 ソ連のマルス 5 号探査機が打ち上げられる。火星周回軌道から火星表面の化学組成や温度を計測する

1973年 英国とドイツの共同研究チームでジョン・ヒューズとハンス・コスターリッツがエンドルフィンを発見。エンケファリンと命名する

遺伝子工学

遺伝子工学（または遺伝子組換え、GM）とは、ある生物のゲノムの遺伝子を別の生物のゲノムに導入する操作である。遺伝子工学を駆使すると、たとえば遺伝子を改変して、新たな栄養成分をもつ作物を作り出すことができる。ゲノムを変えることで未知のリスクがもたらされる懸念もあるため、GM をめぐってはたびたび議論が起こっている。また、医療分野でも遺伝子工学を用いて遺伝性疾患を治療する遺伝子療法の開発が進んでいる。

インスリンの製造

細菌細胞に遺伝子操作をして、DNA にヒトのインスリン遺伝子を挿入する。この細菌は糖尿病患者の治療に必要なインスリンを生産するようになる。

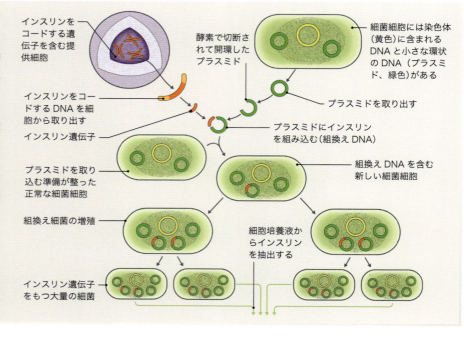

1973年
スカイラブ

フロリダのケネディー宇宙センターからNASAで最初の宇宙ステーション、スカイラブが無人で打ち上げられた。打ち上げ直後に機体の一部を破損したが、次に打ち上げられた最初の有人計画の宇宙飛行士によって修理された。ソ連は1971年に最初の宇宙ステーション、サリュート1号を打ち上げていたものの、これは短期間で終了し、次の打ち上げ成功は1974年まで待たなければならなかった。このとき、米国はすでに3回、スカイラブに乗組員を送り込んでいた。

◁ 地球軌道を飛行するスカイラブ

スカイラブには9人の宇宙飛行士が乗り込み、171日間滞在した

1974年 米国の物理学者マーティン・パールがレプトンの一種、タウを発見する

1974年

1973年 米国の物理学者エドワード・トライオンが、宇宙は量子のゆらぎ（空間の1点においてエネルギー量に一時的に生じるランダムな変化）から誕生したとする考えを提唱する

1974年 米国の天文学者ウィリアム K. ハートマンとドン・デービスが、地球ができて間もない頃に巨大な隕石が衝突して月が形成されたとする説を発表する

1974年
オゾンホール

おもに冷媒として用いられていた工業用クロロフルオロカーボン（CFC）の放出は地球の大気にリスクをもたらす。米国の化学者マリオ・モリーナとF. シャーウッド・ローランドが、このリスクを初めて算出した。CFCの放出によって成層圏に塩素が蓄積すると、日光中の有害な紫外線から地上の生命を守ってくれる保護層であるオゾン層の破壊が促進される。

◁ 宇宙船マリナー10号

1974年
水星の探査計画

NASAの探査機マリナー10号が水星の近くを初めて通過し、その際に写した近接写真を地球に送ってきた。太陽にもっとも近く、公転速度の速い水星に近づくために、マリナー10号は金星の重力を利用した「スリングショット」（いわゆるスイングバイ）操作をおこなった。その結果、177日ごとに水星に接近する軌道に入り、3回の接近を成功させた。

極に広がるオゾンホールの衛星画像 ▷

1975年
モノクローナル抗体

アルゼンチンの生物学者セサル・ミルスタインとドイツの共同研究者ジョルジュ・ケーラーが、不死化骨髄腫細胞株の細胞と特定の抗体を産生するB細胞を融合させた。この融合細胞（ハイブリドーマ）は、モノクローナル抗体という同一の抗体を大量に産生できるようになった。

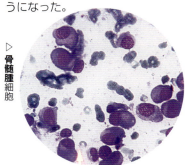

◁ 骨髄腫細胞

熱水噴出孔のチムニーは 18か月で9mも成長し、中には60mに達するものもある

1977年
熱水噴出孔

太平洋のガラパゴス中央海嶺で、米国の海洋学者ティエード・ファン・アンデルが初めて深海熱水噴出孔を発見した。中央海嶺の地下に浸透した、金属を豊富に含む海水をマグマが400℃まで熱し、これが凍るほど冷たい海水の中に噴き出すと熱水噴出孔ができる。熱水噴出孔は、太陽光には依存しない独自の生態系を作り上げている。

熱水噴出孔の一種、ブラックスモーカー ▷

1975年 米国の生物学者 E. O. ウィルソンが、行動の進化が社会的要因や生態的要因によってどのように促されるのかを説明し、社会行動の生物学的基礎を考察する

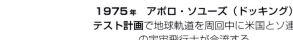

1975年 アポロ・ソユーズ（ドッキング）テスト計画で地球軌道を周回中に米国とソ連の宇宙飛行士が合流する

◁ 火星着陸船バイキング1号

1976年
火星に着陸

NASAのバイキング1号と2号が火星に到着した。いずれも軌道船（オービター）と着陸船（ランダー）から構成されていた。軌道船は宇宙から撮影した火星のカラー画像を、着陸船は火星表面に降りて収集した各種データや撮影した画像を、それぞれ地球に送ってきた。着陸船には岩石試料を採取して生命の兆候があるかどうかを調べるためのロボットアームや、大気の状態を測定するための装置が装備されていた。

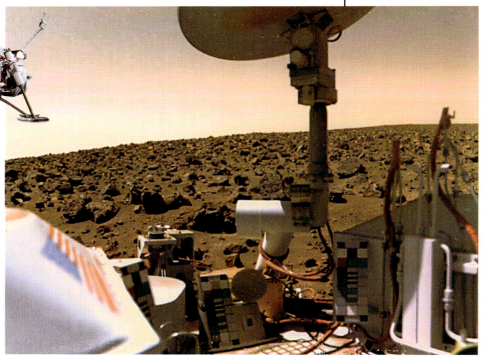

◁ ユートピア平原に着陸したバイキング2号

海洋の構造

詳細な海底地形図を作成することにより、地殻プレートの動きで生じる主要な特徴が明らかになる（p.191 を参照）。大陸の周縁部には浅い大陸棚があり、大陸棚の端は深海底に向かって急勾配になっていて、深海底は堆積層で覆われている。中央海嶺は、元は大陸と大陸がここでつながっていたことを示す。中央海嶺の海底では火山岩が噴出し、海嶺の両側を広げ新しい海洋地殻を形成している。

海面下で成長した火山が海上に出るくらい高くなると火山島ができる

中央海嶺は、遠ざかっていくプレートの境界でマグマが上昇する場所にできる

深海平原は平らで堆積物に覆われ、深海底の大部分を占める

大陸棚は海岸近くの浅い領域。大陸地殻でできていて大陸の一部

大陸斜面は大陸棚の端。ここから海底に向かって急勾配で深くなる

海溝は深海平原の境界にできる。ここではプレートが別のプレートの下に沈み込む

テクトニクスと海底
海底は火山地殻でできている。海底は何百万年にもわたる地殻変動によって形成され、中央海嶺から広がっている。

大陸地殻　海洋地殻　マントル・プルーム　リソスフェアマントル　アセノスフェア

1977年 イングランドの生化学者リチャード・ロバーツと米国の遺伝学者フィリップ・シャープがそれぞれ独立に、遺伝子は分断されて染色体上に並んでいることを突きとめる

1977年 1967年に始まった世界規模でのワクチン投与計画の結果、天然痘が根絶される

1977年 DNA鎖のヌクレオチドについて、英国と米国の研究チームがそれぞれ異なる配列決定方法を考案する

1977年
海底地形図の作成

米国の地質学者マリー・サープが、米国の地球科学者ブルース・ヒーゼンが収集したデータをもとに全世界の海底地形図を初めて作成した。この地形図には、拡大している中央海嶺、海底火山、沈み込み帯などプレートテクトニクスのおもだった特徴がはっきり示されていた。

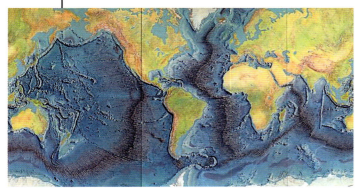
△ ヒーゼン–サープの世界海底地形図

1977年
天王星の環

米国の天文学者ジェームズ・エリオットらが天王星の環を発見した。遠方の恒星が天王星の後方を通過するときの光の変化を観測していたところ、天王星の両側で恒星が何度か短時間だけ消えていることに気づいた。エリオットらは最終的に、土星の環よりも暗くて細い環を9本確認した。その後さらに4本が発見されている。

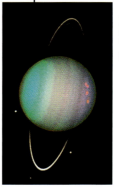
◁ 天王星と環

◁ プリンストン大学大型トーラス装置

1978年
核融合炉

プリンストン大学大型トーラス（PLT）は初期のトカマク装置である。トカマク装置とは、核融合反応に必要な超高温のプラズマ（イオンと自由電子からなる気体）を閉じ込めることができるドーナツ型の容器。7月にPLTは6000万℃を超えるプラズマを保持し、核融合研究における画期的な成果を上げた。

1978年
恐竜の社会行動

米国の古生物学者ジョン・ホーナーとロバート・マケラがモンタナ州で15体のハドロサウルス（カモノハシリュウ）の骨格を含む巣を発見した。この巣から、両親が幼い恐竜の世話をしていたことが示唆された。2人が調べていたマイアサウラは現在の鳥類と同様に、共同で巣作りをし、おそらく毎年同じ営巣地に戻っていたと考えられる。

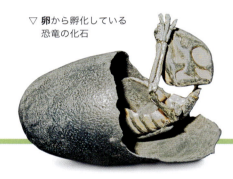

▽ 卵から孵化している恐竜の化石

1978年 米国の天文学者ジェームズ・クリスティが準惑星、冥王星の最大の衛星カロンを発見する

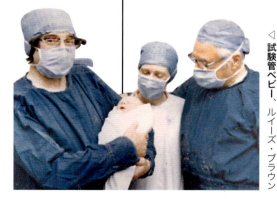

◁ 試験管ベビー、ルイーズ・ブラウン

1978年
試験管ベビー

ヒトで初めてとなる体外受精（IVF）が成功し、ルイーズ・ジョイ・ブラウンが誕生した。英国の科学者が開発したIVFでは、卵子と精子を体外で合体させた後に初期胚を母親の子宮に移して予定日まで成長を待つ。

1978年
金星でのパイオニア号

NASAの探査機パイオニア号が2機、金星に到着した。パイオニア・ヴィーナス・オービターには、厚い雲の下に広がる地形を地図にするためのレーダーをはじめ各種計測装置が搭載されていた。パイオニア・ヴィーナス・マルチプローブは4機のプローブ（探査機）を放出して大気に突入させ、灼熱の高圧状態下での種々のデータを地球に送ってきた。

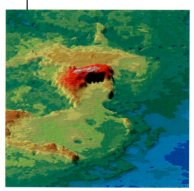

◁ 金星のイシュタル大陸のレーダー地図

1979年 隕石の衝突

米国の科学者ルイス・アルヴァレズと息子ウォルターが白亜紀末の海底の粘土を分析したところ、イリジウム濃度が著しく高かった。通常、地表に存在するイリジウムは少量で、宇宙塵に由来する。したがってアルヴァレズ親子は、地球にきわめて大きな小惑星が衝突し、これが原因で恐竜が絶滅したと考えた。後年、巨大なチクシュルーブ・クレーターが、この小惑星の衝突跡であることが確認された。

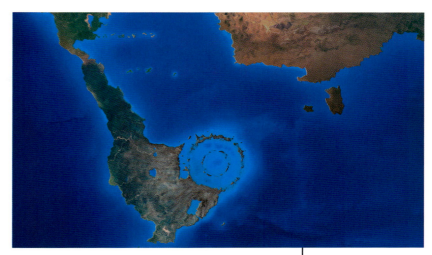

衝突直後のチクシュルーブ・クレーターの想像図 ▷

チクシュルーブの衝突クレーターは1990年にメキシコのユカタン半島で発見された

1979年 NASAのボイジャー1号と2号が木星を通過し、この巨大な惑星とその衛星を撮影する

1979年 ドイツのDESY研究所で実験中にグルーオン（クォークを結びつける粒子）の存在を示す証拠が見つかる

1979年 スリーマイル島原子力発電所で原子炉1基が部分メルトダウンし、原子力発電への懸念が高まる

大量絶滅

種の出現と消滅は絶え間なく繰り返されているが、突然、大量絶滅によって多数の種が失われることもある。6500万年前の恐竜の消滅はその一例である。過去5億年の間には、小惑星の衝突、火山の噴火、海面の変化などによって大量絶滅が5回起きている。近年の絶滅率の急激な上昇は、6回目の大量絶滅が現在進行中であることを示唆している。

凡例
地質時代
- カンブリア紀
- オルドビス紀
- シルル紀
- デボン紀
- 石炭紀
- ペルム紀
- 三畳紀
- ジュラ紀
- 白亜紀
- 古第三紀
- 新第三紀

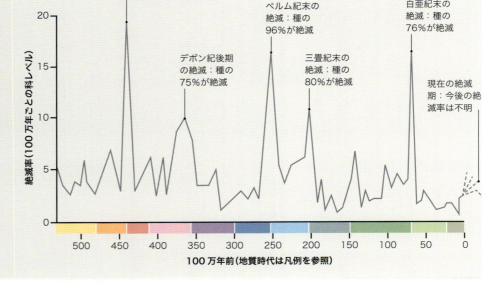

1980年
土星の衛星を撮影

探査機パイオニア11号が環をもつ惑星、土星に最初に接近した翌年、ボイジャー1号も土星の衛星の近接写真を地球に送ってきた。ボイジャー1号は、いくつかの氷衛星とタイタンの厚い大気を撮影した後、星間空間へと向きを変えた。その9か月後にはボイジャー2号が土星をかすめ、1号とは異なる方向へ向かっていった。

▷ 土星の衛星タイタン

1980年
量子力学的な振る舞い

ホール効果とは、磁場が導体中の電子の軌道に影響を及ぼす現象である。ドイツの物理学者クラウス・フォン・クリッツィングは極低温で電界効果トランジスタの実験をしていたときに量子のホール効果を発見した。量子ホール効果には量子コンピュータのデータ保存への利用が期待される。

クラウス・フォン・クリッツィング ▷

1980年 イングランドのコンピュータ科学者ティム・バーナーズ＝リーが、ワールド・ワイド・ウェブの前身となるエンクワイア（ENQUIRE）の開発を始める

1981年 米国のIBM社がIBMパーソナルコンピュータを発売。これが、その後、長年にわたって、ほとんどのパーソナルコンピュータの基本設計となる

△ ソコロ砂漠のVLAパラボラアンテナ群

1980年
超大型電波干渉計群

米国ニューメキシコ州ソコロ近郊で、超大型電波干渉計群（VLA）からなる電波望遠鏡が稼働を始めた。VLAは、1辺が21kmのY字型のレールの上に、口径25mの可動式パラボラアンテナを27基、備えている。パラボラアンテナで受信した信号を干渉法という技術でひとつにまとめることにより、強力な可視光望遠鏡にひけを取らないくらい詳しく電波宇宙を観測できる。

1980年-1981年 | 263

「シャトルを使うことによって、宇宙ステーションや発電所、実験室や住居施設など、あらゆるものを宇宙に建設できるようになります」

アイザック・アシモフ、インタビューに答えて、1979年

1981年
スペースシャトル

NASAのスペースシャトルが最初のミッションに向けて飛び立った。スペースシャトルは飛行機のようなオービターと大型の外部燃料タンクからなり、2基のブースターロケットで補助されて打ち上げられる画期的な乗り物だった。衛星の運搬や修理に利用されただけでなく、一時的な宇宙ステーションとしても機能した。

◁ 打ち上げ直後のスペースシャトル、コロンビア号

1981年

1981年 米国の理論物理学者アラン・グースが、初期の宇宙はビッグバンの後、指数関数的な速さで一瞬のうちに膨張したと考える宇宙インフレーション理論を発表する

1981年 米国カリフォルニア州で、さまざまな症状を呈する未知の病気が報告される。後に後天性免疫不全症候群（AIDS）と命名される

1981年 米国の分子生物学者ジョージ・ストレイジンガーがゼブラフィッシュを用いて脊椎動物のクローンを作製する

1981年
磁気共鳴画像法

英国の科学者たちが全身用磁気共鳴画像（MRI）スキャナーを開発し、患者を撮影した。MRIでは、まず強力な磁場を利用して体内の水素原子を同じ方向に整列させる。その後、異なる周波数の電波を照射して水素原子核の方向を変え、得られる振動を測定して画像化する。とくに脳などの臓器については三次元画像を作成し、経時的な変化を検出するのに使われることがある。

頭部のMRIスキャン画像 ▷

◁ 有孔虫殻のSEM

1981年
過去の気候

CLIMAP（米国の気候長期研究・図化・予測計画）の一環で、有孔虫などの石灰質化石を含む海底の堆積層が分析された。このデータをもとに、CLIMAPに参加した科学者たちが過去の海の状態を推定し、最終氷期最盛期（3万1000年前から1万6000年前）の水温図を作成した。

1982年
金星探査

ソ連のベネラ13号と14号が金星に到着した。それぞれの母船から着陸機が放出され、着陸機は金星の過酷な大気の中をパラシュートで降下した。着陸機は1〜2時間だけ稼働し、その間に金星表面の音や初めてのカラー画像を地球に送信した。さらに着陸地点の岩石を分析し、火成岩（火山性の岩石）であることを確認した。

◁ ベネラ13号着陸機の模型

1982年 米国の生化学者がラットの成長ホルモン遺伝子をマウスの卵子に導入し、哺乳類での種を超えた遺伝子導入を初めて成功させる

1982年 スペインの物理学者ブラス・カブレラが、大統一理論で予言されていた磁極がひとつしかない磁石を検出する

1982年
プリオン

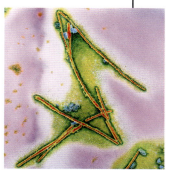

米国の生化学者スタンリー・プルシナーが、変性疾患であるクロイツフェルト・ヤコブ病を患う患者の脳細胞からタンパク質を単離した。プルシナーは、このタンパク質が感染性因子である可能性が高いと考え、プリオン（prion）と名前をつけた。プリオンタンパク質は健康なヒトにも存在していたが、折りたたみ（高次構造）が異なっていた。プルシナーは、異常プリオンタンパク質が正常プリオンタンパク質に誤った折りたたみ構造を伝えることを突きとめた。

◁ プリオンからなる線状物質

1982年
エルニーニョ現象

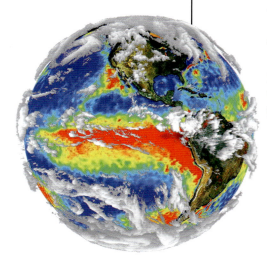

△ エルニーニョ年の地球の表面温度

1982年5月から83年6月にかけて、地球は記録的なエルニーニョ現象に見舞われた。この気候現象（伝承によるイエスの誕生日であるクリスマス前後にピークを迎えることが多いため、エルニーニョという名前は「幼子イエス」を意味するスペイン語からつけられた）は数年に一度発生し、東太平洋熱帯域の海水温の上昇を伴う。1982年から83年にかけて長く続いたエルニーニョ現象は、オーストラリア、アフリカ、インドネシアで干ばつや火災を引き起こし、ペルーには集中豪雨をもたらした。

1983年
赤外線天文学

米・蘭・英が共同で開発した赤外線天文衛星（IRAS、アイラズ）の打ち上げは、新たな天文学の到来を告げた。IRAS計画では−271℃まで冷却した望遠鏡を搭載し、微弱な赤外線をとらえた。300日間にわたる観測で、銀河や星形成星雲中の冷たい塵、恒星を取り巻く惑星形成円盤など、可視光線を放射しない暗い天体や物質を検出した。

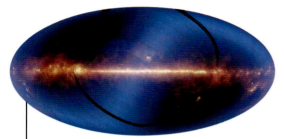

△ IRASによる全天の画像。中央には天の川銀河

1983年
エイズの原因

フランスのウイルス学者リュック・モンタニエらは後天性免疫不全症候群（AIDS）を患う患者から採取した試料を調べ、リンパ節にウイルスを発見し、これにリンパ腺症関連ウイルス（LAV）と名前をつけた。しかしモンタニエらはLAVをAIDSの原因とまでは断定せず、米国の生化学者ロバート・ギャロが、このウイルスがAIDSを引き起こすことを確認した。現在は、AIDSの原因ウイルスはヒト免疫不全ウイルス（HIV）の名前で知られている。

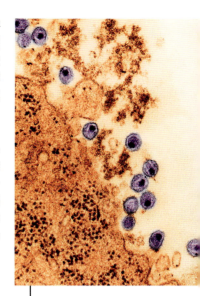

HIV、電子顕微鏡写真 ▷

1983年 モトローラ社が、世界初の市販の携帯電話となるDynaTAC8000Xを米国シカゴで発売する

1983年 米国の遺伝学者キャリー・マリスが、わずかなDNA試料から何百万ものコピーを作るポリメラーゼ連鎖反応（PCR）を発見し、バイオテクノロジー（生物工学）に大変革をもたらす

1983年
核の冬

米国の科学者カール・セーガンが、核戦争が地球大気に及ぼす影響を算出した。核戦争が起こると大火炎によって何億トンもの煤煙が上空に吹き上げられて、日光が遮られる。その結果、日射量は減少し、気温は氷点下になり、植物が死滅する。やがて世界中に飢饉が広がり、おびただしい数の犠牲者が出るとセーガンは予想した。

◁ 米国ワイオミング州にあるミサイル警戒施設

「私たちは文明と人類を危機にさらしている」

カール・セーガン、『パレード』誌、1983年

宇宙論の標準モデル

今日、ほとんどの宇宙論学者（宇宙の形成と進化の専門家）は、宇宙は Λ-CDM と呼ばれる標準モデルで説明できると考えている。現在、宇宙のさまざまな性質は天文学者の観察によって明らかにされているが、これを説明するためにビッグバン理論に導入される仮定が Λ-CDM である。

Λ（ラムダ）は、空間の膨張を時間とともに加速させる宇宙定数に対応し、謎の現象、暗黒エネルギー（ダークエネルギー）としても知られている。CDM（冷たい暗黒物質）とは、宇宙の「見えない質量」である。CDM は重力によって可視天体に影響を与えるが、CDM 自体は暗闇で、光や放射線を透過させる。

暗黒エネルギーと冷たい暗黒物質を用いれば、ビッグバン理論だけでは解くことのできない観測結果をいくつか説明できると考えられている。たとえば、宇宙マイクロ波背景放射の波紋が示すように、宇宙が透明になる前にすでに密度が上昇していた領域があったことを説明するには、何らかの暗黒物質が必要である。さらに、冷たい暗黒物質は、銀河が最初は小さく、衝突や合体を繰り返して成長していったという観測結果を説明する。一方、熱い暗黒物質の場合は、最初に超銀河団のような大きな規模の天体を作り、その天体が分裂して徐々に小さな天体ができていくと考えられる。

宇宙定数ラムダは、遠方で爆発している星が、宇宙の膨張が一定あるいは減速している場合の予測よりも暗く、したがって遠くに見える理由を説明する（下記を参照）。

割合の測定
ヨーロッパ宇宙機関が打ち上げたプランク衛星の測定によると、今日の宇宙のエネルギー含有量は、暗黒エネルギーが 68.5％、暗黒物質が 26.6％、目に見える物質はわずか 4.9％。

暗黒エネルギーの検出

暗黒エネルギーの決定的な証拠は Ia 型超新星から得られる。Ia 型超新星とは、白色矮星が崩壊して中性子星になるときに起こる爆発である。どの Ia 型超新星もほぼ同じ量のエネルギーを放出し、遠くにあっても検出できる。こうした性質をもつ Ia 型超新星の明るさによって、地球までの距離と、さらに光の速度が限られていることから、その年齢とを直接導ける。その結果、距離も時間もさまざまな超新星ホスト銀河を特定できる。また、遠方の銀河からの光の赤方偏移（宇宙の膨張によって引き起こされる）が、宇宙の誕生以降どのように変化してきたかも測定できる。

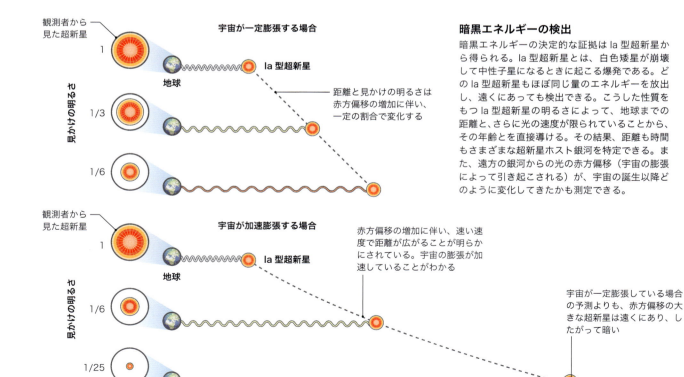

銀河団に含まれる暗黒物質
エイベル370のような遠方にある銀河団は、さらに遠方にある銀河からの光線を屈折させて歪んだ弧の形にする。このような重力レンズ効果の強さを地図に表すと、銀河団の質量の大半を占める暗黒物質の分布がわかる。

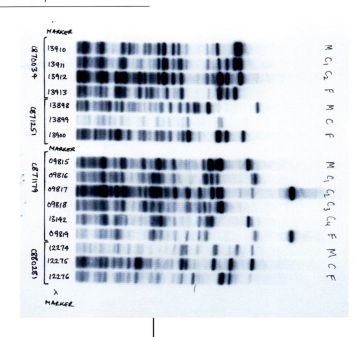

13か所の遺伝子座について2人の人間が同じDNA型をもつ確率は10億分の1

1984年
DNA指紋法

イングランドの遺伝学者アレック・ジェフリーズがDNA配列には個人によって特有の差異があることに気づいた。そこでジェフリーズは、電場をかけたゲル媒体中で、制限酵素で断片化したDNA配列を「移動させて」分離し、「指紋」のようなパターンを作り出すことに成功した。この技術を用いると、微量の血液や毛髪、唾液から個人を特定したり、二つの試料から血縁関係の有無を判別したりできる。

◁ 電気泳動で分離したDNAのバンド

1984年　ゾウは遠方にいるゾウと
ヒトの可聴域以下の低周波音で情報をやりとりしていることを、米国の動物学者ケイティ・ペインが発見する

1984年　ヒトで初めて
凍結保存胚から赤ちゃんが誕生する

1984年

1984年
DNAの関係

米国の生物学者チャールズ・ガルド・シブリーとジョン・エドワード・アールクィストがDNAハイブリダイゼーション法を用いてサルと類人猿のDNAを調べ、種間の類似度を明らかにした。この研究によれば、分岐したのは古いほうから順に、ギボン、オランウータン、ゴリラ、チンパンジー、ヒトとなる。

◁ チンパンジーのゲノム地図

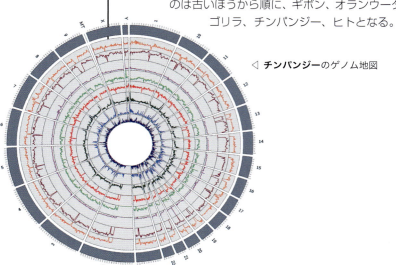

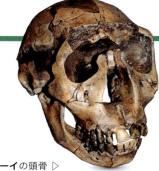

トゥルカナ・ボーイの頭骨 ▷

1984年
トゥルカナ・ボーイ

ケニアの古人類学者リチャード・リーキーと一緒に調査をしていた仲間が、ケニアのトゥルカナ湖近くで骨格の化石を発見した。この化石はホモ・エレクトス（*Homo erectus*、アフリカとアジア全域に広く分布した最初のホモ属と考えられている）のもので、年代はおよそ150万年前と推定され、トゥルカナ・ボーイと名づけられた。全身の骨格をかなり残していたため、人類の祖先について解剖学や生物学の見地から新たに考察を深める手がかりとなった。

ナノテクノロジー

原子や分子レベルで物質を作り出して利用する科学と工学をナノテクノロジーという。ナノテクノロジーとは、大きくても100ナノメートル（nm）ほどの規模での物質の操作を意味する（nmは10億分の1m）。ちなみに人間の毛髪は直径2万5000nm。同じ素材でもナノスケールでチューブやワイヤーや粒子といった構造に加工されると、それぞれまったく別の有用な特性を示す。ナノテクノロジーは、触媒の製造、電池の改良、布地の防汚などに利用されている。

ナノチューブとナノ粒子

ナノスケールの炭素には、中空のボールやチューブ、シート（グラフェン）などさまざまな種類がある。ナノスケールのシリコンワイヤーは固体であり、新しいタイプの電池に応用すべく開発が進められている。

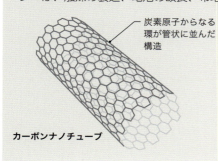

カーボンナノチューブ
炭素原子からなる環が管状に並んだ構造

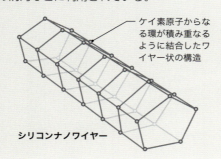

シリコンナノワイヤー
ケイ素原子からなる環が積み重なるように結合したワイヤー状の構造

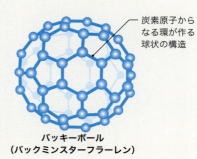

バッキーボール（バックミンスターフラーレン）
炭素原子からなる環が作る球状の構造

1985年 インターネットに先駆けてスーパーコンピュータのネットワーク、NSFNETが構築される

1985年 冥王星と衛星カロンの相互食をもとにして、それぞれの大きさが測定される

1985年

1985年 深海底サンプリング海洋研究所共同研究機構（JOIDES）計画が実施され、2億年以上古い海底は存在しないことが確かめられる

◁ バッキーボール、C₆₀の模型

1985年
バックミンスターフラーレン

イングランドの化学者ハロルド・クロトー、米国の共同研究者リチャード・スモーリー、ロバート・カールが、60個の原子からなる中空分子という、それまでになかった形の純粋炭素を発見した。3人はグラファイトにレーザーを照射して蒸発させることによって、同素体バックミンスターフラーレン（別名バッキーボール）を得た。この名前は、分子の形が米国の建築家リチャード・バックミンスター・フラーが設計したジオデシック・ドームに似ていることに由来する。

△ 銀河をたくさん含む銀河団エイベル2744

1985年
エイベル銀河団

大規模な銀河の分布が初めて調べられ、銀河は、何もないように見えるボイドのまわりを取り囲む、物質に富むフィラメント状構造に集中していることが明らかにされた。エイベル銀河団として知られる銀河集団の分布が宇宙ひも理論と一致することを、南アフリカの宇宙論学者ニール・トゥロックが指摘した。宇宙ひも（コズミック・ストリングス）とは、ビッグバンによって作られたとされる巨大な仮想構造であり、恒星や銀河が形成される際に物質の種になると考えられている。

△ 事故後のチョルノービリ原子力発電所

1986年
チョルノービリのメルトダウン

当時はソ連の一部だったウクライナ北部の都市プルィーピヤチ近郊のチョルノービリ（チェルノブイリ）原子力発電所で保安点検中に史上最悪の原発事故が起こった。4号炉の炉心が溶融（メルトダウン）し、原子炉全体に深刻な火災が広がった。事故の原因はひとつではなく、設計上の欠陥もあったし、人為的ミスも絡んでいた。数十万人が避難し、放射能汚染は東風に乗ってヨーロッパ全土に及んだ。

1986年 ソ連が、複数の結合モジュールからなる世界初の宇宙ステーション、ミールの組み立てを開始する

1986年 米国連邦政府が、遺伝子組換え生物（GMO）とバイオテクノロジーの利用および安全性を規制するための枠組みを設ける

1986年

1986年 ボイジャー2号が天王星の近くを通過し、近接撮影した天王星と環と大きな衛星の画像を地球に送ってくる

1986年 米国の科学者たちが、植物の病原菌アグロバクテリウム（根頭癌腫病菌、*Agrobacterium tumefaciens*）がもつ能力を利用して遺伝子を作物に導入する。この方法により遺伝子工学の可能性が広がる

1986年
超伝導セラミックス

電流の流れに対して抵抗がゼロになる現象、超伝導は1911年に発見され、1986年までは絶対零度に近い超低温の金属素材でのみ観察されていた。ところがこの年、ドイツの物理学者ゲオルク・ベドノルツとスイスの物理学者アレックス・ミュラーが、これまでの素材とは異なる銅酸化物系セラミック材料が、絶対零度より35℃高い温度で超伝導を実現することを見出し、新たな応用分野を切り開いた。

偏光下で撮影したセラミック超伝導体 ▷

1987年
超新星1987A

大マゼラン雲（天の川銀河の伴銀河）で超新星爆発が起こり、望遠鏡の発明以来もっとも明るい光を放った。続く数か月間、天文学者たちはさまざまな観測機器を用いて、この超新星爆発を調べ、大質量星の死に関する多くの知見を得た。

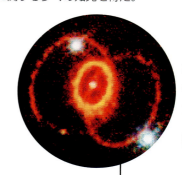

◁ 超新星1987Aを取り巻くデブリの環

1987年
コンドルの保全

世界最大級の鳥類カリフォルニアコンドル（*Gymnogyps californianus*）の生息地は、かつてはカナダのブリティッシュコロンビア州南部からメキシコのバハ・カリフォルニア州まで広がっていた。だが、1980年代には絶滅寸前になり、野生個体は20羽ほどしか残っていなかった。1987年に、最後の野生個体をすべて捕獲し、飼育下で繁殖させる計画が始まった。この計画が実を結び、1992年には最初の人工飼育個体が野生に放たれた。以来、個体数は着実に増えてきている。

△ 滑空するカリフォルニアコンドル

1987年 イチゴに耐霜性をもたせるように設計された細菌が、遺伝子組換え生物（GMO）として初めて野生に放出される

1987年 大気中のオゾンを破壊するフロンガスの放出を規制する国際条約が、カナダのモントリオールで調印される

△ 打ち上げ直後に爆発するチャレンジャー号

1986年
チャレンジャー号の大惨事

スペースシャトル、チャレンジャー号が打ち上げの73秒後に爆発し、搭乗していた7名の宇宙飛行士が全員、死亡した。低温環境のため片方のブースターロケットが十分に密閉されず、熱いガスが噴出して宇宙船全体に壊滅的な影響をもたらしたことが、その後の調査で明らかとなった。次のシャトルの打ち上げは、安全性の検証を待ってから32か月後におこなわれた。

> 「技術を成功させるには、世間体よりも現実を優先しなければならない。なぜなら自然を欺くことはできないからだ」
>
> チャレンジャー号事故調査委員会の委員、リチャード・ファインマン、1986年

1988年
ヒトゲノム計画

ジェームズD.ワトソン（p.234を参照）を代表とするヒトゲノム計画（HGP）が始まった。HGPの目的はヒトのゲノム地図の作成と、32億「文字」の塩基配列の決定にあった。HGPによりヒトの遺伝子の設計図を完全に読み解く可能性が開かれ、生物科学の諸分野が変容していくことになる。

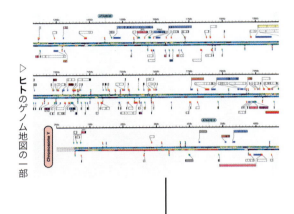

◁ ヒトのゲノム地図の一部

1989年
探査機ガリレオ

スペースシャトル、アトランティス号の貨物室から、NASAの宇宙船ガリレオが放出され木星に向かった。その後、ガリレオは6年に及ぶ複雑な旅を経て、1995年12月にこの巨大惑星を周回する軌道に入った。そこから8年にわたり、木星およびその衛星の画像やデータを地球に送りつづけた。

アトランティス号の貨物室から放出されるガリレオ ▷

1988年

1988年 世界気象機関と国連環境計画が気候変動に関する政府間パネル（IPCC）を設立する

1988年 イングランドの天文学者サイモン・リリーが観測史上もっとも古い銀河を発見。120億年かけて地球に届いた光を検出する

上昇する気温

現代では、気候変動を測定する際には、地球の平均表面温度と海洋の表面温度を組み合わせる。この測定方法は、工業化の進展に伴い、気候温暖化をもたらす温室効果ガスが放出されるようになった1800年代後半から用いられている。組織や団体によって推定値に多少の違いはあるが、いずれも世界の地表面温度が上昇していることを示している。2006年から15年までの平均は19世紀後半の平均を約0.87℃上回っている。

変化の記録

右のグラフは19世紀後半からの地球の表面温度と長期平均気温との差を表す。1980年代から急激に上昇している。

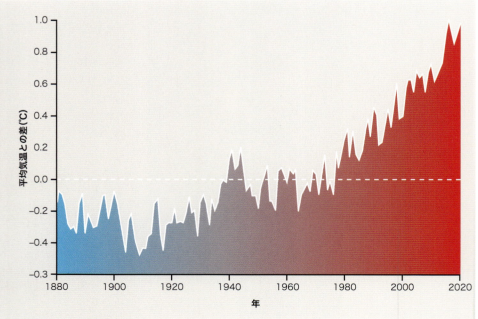

「ウェブがつなぐのはマシンだけではない。人と人とをつなぐのです」

ティム・バーナーズ＝リー、米国ナイト財団での講演、2008年

1989年
ワールド・ワイド・ウェブ

イングランドのコンピュータ科学者ティム・バーナーズ＝リーがワールド・ワイド・ウェブを開発したのは、高エネルギー物理学研究センターCERNに勤務していたときのことだった。リーはハイパーテキストという既存の技術を利用して、CERNのコンピュータ・ネットワーク上にある文書をクリック操作で関連づける方法を論文にまとめ、1989年に発表した。このシステムは1990年にCERNで初めて実行に移され、1993年にパブリックドメインとして公開された。

▷ ワールド・ワイド・ウェブの最初のサーバー

1989年 地球大気のCO_2濃度が353 ppmとなる

1989年 米国の天文学者が土星最大の衛星タイタンに向けて電波を放ち、反射面が氷と液体炭化水素で覆われていることを明らかにする

1989年 ボイジャー2号が海王星を通過し、その巨大衛星トリトンに氷の間欠泉があることを発見する

1989年

1989年
バージェス頁岩(けつがん)

カナダのロッキー山脈に発達した堆積層、バージェス頁岩で1909年に初めて発見された珍しい化石群について、米国の古生物学者スティーブン・ジェイ・グールドが解説書を出版した。バージェス頁岩からは、約5億800万年前、カンブリア紀中期に生息していた120を超える種の標本が6万5000点ほど発掘されていて、その大半が既存の分類群では説明がつかなかった。

△ バージェス頁岩で発見されたカンブリア紀の節足動物ワプティア（復元図）

1989年
常温核融合への期待

地球上で核融合を実現する可能性は、核融合に必要な超高温を発生し、かつ閉じ込められる装置の開発にかかっている。1989年、英国の化学者マーティン・フライシュマンと米国の電気化学者スタンレー・ポンズが、小規模の電気分解実験でエネルギーを発生させ、中性子を生成したと報告した。しかし、室温での核反応、すなわち「常温核融合」を達成したというフライシュマンらの主張は誰にも再現できなかった。

◁ フライシュマン教授（左）とポンズ教授（右）

HSTは時速2万7000 kmで地球を周回している

1990年
ハッブル宇宙望遠鏡

NASAのハッブル宇宙望遠鏡（HST）がスペースシャトル、ディスカバリー号によって打ち上げられ、地球を周回する軌道に放出された。HSTは、宇宙を可視光で観測するために設計された初めての周回宇宙望遠鏡である。ところが地球にデータを送ってくるようになると画像が不鮮明で、望遠鏡の主鏡に問題があることが判明した。この不具合は、1993年の最初の修理・改良ミッションで宇宙飛行士によって修正された。

△ ハッブル宇宙望遠鏡

1990年

- **1990年** バイカル湖で淡水の地熱噴気孔が発見され、地殻が広がり新しい湖底を形成していることが示唆される
- **1990年** ADA-SCID（免疫不全症）患者に、ヒトでは初めての遺伝子治療がおこなわれる
- **1990年** 米国の遺伝学者メアリー＝クレア・キングが、乳がんの発症には遺伝的高リスク要因として遺伝子BRCA1が関与していると報告する
- **1990年** 単一の気泡からの音ルミネセンス（気泡が壊れるときに生じる光）が観察される
- **1990年** 英国の科学者ロバート・ウィンストンとアラン・ハンディサイドが着床前の体外受精胚に対して遺伝病の有無を検査する

1946年〜
メアリー＝クレア・キング

キングは乳がんの遺伝子変異に関する研究でよく知られている。そのほかにも、ヒトとチンパンジーの遺伝子は約99%が同じであり、両者の違いに大きく関与するのは遺伝子の制御であることを突きとめている。

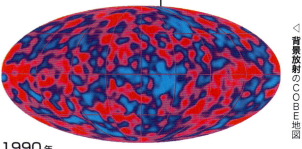

◁ 背景放射のCOBE地図

1990年
宇宙背景放射探査衛星

NASAの宇宙背景放射探査衛星（COBE）が、宇宙を誕生させたビッグバンの名残りである宇宙マイクロ波背景放射（CMBR）の測定を開始した。1990年から92年にかけてCOBEはCMBRのわずかな温度差を捉えた。その結果、宇宙は誕生以来、何十億年もかけてゆっくり進化してきたのではなく、きわめて早い段階から、物質が異なる密度で集まっていたことが確かめられ、ビッグバン理論が裏づけられた。

1991年
分子機械

スコットランド生まれの米国の科学者フレイザー・ストッダートが、機械スイッチとして機能する分子レベルの集合体の研究を一足飛びに進展させた。ストッダートが開発した分子集合体はリング状の分子に「軸」分子が貫通した構造（ロタキサン）からなる。ロタキサンは光や熱などの外的要因に反応して動く。このような分子レベルで動作するナノテクノロジーは、薬物送達システムやセンサー技術など、さまざまな用途に応用されている。

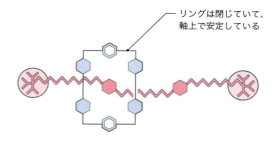

リングは閉じていて、軸上で安定している

リングと軸

分子リングは細い軸に沿って動く。軸の両端がダンベル状になっているため、リングは軸から抜けない。光、酸、溶媒やイオンなどの刺激を受けると、軸上のリングは電子が豊富な領域間を移動する。

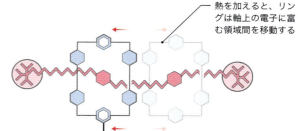

熱を加えると、リングは軸上の電子に富む領域間を移動する

1991年 銀河 NGC6240 のひときわ明るい核に1個あるいは複数のブラックホールがあることを示す証拠が得られる

1991年 パルサーからの信号に、周回している天体によって生じる変動が観測される。すなわち太陽系の外に惑星が存在する証拠が示される

1991年 木星に向かうガリレオ探査機が初めて二つの小惑星の近くを通過し、小惑星ガスプラの近接写真を送ってくる

1991年
ナノチューブ

日本の科学者、飯島澄男がカーボンナノチューブを発見した。カーボンナノチューブとは、直径はわずか 1 nm ほど、長さは直径の 1000 倍もある長い分子。鋼鉄よりも強いうえに軽く、熱も電気も驚くほどよく通す。カーボンナノチューブは半導体や発光ダイオードに利用されている。

◁ ピナトゥボ火山の噴火

1991年
ピナトゥボ火山の噴火

1991年にフィリピンで起こったピナトゥボ火山の噴火は、20世紀で最大級の火山噴火となった。激しい地震に続いて、深さ 20 km ほどの地殻からマグマが上昇して噴出し、5 km^3 にもなる火山灰と軽石とガスを約 35 km 上空に噴き上げた。火山灰は世界中を駆け巡った。

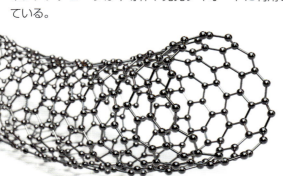

△ カーボンナノチューブ

1993年
ケック望遠鏡

ハワイのマウナケア山に口径10 mのケックⅠ望遠鏡が完成し、世界最大の望遠鏡が誕生した。巨大な主鏡は六角形の部分鏡からなり、完ぺきな1枚の反射面として機能するようコンピュータ制御のモーターで調節されていた。1996年には対になるケックⅡが加わった。2台の望遠鏡を合わせると、口径85 mの単一鏡に匹敵する精度で観測できる。

◁ 架台に載っているケック望遠鏡

1992年

1992年 ブラジル、リオで開催された国連会議UNCED地球サミットで、持続可能な開発と環境保護に関する行動が呼びかけられる

1992年 米国とフランスが共同開発した海洋観測衛星トペックス・ポセイドンが打ち上げられる

1992年 米国の天体物理学者トーマス・ゴールドが、深さ数kmの深部地下に微生物が生息している可能性を指摘する

▷ ワタゲナラタケの子実体

1992年
最大の生物

39ヘクタールの土地に生息する菌類ワタゲナラタケ（*Armillaria bulbosa*）を約250個体採取し遺伝子分析したところ、単一の生物であることが判明した。米国ミシガン州の森で発見されたこのワタゲナラタケは、2500年かけて重さ400トンにまで増殖したと推定されている。

獣脚恐竜、モノニクス（復元図）▷

1993年
鳥類の祖先

モンゴルで7500万年前の白亜紀後期の地層から、鳥類に似た新種の小型恐竜を発見したと米国の古生物学者らが報告した。モノニクス（*Mononykus*）と命名されたこの恐竜は、体高が約1 m、短くて丈夫な腕の先にはかぎ爪が1本生え、胸骨の中央に竜骨突起があった。当初、モノニクスは原始的な飛べない鳥類とされ、鳥類が従来の推定よりも早い時期からさまざまな種類に進化していた証拠とみなされた。その後、新たに化石が発掘され、現在ではモノニクスは羽毛の生えた小型の獣脚類と考えられている。

1992年-1994年 | 277

1994年
シューメーカー・レヴィ彗星

シューメーカー・レヴィ第9彗星の断片が次々と木星に衝突した。巨大な火球が生じ、雲層にはしばらくの間、衝突痕があった。天文学者はこの衝突を利用して、木星の大気下部から現れた物質を調べた。さらに木星の大きな重力が彗星に及ぼす影響も確認した。シューメーカー・レヴィ第9彗星は1993年に発見されたが、じつはそれ以前にも木星に接近したことがあり、その際に引き裂かれ、最大で直径2kmほどの断片に分裂していた。

木星へ向かって列をなす彗星の断片 ▷

1994年
蛍光を放つ線虫

米国の生化学者マーティン・チャルフィーらが、緑色蛍光タンパク質の遺伝子 *Gfp* を線虫に導入した。チャルフィーらは *Gfp* のDNA配列をまず細菌に組み込み、次に線虫でも成功させた。紫外線を照射すると蛍光タンパク質が発光する現象は、線虫を用いた遺伝子発現の研究に利用される。

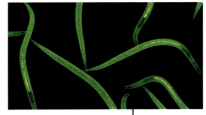

◁ 蛍光を放つ線虫

1993年 天の川銀河では「暗黒物質」の巨大なハローが、可視光観測できる領域を超えて広がっているとする説を、米国の天文学者ダグラス・リンが発表する

1994年

自生しているウォレミマツは
100本足らず

1994年
生きる化石

オーストラリア・シドニーの北西200km、人里離れた峡谷で、野生生物保護局の職員デヴィッド・ノーブルによって珍しいマツが発見され、ウォレミマツ属（*Wollemia*）の常緑針葉樹と同定された。200万年以上前に絶滅したと考えられていたマツの数少ない生きた標本だった。峡谷に自生するウォレミマツ属の樹齢は500年から1000年とされている。

◁ ウォレミマツ属のマツ

1995年

1995年
ガリレオ、木星大気を探査

NASAの宇宙船ガリレオが6年の旅を経て木星に到着し、この巨大惑星の大気に探査機を突入させた。探査機は高温から保護するために円錐型のカバーで覆われ、雲の中をパラシュートで下降していった。1時間ほどすると、探査機は大気成分の化学分析の結果と、風速約2900 km/hという計測値を地球に送ってきた。

△ ガリレオ大気探査機

1995年 アルゼンチンの古生物学者が全長12.5mの最大級の捕食恐竜ギガノトサウルス（*Giganotosaurs*）の発見を報告する

1995年 デンマークの生物学者がロブスターの口に付着していた微小生物シンビオン・パンドラ（*Symbion pandora*）を発見。有輪動物門という新しい門に分類される

1995年 スイスの天文学者ミシェル・マイヨールとディディエ・ケローがペガスス座51番星bを発見。木星の半分ほどの大きさで、太陽に似た恒星を周回する、初めて発見された太陽系外惑星

▽ ルビジウム原子（左）が凝縮して超原子になる（中）。さらに蒸発する（右）

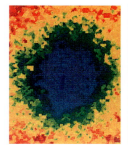 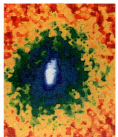 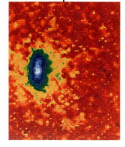

1995年
物質の第5の状態

1995年、米国の物理学者エリック・コーネルとカール・ワイマンが少量のルビジウム原子を絶対零度近くまで冷やしたところ「超原子」になった。ルビジウムの超原子は粒子ではなく波のように振る舞った。従来の物質とは違うこのような状態をボース＝アインシュタイン凝縮という。その存在は、1920年代から30年代にかけてアルベルト・アインシュタインとインドの物理学者サティエンドラ・ボースによって予言されていた。

1995年
トップクォークの観測

クォークは基本粒子であり、その存在は1960年代から予言されていた。全部で6種類（3対）のクォークが想定され、1968年以降は高エネルギー粒子衝突で実際に観測されていた。最後まで見つからなかったのが「トップ」クォーク（別名「トゥルース」クォーク）である。「トップ」クォークはもっとも重く、検出しづらかった。米国イリノイ州にあるフェルミ国立加速器研究所（フェルミラボ）の物理学者がテバトロン（強力な粒子加速器）を用いて陽子と反陽子を超高エネルギーで衝突させ、トップクォークを生成した。

△ トップクォークの証拠

1995年
太陽の観測

ヨーロッパで製造された太陽・太陽圏観測衛星（SOHO）をNASAが打ち上げ、太陽を常時観測できる軌道に投入した。可視光カメラ、紫外線カメラ、太陽風計測用の粒子検出器を搭載したSOHOからは、太陽の表面を捉えたみごとな画像が送られてきた。これらの画像をもとに太陽表面に関する新たな知見が得られた。

太陽・太陽圏観測衛星（SOHO）▷

1946年～
ジョン・クレイグ・ヴェンター
ヴェンターは米国でバイオテクノロジー分野を切り開いたひとり。ゲノム科学研究所とセレラ社を創立し、細菌からヒトまでさまざまな生物のゲノムを先頭を切って解読していった。

1995年 米国メリーランド州のゲノム科学研究所で生物（インフルエンザ菌、*Haemophilus influenzae*）の全ゲノム配列が決定される

1995年

SOHOから送られてきたデータは、地球に影響を及ぼす「宇宙天気」の予測に役立つ

太陽系外惑星

NASAの推定によると、天の川銀河には少なくとも恒星と同じ数の惑星が存在する。今までのところ天文学者は、太陽系外惑星（太陽以外の恒星のまわりを回る惑星）を5000個ほど特定している。その中には、惑星系全体の規模が太陽系と同程度のものも含まれている。太陽系外惑星は、惑星自体の性質、親星を公転する軌道、太陽系との比較などをもとに、いくつかの種類に分類される。惑星系が長い時間をかけてたどる複雑な進化の道筋が、太陽系外惑星によって明らかにされることもある。本来は惑星が形成されない領域を公転している太陽系外惑星などはその一例。

ホットジュピター
恒星の近くを公転するガス惑星。非常に高温で、大気が膨張している場合が多い。

クトニアン惑星
ホットジュピターの大気が宇宙空間に吹き飛ばされてむき出しになった固体核。

メガアース
質量が地球の10倍以上の岩石惑星。恒星からの距離によって状態が異なる。

スーパーアース
質量が地球の10倍以下の惑星は、ガス惑星や氷惑星の可能性が低く、スーパーアースと呼ばれる。

海洋惑星
深海を形成するのに適した条件を備えている太陽系外惑星がいくつか存在する。だが、海そのものはまだ見つかってはいない。

太陽系外地球型惑星
天の川銀河に存在する恒星の約22％には、生命を維持できる条件を備え、地球と同じくらいの質量をもつ惑星が存在すると考えられている。

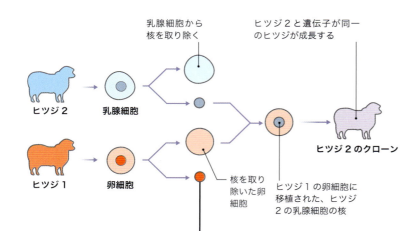

1996年
ヒツジのドリー

スコットランドのエディンバラ大学に併設されているロスリン研究所の科学者が、胚細胞ではなく成体のヒツジからクローンを作製した。哺乳類で成功したのはこれが初めてだった。核を移植した細胞を、さらに代理母に移植して妊娠を継続させた。こうして、元の成体の細胞と遺伝的に同一のヒツジ、ドリーが生まれた。

ドリーのクローン作製
ヒツジの乳腺細胞を採取し、核を取り出す。この核を、あらかじめ核を取り除いておいた別のヒツジの卵細胞に移植した。

1996年 米国の科学者グスタフ・アレニウスが、グリーンランドの岩石から、38億年前に生命が誕生した証拠を発見する

1996年 4000万年ほど前に生息していた霊長類エオシミアスが類人猿やホモ属の祖先である可能性を示す証拠が、古生物学者によって発見される

1996年

1996年 米国の科学者チャールズ・キーリングが、植物の季節ごとの活動が気候変動のためにずれてきていることを指摘する

1996〜2003年
ヒツジのドリー

ドリーの生命は、フィン・ドーセット種のヒツジの細胞とスコティッシュ・ブラックフェイス種のヒツジの卵細胞をもとに試験管の中で始まった。胚は代理母に移植され、1996年7月5日にドリーが誕生した。その後、ドリーはロスリン研究所で育てられ、6匹の仔を産んだ。

△ 火星の隕石

1996年
火星に生命？

火星の隕石（火星の表面から吹き飛ばされた岩石が南極に落下したもの）を分析したところ、太古の生命の証拠らしきものを発見したとNASAの科学者チームが発表した。化学的痕跡に基づき「微化石」を含むと推定した、NASAの主張をめぐって激しい議論が起こった。その後、別の科学者によって、火星の隕石で観察された構造や化学物質を生物の活動とは関係なく再現できる方法が提出された。

1997年
炭素の共有

カナダの生物学者スザンヌ・シマードは同位体トレーサーを利用して、木々（異なる種どうしでも）の根系が菌根菌を介してつながっていることを明らかにした。このようなつながりに助けられて、植物は炭素、窒素、リンなど必須元素を共有したり再分配したりしている。

カナダ、ケベック州シャルルボワ地方の森林 ▷

1997年 温室効果ガスの排出量を削減するために京都議定書が採択され、150を超える国が締結する

1997年

1997年 NASAのマーズパスファインダー探査機が20数年ぶりに火星着陸を成功させる

1997年 IBM社のチェス専用コンピュータ、ディープブルーが世界王者、ロシアのガルリ・カスパロフを破る

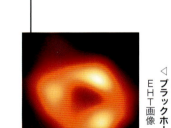

◁ ブラックホールのEHT画像

1996年
銀河の中心

天文学者ラインハルト・ゲンツェルの研究チームとアンドレア・ゲズの研究チームがそれぞれ独立に、天の川銀河の中心で高速で移動している恒星の軌道を追跡し、銀河中心には太陽200万個分ほどの質量をもつ暗いコンパクト天体、すなわち超大質量ブラックホールからの影響があることを明らかにした。この超大質量ブラックホールは2022年にイベントホライズンテレスコープ（EHT）によって撮像された。

◁ 土星の雲の赤外線画像

1997年
土星探査計画

NASAがカッシーニ探査機を打ち上げた。巨大衛星ホイヘンスの調査用に設計され、ヨーロッパで製造された着陸船ホイヘンスを載せて惑星間を移動していく壮大な計画だった。探査機カッシーニの観測機器は13年にわたって土星を調べ続け、着陸船ホイヘンスはタイタンから約90分に及ぶデータを送ってきた。

暗黒エネルギー

現在、暗黒エネルギーという概念を支持する証拠がいくつも見つかっているにもかかわらず、その正体は謎のままである。ある有力な説によると、暗黒エネルギーとは「宇宙定数」であり、広大なスケールでのみ明らかになる時空の性質である。宇宙が膨張するにつれて、時間とともに暗黒エネルギーの強さが増しているように見えるのは、このためかもしれない。また、暗黒エネルギーを、きわめて大きな距離で働く重力に対抗する基本的な第5の力とする解釈もある。

暗黒エネルギーと宇宙の膨張

最初にビッグバンが起きて以来、物質の引力と暗黒エネルギーの強さとのバランスが変化するのに従って、宇宙の膨張速度も変わってきている。

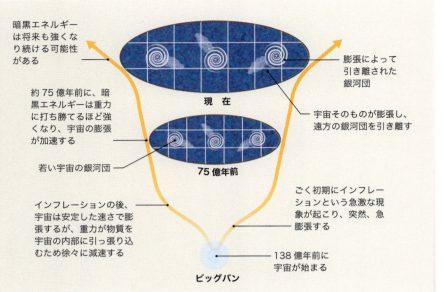

暗黒エネルギーは将来も強くなり続ける可能性がある

膨張によって引き離された銀河団

現　在

約75億年前に、暗黒エネルギーは重力に打ち勝てるほど強くなり、宇宙の膨張が加速する

宇宙そのものが膨張し、遠方の銀河団を引き離す

若い宇宙の銀河団

75億年前

インフレーションの後、宇宙は安定した速さで膨張するが、重力が物質を宇宙の内部に引っ張り込むため徐々に減速する

ごく初期にインフレーションという急激な現象が起こり、突然、急膨張する

138億年前に宇宙が始まる

ビッグバン

1998年

1998年 120億光年彼方からの強力なガンマ線バーストが観測される。当初は、ビッグバン以降最大の爆発と考えられていた

1998年 ガリレオ探査機からの画像により、木星の主要な環が3本ではなく4本であることが明らかにされる

1998年 暗黒エネルギーという未知の力によって宇宙の膨張が加速されている証拠を、二つの天文学者チームがそれぞれ独立に見つける

1998年
ニュートリノの質量

ニュートリノは1930年に、その存在が予言された基本粒子である。ニュートリノには3種類の「フレーバー」がある。観測から、ニュートリノは空間を移動しながらフレーバー間で「振動している」ことが示唆された。その場合、ニュートリノは質量をもっているはずであり、これは標準模型（p.176〜177を参照）では説明できなかった。1998年、日本のニュートリノ観測装置スーパーカミオカンデを利用して、ニュートリノは電子の1000万分の1の質量をもつことが明らかにされた。

◁ ニュートリノ検出器、日本

1998年
分子モーター

オランダの化学者バーナード・フェリンハが分子スケールのモーターを初めて合成した。フェリンハのモーターがとくに画期的だったのは、光などの外部刺激に反応して1200万rpmの速度で一方向にのみ回転する分子だったことにある。フェリンハは、四つの分子からなる「モーター」で表面を移動する「ナノカー」など、概念を実証する機械をいくつか開発した。そのほかにも、分子モーターには新しいタイプの触媒、自己組織化ナノ材料、分子サイズの電子機器などへの応用が考えられる。

回転の制御
二つの「パドル」からなる分子に紫外線を照射すると、結合しているメチル基が反対方向への回転を止めるため、この分子は一方向にのみ回転する。

1999年
湿地の復元

米国フロリダ州エバーグレーズ湿地で固有の生態系が受けている影響を分析した結果、農業干拓や取水によって本来の河川の流れが変わってきていることが明らかとなった。水質の低下や侵入植物の繁殖により野生生物も減少していた。この調査結果を受け、貴重な湿地帯の回復と保護を目指す、州および連邦政府機関による数十億ドル規模のプロジェクトが開始された。

◁ エバーグレーズ国立公園

1999年

- **1999年** 線虫（*Caenorhabditis elegans*）のゲノムが多細胞生物で初めて配列決定される
- **1999年** NASAの探査機、マーズ・クライメイト・オービターとマーズ・ポーラー・ランダーの2機が火星への着陸寸前で交信不能となる

▽ 完成した国際宇宙ステーション

1998年
国際宇宙ステーション

新しい国際宇宙ステーション (ISS) の最初のモジュール、ザーリャをロシアが打ち上げた。ISSの開発には米国、ロシア、日本、ヨーロッパ、カナダが協力参加していた。その2週間後、米国が同国初のモジュール、ユニティーをスペースシャトル、エンデバー号に載せて打ち上げた。12年に及ぶ組立て計画の第一段階としてユニティーはザーリャと接続し、ISSが大きな地球周回実験室になっていく様子を見続けた。

ISSには2000年11月から常時、宇宙飛行士が滞在している

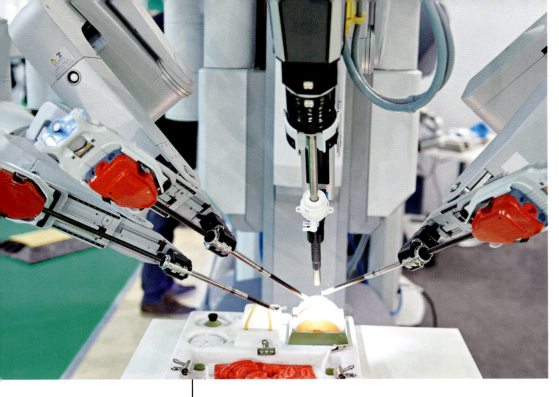

2000年
ロボット手術

半自律制御型ロボットによる外科手術の支援という発想が、1980年代から90年代にかけて現実味を帯びてきた。いくつかの国で、制限付きではあったが複数のシステムが試行された。現在もっとも普及しているのは、2000年に米国食品医薬品局で承認されたダ・ヴィンチ外科手術システムである。

◁ 手術支援ロボット、ダ・ヴィンチ

2000年 パソコンを所有する世帯が米国では50%に達する

2000年 ビタミンAの前駆体であるβカロテンを生成する遺伝子組換えイネが開発される

2000年

2000年
ゲノム解読の結果

公的プロジェクトである国際ヒトゲノム計画と、民間企業のセレラ社がヒトのゲノム配列の90%を決定した。ゲノムの概要を調べた結果、ヒトには遺伝子が3万個しかないことが明らかになった。この数は線虫とほぼ同じであり、予想を下回っていた。

DNA自動配列決定装置 ▷

「人類がこれまでに作成した地図の中で、これほど重要で、これほど驚きを感じる地図はほかにありません」

ビル・クリントン米国大統領、ヒトゲノム計画の結果について、2000年

2000年–2001年 | 285

▷ ミレニアムシードバンクの保管室

2001年
幹細胞研究

幹細胞とはいわゆる「万能細胞」である。体中の特殊化した細胞（分化細胞）はいずれも幹細胞から作られる。また幹細胞は、傷ついた組織を再生あるいは修復する際にも使われる。2001年、米国大統領ジョージ W. ブッシュは倫理上の懸念から、ヒトの胚に由来する特定の幹細胞の研究に対して連邦政府の資金拠出を禁止した。

2000年
シードバンク（種子銀行）

英国でミレニアムシードバンク・パートナーシップが設立された。その趣意は、植物の5種に2種が絶滅の危機に瀕している中で、植物種の喪失に対する長期保険として機能し、遺伝的多様性の保全を図ることにあった。現在は4万を超える植物種の種子を、総数にして24億個以上、乾燥、凍結し保管している。

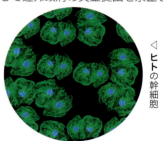

◁ ヒトの幹細胞

2001年 1年間、小惑星エロスの周回軌道から探査活動をしてきた NASA のニアー・シューメーカー探査機がデータ収集を終え、エロスの表面に着陸する

2001年

2001年 IPCC の第3次評価報告書
の中で、気候変動による温暖化を示す
新たな証拠が詳しく報告される

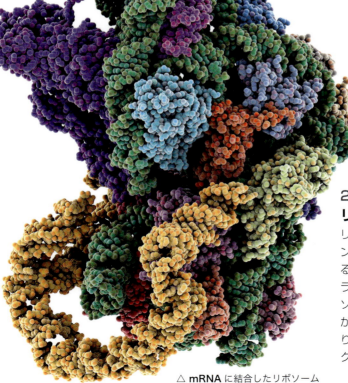

2000年
リボソーム

リボソームとはすべての細胞内に存在し、遺伝暗号からタンパク質を組み立てる一連の重要な過程を導く構造体である。インド生まれの生物学者 V. ラマクリシュナンとイスラエルの結晶学者アダ・ヨナスの研究を糸口にして、リボソームの微細な構造が解明された。その結果、リボソームが mRNA と結合し、mRNA に書き込まれたレシピどおりにアミノ酸を並べ、そのアミノ酸単位をつないでタンパク質を合成していく仕組みも明らかにされていった。

△ mRNA に結合したリボソーム

2002年
マーズ・オデッセイ

NASAは、2001年に打ち上げた軌道船マーズ・オデッセイが火星の地下の浅い部分に大量の氷を発見したと発表した。水素（水氷に含まれる）に高エネルギー宇宙線が衝突すると生じる特徴的な放射線を、オデッセイに搭載しているガンマ線分光計が検出した。その後もオデッセイは氷の分布地図を作りつづけ、とくに高緯度では水氷が表層の重要な成分であることを明らかにした。

▷ マーズ・オデッセイ探査機

2002年 重症型マラリアの原因寄生虫である熱帯熱マラリア原虫（*Plasmodium falciparum*）のゲノム配列が米国の遺伝学者によって決定される

2002年 氷微惑星が集まるカイパーベルトで、冥王星の発見以来となる太陽系で最大の新天体が発見されクワオアー（Quaoar）と命名される

2002年 CERNの物理学者が数千個の反陽子と陽電子（ポジトロン）を結合させ、ガス状の反水素を作る

2002年 カレドニアガラスが針金をフック状に加工する道具製作の能力をもつことを、アルゼンチン生まれの英国の動物学者アレックス・カセルニクが明らかにする

2002年
棚氷(たなごおり)の崩壊

ウェッデル海で海水温が異常に上昇したため、南極半島では棚氷の表面が溶け、クレバスが深くなった。それからひと月も経たないうちにラーセンB棚氷（3250 km²）のほぼすべてが割れて、ばらばらに崩れた。

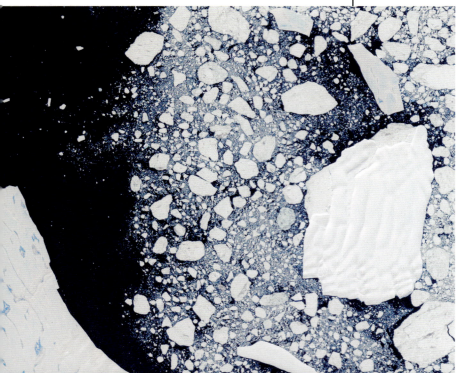

◁ ラーセンB棚氷の衛星写真

ラーセンB棚氷は2002年になるまでの1万年間、ずっと安定していた

2003年
宇宙地図の作成

NASAがウィルキンソン・マイクロ波異方性探査機（WMAP）のデータをもとに作成した、初めての詳細な宇宙地図を公開した。軌道周回宇宙船WMAPには、可視宇宙の端から届く宇宙マイクロ波背景放射の地図を作成し、ひいては宇宙の大規模構造の種を明らかにするための計測機器が搭載されていた。こういった研究に基づき、ビッグバンが起こったのは約138億年前と推定された。

WMAPによる宇宙マイクロ波の全天地図 ▷

2003年 スペースシャトル、コロンビア号が大気圏への再突入時に空中分解する

2003年 ヒトゲノムの約92%が配列決定され、ヒトゲノム計画がほぼ完了する

2003年 伝染性の重症急性呼吸器症候群（SARS）が中国で流行し、26か国に広がる

2003年

▽ カカトアルキ（*Mantophasma zephyra*）

2002年
昆虫の新しい分類目

昆虫の分類目に新たにカカトアルキ目（肢先を上げて歩くことにちなむ。マントファスマ目ともいう）が加わった。カカトアルキ目は南アフリカとナミビアに生息する、羽根のない肉食昆虫類である。カカトアルキ目はガロアムシ目と一緒に非翅目にまとめられることもある。

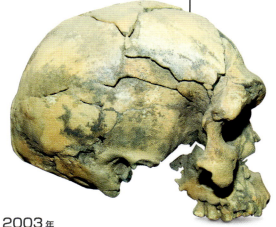

◁ エチオピアで出土した頭蓋骨

2003年
アフリカで進化したヒト

エチオピアで調査をしていた国際チームが16万年前の大人2人と子ども1人の化石を発掘した。当時、現生人類（ホモ・サピエンス）に属する最古の種とされていたものよりも6万年ほど古かった。この発見により、現生人類はヨーロッパのネアンデルタール人など他の化石人類との交配によって誕生したのではなく、アフリカで単独の種として進化したとする説が裏づけられた。

素粒子の検出
素粒子は、CERN の大型ハドロン衝突型加速器のような粒子衝突型加速器で発見されることがある。2012 年に CERN は、物体に質量を与える素粒子であるヒッグス粒子を検出したと発表した。

素粒子物理学の標準模型

素粒子物理学で今までのところ、もっとも完全に近い理論は標準模型である。標準模型は、実験物理学と理論物理学、双方の研究者によって 20 世紀後半に構築された。その背景には、宇宙に存在するすべてのものは限られた数の物質の構成要素（素粒子）からなり、かつ四つの基本的な力に支配されていると理解する現時点での考えがある。

標準模型では、既知の素粒子をすべて、その性質に従って分類する。この場合の性質とは、電荷や質量、スピンのような実体のない性質などである。さらに標準模型は四つの基本的な力のうち三つを説明する。

標準模型では物質粒子（フェルミオン）をクォークとレプトンに分ける。クォークは 6 種類、レプトンは 6 種類ある。さらにクォークもレプトンも、質量の重さによって 2 種類ずつ、三つの「世代」に分けられる。それぞれのフェルミオンには、質量は同じで、電荷が反対の反粒子がある。たとえば、電子には反粒子の陽電子が存在する。

フェルミオンは、力を運ぶ粒子、ボソンの影響を受ける。電磁気力は光子によって運ばれ、強い力（粒子をつなぎとめる）はグルーオンが担う。弱い力（核反応を引き起こす）を伝えるのは W ボソンと Z ボソンである。

標準模型は、たとえば W ボソンと Z ボソンの性質を予測するなど成功を収めてはいるが、「万物の理論」ではない。一般相対性理論でうまく説明されている重力を扱っていない（p.197 を参照）、あるいは宇宙で通常の物質よりもはるかに重い暗黒物質を構成する粒子を含んでいない（p.266 を参照）といった欠点もある。

クォークを探す
トップクォークと呼ばれるもっとも重いクォークの存在は、標準模型によって予言されていた。トップクォークは 1995 年にフェルミ研究所（米国イリノイ州）の衝突型加速器で発見された。

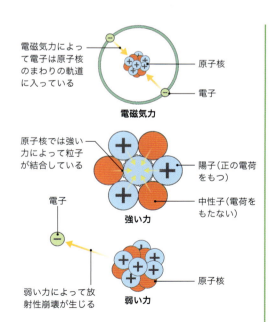

電磁気力によって電子は原子核のまわりの軌道に入っている
原子核
電子
電磁気力

原子核では強い力によって粒子が結合している
陽子（正の電荷をもつ）
中性子（電荷をもたない）
強い力

電子
弱い力によって放射性崩壊が生じる
原子核
弱い力

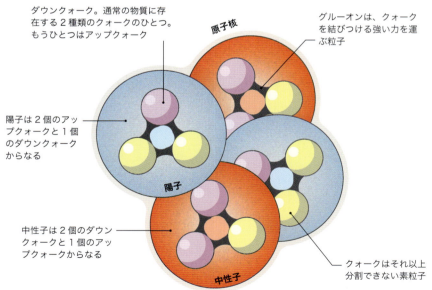

ダウンクォーク。通常の物質に存在する 2 種類のクォークのひとつ。もうひとつはアップクォーク
原子核
グルーオンは、クォークを結びつける強い力を運ぶ粒子
陽子は 2 個のアップクォークと 1 個のダウンクォークからなる
陽子
中性子は 2 個のダウンクォークと 1 個のアップクォークからなる
中性子
クォークはそれ以上分割できない素粒子

基本的な力

基本的な力には重力、電磁気力、強い力、弱い力の四つがある。このうち三つは、たとえば電子どうしに働く電磁気力など、他の粒子間の相互作用を引き起こす力を運ぶ粒子であることがわかっている。

素粒子

宇宙に存在する、ありとあらゆる物質は素粒子でできている。素粒子とは、それ以上分割できない粒子である。フェルミオンとも呼ばれる物質粒子は二つのグループ、クォークとレプトンに分けられる。レプトンは単独で存在しうるが、クォークは強い力によって他のクォークと結合した状態でしか存在できず、複合粒子を作る。

2004年
マーズ・エクスプロレーション・ローバー計画

NASAのマーズ・エクスプロレーション・ローバー、双子のスピリットとオポチュニティが火星に着陸した。どちらも重さ185 kg、高さ1.5 m、太陽電池で稼働し、火星表面を撮影したり、岩石を分析したりする各種機器を搭載していた。スピリットは2010年までグセフクレーターを探索し、オポチュニティは2018年までメリディアニ平原を調査した。

◁ マーズ・エクスプロレーション・ローバー

2004年

2004年 人間の活動によって排出される二酸化炭素のおよそ半分を海が吸収して貯蔵していることを米国の研究者が突きとめる

2004年 カッシーニ探査機が土星を周回する軌道に入る。2005年には着陸船ホイヘンスをタイタンに投下する

2004年
壊滅的な津波

観測史上最大級の津波が発生し、インド洋周辺の十数か国で約23万人が犠牲になった。スマトラ島北部沖で発生した強い地震と海底地盤のずれにより、突然、大量の海水が移動したことが原因だった。時速700 kmを超える波がインド洋を横断して一方はアフリカに、もう一方はインドネシアやタイに向かった。

◁ 2004年の津波で破壊されたタイの建物

2004年
グラフェン

オランダ生まれの英国の物理学者アンドレ・ガイムとロシア生まれの英国の科学者コンスタンチン・ノボセロフが、新しい形の炭素結晶グラフェンを単離する簡単な方法を見出した。グラフェンとは、炭素原子が六角形（ハニカム）格子に並んだ厚さ1原子分のシート状の物質であり、初めて発見された二次元結晶構造でもある。透明で、鋼鉄よりも強く、電気と熱を伝える性質をもつ。

△ アンドレ・ガイム教授

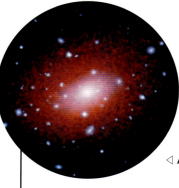

2004年
暗黒エネルギーを裏づける

天文学者がチャンドラ衛星を利用して、地球から数十億光年離れた銀河団の高温ガスを観測した。観測データを分析したところ、宇宙の膨張は約60億年前までは徐々に減速していたが、その後、加速しはじめたことが示唆された。この変化は、暗黒エネルギーの斥力に起因すると考えられている。

◁ Abell 2029 銀河団の高温ガス

2005〜20年
CRISPR（クリスパー）

CRISPR（クラスター化して規則的に間隔が空いた短い回文構造の繰返し）は、種々の細菌に存在するDNA配列である。CRISPRを酵素Cas9と組み合わせると、遺伝子を正確に標的化し、切断して編集することができる。CRISPRの研究は2005年から本格化しはじめ、フランスの生化学者エマニュエル・シャルパンティエと米国の生化学者ジェニファー・ダウドナによって、生物学や医学で幅広く応用される技術へと発展した。

◁ ジェニファー・ダウドナ（左）とエマニュエル・シャルパンティエ（右）

2005年 米国の生物学者ピーター・アンドルファットが、ヒトのDNAで95％以上を占めているいわゆる「ジャンクDNA」が進化において重要であることを明らかにする

2005年 海王星より遠方で、氷に覆われた大きな準惑星エリスとマケマケが発見される。エリスの大きさは冥王星とほぼ同じ

2005年 ディープインパクト探査機がテンペル第1彗星に衝突体を発射し、彗星表面を調査する

2005年 ハップマップ（HapMap、ハプロタイプ地図）の名称で知られるヒトゲノム地図が作成される。健康や病気に関わる変異や遺伝子の位置を特定できるようになる

2005年

遺伝子編集

技術の進歩に伴い、遺伝子配列を除去したり置換あるいは追加したりしてゲノムを編集することが可能になった。最新のゲノム編集技術がよりどころにしているのは、CRISPR（細菌がウイルスと戦うために使用するDNA配列）と、ゲノムDNA配列を正確な位置で切断するCas9という細菌由来の酵素。CRISPR-Cas9は、植物では標的遺伝子の改変、たとえば病原菌に耐性のある作物の創出、ヒトではがんなど病気の原因遺伝子の除去や置換などに幅広く応用されている。

CRISPR-Cas9 の仕組み

CRISPRが細菌由来の酵素Cas9をDNA配列の特定の位置に誘導して、Cas9がDNA鎖を切断する。CRISPR-Cas9は「遺伝子のはさみ」の異名をもつ。

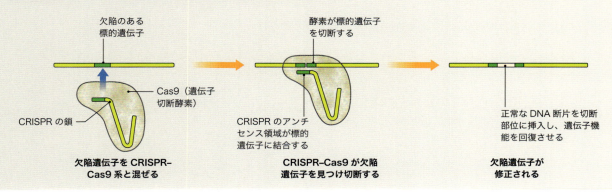

2006年
宇宙の塵を収集

NASAのスターダスト探査機がヴィルト第2彗星から塵（ダスト）を採取し、試料の入ったカプセルを地球に投下した。カプセルは地上で無事回収された。1999年に打ち上げられたスターダスト探査機は、2004年にヴィルト第2彗星を通過する際に、エアロゲルという低密度物質を用いて彗星のコマから塵を収集した。同機はカプセル投下後も探査計画を継続し、今度はテンペル第1彗星に接近して、2005年にディープインパクト探査機がもたらした影響を調べた。

▽ ヴィルト第2彗星

2007年
氷河の後退

タンザニアのキリマンジャロ山では山頂の氷帽が1912年から53年の間に1％、1989年から2007年の間には約2.5％減少していたことが明らかとなった。このような氷の消失は各地の低緯度氷河でも見られる。このままの速さで氷消失が進むと、キリマンジャロ山の氷原や氷河は向こう数十年のうちに消滅することが予想される。

キリマンジャロ山の氷河 ▷

2006年 — 2006年

2006年 海王星より遠方で大きな天体が次々と発見され、冥王星は、新たに作られた分類「準惑星」に変更される

2006年 現在、自然絶滅速度の100倍から1000倍の速さで絶滅が進んでいると科学者が警鐘を鳴らす

2007年 数千人規模で患者と健康な人のDNAを比較する全ゲノム関連解析により、疾患の遺伝的要因を明らかにする研究が加速する

2006年 惑星探査プロジェクト、ワイド・アングル・サーチ・フォー・プラネッツ（WASP）が、恒星の前を横切って光を遮る天体を観測し、太陽系外惑星を発見する

◁ マウスの線維芽細胞

2006年
幹細胞の作製

幹細胞とは、さまざまな組織に分化する能力を有する未分化な細胞のこと。日本の幹細胞生物学者、山中伸弥が、成人の細胞から幹細胞を作る画期的な方法を開発した。こうして作り出された幹細胞を人工多能性幹細胞（iPS）という。iPS細胞は大量に増殖し、あらゆる種類の細胞に分化する能力をもつ。

▽ ティクターリク（復元図）

2006年
ミッシングリンク

カナダの北極圏で、3億7500万年前、デボン紀に生息していたティクターリク（*Tiktaalik roseae*）の骨格化石が一部発見された。この化石は魚類と、最初に陸上に移動した四肢動物との間に進化上のつながりがあることを示していた。ティクターリクはワニに似た頭骨と骨質の鱗をもち、まだ水生ではあったが胸鰭は筋肉質だった。この胸鰭は、陸上で動物が前に進むときに使う四肢に似ている。

2007年のIPCCの報告によると、海面は1993年以来、毎年3.1 mmの割合で上昇している

2007年

2007年 米国の遺伝学者クレイグ・ヴェンターが細菌マイコプラズマ・ミコイデス（*Mycoplasma mycoides*）のゲノムを設計、合成し、さらに別の細菌種のゲノムと入れ替えて、世界初の人工生物を作り出す

◁ ゼブラフィッシュ

2007年
心臓の再生

ヒトをはじめ哺乳類には、損傷した心臓を修復する能力はほとんどない。一方、魚類と両生類は修復できる。米国の生物学者ロバート・メジャーとケネス・ポスは、ゼブラフィッシュを用いて心臓が再生する仕組みを研究した。この研究は、ヒトの心臓再生を促す方法につながる可能性を秘めている。

◁ 白化したサンゴ

2007年
気候変動の報告

気候変動に関する政府間パネル（IPCC）が気候温暖化の決定的な証拠を提出し、今後は氷河や氷床の融解、海面の上昇、サンゴの白化が著しくなると予測した。IPCCの報告によると、地球の気温は過去100年間で0.77℃上昇し、観測史上もっとも温暖な地表気温の年の上位を、直近の12年（1995～2006年）のうちの11年が占めていた。

2008年
大型ハドロン衝突型加速器

2008年9月10日、世界でもっとも強力な粒子加速器、CERNの大型ハドロン衝突型加速器が稼働を始めた。主要部である円周27kmの円形装置はフランスとスイスの国境にまたがって設置されている。加速器内では超低温にした磁石が二つの陽子ビームを加速し光速に近づける。ビームの衝突によって生じる現象を検出器で観測する。

▷ 大型ハドロン衝突型加速器

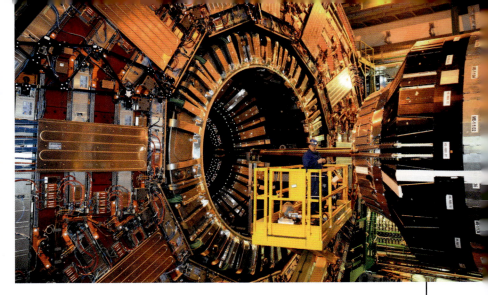

CERN の大型ハドロン衝突型加速器は人類史上最大の装置

2008年

2008年 中国が宇宙船、神舟（シェンチョウ）7号を打ち上げ、同国で初めて3人の宇宙飛行士を乗せ、初めての船外活動をおこなう

2008年 ヨーロッパの天文学者が天の川銀河の星形成領域に糖の一種であるグリコールアルデヒドを発見。生命の構成要素が宇宙にも存在している証拠が示される

2008年 メッセンジャー探査機が水星の周回軌道に入る前におこなう3回のフライバイ（接近通過）の第1回目を実施し、水星の200kmにまで近づく

2008年 IBM社のコンピュータ、ロードランナーが1秒間に1000兆回（1ペタフロップ）の演算速度を達成し、ペタフロップの限界を突破する

△ フェニックス探査機

2008年
火星探査機フェニックス

NASAの着陸船フェニックスが火星の北極域に着陸した。ロボットアームで土壌を掘削して永久凍土層を露出させ、氷の存在を確認した。さらに土壌を分析し、含まれる塩類も特定した。その中には、太陽光と反応して土壌の表層を生命には適さない状態にする可能性のある物質もあった。

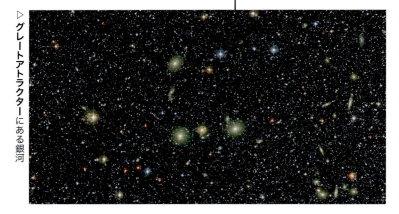

▷ グレートアトラクターにある銀河

2008年
グレートアトラクター

ラトビア生まれのNASAの科学者アレクサンダー・カシュリンスキーが率いる天文学者のチームが、南天の一部の領域に向かって銀河団が引き寄せられているという説を発表した。カシュリンスキーらは、この「暗黒流動」（ダークフロー）はビッグバンで始まった宇宙の状態に起因していると考えた。一方、このような銀河団の動きは「グレートアトラクター」によって生じたものであると異議を唱える天文学者もいる。グレートアトラクターとは銀河が大集合している領域で、巨大な重力の源と考えられている。

2008年
氷の中の歴史

降り積もった雪が圧縮されて高密度の氷層になるとき、大気の小さな気泡も閉じ込め、そのまま地下に埋もれていく。南極の氷床コアを分析した結果、温室効果ガスである二酸化炭素とメタンの濃度は過去80万年のどの時期と比べても現在のほうがそれぞれ28%、134%高いことが明らかとなった。

◁ 氷床コアの採取

2009年
海水の混合

海生生物が生きていくために必要な栄養は、ある場所から別の場所へ海水の移動に伴って運ばれる。こうした栄養の分布は風や潮汐運動が担っていると、長い間考えられてきた。ところが2000年代におこなわれた研究で、魚類をはじめとする海洋動物による海水の撹乱が栄養の移動に大きく寄与していることが示された。

◁ 水を別の場所に移すクラゲ

2009年 直立歩行し、木登りをしていた440万年前のヒト科アルディピテクス・ラミダス（*Ardipithecus ramidus*）、愛称アルディディがエチオピアで発見される

2009年 太陽系外惑星の探査を目的としたケプラー宇宙望遠鏡が打ち上げられる

2009年
羽毛の生えた恐竜

保存状態のきわめてよい羽毛恐竜が中国で発見され、鳥類に似た恐竜が1億5000万年も前のジュラ紀後期に生息していたことが明らかとなった。カラスほどの大きさのアンキオルニス・ハクスリー（*Anchiornis huxleyi*）の腕、脚、さらに足と尾には翼様の長い羽毛が生えていた。この化石は、当時、鳥類に似た最古の恐竜と考えられていた始祖鳥（*Archaeopteryx*）よりもわずかに古かった。

△ アンキオルニス・ハクスリーの化石

2010年–2011年

2010年 ネアンデルタール人の遺伝子

スウェーデンの遺伝学者スバンテ・ペーボらが、クロアチアの洞窟で出土した4万4400年前から3万8300年前のネアンデルタール人の骨からDNAを復元した。ネアンデルタール人のゲノムの60%を配列決定し、アフリカを出た現生人類が8万年前から4万5000年前の間にネアンデルタール人と交雑していたことを裏づける証拠を得た。

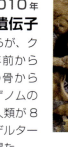

◁ 遺伝学者スバンテ・ペーボ

シノサウロプテリクス（復元図）▷

2010年 色の判明した恐竜

中国で白亜紀前期に生息していた羽毛恐竜と、最古といわれる鳥類のきわめてよく保存された化石から、メラニン色素を含む細胞内の構造体メラノソームが発見された。久しく前に絶滅した動物の、生きていた頃の色と模様が古生物学者によって復元された。たとえば小型の獣脚類シノサウロプテリクス（*Sinosauropteryx*）の長い尾は、赤茶色の縞模様が入った、細い繊維のような羽毛で覆われていた。

2010年 アイスランドのエイヤフィヤトラヨークトル氷河で火山が噴火。氷河の洪水とマグマが混ざり蒸気と火山灰を噴き上げる

2010年 NASAが宇宙天気の観測・研究用の衛星ソーラー・ダイナミクス・オブザーバトリーを打ち上げる

2010年

2010年 カリフォルニア大学サンタバーバラ校の研究者が、純粋な量子状態を肉眼で確認できるほどの大きさで示す装置を製作する

2010年 環境災害

石油会社BP社の石油掘削施設ディープウォーター・ホライズンが爆発し、作業員11人が犠牲になった。さらに石油探査史上、最大の沖合原油流出を招き、400万バレルを超える原油がメキシコ湾と周辺海域を汚染した。補償と清掃にかかった費用は600億ドルを上回った。

▷ 炎を上げるディープウォーター・ホライズン

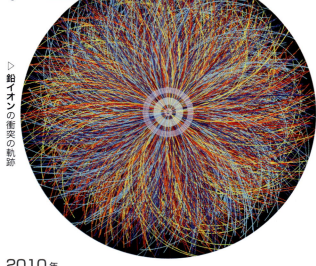

▷ 鉛イオンの衝突の軌跡

2010年 ビッグバンの再現

CERNの大型ハドロン衝突型加速器（p.294を参照）は通常、陽子どうしの衝突に使われる。ところが2010年の数週間、物理学者はこの装置を使って鉛イオンを加速、衝突させてみた。鉛イオンは陽子よりもはるかに質量が大きいため、衝突に伴うエネルギーもずっと大きかった。この実験によって、ビッグバン直後の状態に似た「クォーク・グルーオン・プラズマ」が作り出された。

△ **フェルミラボ**のテバトロン粒子加速器

2010年
物質と反物質

素粒子物理学が取り組んでいる大きな課題のひとつに、宇宙が反物質ではなく物質で占められている理由の解明がある。2010年、米国イリノイ州のフェルミラボにあるテバトロン粒子加速器を利用して、この非対称性に関連する重要な手がかりが得られた。素粒子の一種であるB中間子が崩壊すると反ミューオンではなくミューオンになる頻度が高いことが観測された。

「人類史上、きわめて驚くべき発見……」

米国の天文学者ジェフリー・マーシー、ケプラー22bの発見について、2011年

2011年 NASAが太陽に似た恒星のハビタブルゾーンに存在する惑星を初めて確認し、ケプラー22bと命名したと発表する

2011年 中国が宇宙ステーションの試験機、天宮1号を打ち上げる。2012年と13年に2回、宇宙飛行士が滞在した

2011年 日本で大きな地震と津波が発生し、1万9000人以上が亡くなり、福島原子力発電所が停止する（東日本大震災）

2011年 世界の人口が60億人になってから、わずか12年で70億人に達する

2011年

2011年
デニソワ人

シベリアのデニソワ洞窟で出土した小さな指の骨から化石DNAを取り出して分析した結果、それまで知られていなかった絶滅したホモ属のゲノムの存在が明らかとなった。解剖学的知見までは得られなかったため学名は与えられず、このホモ属はデニソワ人と呼ばれるようになった。デニソワ人は50万年前から3万年前まで中央アジアで暮らしていた。遺伝子分析によるとデニソワ人は絶滅するまでに、ネアンデルタール人、現代のパプアニューギニア人の祖先のいずれとも接触し交雑していた。

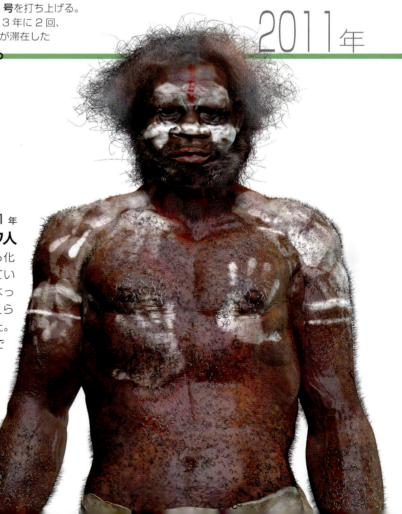

デニソワ人男性（想像画）▷

2012年
ヒッグス粒子

2012年7月4日、CERNの物理学者がヒッグス粒子を検出したと発表した。ヒッグス粒子とは、基本粒子に質量を与えるヒッグス場に関連した素粒子である。ヒッグス粒子の検出により、英国の物理学者ピーター・ヒッグスらが先に提出していた理論が立証された。素粒子と相互作用（力）の模型にとってヒッグス粒子はきわめて重要なため「神の粒子」とも呼ばれる。

◁ ピーター・ヒッグス

「たまにでも正しいとされるのは気分がいい……たしかに長く待たされたがね」

ピーター・ヒッグス、記者会見、2012年

2012年
水星の水

メッセンジャー探査機は2011年に、太陽にもっとも近い惑星の周回軌道に入っていた。メッセンジャー探査機から送られてきたデータにより、水星の北極に水が氷の状態で存在することが確かめられた。日中は焼けつくような温度になるが、自転軸が公転面に対してほぼ垂直なため極付近のクレーターには永遠に太陽があたらない。その場所に、水星に衝突した彗星由来の氷が有機化合物（炭素を含む）と一緒に、何十億年にもわたって蓄積している。

水星の極 ▷

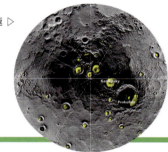 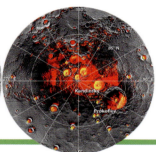

2012年　北極海の海氷域
が340万km²にまで減少。1979年の衛星による観測開始以来、面積が最小になる

2012年　1977年に打ち上げられた探査機ボイジャー1号がヘリオポーズ（太陽圏界面）を通過し、星間空間に入る

2012年
火星に着陸したキュリオシティ

NASAのマーズ・サイエンス・ラボラトリー（火星科学研究機）、愛称キュリオシティが火星に着陸した。キュリオシティは車ほどの大きさのローバー（探査用車両）で、火星の岩石を分析するためのレーザー、試料掘削採取用ドリルなどの各種観測機器を備えていた。探査活動の結果、着陸地点（ゲールクレーター）が遠い昔には水の底だったことが判明した。さらに土壌から有機分子を検出し、火星がかつては生命に適した状態だった可能性が示唆された。

◁ 火星探査ローバー、キュリオシティ

2012年-2013年 | 299

2013年
遺伝子治療

米国の科学者がある種の白血病に対して、遺伝子組換えT細胞（免疫細胞の一種）を利用した新しい治療法を開発した。白血病細胞を攻撃するようT細胞に指示を出すタンパク質がある。このタンパク質をコードする遺伝子を、患者の血液から取り出したT細胞に与え再び患者に戻したところ、被験者の三分の二が寛解した。

△ 2個のT細胞（青色）に攻撃されるがん細胞（赤色）

2013年
観測史上最大の嵐

11月8日、観測史上最大級の台風ハイエンがフィリピンを襲い、6300人を超える死者が出た。ハイエンは太平洋で発生した後、北西に向かい、風速315 km/hの勢いでフィリピン南部を直撃した。気候変動により海面が上昇していたため、深刻な高潮被害ももたらされた。

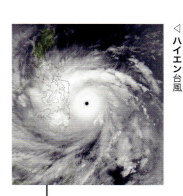
◁ ハイエン台風

2012年 スペースX社の**宇宙船ドラゴン**がISSへ、初の商業貨物輸送をおこなう

2013年 **地球全体の大気中の二酸化炭素濃度**が過去40万年で初めて400 ppmを超える

2013年

2012年 ロシアの科学者が南極の氷を深さ3.8 kmまで掘削し、古代の淡水湖ボストーク湖に到達する

2013年 **南極のアイスキューブ観測所**で、太陽系外に発生源をもつと思われる高エネルギーのニュートリノを検出する

2013年
脳への取組み

神経科学者のグループが脳活動図（BAM）の作成を提案した。その目的は、脳が知覚、行動、記憶、思考、意識を生み出す仕組みを深く理解することにあった。ヒトの体の中でもっとも複雑な器官に関わる回路網を説明しようとする野心的な計画であり、ヒトゲノム計画に匹敵する技術革新が求められた。

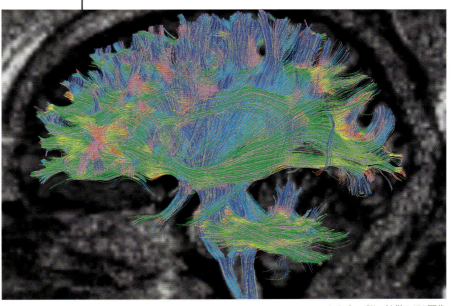

△ ヒトの脳の拡散MRI画像

2014年
彗星を追う

欧州宇宙機関（ESA）の探査機ロゼッタが10年の旅を経て、67P/チュリュモフ・ゲラシメンコ彗星の周回軌道に入った。その後は、火星の公転軌道の外側から太陽に近づくに従って表面温度が高くなり活発化する、この彗星を研究することになっていた。ところがロゼッタから放出された着陸機フィラエは深い裂け目に着陸したため、交信が途絶えてしまった。その2年後、計画の終了近くにロゼッタ本体が降下し、着陸に成功した。

▷ フィラエの67P彗星着陸地点

2014年

2014年 西南極氷床の融解は阻止できず、いずれ地球全体の海面は4m上昇するという研究結果が報告される

2014年 局所的な二酸化炭素の放出と吸収を観測できる初めての人工衛星、軌道上炭素観測衛星が打ち上げられる

2015年 30年ぶりの新規抗生物質、テイクソバクチンが発見される

2014年 ジャワで出土した50万年前の貝殻に刻まれた彫刻により、ホモ・エレクトスが表象的思考をしていた可能性が示される

2014年
凍土に眠るウイルス

シベリアの永久凍土で3万年間眠っていたウイルスをフランスの生物学者が発見し、ピソウイルス・シベリクム（*Pithovirus sibericum*）と命名した。このウイルスを解凍したところ、感染力を取り戻した。気候温暖化により凍土の融解が進むと、ほかにも休眠ウイルスが放出される恐れがあると研究者は警告している。

△ 更新世の永久凍土の試料

▷ ヒト血清アルブミン

2014年
ヒトのプロテオームの地図

ヒトの体内に存在する全タンパク質をプロテオームという。各国の研究チームが連携し質量分析器などの技術を駆使して、ヒトゲノム計画（HGP）のタンパク質版であるヒトプロテオームマップ（HPM）を作成した。その結果、1万7249個の遺伝子がコードする各タンパク質が見つかった。これは、タンパク質をコードすると予測される全遺伝子の約84%にあたる。

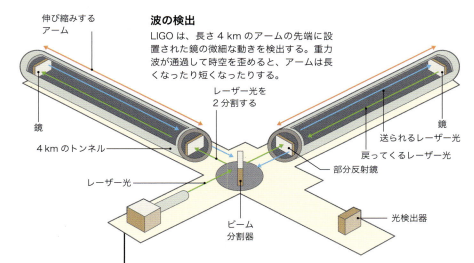

2015年
重力波

電磁波は電荷をもつ物体の加速度運動によって放射される。同様に重力波は、質量をもつ物体が加速度運動をすると放射される、時空のさざ波（時空の歪みが波として伝搬する現象）である。2015年、レーザー干渉計重力波検出器を備えた観測施設ライゴ（LIGO）で重力波が初めて検出された。このときの重力波は、遠方のブラックホールの合体によって生じたものだった。1960年代にレーザー干渉計を考案した米国の物理学者ライナー・ワイスは、米国の物理学者キップ・ソーン、バリー・バリッシュとともに2017年にノーベル物理学賞を受賞した。

> 「重力波によって、私たちはこの上なく正確な
> ブラックホールの地図を手に入れることになると思う。
> ブラックホールの時空を表す地図を」
>
> キップ・ソーン、LIGOの科学者

2015年 エチオピアで出土した280万年前の**顎骨の歯**が、ホモ属とアウストラロピテクス属の間の進化の空白を埋めることが報告される

2015年 バッキーボールにルビジウムを加えて絶縁体を導体に変え、通常の金属とは違う状態のヤーン-テラー金属という物質が作られる

2015年 **ドーン探査機とニューホライズン探査機**からそれぞれケレスと冥王星の近接写真が送られてくる

2015年
ホモ属の新種

南アフリカの洞窟で数百個の骨が出土した。分析の結果、33万5000年前から23万6000年前のホモ属の新しい種、ホモ・ナレディ（*Homo naledi*）のものであることが判明した。ホモ・ナレディの手と足には現生人類に似た特徴が見られたが、脳と頭骨の大きさにはもう少し古い祖先の特徴が残っていた。

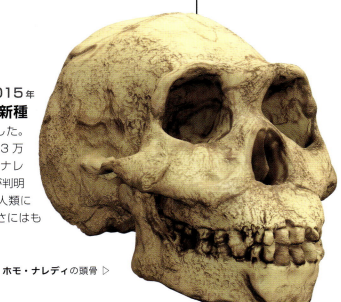

ホモ・ナレディの頭骨 ▷

2017年
中性子星の衝突

米国に拠点を置くLIGO（p.301を参照）とイタリアのVIRGO干渉計が重力波を観測した。この重力波は、地球から1億3000万光年離れた場所にある、2個の高密度の中性子星が渦巻状になって合体したときに生じたものだった。きわめて珍しい、この激しい現象は観測波長の異なる各地の天文台でも確認された。これらの観測結果により、深宇宙から届くショートガンマ線バーストは中性子星の合体から発生することが裏づけられた。

△ 米国ルイジアナ州リビングストンにあるLIGO ▷

2016年

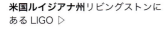
△ ヒトスジシマカ

2016年 世界で初めて3人の親をもつ子がメキシコで誕生する。提供されたのは父親の精子、母親の細胞の核、もうひとりの母親の除核卵細胞

2016年 太陽系にもっとも近い恒星を周回する系外惑星プロキシマ・ケンタウリbが発見される

2016年 CRISPR-Cas9技術（p.291を参照）を用いて、がんを攻撃するように遺伝子改変した免疫細胞の治験がヒトで初めて実施される

2016年
ジカウイルス

2016年2月、世界保健機関（WHO）は、ブラジルで大流行しているジカウイルス感染症に関する公衆衛生上の緊急事態を宣言した。ジカウイルスの名前は、その存在が1947年にウガンダのジカの森で初めて確認されたことに由来する。ジカウイルス感染症はまたたく間に広がり、新生児に先天性の障害を引き起こした。ジカウイルスを媒介するのは、おもにネッタイシマカ（*Aedes aegypti*）やヒトスジシマカ（*A. albopictus*）といった蚊である。

▽ **太陽系**を漂うオウムアムアの想像図

2017年
太陽系外からの訪問者

カナダの天文学者ロバート・ウェリクが彗星に似た天体を発見した。この天体は、観測史上初めて星間空間から太陽系にやってきたものであることが確認され、オウムアムア（Oumuamua、ハワイ語で「偵察者」の意）と命名された。長さは1kmほどでかなり細く、表面は赤みを帯び、回転していた。軌道は双曲線を描いていたため太陽の重力に束縛されず、これまでに遭遇したいずれの惑星、小惑星でもこのような軌道を説明することはできなかった。

2017年
量子計算

量子コンピュータの計算能力は従来のコンピュータとは桁違いである。量子コンピュータでは、0と1しかないビット（2進数）ではなく、同時に多くの値をとることのできる量子ビットを使う。IBM社は2017年に50量子ビットを同時に扱うIBM Qシステムを発表し、量子コンピュータの開発にひとつの節目を刻んだ。

◁ IBM Qを絶対零度近くまで冷却する低温保持装置

2018年
気候の危機

米国西部で山火事が多発し、南ヨーロッパは記録的な熱波に襲われ、太平洋東部では巨大な嵐が発生したこの年、気候変動に関する政府間パネル（IPCC）の報告書は、2100年までに地球温暖化を1.5℃に抑えるには、広範囲に及ぶ前例のない社会変革が必要だと警告した。さらに、温暖化の抑制に失敗すると壊滅的な結果が待ち受けているとも指摘した。

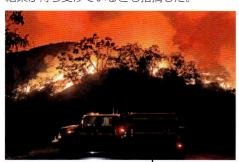

◁ 米国で発生した山火事

2018年 国際度量衡委員会が基本単位であるキログラムの定義を改定する。改定前の1889年の定義では、規定に従って作られた金属製の円柱の質量とされていた

2017年 DNA研究に基づき、オランウータンの新種にポンゴ・タパヌリエンシス（*Pongo tapanuliensis*、和名タパヌリオランウータン）と学名がつけられる。現在、野生には800頭しか生息していない

◁ ディッキンソニアの化石

2018年
分子古生物学

オーストラリアで出土した5億5000万年前のディッキンソニア（*Dickinsonia*）の化石を化学分析したところ、動物にしか存在しない微量のコレステロール様有機分子が含まれていた。この物質は典型的な生物指標化合物であり、ディッキンソニアが動物に分類されることを裏づけると同時に、化石記録から知る限り最古の動物であることも示していた。

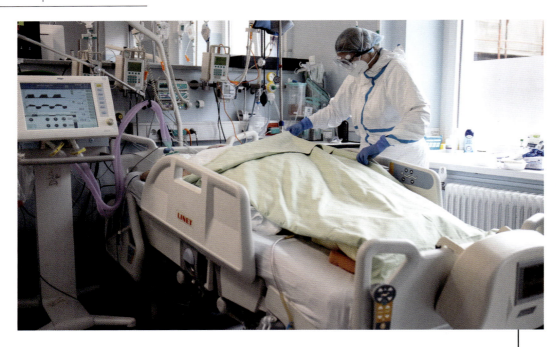

2020年
新型コロナウイルス感染症

2019年12月、中国、武漢市の衛生健康委員会から、肺炎様の症例が多数発生しているとの報告があった。原因は新規のコロナウイルス、2019-nCovだった。2020年3月、世界保健機関が新型コロナウイルス感染症の世界的大流行を宣言した。ヨーロッパと米国では有効なワクチンが、早いものでは1年と経たないうちに開発された。しかし、2022年末の時点で世界では660万人が命を落としていた。

◁ **コロナ患者**の集中治療

2019年

2019年 グーグル社が「量子超越」を達成。通常のコンピュータならば数年かかる計算を同社の量子コンピュータは200秒で処理する

2019年 NASAの火星着陸探査機インサイトが地球以外の惑星で地震、つまり「火震」を初めて観測する

2019年 電波望遠鏡の国際共同研究グループが、遠方の銀河メシエ87にある超大質量ブラックホールの輪郭を撮影する

2019年
最果ての接近

2006年に打ち上げられ2015年に冥王星を訪れたニューホライズン探査機が、カイパーベルトにたどり着き小さな天体アロコスの近くを通過した。現在までで地球からもっとも遠い場所での宇宙船と天体との遭遇だ。画像から、アロコスは二つの氷の天体がらせん運動をしながらゆっくり衝突してできた、長径36 kmでダンベル型の「接触連星」と判明した。表面は、長い時間にわたって太陽や宇宙の放射線に曝されるうちに形成された、炭素を主成分とする複雑な化合物で覆われている。

△ **ニューホライズン探査機**が写したアロコス

2020年
人工知能

グーグル・ディープマインド社のアルゴリズムが、放射線科医を上回る能力でX線画像から乳がんを特定した。ピッツバーグ大学で医師が訓練した人工知能（AI）システムも、人間よりも正確に生検組織の画像からがんを見つけた。そのほかの分野でも、検索エンジンの結果の改善、顔認識、ゲーム、自律走行車の運転など、AIは新たな用途を次々と開拓している。

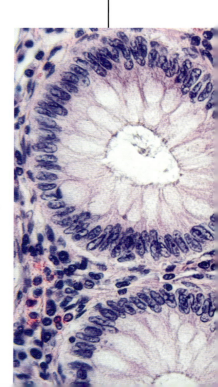

2019年–2022年 | 305

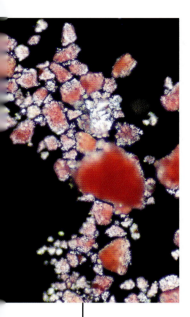

◁ 海水1滴に含まれるマイクロプラスチックの粒子

2020年
プラスチック汚染

オーストラリアの研究チームがロボットを使って海底の堆積物を採取したところ、海の底はマイクロプラスチックの掃きだめになっていた。海底に堆積したプラスチックの屑は、海域に投棄されたプラスチックが分解されたもので、全世界で1400万トンにのぼると推定されている。マイクロプラスチックの発生源には、スクラブ洗顔料、シャワージェル、歯磨き粉に含まれるマイクロビーズなどもある。

◁ ジェームズウェッブ望遠鏡

2021年
ジェームズウェッブ望遠鏡の打ち上げ

NASAがジェームズウェッブ宇宙望遠鏡（JWST）を打ち上げた。JWSTは、宇宙が誕生して間もない頃にできた恒星や銀河などからの弱い熱放射を観測したり、天の川銀河で恒星を周回する系外惑星を発見したりするために開発された巨大な赤外線望遠鏡。

2021年 2020年の火星と地球の大接近に合わせて打ち上げられた、三つのミッションの探査機が次々と火星に到着する

2020年 CERNでLHCb共同研究に参加している物理学者が、四つのクォークからなる新しい粒子「テトラクォーク」を観測する

2022年

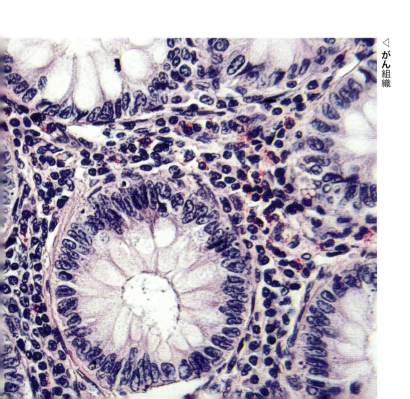

◁ がん組織

△ ヒマラヤカグラコウモリ

2022年
人間の活動と進化

人為的な環境変化に対して約30種の動物がどのように適応してきたかを、オーストラリアのディーキン大学とカナダのブロック大学の科学者が調べた。その結果、多くの種が熱損失や体温調節に関係する体の部位を肥大化させて、気温の上昇に適応していることが明らかとなった。たとえば、オーストラリアのオウムは嘴を、ウサギは耳を大きくしていた。マウスは尾を長くし、ヒマラヤカグラコウモリ（*Hipposideros armiger*）は翼を大きくしていた。

索　引

太字のページは、より詳しい説明であることを示す。

あ行

アーノ、ペンジアス　**248**
アーパネット　253
アームストロング、エドウィン　**213**
アームストロング、ニール　**253**
アーメス　19
アーユルヴェーダ　32
RNA　233、238、**243**、**249**、250、245
アールクィスト、ジョン・エドワード　**268**
アールヤバタ　36、52
アイギナのパウロス　37
IQ検査　**185**
IBM社　262、281、**294**、**303**
IPCC　→　気候変動に関する政府間パネル
アインシュタイン、アルベルト　**182**、**220**、**278**
　　一般相対性理論　103、**170**、183、**185**、196、**197**、**200**、**208**、**289**
　　特殊相対性理論　161、**186-87**、215
アイントホーフェン、ウィレム　**183**
アヴィケンナ　→　イブン・スィーナー
アヴェロエス　→　イブン・ルシュド
アヴォガドロ、アメデオ　**114**
アヴォガドロの仮説　**114**、139
アウストラロピテクス　**206**
　　アファレンシス　**10**
　　アフリカヌス　**204**
亜鉛　61
アガシー、ルイ　128
アクアラング　223
アクチベータータンパク質　**245**
アクラガスのエンペドクレス　24
アグリコラ、ゲルギウス　**55**、56
アコスタ、ホセ・デ　60
アシュールの道具　**10**
アスクレピオス　**22**
アステカ　35、58
アストラリウム　**48**
アストロラーベ　38
アストン、フランシス　189、**197**
アセリンスキー、ユージン　**235**
アダムズ、ジョン・カウチ　131
アッカド王サルゴン　17
アッ＝ザルカール　**45**
アッシリア　**22**

圧電気　**161**
アップルトン、エドワード　**220**
圧力　60、72、**74**
アドレナリン　172、**173**
アネル、ドミニク　**85**
アパメイアのポセイドニオス　30
アブデラのデモクリトス　24、**31**
アポロ計画　**250**、251、**253**、258
天の川銀河　126、**184**、197、**232**、277、**279**、**281**、294
アミアンド、クラウディウス　89
アミノ酸　120、230、**233**、238、**249**、250
アミラーゼ　**126**
アメリカ大陸　51、52、60
アメリカ哲学協会　90、91
アユイ、ルネ＝ジュスト　**103**
アランビック　**39**
アリ　**34**
アリストテレス　26、27、43、49、60
アリマキ　91
アル＝アスマイー　38
アルヴァレズ、ルイス　242、**261**
アル＝カラサーディー、アリ　**49**
アルカロイド化学　112
アルガン、アミ　102
アルキメデス　22、28
アルキメデスのスクリュー　**22**
アル＝キンディー　39
アルコールの蒸留　**39**
アルゴン　172
アル＝ザフラーウィー　**40**
アル＝ジン・ムハンマド・イブン・マルフ・アル＝シャミ・アル＝アサディ、タキ　**55**、58
アルツハイマー、アロイス　190
アルディピテクス・ラミダス　295
アルドロバンディ、ウリッセ　61
アルバー、ヴェルナー　252
アル＝ハーズィニー　42
アルピーニ、プロスペロ　**58**
アル＝ビールーニー　**40**、41
アルファー、ラルフ　229
アル＝ファザーリー、イブラハム　38
アルファ粒子　**174**、176、188、**190**、200、**214**
アルフォンソ10世　**45**
アルフォンソ表　45
アル＝フワーリズミー　**39**
アルミニウム　166、214
アルミラリア・バルボーサ　**276**

アルメイダ、ジューン　251
アル＝ラーズィー（ラーゼス）　**39**、40
アレクサンドリア図書館　**27**
アレクサンドリアのエウクレイデス、ユークリッド　**27**
アレクサンドリアのクテシビオス　28
アレクサンドリアのディオファントス　**34**
アレクサンドリアのヘロン　**32**
アレシボ天文台　**246**
アレニウス、グスタフ　280
アレニウス、スヴァンテ・アウグスト　**165**、**169**、173
アロコス　**304**
アンキオルニス・ハクスリー　**295**
暗黒エネルギー　266、**282**、291
暗黒物質　213、254、266、**267**、277
アンダーソン、カール　**212**、219
アンティオコス　29
アンティキティラの機械　**30**
アンドルファット、ピーター　291
アンドロメダ銀河　165、209、**226**、254
アンペア　188
アンモニア　115、166、**189**
飯島澄男　**275**
イーストマン、ジョージ　168
EPRパラドックス　**215**
イェーガー、チャック　228
イェドリク、アーニョシュ　125
イェンゼン、ヨハネス　229
イオ　64、**79**
硫黄　53
イオン　165、193、198、211、220
『医学典範』　**41**
イグアノドン　**122**、162
移植　**251**、252
イスラームの学問　38、**40**
イスラエリ・ベン・ソロモン、イサク　40
異性体　122、**135**
位相幾何学　148
位置エネルギー　**132-33**
一行　37
遺伝　114、148、149、163、**183**、**189**、**226**、231
遺伝子組換え生物（GMO）　270、271
遺伝子と遺伝学　149、163、**183**、185、**189**、221、229、252、254、259、**284**
遺伝暗号　**243**
遺伝子組換え　284
遺伝子工学　**256**、270
遺伝子指紋法　**268**
遺伝子治療　**256**、274、299

遺伝子導入　256、264、277
遺伝子発現　**244-45**
遺伝子編集　**291**
エピジェネティクス　**231**
グレゴール・メンデル　148
命名　179
稲作　15
イネス、ロバート　196
イブン・アル＝ナフィース　44
イブン・アル＝ハイサム　**41**
イブン・アル＝バイタール　44
イブン・サフル　40
イブン・スィーナー（アヴィケンナ）　**41**
イブン・ハイヤーン、ジャービル　**38**
イブン・ブフトイーシュー、ジャービル　38
イブン・リドワーン、アリ　**41**
イブン・ルシュド（アヴェロエス）　**43**
イベントホライズンテレスコープ　281
イムヘテプ　**16**
イリジウム　**261**
医療　**16**、31、32、40
色　44、46、74
陰極線　157、160、166、176
印刷　39、41、50
インスリン　151、172、**173**、238、**239**、256
隕石　112、**261**、280
インド・アラビア由来の記数法　40
インフルエンザ菌　279
インペトゥスの理論　36
インヘンホウス、ヤン　**101**
陰陽家　**27**
ヴァイスマン、アウグスト　171
ヴァイツゼッカー、カール・フォン　226
ヴァラーハミヒラ　36
ヴァルサルヴァ、アントニオ　84
ヴァルトゼーミュラー、マルティン　**52**
ウァロ、マルクス・テレンテュウス　31
ヴァン・アレン、ジェームズ　241
ヴァン・アレン帯　241
ヴィーン、ヴィルヘルム　171
ウィグナー、ユージン　**229**
ウィザリング、ウィリアム　100
ヴィドマン、ヨハネス　51
ウィトルウィウス　31
ヴィーンの変位法則　**171**
ヴィラール、ポール　178
ヴィリー、ヘニッヒ　250
ウィルキンス、モーリス　234、**236**
ウィルキンソン・マイクロ波異方性探査機　**287**
ウィルクス、チャールズ　128

ウイルス 78、164、177、197、219、
　221、238、251、**265**、**300**
ウイルス学 **164**
ウィルソン、エドマンド **185**
ウィルソン、エドワード・オズボーン
　251、258
ウィルソン、ロバート **248**
ウィルファルト、ヘルマン **166**
ヴィンクラー、クレーメンス 165
ウィンストン、ロバート **274**
ウェーバー、ジョセフ **253**
ヴェーラー、フリードリヒ 123
ヴェゲナー、アルフレート **191**
ヴェザリウス、アンドレアス **54**
ウェリク、ロバート **302**
ヴェルナー、エイブラハム 98
ヴェルニエ、ポール 67
ヴォークラン、ルイ・ニコラ 109
ウォリス、ジョン 73
ウォルトン、アーネスト 212
ウォレス、アルフレッド・ラッセル **151**
ウォレス線 151
ウォレミマツ **277**
宇宙 23、24、122、257
　暗黒物質 213、254
　素粒子物理学の標準模型 **289**
　地球中心の宇宙 25、33、35
　電磁波の放射 146、147
　ビッグバン 229、263、**274**
　標準モデル **266**
　膨張 209、263、**282**
宇宙インフレーション 263
宇宙線 190、228、234
宇宙の標準モデル **266-67**、**282**
宇宙背景放射探査衛星（COBE）**274**
宇宙ひも **269**
宇宙マイクロ波背景放射 248、**274**、
　287
宇宙論 **248**
　標準モデル 266-67
ウパトニークス、ユリウス **249**
ウフル 254
海 40
ウラン 105、173、174、188、219、
　221、222、224
ウルグ・ベク **49**
運動エネルギー 132-33
運動の法則 80、82-83
　運動論 43
映画撮影用カメラ **171**
永久機関 **132**
エイクマン、クリスティアーン 173
『英国航海暦』 97
AIDS → 後天性免疫不全症候群
エイベル銀河団 **269**
エイヤフィヤトラヨークトル **296**
エウスタキオ、バルトロメーオ 55
AI → 人工知能

エーヴリー、オズワルド **226**
エーケベリ、アンデシュ・グスタフ 111
エーテル 134
エーベルス・パピルス 20
エーベルト、カール・ヨーゼフ 161
エオシミアス **280**
疫学 **136**
液体 77
エクスプローラー１号 **241**
エジソン、トーマス 150、158、**159**、171
エジプト 16、17、18、19、20、21
エストロゲン 172、209
X線 172、173、184、203、**304**
　結晶構造解析 190、**196**、230、
　　234、**237**
HIV → ヒト免疫不全ウイルス
エドウィン・スミス・パピルス **20**
エトナ山 31
NSFNET **269**
NMR → 核磁気共鳴
エネルギー 178、224
　種類 **132-33**
　伝達 131
　保存 130
エピジェネティクス **231**
エフェソスのヘラクレイトス 23
FMラジオ **213**
エマニュエル、シャルパンティエ **291**
MRI → 磁気共鳴映像法
エリオット、ジェームズ **259**
エリス **291**
エルー、ポール **166**
エルクスレーベン、ドロテア 93
エルステッド、ハンス・クリスチャン 120
エルドリッジ、ナイルズ **255**
エルナンデス、フランシスコ 57
エルニーニョ **264**
エロス **285**
円 28、84
塩基 38、203
円周率（π）28、35、84、162
エンジン、ジェット 211、**218**、223
円錐曲線 29
塩素ガス 104
エンドルフィン 256
エントロピー 132、140、141、148
オイラー、ウルフ・スファンテ・フォン 215
オイラー - ラグランジュの方程式 **95**
オイラー、レオンハルト 89、**95**、96、**98**
オイルランプ 102
欧州宇宙機関 **300**
黄道 45
黄道傾斜 45
オウムアムア **302**
王立協会
オーエン、リチャード 122、131
大型ハドロン衝突型加速器 **294**、296
オオカミ 12

オーキシン 173、**240**
オーデュボン、ジョン・ジェームズ 122、
　123
オートジャイロ **221**
オートリッド、ウィリアム 67
オーベルト、ヘルマン **208**
オーム 188
オーム、ゲオルク 123
オーリヤックのジェルベール 41
オールダム、R. D. **185**
オールトの雲 **231**
オールト、ヤン **231**
オーレオマイシン 228
オーロラ **139**
オカピ **179**
オクターブの法則 144
オシロスコープ 176
オストロム、ジョン **256**
オゾン 130
　オゾン層 194、257、271
オチョア、セベロ 238
オッカムのウィリアム 46、47
オッカムの剃刀 **46**
オットー、ニコラウス 157
オディエルナ、ジョヴァンニ 71
音 158
　音速 166
　音波 119、130、213
音ルミネセンス 274
オネス、ヘイケ 190
斧 **10**
オハイン、ハンス・フォン **218**
オペロン **245**
オランウータン **303**
オリオン座のミンタカ 184
オリオン大星雲 64
オリバー、ジョージ 172
オルテリウス、アブラハム 57、61
オルドバイ渓谷、タンザニア 10
オルドリン、バズ **253**
オルドワン石器 **10**
オルバース、ハインリヒ 108、115、
　118、122
オレム、ニコル 47、49
温室効果ガス 144、272、281、**295**
温度 171
　大気 **182**
　表面 272、285、293、303
温度計 60、66、85、88、**90**、110

か行

蚊 172、**302**
カーソン、レイチェル **246**
カール、ロバート **269**
権 17
海王星 134、210、273、291、292
ガイガー計数管 188
ガイガー、ハンス 188

外気圏 **182**
壊血病 108
概日周期 44
ガイスラー管 **137**
ガイスラー、ヨハン **137**
解析機関 **127**
階段状ピラミッド **16**
害虫駆除 **34**
海底
　海洋底拡大 **242**
　地形図 **259**
海氷 **286**、298、300
解剖 28、46、51、**54**、61、**68**、81、92
解剖学 33、38、46、54、139
　比較解剖学 108、135
ガイム、アンドレ **290**
海洋 137、**295**、**305**
　海流 109、137
　地図作成 154、259
カヴァントゥー、ジョセフ＝ビアンネメ 119
ガウス、カール・フリードリヒ 108
カオス理論 **255**
ガガーリン、ユーリィ **243**
科学アカデミー、サンクトペテルブルク 86
科学アカデミー、ベルリン 90
科学革命 **50**
科学的方法 **26**
化学の教科書 **88**
化学療法 222
化学量論 106
核磁気共鳴（NMR）226、251
郭守敬 **45**
核の冬 **265**
核分裂 214、219、220、224-25
核兵器 187、220、222、224、227、
　230、233
核融合 **224-25**、233、249、260、
　273
確率 56、73、115
化合物 102、**113**、122、123、142、
　157、**211**、226
　化学結合 **198-99**
火山 20、31、124、223、242、259、
　275、296
カシュリンスキー、アレクサンダー **294**
風 80、88、**125**、**127**、200、201
　太陽風 241、**246**
火星 25、55、63、75、158、249、
　254、256、280、281、283
　探査計画 258、286、290、294、
　298、304、305
化石 40、51、52、98、116-17、
　124、191、206、273、292、
　303
　生きた化石 219、277
　岩石層 75、118、121
　恐竜 115、117、122、138、142、
　158、162、253、260、295

分類 55
　ホモ属 172、**204**、249、**268**、**297**
化石燃料 99、**132**、252
カゼッリ、ジョヴァンニ **145**
カセルニク、アレックス 286
ガソリン 191
可聴閾以下の音 268
ガッサンディ、ピエール 71
カッシーニ計画 **281**、290
カッシーニ、ジョヴァンニ 75、79
カッシーニ、セザール＝フランソワ 90
活性化エネルギー 169
カッパドキアのアレタイオス 33
ガニアン、エミール 223
カニッツァーロ、スタニズラーオ 139
カハール、サンティアゴ・ラモン・イ 168、184
カパニー、ナリンダー・シン 239
カフーン・パピルス 18
カプタイン、ヤコブス 184
カブレラ、ブラス 264
カペラ、マルティアヌス 35
ガボール、デニス **249**
釜、高圧 84
紙 32
雷 92
カメラリウス、ルドルフ 80
ガモフ、ジョージ 229
火薬 39、46
ガラス製法 21、22、31
ガランボス、ロバート **226**
カリーナ星雲 **8-9**
カリウム 113
ガリウム **153**、156
カリフォルニアコンドル **271**
加硫 129
ガリレイ、ガリレオ 59、60、63、64、67、71
ガリレオ計画 **272**、275、**278**、282
ガルヴァーニ、ルイージ 102、106、110
カルヴィン、メルヴィン **240**
カルケドンのヘロフィロス 27
カルシウム 113、184
カルダーノ、ジローラモ 54、56、58
カルナック、フランス 14
カルペパー、ニコラス **72**
ガレアッツィ、ルチア **102**
カレドニアカラス 286
ガレノス、クラウディウス 33、37、40
ガレ、ヨハン **134**
カローザス、ウォーレス 214
カロン 260、269
がん 222、**232**、**274**、291、302、**304**
岩塩 196
灌漑 14、18
幹細胞 **285**、292
鉗子 86

干渉法 239、262
ガンズヴィント、ヘルマン 161
慣性 82
岩石 55、105、124、189、269
　循環 104
　層 118、121
　年代測定 188
カンディンスキー、ワシリー 160
ガンマ線 146、174、178、282、302
木 66、190、277、281
気圧計 71
キーリング、チャールズ 280
気温 182
機械工学 86
幾何学、解析 47
ギガノトサウルス 278
器官 75
機関車 118、122
気候
　過去の気候 263
　気候変動 31、124、**173**、190、201、252、272、280、285、293、299、300、**303**
気候変動に関する政府間パネル（IPCC） 285、293、**303**
気象 127、144、201、242、255、264、296、299
キセノン 177
気体 65、74、77、111、114、142、160
キツネノテブクロ 100
軌道 193
軌道上炭素観測衛星 300
キナノキ 119
キニーネ 119
キネトグラフ **171**
ギブズ、ジョサイア・ウィラード 157
ギボン、ジョン 234
キャヴェンディッシュの実験 109
キャヴェンディッシュ、ヘンリー 96、103、104、**109**
キャリントン、リチャード 139
ギャロ、ロバート 265
キュヴィエ、ジョルジュ 108、115
『九章算術』 **34**、36
牛痘 108
キュニョー、ジョゼフ 97
キュリー、ジャック 161
キュリー、ピエール 161、177
キュリー、マリー 177
キュレネのエラトステネス 27、29
共感覚 160
京都議定書（1997年） 281
共有結合 198
恐竜 117、162、253、278
　社会行動 260
　絶滅 261

鳥類の祖先 256、276、295、296
名前 **122**、131
ハドロサウルス **138**
分類 167
骨戦争 158
巨石記念物 13、14
ギョベクリ・テペ、アナトリア **13**
魚類 219、292、293
ギルバート、ウィリアム 62
キルビー、ジャック **241**
キルヒホッフ、グスタフ 142
キルヒホッフ、ゴットリーブ 115
ギルマン、アルフレッド 222
キログラム 303
金 17、192
銀河 266、272、275、**294**
　天の川銀河 126、184、**197**、232、277、279、281、294
　暗黒物質 213
　アンドロメダ銀河 165、209、226、254
　渦巻銀河 204、223、254
　エイベル銀河団 269
　クェーサー 247
　形成 103
キング、メアリー＝クレア **274**
菌根菌 281
筋収縮 79、102、106
金星 35、55、212、239
　出没 20
　太陽面通過 70、79、**94**
　探査 246、248、257、260、264
金属 14、56、79、113、198-99
菌類 93、276
グーグル 304
グース、アラン 263
グーテンベルク、ヨハネス 50
グールド、スティーヴン・ジェイ 255、273
クーロン、シャルル＝オーギュスタン・ド 100、104、109
クーロン力 100、104
クェーサー 247、251
クォーク 176、243、261、**278**、289、305
楔形文字 15、19、20
クストー、ジャック 223
クック、ウィリアム・フォザギル **128**
クック船長、ジェームズ 97
屈折 40、46、62、74、84
グッドイヤー、チャールズ 129
グッドマン、ルイス 222
グッド、ロバート A. 252
クテシビオスのポンプ 28
クニドスのエウドクソス 25
雲 112
クラーク、アーサー C. 227
クライスト、エーヴァルト・ゲオルク・フォン

91
クライバーの法則 212
クライバー、マックス 212
クラウジウス、ルドルフ 136、148
クラクトンの石槍 11
グラショー、シェルドン 252
グラハム、ジョージ 86
グラフ 47、70
グラフェン 290
クラプロート、マルティン 105
グラム染色 164
グラム、ハンス・クリスチャン **164**
グリコーゲン 138
グリコールアルデヒド 294
グリシン 120
クリスチャン、ジャン・ピエール 90
クリスティ、ジェームズ 260
CRISPR 291、302
クリック、フランシス 234、236、237、249
クリッツィング、クラウス・フォン 262
グリニャール、ヴィクトル 179
グリフィン、ドナルド **226**
クリプトン 177
CLIMAP計画 263
クルー、アルバート 254
グルーオン 243、261、289
グルカゴン 172
グルコース 202
クルシウス、カロルス 60
クルス、マルティン・デ・ラ 55
クルックス、ウィリアム 157、160
クルックス管 160、176
クルトア、ベルナール 114
くる病 202
車 165
グレアム、トーマス 136
グレイ、イライシャ 157
グレイ、スティーブン 87
クレイトマン、ナサニエル 235
グレイ、ヘンリー 139
グレートアトラクター 294
グレゴリウス13世、教皇 59
グレゴリオ暦 59
クレプシドラ 21
クレブス回路 218
クレブス、ハンス 218
クレロー、アレクシー＝クロード 90
クレローの定理 90
グレン、ジョン 246
グローブ、ウィリアム **129**
クローフォード、アデア 101
クローン 263、280
グロステスト、ロバート 44
クロトー、ハロルド 269
クロマニョン人 150
クロム 109
クロトンのフィロラオス 24

クロロホルム　125
クロンプトン、サミュエル　101
クワオアー　286
蛍光線虫　277
計算　36
計算機　70
ゲイ、ジョージ・オットー　232
ケイ素　122、229
経度　71、88、93、97
ケー、ジョン　88
ゲーベル　38
ケーラー、ジョルジュ　258
ゲーリケ、オットー・フォン　73
ゲー＝リュサック、ジョゼフ・ルイ　111、
　112、122
ゲー＝リュサックの法則　77
外科　20、44、46、48、148、284
ケクレ、フリードリヒ・アウグスト　138、
　148
ゲズ、アンドレア　281
下水道　17
ゲスナー、コンラート・フォン　55
ゲタール、ジャン＝エティエンヌ　91
血縁淘汰　248
結核　162
ケック望遠鏡　276
結合エネルギー　224
結晶　161、190、196
結晶学　103、190、196、230、234、
　237
決定論　115
ゲッパート・メイヤー、マリア　229
ケネディ、ジョン F.　243
ゲノム　236、279、292
　ゲノムの配列決定　283、286
　ハップマップ（HapMap）　291
　ヒトゲノム計画　272、284、287、
　299
ケプラー宇宙望遠鏡　295
ケプラー22b　297
ケプラー、ヨハネス　61、62、63、64、
　65、66
ケルスス、アウルス・コルネリウス　32
ゲルマニウム　153、165、166
ゲル＝マン、マレー　234、243
ゲルラッハ、ワルター　203
ケレス　111、301
ケロー、ディディエ　278
減圧症　159
原形質　134、143
原子　24、71、156、174、209、212
　X線結晶学　196
　化学結合　198-99、200
　原子価　136
　原子核　190、229
　原子構造　182、184、190、192-93
　原子時計　43、230
　原子番号　185、194、195

原子量　119、144、151
原子論　112、113、114
質量分析器　197
電子　110、203、204
ブラウン運動　185
分光学　142
放射年代測定　188
有機化合物　123
原子価　136
原子核　153、174、193、194、212
原子力発電所　174、224、235、261、
　270、297
原子炉　205、222
減数分裂　163
原生生物　149
原生動物　78
元素　115、118、144、189、200、
　202、219、241
　原子論　112、113
　周期表　151、152-53、154、156、
　165、166
　定義　74
　分光学　142
元素（土、空気、火、水）　24、25、27
ケンタウリ b　302
ケンダル、エドワード・カルビン　195
建築　31
建築技術　10、13、14、29
ゲンツェル、ラインハルト　281
検電器　190
ケンドリュー、ジョン　241
顕微鏡　64、65、74、78、155
　走査型透過電子顕微鏡　254
　電界イオン顕微鏡　238
　電子顕微鏡　213、249
　リスターの顕微鏡　124
原油流出　296
航海　42
航海用標準時計　88、93
光学　27、81
高気圧　144
合金鋼　163
光合成　66、67、99、101、112、143、
　240
光子　176、181、289
香水　21
恒星　184、196、201、204、241
　天の川　232
　暗黒星　103
　位置　87
　色と明るさ　130、185、188、194、
　210
　動き　85
　起源　114
　距離測定　128、191
　元素合成　219
　スペクトル　121、144
　星座　30、33、62、79、80、92

星図と星表　30、35、61、62、66、
　79、80、86、95、98、102、
　104、126、135、150、167、190
赤色巨星　238
地球中心の宇宙　25、33、35
中性子星　252、302
超新星　33、41、57、140、165、194、
　195、214、266、271
白色矮星　134、195
ビッグバン　209
星の進化　194-95
連星　168
向性　169
抗生物質　208、221、228、300
酵素　126、194、221、238、243
合同算術　108
抗体　258
黄帝　16
航程線　54
光電効果　167、181、182、185
後天性免疫不全症候群（AIDS）　263、
　265
高等研究計画局ネットワーク　253
行動主義　194、195
行動の進化　258
抗毒素　169
鉱物　55、98、202
酵母　19、128
交流　162
コーエン、スタンリー N.　256
コーサ、フアン・デ・ラ　52
コーシー、オーギュスタン＝ルイ　120
コーネル、エリック　278
ゴールド、トーマス　276
コールブルック、レオナルド　218
コーワン、クライド　239
コーンバーグ、アーサー　238
呼吸　64、75、93、99、101、103、105
五行説　27
国際宇宙ステーション　283、299
国際熱核融合実験炉（ITER）　225
黒死病　47、48
黒体　142
コスターリッツ、ハンス　256
コスのエラシストラトス　28、29
コスのヒッポクラテス　24
古生物学　108、162
ゴダード、ロバート　205
固体　77
古代の犂　14
骨格　138
コッククロフト、ジョン　212
骨髄　252
骨相学　114
コッホ、ロベルト　162
コバルト　88
コブシ　14
コペルニクス、ニコラウス　52、54、55、

60、61、63、64、67
ゴム　129
暦
　グレゴリオ暦　59
　シュルギのウンマ暦　17
　中国の暦　37、45
　ペルシア暦　42
　マヤ暦　35
　ユリウス暦　31、59
コラーナ、ハー・ゴビンド　254
コリーニ、コジモ　115
コリオリ、ガスパール＝ギュスターヴ・ド
　127
コリオリ効果　127
ゴルジ、カミッロ　155、168、184
ゴルジ染色　155
ゴルトシュタイン、オイゲーン　157、166
ゴルトシュミット、ヴィクトール　202
ゴルトン、フランシス　144、160、161、
　163、165
コルバート、エドウィン H.　253
コルフ、ウィレム　223
コレラ　124、136
コロイド化学　136
コロッサス計算機　223
コロナウイルス　251
コロナグラフ　211
コロンブス、クリストファー　51、52
コンクリート　29
金剛経　39
コンスタンティノープルの陥落　50
昆虫　100、107、287
ゴンバーグ、モーゼス　178
コンピュータ　227、231、262、284、
　294
　コロッサス計算機　223
　万能自動計算機（UNIVAC）　232
　量子コンピュータ　180、303、304
コンプトン、アーサー　203

さ行

サアグン、ベルナルディーノ・デ　58
SARS（重症急性呼吸器症候群）　287
サープ、マリー　234、259
サーベイヤー1号　250
細菌　78、93、169、202、236、291
　遺伝子導入　256
　グラム染色　164
　抗生物質　221
　バクテリオファージ　197
　ルイ・パストゥール　138、159、161
サイクロトロン　211
採鉱　56
歳差　29
細胞　74、75、156、163、177、221
細胞核　125、134、143、236
細胞質　177、221
細胞生物学　129、143、231

催眠術　99
蔡倫　32
ザックス、ユーリウス・フォン　143
殺人法（1752年）　92
殺虫剤　220、246
サットン、ウォルター　183
サバティエ、ポール　176
サマルカンド　49
サモスのエウパリノス　23
サラム、モハンマド・アブドゥッ　252、256
サリュート1号　257
サル　49、268
酸　38、203
サンガー、フレデリック　238、239
三角測量　52、53、64、90
三角法　50
産業革命　100
サン・クルーのウィリアム　45
算術　35、36、79
酸素　96、104、130、138、218
　光合成　67、101
　燃焼の理論　103、105
　燃料電池　129
　発見　84、98、99、101
　水　96、103
　有機化合物　123
サントーリオ、サントーリオ　64、66
三葉虫　121
CFC　257
シームリア　116
シーラカンス　219
シーリー、ハリー・ゴーヴィア　167
ジェームズ、ウィリアム　169
ジェームズ・ウェッブ宇宙望遠鏡　8-9、305
シェーレ、カール・ヴィルヘルム　98、99
シェーンバイン、クリスチャン　130
ジェットエンジン　211、218、223
ジェニー紡績機　95
ジェニファー、ダウドナ　291
ジェファーソン、トーマス　91
シェリー、メアリ　102
シェルバ、フアン・デ・ラ　221
神舟　294
ジェンナー、エドワード　108
塩　53
紫外線　111、146、182
紫外線放射　194、257
ジカウイルス　302
視覚　41
歯学　87、98
視覚論　41
時間の遅れ　187
時間の計測　43
磁気　120、121、137
色覚異常　107
磁気共鳴映像法（MRI）　263

磁気偏角　42
磁極　45、62、104、235、247
時空　197、200、282、301
試験管ベビー　260
シコルスキー、イーゴリ　221
視差　62
しし座流星群　145
地震　33、94、160、165、185、189、215、290
地震計　33、160
地震波　185
自然選択　127、138、139
自然の秘密アカデミア　56
自然発生説　75
始祖鳥　142
湿地の復元　283
質量　170、173
質量分析器　197、300
自動車　97、157
シドニー、ウォルター　195
シナプス　168
シノサウロプテリクス　296
磁場　76、112、125、126、146、148、203、235、247、252、262
司馬遷　31
ジフテリア　169
シブリー、チャールズ・ガルド　268
ジベレリン　240
シマード、スザンヌ　281
島の生物地理学　251
指紋　165
シモン、テオドール　185
シャーピー＝シェーファー、アルバート　172
シャープ、フィリップ A.　259
ジャイ・シン 2 世　87
ジャコブ、フランソワ　243
写真　119、129、130、155、168、188
シャプレー、ハーロー　197
車輪　15、21
シャルガフ、エルヴィン　231
シャルルの法則　77
ジャンサン、ジュール　150
ジャンスキー、カール　211
ジャンタル・マンタル天文台　87
シャンベラン、シャルル　164
種　26、80、93、159、179、246、250、255、261
シュヴァルツシルト、カール　196
シュヴァルツシルト半径　196
シュヴァルツシルト、マーティン　238
周期表　151、152-53、154、156、165、166
住居跡　10
収縮　47
重心　28
重水素　211
周天円　55
『周髀算経』　23

重力　37、42、51、61、90、98
　ガリレオの実験　60
　質量　170
　重力波　196、197、253、301、302
　重力場　247
　重力レンズ効果　213
　惑星の運動　61、65
ジュール、ジェームズ　131
樹液　170
ジュシュー、アントワーヌ・ローラン・ド　105
シュタール、ゲオルク・エルンスト　81、84
10進法　35
シュテファン-ボルツマンの法則　159
シュテファン、ヨーゼフ　159
シュテルン、オットー　203
シュトラスブルガー、エードゥアルト　170
シュトラスマン、フリードリヒ・ヴィルヘルム　219
シュピーゲル、アドリアン・ファン・デン　66
シュプレンゲル、クリスティアン　107
授粉　107
シュペーマン、ハンス　201、204
シュミット、ベルンハルト　211
シュミット、マールテン　247
シュルギ王のウンマ暦　17
シュルツェ、マックス　143
シュルバ・スートラ　22
シュレディンガー、エルヴィン　204
シュワーベ、ザムエル・ハインリヒ　131
シュワン、テオドール　126、128、129
循環系　29、44、66、68-69、74、75
準惑星　291、292
常温核融合　273
消化　126
蒸気機関　32、81、85、96、100
蒸気機関車　118、122
蒸気タービン　55、164
衝撃波　214
条件反射　183
猩紅熱　89
蒸散　87
乗算記号　67
焼灼　37
ショウジョウバエ　189
消毒　44
消毒薬　148
小児医療　80
ショウノウ　93
静脈　27、29、59、66、69
蒸留　39
ショーリアックのギー　47、48
ジョーンズ、ウィリアム　84
ジョーンズ、ハロルド・スペンサー　221
食細胞　162
食作用　162

触媒　234、269
植物　12、58、87、99、170
　気候変動の影響　280
　光合成　66、67、99、101、112、143、240
　細胞　74、134
　シードバンク　285
　自然誌　53、54、91
　発見　57、97
　分類　27、59、93、105
　ホルモン　240
　薬草療法　16、20、32、54、55、57、58、72、100
　有性生殖　80
小惑星　111、261、275、285
ジョセル王　16
織機　88
ショックレー、ウィリアム Jr.　228
書物
　印刷　50
　最古の印刷本　39
　中国の百科全書　70
ジョリオ＝キュリー、イレーヌとフレデリック　214
シラード、レオ　220
シリウス　134、151
シリウス B　195
ジルコニウム　105
ジルコン　188
進化　23、204、219、255、305
　遺伝　114
　行動　258
　人類　49、204、206-207、287
　チャールズ・ダーウィン　107、125、139、145、154、179、196
深海底サンプリング海洋研究所共同研究機構（JOIDES）　269
深海の生物　150、210
真核生物　93
新型コロナウイルス感染症　304
沈括　42、43
シング、R. L. M.　226
真空　26、27、71、73、137
真空瓶　171
シンクロトン　227
神経　102、106、124、155、202
神経科学　184
神経学　92、168
神経系　27、28
神経伝達物質　106
人口　109、297
人工衛星　227、240、241、242、246
人口学　109
人工授精　101
人工知能（AI）　304
心臓　100、183、250
移植　251
血液の循環　29、69、74、75

再生 **293**
　人工心肺装置 234
腎臓 **131**、223
心電計 183
浸透圧 **158**
振動式ミクロトーム 165
神農 16
シンビオン・パンドラ 278
心理学 169
人類の進化 49、**204**、206-207、287
水銀 53、**188**、190
水車 28
彗星 36、**57**、230、**231**
　ヴィルト第2彗星 292
　尾 37
　シューメーカー・レヴィ彗星 277
　ティコ・ブラーエ 58、**60**
　ハインリヒ・オルバース 108、115、118
　ハレー彗星 **42**、79、84、93
　ロゼッタ探査機 **300**
水星 **25**、35、55、**246**、257、294、**298**
水生ガスシフト反応 102
水素 118、121、177、**219**
　恒星 **194**、195
　スペクトル 142、154
　生成 102、103、176、**189**、191、204
　燃料電池 **129**
　発見 78、**96**
　ヒンデンブルク号 **219**
　有機化合物 123
膵臓 151、168、**172**
水素爆弾 **233**
睡眠 **235**
数 54
　インド・アラビア算術 **44**
　インド・アラビア由来の記数法 40
　虚数 **57**
　原子番号 195
　素数 108
　超越数 162
　2進数 **227**
　ベルヌーイ数 85
　マッハ数 166
　ローマ数字 **44**
スヴェドベリ、テオドール 203
鄒衍 27
数学 19、23、**34**、37、50、108
　記号 49、51、56、67
数学的帰納法 58
ジェフリーズ、アレック **268**
スカイラブ **257**
スキアパレッリ、ジョヴァンニ 158
スキューバー 223
スクレーター、フィリップ・ラトリー **179**
スターダスト探査機 **292**
スターリング、アーネスト 182
スティーブンズ、ネッティー 185

スティーブンソン、ジョージ 118、**122**
ステヴィン、シモン 60
ステノ、ニコラス **75**
ステュアート、バルフォア **139**
ストーニー、ジョージ **154**、170
ストッダート、フレイザー **275**
ストラット、ジョン（レーリー卿）**165**、172
ストラット、ジョン 172
ストレイジンガー、ジョージ 263
ストレンジネス **234**
スネル、ヴィレブロルト 64
スネル、ジョージ 229
スノー、ジョン **136**
スパランツァーニ、ラザロ 96、101
スプートニク1号 **240**
スペースX社の宇宙船ドラゴン 299
スペースシャトル 263、271、**272**、**274**、287
スペンサー、ハーバート 145
スミス、ウィリアム 118
スミス、トーマス・サウスウッド 124
スモーリー、リチャード **269**
刷り込み 215
スルホンアミド 218
スワン、ジョゼフ **159**
スワンメルダム、ヤン **73**
星雲 **134**、135
生化学 **143**、158
星間物質 184
制限酵素 252
星座 30、33、**62**、79、80、92
聖書 81
生殖 80、149
生殖質 171
精神疾患 36、65、**107**
精神分析 **171**、178
成層圏 **182**、257
生体力学 79
正多角形 **52**
正多面体 25
静電気 23、87、91、**111**
青銅製品 15
性淘汰 154
セイファート、カール **223**
セイファート銀河 223
生物測定学 165
生物発生原則 149
生理学 **87**、88
静力学 **28**
セヴェリーノ、マルコ 67
セーヴァリ、トーマス 81、85
セーガン、カール **265**
ゼーベック、トマス 120
セオドライト 52
世界保健機関（WHO）**302**、304
赤外線 **8-9**、110、146
赤外線天文衛星 265

脊索 123
赤色巨星 238
赤色超巨星 249
石炭酸 148
積分器 210
セグレ、エミリオ **239**
セクレチン 182
セシウム 142
セッキ、アンジェロ 150
接種 85、**108**
絶対空間 183
絶対零度 141
絶滅 **261**、292
セファイド 191
セラミックス **270**
セルシウス、アンデルス **90**
ゼルチュルナー、フリードリヒ 112
CERN 273、286、**294**、298、305
ゼロ 34、**37**、39、43
繊維
　織物染料 **21**
　産業 **88**、95、101
線遠近法 49
染色体 **156**、163、183、185、**236**、252
潜水艦 100、**235**
潜水球 210
線虫 283
セント＝ジェルジ、アルベルト **208**
潜熱 94
腺ペスト 36、**47**、48
ゼンメリング、サミュエル・トマス・フォン 115
染料 21
層 118、**121**
宋応星 **70**
巣元方 36
走査型透過電子顕微鏡 **254**
宋慈 44
層序学 75、93、**94**
相対性 82、209、210
　一般相対性理論 103、170、183、185、196、197、200、203、208、289
　特殊相対性理論 161、186-87、215
ソーク、ジョナス 235
ソーラー・ダイナミクス・オブザーバトリー 296
測温器 60、66
測定 17、67
測量事業 90
組織 75、110
ゾシモス 34
ソシュール、オラス＝ベネディクト・ド 97、104
ソシュール、ニコラ＝テオドール・ド 112
蘇頌 42

素数 108
祖沖之 35
ソディ、フレデリック 182、**194**
ソブレロ、アスカーニオ 135
ソマジャイ、ニカランサ 52
素粒子 176
素粒子物理学の標準模型 288-89
算盤 **36**、41
孫子 34

た行

ダーウィン、エラズマス **107**
ダーウィン、チャールズ **107**、124、125、127、139、145、154、161、179、196
ダーウィン、ホレース 165
ダークエネルギー　→　暗黒エネルギー
ダークマター　→　暗黒物質
ダート、レイモンド **204**
体液 24、31
体外受精（IVF）**260**、274、302
大学 42
大気 71、104、**112**、144、182、220、257、271
　循環 80、**89**
　大気圧 71、73
体細胞 171
胎児の発生 66
代謝 64、212
対数 64
代数学 34、37、39、49、98
大西洋 51、52、154、179、196、234
タイソン、エドワード 81
タイタン 73、**262**、273、281、290
大統一理論（GUT）256、264
ダイナマイト 150
ダイナモ理論 235
台風 **299**
大プリニウス 32
大砲 46、109
太陽 36、89、137、249
　黄道 45
　黒点 64、**131**、135、171、222
　撮影 170
　重力 61
　SOHOによる観測 279
　太陽中心説 55、63、64
　太陽風 246
　地球 41、201、221
　地球中心の宇宙 25、33、35
　日食 30、150、**200**
　フラウンホーファー線 118
　プラズマ 76、77
　フレア 76、139
　惑星の運動 65、201
太陽系 98、101、256、275、**279**
　大きさ 70
　太陽中心説 52、54、55、60、61、

63、64、67
　地球中心の宇宙　**25**、**33**、35
太陽系外惑星　278、**279**、292、
　295、302、**305**
太陽・太陽圏観測衛星（SOHO）　**279**
太陽中心説　52、**54**、**55**、60、**61**、63、
　64、67
太陽風　241、**246**
大陸移動説　191
対流圏　**182**
タイロス1号　**242**
タウ　257
ダガー、ベンジャミン　228
ダグラス、アンドリュー　**190**
ダグラス、ウィリアム　89
ダゲール、ジョゼフ＝ルイ　119、129
ダットン、クラレンス　**168**
タップティ　21
ダニエル、ジョン　127
ダランベール、ジャン　**90**、92
ダランベールの原理　90
タルタリア、ニッコロ　53
ダルランド侯爵　102
タレス　**23**
タレントゥムのアルキュタス　25
炭素　**123**、138、**148**、163、176、**194**、
　269、**281**
断続平衡　255
炭疽病　**161**
タンタル　111
弾道学　**53**、81
タンパク質　129、188、218、241、**245**
　RNA　**243**、**249**、285
　アミノ酸　**120**
　ウイルス　**164**
　酵素　**126**
　プリオン　**265**
　プロテオーム　**300**
　分子量　**158**
　ホルモン　**172**
ダンハム、セオドール　212
ダンブルトンのジョン　47
血　75、122、220
　血液型　**179**
　循環　29、44、66、68–69、74、**75**
　赤血球　**73**、**143**、201
　白血球　**162**
チアミン　173
チェザルピーノ、アンドレーア　**59**
知恵の館　39
チェレンコフ、パーヴェル　**214**
チェレンコフ放射　**214**
チェンバレン、オーウェン　**239**
地殻均衡　**168**
力　**24**、37、**79**、**289**
力の場　**121**
地球　25、42、56、94、158
　温室効果　**144**

回転　25、**36**、41、**49**、**127**、**136**
核　**185**、218
形と大きさ　**29**、30、**90**、109
岩石循環　**104**
磁気　62、**235**
生命の起源　**233**
大気　89、**104**、**112**、**144**、182、
　194、220、257、271
太陽　45、201、221
太陽中心説　52、**54**、**55**、60、**61**、
　63、64、67
地殻均衡　**168**
地球中心説　**33**、35、54
年齢　124
半径　64
プレートテクトニクス　**191**
歴史　105
地球儀　54
蓄音機　158
チクシュルーブ・クレーター　**261**
知識　46
地質学　**55**、93、95、**105**、**121**、124
地図
　海　**154**
　初期　17、**22**、43、**52**、**56**、91
　全天　**287**
　地図帳　57
窒素　**104**、**115**、**123**、166、189、**281**
地熱噴気孔　274
チマーゼ　173
チャタル・ヒュユク、アナトリア半島中部
　14
チャドウィック、ジェームズ　**212**
チャラカ　32
チャルフィー、マーティン　**277**
チャレンジャー号　**271**
チャンドラ衛星　**291**
チャンドラセカール、スブラマニアン
　214
中央海嶺　**234**、259
中間圏　**182**
中間子　215
中国医学　**16**、31
注射器　85
中心体　156
虫垂炎　89
中枢種　250
中性子　**193**、212、**214**、220、224、
　229
中性子星　**252**、302
鋳鉄　**22**、95
チューリング、アラン　**231**
チューリングテスト　**231**
チョウ　159、196
超越数　162
超遠心機　203
超大型電波干渉計群（VLA）　**262**
超音速　228

超音波　241
張衡　**32**、33
聴診器　118
超新星　33、**41**、57、**140**、**165**、**194**、
　195、**214**、**266**、271
潮汐　28
調節タンパク質　**245**
腸チフス　58、**161**
超伝導　190、**270**
チョウの幼虫　**138**、169
鳥類　61、**122**、**142**、**233**、256、
　271、276、**286**、**296**
チョルノービリ　270
チロキシン　195
陳卓　35
チンパンジー　81、**206**、**268**
ツィーグラー、カール　234
ツィオルコフスキー、コンスタンチン　**205**
通信回線　227
月　**25**、**33**、97
　裏側　241
　距離　**30**
　クレーター　**73**、230
　形成　257
　写真とスケッチ　**63**、130
　地図帳　**71**
　着陸　243、**250**、251、253
　潮汐　**28**
　光　36
ツッカーカンドル、エミール　246
津波　**290**、297
ツビッキー、フリッツ　**213**、**214**
ツムギアリ　**34**
DNA（デオキシリボ核酸）　231、**236**–
　37、246、250、265、292
　遺伝　**226**
　遺伝子指紋法　**268**
　遺伝子導入　**256**
　遺伝子編集　**291**
　ウイルス　**164**、219、**239**
　減数分裂　**163**
　抗生物質　221
　構造　**234**
　単離　**151**、238
　トランスファーRNA　**249**
　ネアンデルタール人　**296**
　配列決定　259、**284**
　有糸分裂　156
ディーゼル機関　172
ディーゼル、ルドルフ　172
DDT　**220**、**246**
ディープインパクト探査機　291
ディープウォーター・ホライズン　**296**
ディオスコリデス、ペダニウス　32
低気圧　**125**、201
テイクソバクチン　300
ディクソン、ウィリアム　171
ティクターリク　**292**

ティセリウス、アルネ　218
ディッキンソニア　**303**
ディドロ、ドゥニ　92
定比例の法則　107
デイモス　158
ディラック、ポール　209、210、**212**、
　239
ティロリエ、アドリアン＝ジャン＝ピエー
　ル　**127**
ティンダル、ジョン　144
デーヴィ卿、ハンフリー　**113**
テータム、エドワード　221
デービス、ドン　257
デーベライナー、J. W.　**121**
デオキシリボ核酸　→　DNA
テオフラストス　**27**
デカルト座標　**70**
デカルト、ルネ　47、**70**
テスラ、ニコラ　**162**、**163**
鉄　**18**、21、22、95、138、163、**235**
哲学　23
鉄道　122
デッラ・ポルタ、ジャンバッティスタ　56
テトラクォーク　305
デニソワ人　**297**
デ・ハビランド・コメット　231
デマレ、ニコラ　99
デューラー、アルブレヒト　**52**
デュトロシェ、アンリ　128
デュボア、ウジェーヌ　172
テュロス紫　21
デュロン、ピエール＝ルイ　119
デュワー、ジェームズ　**171**、177
デランドル、アンリ＝アレクサンドル　170
テルスター1号　246
テレシコワ、ワレンチナ　247
テレビ　**205**
デレル、フェリックス　197
電位計　97
電荷　**100**
電界イオン顕微鏡　**238**
電解液　**165**
電気　**97**、106、126、**132**、**224**
　圧電効果　161
　静電気　**23**、87、**91**、111
　電気モーター　**125**
　電磁気　**120**、**121**、125、**134**、**137**、
　　148、**155**、186、**289**
　電池　**110**、113
　電灯　159
　燃料電池　129
　ライデン瓶　**91**、92
電気泳動法　218
電気化学　110
電気の単位と標準に関する国際会議
　188
電気分解　110、**113**、**126**、**273**

天球　25、45
天宮1号　297
電極　160
電子　153、181、185、193、194、
　　195、198、208、212、262
　共鳴　211
　原子中の配置　203
　光電効果　167
　紫外光　182
　電池　110
　電離層　220
　熱電子放出　184
　燃料電池　129
　発見と名前　137、154、160、170、
　　176
　ラジカル　178
　量子数　204
電子雲　181
電磁気　120、121、125、134、137、
　　148、155、186、289
電子顕微鏡　213、249、254
電子工学　137、228
電磁波　167、220、222
電磁波の放射　146-47、148、154、
　　160、184
電弱相互作用　252
電信　127、128、134、139、145
伝染病　124、136
天体写真術　130、155
電池　110、123、126、127、269
電動機　125、162
天然痘　36、40、58、85、259
天王星　102、105、131、134、259、
　　270
電場　146
電波干渉計　239
電波源　222
電波天文学　211、226
デンプン　115、143
天文学　33、35、37、38、57、63
　赤外線天文学　265
天文台　42、45、49、58、246
天文表　45
電離　165
電離層　220
電話　157、189、239、265
ドイジー、エドワード・アダルバート
　　209
同位体　174、189、193、194、197、
　　214
道具　10、11、14
等号　56
銅製錬　14
透析　223
導体　97
糖尿病　168、202、256
動物　91
　家畜化　13、14

向性　169
行動　26、215
胚発生　149
分類　80、93、111
動物学　26、38、55
動物磁気　99
動物地理学　151
動脈　27、29、69、74
動力学　60
トゥルカナ・ボーイ　268
トゥロック、ニール　269
ドーソン、チャールズ　191
ドーン探査機　301
トカマク　260
時計
　懐中時計　52
　原子時計　43、230
　重錘式時計　46、55
　天文観測時計　42、48
　振り子時計　73、86
　水時計　21
土星　25、55、73、135、262、281、
　　290
特許法（1790年）　106
突然変異　179、219
トッド、アレクサンダー　221
ドップラー、クリスチャン　130
ドップラー効果　130、151、168
ドナルド、イアン　241
ドニ、ジャン＝バティスト　75
ドブジャンスキー、テオドシウス　219
ド・ベーキー、マイケル E.　250
トペックス・ポセイドン衛星　276
トムソン、J. J.　160、161、176、
　　184、185、189
トムソン、チャールズ・ワイビル　150、
　　154
ドライアイス　127
トライオン、エドワード　257
ドライヤー、ジョン・ルイ・エミール
　　167
トラバーズ、モリス　177
トラレスのアレクサンドロス　36
トランジスタ　228、229
トランスファー RNA（tRNA）　249
トランスポゾン　231
トランプラー、ロバート　210
ドリール、ジョゼフ＝ニコラ　94、98
トリチェリ、エヴァンジェリスタ　71
トリトン　273
度量衡　17
ドルトン、ジョン　107、112、113
ドルニー・ヴェストニツェのビーナス　12
ドルン、フリードリヒ　179
ドレーパー、ジョン・ウィリアム　130
ドレーパー、ヘンリー　155
トレドのレイモンド大司教　43
トロトゥラ医学書　43

ドロ、ルイ・アントワーヌ・マリ・ジョゼ
　　フ　162
ドンディ、ジョバンニ・デ　48
トンプソン、ベンジャミン　109
トンボー、クライド　210

な行

内燃機関　142、157、165
ナイロン　214
長さの収縮　187
NASA　285、297
　宇宙望遠鏡　8-9、274、305
　火星探査計画　258、280、281、
　　283、286、290、294、298、
　　304
　月面着陸計画　243、250、251、
　　253
　人工衛星　242
　スターダスト探査機　292
　スペースシャトル　263
　全天地図作成　287
　太陽観測　279、296
　惑星探査機　246、256、257、
　　260、261、272、278、281
ナッタ、ジュリオ　234
ナトリウム　142
ナノチューブ　269、275
ナノテクノロジー　269、275
南極　128、280、286、295、299、
　　300
ニアーシューメーカー探査機　285
ニーレンバーグ、マーシャル　243、
　　250
ニエプス、ジョゼフ・ニセフォール　119
ニカイアのヒッパルコス　29、30、85
ニコル、ウィリアム　124
ニコルソン、ウィリアム　110
二酸化炭素　103、127
　気候変動　144、173、252、295
　光合成　67、101、128
　炭素循環　99
　地球大気　273、290、299、300
　同定と単離　65、93、212
虹　46
2進数　227
ニッケル　176
日食　30、33、87、150、200、269
ニトログリセリン　135、150
ニューコメン、トーマス　85、96
ニューコメンの機関　96
ニュートリノ　210、239、249、282、
　　299
ニュートン、アイザック　74、78、80、
　　81、82-83、84、90、103、111、
　　197
ニュートン、ヒューバート・アンソン
　　145
ニューホライズン探査機　301、304

ニューランズ、ジョン　144
ニューロン　106、155、168、184、233
尿素　123
ネアンデルタール人　206、296、297
ネーピア、ジョン　64
ネーマン、ユヴァル　243
ネオン　142、177
ねじれ秤　100、109、170
熱化学　130
熱核爆発　233
熱可塑性プラスチック　216
熱気球　102、112
熱圏　182
熱水噴出孔　258
ネッダーマイヤー、セス　219
熱帯熱マラリア原虫　286
熱電子管　137
熱電子放出　184
熱伝達　109、121、136
熱電対　120
熱膨張　86
熱力学　136、137、140-41、148、
　　157、185
ネプツニウム　221
ネルンスト、ヴァルター　185
燃焼　99、101、103、105
燃料電池　129
年輪気象学　190
ノイマン、ジョン・フォン　227
脳　27、114、143、154、155、190、
　　209、299
農耕　12、13、14、15
脳波記録法（EEG）　209
ノーブル、デヴィッド　277
ノーベル、アルフレッド　150
ノボセロフ、コンスタンチン　290
ノリス、ケネス　242

は行

歯　301
ハーヴィ、ウィリアム　66、68、69
パーカー、ユージン　241
バークラ、チャールズ　184
ハーグリーヴズ、ジェームズ　95
バージェス頁岩　273
ハーシェル、ウィリアム　102、104、
　　106、110、114、167
ハーシェル、ジョン　126、135
バースカラ2世　43
パーソンズ、ウィリアム　134
パーソンズ、チャールズ　164
バーディーン、ジョン　228
バーデ、ウォルター　214
ハートマン、ウィリアム K.　257
バートン、オーティス　210
バートン、ロバート　65
バーナーズ＝リー、ティム　262、273
バーナード、クリスチャン　251

バーニー、ヴァニーシア　210
ハーバー、フリッツ　**189**
バービッジ、ジェフリー　241
バーミューダミズナギドリ　**233**
ハーモニックスの理論　25
パール、マーティン　257
ハーン、オットー　219
胚　268、274
　発生　123、149、201、204
　発生学　62、66
肺　66、74、75
バイエル、ヨハン　62
バイオテクノロジー　265、270、**279**
パイオニア計画　256、260、262
パイオン　**228**
バイキング計画　**258**
配偶子　163
ハイゼンベルク、ヴェルナー　**208**
バイトゥ・ル＝ヒクマ　38
ハイパー核　233
ハイヤーミー、ウマル　42
バイユーのタペストリー　**42**
バイン‐マシューズ‐モーリー仮説　247
パウエル、セシル　**228**
パウリ、ヴォルフガング　204、210、239
パウリの排他原理　204、205
パヴロフ、イワン・ペトローヴィチ　**183**
鋼　18、90、138
ハギンズ、ウィリアム　144、151
バクシャーリー写本　34
白色矮星　134、**195**
ハクスリー、アンドリュー　233
ハクスリー、トーマス・ヘンリー　**145**
バグダード　38
はくちょう座 X‐1　255
はくちょう座 V1489 星　249
バクテリオファージ　**197**
爆薬　189
破傷風　169
パスカルの法則　72
パスカル、ブレーズ　70、71、72、**73**
パスツーリゼーション　**138**
パストゥール、ルイ　135、138、143、
　　161、164
バタフライ効果　247、255
波長　171、178
白金　121
バックミンスターフラーレン　**269**、301
バックランド、ウィリアム　122
発酵　19、128、138、173
発生生物学　**201**、204
ハッチンソン、ジョージ・イヴリン　240
発電機　125
ハットン、ジェームズ　105
ハッブル宇宙望遠鏡　274
ハッブル、エドウィン　204、**209**
パティ、ジョーゲシュ　256
波動と粒子の二重性　84、181、203、

208
波動力学　204、208
ハドフィールド、ロバート　163
ハドレー、ジョージ　88
ハドロサウルス　138
ハドロン　**243**
ばね　79
跳ね釣瓶　18
パパン、ドニ　84
バビロニア　18、19、20
バベッジ、チャールズ　126、**127**
ハミルトン、アレクサンダー　91
ハミルトン、ウィリアム・ドナルド　**248**
パヤン、アンセルム　**126**
パラーデ、ジョージ　239
パラケルスス（テオフラストゥス・フォン・
　　ホーエンハイム）　53
バリウム　113、219
ハリオット、トーマス　62、63
パリクティン火山　223
ハリス、ウォルター　80
ハリソン、ジョン　88、93
鍼療法　31
パルサー　146、251、252、275
ハルトマン、ゲオルク　54
ハルトマン、ヨハネス・フランツ　**184**
バルトリン、トーマス　72
バルブ　**184**
パルファン、ヤン　86
パルメニデス　**24**
ハレー、エドモンド　42、79、80、84、
　　85、93
ハレー彗星　42、79、84、93
パレット、レジナルド　**196**
ハワード、ルーク　112
ハワイ　**255**
反響定位　226、242
バンクス、ジョゼフ　97
半減期　174
反射　46
反水素　286
ハンター、ジョン　98
ハンツマン、ベンジャミン　90
ハンディサイド、アラン　274
バンティング、フレデリック　**202**
パンテレグラフ　145
半導体　229、275
万能自動計算機（UNIVAC）　232
反物質　209、297
反陽子　239、278、286、296
反粒子　210、294
火　11
ピアッツィ、ジュゼッペ　111
pH 値　38
ピーズ、フランシス　201
ヒーゼン、ブルース　234、259
ビードル、ジョージ　221
ビービ、ウィリアム　210

ヒーラ細胞　232
ビール　19
ヒエログリフ　15、18
ビオ、ジャン＝バティスト　112
比較解剖学　108、135
比較生理学　81
光　62、**74**、79、**84**、101、134、181、
　　182、200
　明るさ　94
　屈折　40
　光波　111、119、124
　赤外線　8‐9、110、146
　電灯　159
　速さ　79、135、148、161、173
　フラウンホーファー線　118
　偏光　113、119、124
光ファイバー技術　239
飛行　51、102、183
飛行機　218、223、228、231
飛行船　219
ピサのレオナルド（フィボナッチ）　**44**
ビシャ、マリー・フランソワ・グザヴィエ
　　110
比重計　97
ビスマス　88
微生物　**78**
微積分法　78、81、120
ヒ素　34
ピソウイルス・シベリクム　**300**
ビタミン　173、191、**202‐203**、
　　208、213、230
ピッカリング、エドワード、チャールズ
　　168
ヒッグス場　248
ヒッグス、ピーター　248、**298**
ビッグバン　229、256、269、294
　宇宙の膨張　263、282
　再現　296
　WMAP の全天地図　**287**
　ビッグバン理論　208、209、248、
　　266、274
ヒツジのドリー　280
畢昇　41
ヒッタイト文化　18
ヒッツィヒ、エードゥアルト　154
ピテカントロプス・エレクトス　172
ビテュアニのアスクレピアデス　31
ヒトゲノム計画（HGP）　272、284、
　　287、299
ヒト族　10、11、206‐207
ヒト・プロテオーム・マップ（HPM）
　　300
ヒト免疫不全ウイルス（HIV）　265
ピナトゥボ火山　275
ビネー、アルフレッド　**185**
ピネル、フィリップ　107
ビヤークネス、ヤコブ　201
百分度　90

百科全書　70、92
ヒューズ、ジョン　256
ピューター　20
ピュタゴラス　23
ピュタゴラスの定理　18
ピュテアス　**28**
ビュフォン伯爵　91、101
病院　38
氷河時代　128
病気　16、40、55、70、**78**、124、
　　130、136、**143**
　各病気も参照
病原菌説　143
氷床　300
表面科学　170
病理学　67
ピョートル大帝　86
ピラミッド　16、17、19
肥料　189
ヒル　122
ピルトダウン人　191
微惑星　226
貧血　201
ヒンデンブルク号　219
ファーレンハイト　85
ファーレンハイト、ダニエル・ガブリエル　85
ファイアンス　16
ファインマン、リチャード　229
ファブリキウス、ヒエロニムス　59、61、62
ファブリ、シャルル　194
ファブリチウス、ヨハン・クリスチャン
　　100
ファラデー、マイケル　120、121、125、
　　126、134、137
ファロッピオ、ガブリエーレ　56
ファン・アンデル、ティエード　**258**
フィゾー、イッポリート　135
V‐2 ロケット　**222**
フィッシャー、エミール　188
フィッツジェラルド、ジョージ　171
フィボナッチ　→　ピサのレオナルド
『フィレンツェ絵文書』　**58**
ブーゲンヴィル、ルイ＝アントワーヌ・ド
　　98
フーコー、レオン　**136**
ブーテナント、アドルフ　209
フーリエ、ジョゼフ　121
ブールハーフェ、ヘルマン　88
フェニキア人　18、21、22
フェリンハ、ベルナルト　**283**
フェルマー、ピエール・ド　70
フェルミ、エンリコ　205、214、222
フェルミオン　176、204、205、289
フォーク、ウィリアム・パーカー　138
フォーゲル、カール　168
フォーシャル、ピエール　87
フォード、ケント　254
フォボス　158

フォンターナ、フェリーチェ 102
武器 11、15、18
副腎 55、208
フクロオオカミ 218
婦人科 18
伏角 54
フックス、レオンハルト 54
フック、ロバート 73、74、79
物質 23、71、113、115、297
　構造 190
　状態 76–77
物質の分類 38
ブッシュ、ヴァネヴァー 210
ブッシュ、ジョージ W. 285
ブッシュネル、デービッド 100
フット、ユーニス 144
プティ、アレクシス＝テレーズ 119
プトレマイオス 30、33、41、51、54、55
プトレマイオス1世 27
プニエフスキ、イェジィ 233
船 13、15、17
フビライ・ハーン、皇帝 45
ブフナー、エドゥアルト 173
ブラーエ、ティコ 57、58、60、61
フラーフェザンデ、ウィレム 86
フライシュマン、マーティン 273
フライベルクのディートリヒ 46
ブラウ、アドリアーン 233
プラウト、ウィリアム 118
ブラウン、ヴェルナー・フォン 222、241
ブラウン運動 123、185
ブラウン、カール 176
フラウンホーファー線 118
フラウンホーファー、ヨーゼフ・フォン 118、121
ブラウン、ルイーズ・ジョイ 260
ブラウン、ロバート 123、125
フラカストロ、ジローラモ 52、55
プラクサゴラス 27
ブラコノー、アンリ 120
プラスチック 189、216–17、305
プラズマ 77、260
ブラック、ジョゼフ 93、94
ブラッグ、ヘンリーとローレンス 196
ブラックホール 103、195、196、213、223、247、255、275、281
ブラッテン、ウォルター 228
ブラッドリ、ジェームズ 87、95
プラトン 25
プラトンの正面体 25
ブラフマグプタ 37
フラムスティード、ジョン 86
プランク衛星 266
プランク、マックス 142、178
フランクランド、エドワード 136
フランクリン、ベンジャミン 90、91、92
フランクリン、ロザリンド 234、236、237

フランケル＝コンラート、ハインツ・ルートヴィヒ 238
ブラント、イェオリ 88
ブランド、ヘニッヒ 78
プリーストリ、ジョゼフ 97、99、101
フリース、ユーゴ・ド 179
フリードマン、アレクサンドル 203
フリードリヒ大王 90
フリーラジカル 178
プリオン 264
振り子 59、73、86、136、145
フリシウス、ゲンマ 53
フリッシュ、カール・フォン 200
フリッチュ、グスタフ・テーオドール 154
プリンストン大学大型トーラス (PLT) 260
プルースト、ジョゼフ・ルイ 107
プルシナー、スタンリー 264
ブルセ、ジョゼフ＝ヴィクトール 122
プルトニウム 221、224
ブルネッレスキ、フィリッポ 49
ブルンフェルス、オット 53
プレート 255
プレートテクトニクス 191、253、259
ブレーン、ギルバート 108
プレスコット、ジョン 242
フレネル、オーギュスタン＝ジャン 119
フレミング、アレクサンダー 202、208
フレミング、ヴァルター 156
フレミング、ジョン 184
ブロイエル、ヨーゼフ 171
フロイト、ジークムント 171、178
ブロイ、ルイ・ド 203、208
ブローカ、ピエール・ポール 143
プロキシマ・ケンタウリ 196
フロギストン 81、84
プロコピオス 36
プロスタグランジン 215
ブロッホ、フェリックス 220
プロテオーム 300
プロメチウム 228
ブロンニャール、アレクサンドル 121
分岐分類 250
フンク、カシミール 191
分光器 118、142
分光太陽写真儀 170
分子 142、155、198、230
分子機械 275
分子生物学 143
分子時計 246
分子モーター 283
ブンゼン、ロベルト 142
分娩 86
フンボルト、アレクサンダー・フォン 109
分類
　カール・リンネ 89、93、100、105
　界 253

恐竜 167
分岐分類 250
無脊椎動物 111
惑星 27、59、93、105
分類階級 93
分類学 80、105
ベアード、ジョン・ロジー 205
ベイエリンク、マルティヌス 177
ヘイ、ジェームズ・スタンレー 222
平方根 43
ベイリス、ウィリアム 182
ベイル、アルフレッド 128
ペイン、ケイティ 268
ペイン、ロバート T. 250
ヘヴェリウス、ヨハネス 71、80
ベーア、カール・エルンスト・フォン 123
ベークライト 189、216
ベークランド、レオ・ヘンドリック 189
ベーコン、フランシス 62
ベーコン、ロジャー 44
ヘースティングズの戦い (1066年) 42
ベーダ 37
ベータ粒子 174、176、178
ベーテ、ハンス 219
ベートソン、ウィリアム 179
ペーパークロマトグラフィー 226、238、240
ペーボ、スバンテ 296
ベーリンギア 12
ベーリング、エーミール・フォン 169
ヘール、ジョージ・エラリー 170
ヘールズ、スティーブン 86、87
ヘール望遠鏡 229
ベール、ポール 159
ペーレスク、ニコラ＝クロード・ファブリ・ド 64
ベクレル、アンリ 173、178
ヘス、ヴィクトール 190
ヘス、ジェルマン・アンリ 130
ペスト 36、47、48
ベスト、チャールズ 202
ヘス、ハリー 242
ヘッケル、エルンスト 149
ペッセ・カヌー 13
ベッセマー、ヘンリー 138
ベッセル、フリードリヒ 126、128、134
ベッツ、アルベルト 200
ペッファー、ヴィルヘルム 158
ベテルギウス 201
ベドノルツ、ゲオルク 270
ペニシリン 208、221、230
ベネーデン、エドゥアール・ヴァン 163
ベネラ計画 248、264
ペプシン 126
ペプチド 188
ヘモグロビン 143
ヘリウム 142、150、172、193、212

ペリエ、フロラン 71
ヘリオメーター 128
ヘリコプター 221
ベル、アレクサンダー・グラハム 157
ベルガー、ハンス 209
ペルガのアポロニオス 29
ベルギウス、フリードリヒ 191
ベルクマン、カール 135
ベル、ジョスリン 251
ペルセウス座ゼータ星のグループ 233
ベルセリウス、イェンス・ヤコブ 113、115、119、122、129
ベル、チャールズ 124
ヘルツ 167
ヘルツシュプルング、アイナー 185、188、194
ヘルツ、ハインリヒ 167
ペルツ、マックス 241
ペルティエ、ピエール＝ジョゼフ 119
ベルトレ、クロード・ルイ 102、104
ベルトロ、ピエール＝ウジェーヌ＝マルセラン 142
ベルナール、クロード 138
ベルヌーイ数 85
ベルヌーイ、ダニエル 89
ベルヌーイの原理 89
ベルヌーイ、ヤーコブ 85
ベルヌーイ、ヨハン 81
ヘルムホルツ、ヘルマン・フォン 137
ヘルモント、ヤン・バプティスタ・ファン 65、66
ヘルリーゲル、ヘルマン 166
ヘロンの蒸気機関 32
ベンゼン 148、211
ベンター、ジョン・クレイグ 279、293
ベンダ、カール 177
ベンツ、カール 165
ベンツ・パテント・モートールヴァーゲン 165
変分法 95
ヘンライン、ペーター 52
ヘンレ、フリードリヒ 130
ホイートストン、チャールズ 128
ボイジャー 82、261、262、270、273、298
ホイストン、ウィリアム 81
ホイタカー、ロバート H. 253
ホイットル、フランク 211、218
ホイト、ロバート 92、95
ホイップル、ジョージ・ホイト 201
ホイップル、フレッド 230
ホイヘンス、クリスチャン 73、79、81
ホイヘンス着陸船 281
ボイヤー、ハーバート 256
ボイルの法則 77
ホイル、フレッド 238
ボイル、ロバート 74、78
法医学 44

ボヴェリ、テオドール **183**
望遠鏡 176、197
　イベントホライズンテレスコープ **281**
　ケック望遠鏡 **276**
　ジェームズ・ウェッブ宇宙望遠鏡 **8–9、305**
　初期の望遠鏡 62、63、64、**73**、102、104、**134**
　ジョドレルバンク **226**、240
　電波望遠鏡 211、**222**、**226**、240、246、251、252、**254**、**262**、304
　ハッブル宇宙望遠鏡 **274**
　ヘール望遠鏡 **229**
　リック天文台 **166**
放射計 **157**
放射性炭素年代測定 207、**228**
放射性免疫測定法 **233**
放射線 142、172、176、**178**、188、190、247、248
　種類 **174**
　チェレンコフ放射 **214**
放射年代測定 **188**
放射能 173、**174–75**、177、179、182
　放射性崩壊 210、**252**
宝飾品 16
膨張 47
方程式 **39**
ボーア、ニールス **194**
ボース＝アインシュタイン凝縮 **77、278**
ボース、サティエンドラ 204、**278**
ボース、ジャガディッシュ・チャンドラ **177**
ボーデン、フレデリック・チャールズ 219
ホーナー、ジョン **260**
ホーニッグ、ドナルド F. **252**
ボーメ、アントワーヌ **97**
ボーメ度 97
ボーモント、ウィリアム **126**
ホーリー、ロバート W. **249**
ポーリング、ライナス 211、246
ホール、アサ **158**
ホール、エドウィン **159**
ホール効果 159、**262**
ホール、チャールズ・マーティン **166**
ボール、テスラン・ド **182**
ボールドウィン、ラルフ 230
ホジキン、アラン **233**
ホジキン、ドロシー・クローフット **230**
ポス、ケネス **293**
ボスホート１号 248
ボソン 176、204、**289**
北極 298
ポッケルス、アグネス **170**
ボッシュ、カール 204
ホッフ、ヤコブス・ファント **156**
ホッペ＝ザイラー、エルンスト・フェリクス **143、158**
ボネ、シャルル **91**

ホモ・エレクトス **268**、300
ホモ・サピエンス 11、**150、206、207、287**
ホモ・ナレディ **301**
ホモ・ハビリス **10**、249
ポリオ 235
ポリマー **216–17**
ボルゴニョーニ、ウーゴとテオドリコ 44
ボルタ、アレッサンドロ **110、111**
ボルツマン、ルートヴィヒ **159**
ボルトウッド、ベルトラム **188**
ホルモン 151、**172–73**、182、195、**202、238、240**
ボレッリ、ジョヴァンニ 79
ホログラフィー **249**
ホロックス、ジェレマイア **70**
ポロニウム 177
本初子午線 164
ポンズ、スタンレー **273**
ボンディウス、ヤコプス 70
ポントスのヘラクレイデス 25
ボンベッリ、ラファエル 57
翻訳 43、**44**

ま行

マーダヴァ 48
マーティン、A. J. P. 226
マイアサウラ **260**
マイクロチップ **241**
マイクロ波 **177、230**
マイクロプラスチック **305**
マイケルソン、アルバート **161**、167、201
マイコプラズマ・ミコイデス 293
マイトナー、リーゼ **219**
マイモーン、モーシェ 43
マイヤー、ユリウス・フォン **130**
マウロリコ、フランチェスコ 58
マキシム機関銃 **163**
マキシム、ハイラム **163**
マクギリブレイ、ウィリアム **122**
マクスウェル、ジェームズ・クラーク 137、146、148、155、156、**186**
マクスウェル - ボルツマン統計 142
マグネシウム **113**、179
マクラウド、コリン **226**
マクリントック、バーバラ **231**
マケマケ **291**
マケラ、ロバート **260**
麻疹 40
麻酔 44、134
マスケリン、ネヴィル 97
マタイ、ハインリヒ **243**
マッカーサー、ロバート **251**
マッカーティ、マクリン **226**
マッカラム、エルマー・ベルナー **202**
マッハ、エルンスト 166、183
マッハ数 166
マメ科植物 **166**

マヤ暦 35
マラリア 31、**119**、**160**、**172、220**、286
マリクール、ピエール・ド 45
マリス、キャリー **265**
マリナー計画 246、249、**254、257**
マリュス、エティエンヌ・ルイ **113**
マリュスの法則 113
マルクス・アウレリウス **33**
マルコーニ、グリエルモ **179**
マルサス、トーマス **109**
マルピーギ、マルチェッロ 74
マレー、ジョン **154**
マンゴールト、ヒルデ **201**、204
マンソン、パトリック **172**
マンテル、ギデオン **122**
マントファスマ、カカトアルキ **287**
マンハッタン計画 222
マンモス **13、145**
ミール 270
ミカエリス、レオノール **194**
ミシェル、マイヨール 278
水 17、**23**、31、103、110、**164**
水時計 21
ミッチェル、ジョン **94**、103
ミツバチ **73、200**
ミトコンドリア **177**
南半球 92、126
ミノア文明 20
耳 55、84
ミューオン 219
ミューシャー、フリードリヒ **151**
ミュール紡績機 101
ミュッセンブルーク、ピーテル・ファン **91**
ミュラー、アレックス **270**
ミュラー、エルヴィーン **238**
ミュラー擬態 **159**
ミュラー、パウル・ヘルマン **220**
ミュラー、ヨハン・フリードリヒ・テオドール（フリッツ）**159**
ミラー、ウィリアム・アレン **144**
ミラー、スタンリー **233**
ミランコビッチ・サイクル **201**
ミランコビッチ、ミルティン **200、201**
ミリカン、ロバート **195**
ミルスタイン、セサル **258**
ミルン、ジョン **160**
ミレトスのアナクシマンドロス **23**
ミレニアム・シードバンク・パートナーシップ **285**
ミンコフスキー、オスカル **168**
無意識 **178**
無脊椎動物 111、**123、150**
無線 196
目 **62**、107
冥王星 **210**、260、269、291、292、301、**304**
メイマン、セオドア **242**

メイヤー、コーネル **239**
メートル法 **106**
メーヨー、ジョン 75
メガロサウルス **122**
メシエ、シャルル **98**
メシエ 87 **304**
メジャー、ロバート **293**
メスメル、フランツ **99**
メタン **111、295**
メチニコフ、イリヤ **162**
メッサーシュミット Me 262 V3 **223**
メッセンジャー RNA（mRNA）**245、285**
メッセンジャー探査機 **294、298**
メビウスの帯 **148**
メビウス、ルドルフ **148**
メルカトル、ゲラルドゥス **54、56**
メルカトル図法 **56**
免疫学 **161**
メンギーニ、セバスティアン 93
メンデル、グレゴール・ヨハン **148**
メンデレーエフ、ドミトリ 151、**152–53、154、156、165**
メンテン、モード **194**
毛管現象 51、**170**
毛細血管 **69、74**
モーガン、ジェイソン **255**
モーガン、トーマス・ハント **189**
モーズリー、ヘンリー **195**
モートン、ウィリアム **134**
モーリー、エドワード **161**、167
モーリー、マシュー **137**
モールス、サミュエル **128、134**
モール、フーゴー・フォン **134**
モーンダー、E. W. **171**
モーンダー極小期 171
木星 **25**、55、64、**79**、166、256、261、**272、275、277、278**、282
文字 15、**18**、21
文字体系 **18**、21
モノー、ジャック **243**
モノクローナル抗体 **258**
モノニクス **276**
モノマー **216**
モヘンジョ・ダーロ **17**
モホロビチッチ、アンドリア **189**
モリーナ、マリオ **257**
モルガーニ、ジョヴァンニ 94
モルガン、ウィリアム **232**
モルヒネ 112
モンゴルフィエ、ジョゼフ＝ミシェルとジャック＝エティエンヌ **102**
モンタギュー、メアリー・ワートリー **85**
モンドヴュのアンリ 46

や行

ヤーン - テラー金属 **301**

薬草　32、55
　薬草療法　16、20、57、**58**、**72**、100
薬物書　**32**、44
矢じり　11
山火事　**303**
山中伸弥　**292**
槍　11
ヤロウ、ロサリン　233
ヤング、トーマス　111
ヤンセン、ツァハリアス　**65**
UNCED 地球サミット　276
有機化合物　**123**
有機金属化合物　**136**
有糸分裂　**156**
優生学　161、163
有性生殖　80、149
誘導電動機　**162**
ユーリー、ハロルド　211、**233**
湯川秀樹　215、**228**
輸血　**179**
夢　**178**
ユリウス暦　31、59
窯業　12、15
陽極線　166
陽子　153、**174**、**193**、200、203、
　212、**228**、229、278、296
ヨウ素　114
陽電子　212
葉緑素　128、**143**
葉緑体　67、**143**
翼竜　115
ヨナス、アダ　**285**
ヨハネス・フィロポノス　36
ヨハネス・ミュラー　→　レギオモンタヌス

ら行

ラーゼス　→　アル＝ラーズィー
ラーセン B 棚氷　**286**
ライエル、チャールズ　**124**
ライデン瓶　**91**、**92**
ライト、ウィルバーとオーヴィル　**183**
ライネス、フレデリック　239
ライヒシュタイン、タデウシュ　213
ライプニッツ、ゴットフリート　**78**、79
ライル、マーティン　239
ラウエ、マックス・フォン　190
ラヴェル、バーナード　**226**
ラヴォワジエ、アントワーヌ　99、**101**、
　102、103、**105**、107
ラヴラン、アルフォンス　**160**
ラエンネック、ルネ　118
ラカーユ、ニコラ・ド　**92**
ラグランジュ、ジョゼフ＝ルイ　**95**、
　98、105
ラグランジュ点　98
ラゲス、グスタフ＝エドワール　151
ラザフォード、アーネスト　176、**182**、
　190、**193**、200

ラジオ　**179**、**184**、189、213
ラジカル　178
羅針盤　29、**42**、235
ラックス、ヘンリエッタ　232
ラッセル、ウィリアム　**134**
ラッセル、ヘンリー・ノリス　194
ラドン　179
ラプラス、ピエール＝シモン　103、**115**
ラブレース、リチャード　252
ラマクリシュナン、V.　**285**
ラマルク、ジャン＝バティスト　**111**、114
ラムゼー、ウィリアム　172、177
Λ-CDM　**266**
ラルテ、エドワール　145
ラルテ、ルイ　**150**
ラングミュア、アービング　200
ランゲルハンス島　**151**
ランゲルハンス、パウル　151
ラントシュタイナー、カール　**179**
ランプサコスのストラトン　27
ランベルト反射　94
ランベルト、ヨハン・ハインリヒ　**94**
リーキー、リチャード　**268**
リース、エメット　249
リーバー、グロート　222
リービット、ヘンリエッタ・スワン
　190、191、204
力学　89、**90**、95
リスター、ジョゼフ・ジャクソン　**124**、
　148
リスティング、ヨハン・ベネディクト
　148
リストロサウルスの化石　253
リゾチーム　202
リチウム　212
リチャードソン、オーエン　178
陸橋　12
リック天文台　166
リッター、ヨハン・ヴィルヘルム　111
リップマン、ガブリエル　**188**
リップマン、フリッツ　221
リッペルスハイ、ハンス　62
リトマス試験紙　38
リバヴィウス、アンドレアス　61
リビー、ウィラード　**228**
リヒター、イェレミアス　106
リヒター、チャールズ　215
リプレッサータンパク質　245
リボソーム　**239**、285
劉徽　34
粒子　115、160、208、227
　素粒子　**176**、**193**、**198**、210、
　　215、**234**、242、**243**、256、
　　289
　素粒子物理学　297、**288-89**
　波動と粒子の二重性　**84**、181、
　　203、208
　粒子加速器　**174**、227、**239**、242、

　278、290、294、296、297
　粒子スピン　203
流星　145、**226**
流体静力学　**28**
量子　178
量子化　181
量子コンピュータ　180、**303**、304
量子電磁力学　229
量子物理学　**84**、**142**、**154**、180-81、
　204、210、**215**、229
量子ゆらぎ　257
量子力学　82、**211**
量子力学的振る舞い　**262**
量子論　178、**182**、**185**、194、209
リヨ、ベルナール　**211**
リリー、サイモン　272
リン　78、**281**
リン酸　221
リン、ダグラス　277
リンデマン、フェルディナント・フォン　162
リンド・パピルス　19
リンネ、カール　89、**93**、**100**、**105**
リンパ系　72
類人猿　**268**、280
ル・ヴェリエ、ユルバン　**134**
ルートヴィヒ、カール　**131**
ルコック・ド・ボアボードラン、ポール＝
　エミール　156
ル・シャトリエ、アンリ＝ルイ　167
ルスカ、エルンスト　**213**
ルッツィのモンディーノ　46
るつぼ　90
ルナ計画　241、**250**
ルノアール、ジャン J.　142
ルバロア技法　11
ルビーン、ヴェラ　**254**
ルビジウム　142、**301**
ル・ベル、ジョゼフ＝アシル　**156**
ルボルニュ、ルイ・ヴィクトール　**143**
ルメートル、ジョルジュ　**208**
レーヴィ、オットー　202
レーウェンフック、アントニー・ファン　**78**
レーザー　**242**
レーザー干渉計重力波観測施設（LIGO）
　301、302
レー、ジョン　**80**
レーダー　215
レーナルト、フィリップ　**182**
レーマー、オーレ　**79**
レーマン、インゲ　218
レーマン、ヨハン　93
レーリー卿　→　ストラット、ジョン
レーリー波　165
レオナルド・ダ・ヴィンチ　**51**
レオミュール、ルネ・ド　88
レギオモンタヌス（ヨハネス・ミュラー）
　50、51

レコード、ロバート　56
レッドフィールド、ウィリアム　125
レディ、フランチェスコ　75
レビン、フィリップ　220
レプトン　289
錬金術　38、39
レンツ、エーミール　126
レントゲン、ヴィルヘルム　172
ロイブ、ジャック　169
ロイポルト、ヤーコプ　86
ロイヤル・ソサイエティ（王立協会）　74
ロウァー、リチャード　75
ローズ、ウィリアム　230
ローバック、ジョン　95
ローランド、F. シャーウッド　257
ローレンス、アーネスト　**211**
ローレンツ・アトラクター　255
ローレンツ、エドワード　247、**255**
ローレンツ、コンラート　215
ローレンツ、ヘンドリック　173
ろくろ　15
ロケット工学　205、208、**222**
ロジエ、ジャン＝フランソワ・ピラトール・
　ド　102
ロゼッタ探査船　**300**
ロバーツ、リチャード J.　259
ロボット外科手術　**284**
ロメクウィ 3、ケニア　10
ロモノーソフ、ミハイル・ワシリエヴィチ
　94、95
ロラーンド、エトヴェシュ　170
ロンドン疫学協会　136

わ行

ワールス、ヨハネス・ファン・デル　155
ワールド・ワイド・ウェブ　253、262、
　269、**273**
ワイス、ライナー　**301**
ワイド・アングル・サーチ・フォー・プラネッ
　ツ（WASP）　292
ワイマン、カール　**278**
ワインバーグ、スティーヴン　**252**
惑星　25、**48**、81、226、275、**279**、
　297
　アルフォンソ表　**45**
　運動　25、54、**55**、61、**63**、**64**、65
　重力　61
惑星状星雲　106
ワクチン　108、159、161、235、**304**
ワシュカンスキー、ルイス　251
ワシントン、ジョージ　91
ワット、ジェームズ　**96**、100
ワトソン、J. B.　**194**、195
ワトソン、ジェームズ　234、236、237、
　272
ワトソン＝ワット、ロバート　215

謝　辞

DK社は、文章にコメントを寄せてくださったJanet Mohun、校正をしてくださった Victoria PykeとDiana Vowlesに感謝します。

DK社は、写真の転載をご許可くださった以下の方々に感謝します。

（a：上方、b：下方または下端、c：中央、f：奥、l：左、r：右、t：上端）

1 Dorling Kindersley: Gary Ombler / Whipple Museum of History of Science, Cambridge (c). 2 Science Photo Library: SCIENCE SOURCE (c). 4-5 Alamy Stock Photo: Bartlomiej K. Wroblewski (t). 6 Alamy Stock Photo: CBW (cr); GRANGER - Historical Picture Archive (cl). Bridgeman Images: Museum of Science and Industry, Chicago / Photo © 2014 J.B. Spector (r); The Stapleton Collection (c). The Metropolitan Museum of Art: Rogers Fund, 1930 (l). 7 Alamy Stock Photo: BSIP SA (c); Science History Images (l); Science Photo Library (cl); LWM / NASA / LANDSAT (cr). Science Photo Library: SHEFFIELD UNIVERSITY, DRS P. WARD & T. BUTTON (r). 8-9 Alamy Stock Photo: ADC PICTURES (c). 10 Alamy Stock Photo: MET / BOT (tr); Mlouisphotography (bl); The Natural History Museum (tc). 11 Alamy Stock Photo: Arterra Picture Library (tl); UPI (c). 12 Alamy Stock Photo: Claudio Rampinini (r); The Natural History Museum (tl). 13 Alamy Stock Photo: mer Kele (bl); Wirestock, Inc. (bc). Dorling Kindersley: Dreamstime. com: Darryl Brooks / Dbvirago (tr). 14-15 Alamy Stock Photo: funkyfood London - Paul Williams (tc). 14 Alamy Stock Photo: Kutsal Lenger (bl). The Metropolitan Museum of Art: Gift of Valdemar Hammer Jr., in memory of his father, 1936 (br). 15 Alamy Stock Photo: Nigel Spooner (cl); PA Images (tr); www.BibleLandPictures.com (bl). 16 Alamy Stock Photo: Evgeni Ivanov (bl); Science History Images (tr); World History Archive (br). 17 akg-images: Andr Held (br). Alamy Stock Photo: Artokoloro (br); Mike Goldwater (bl). 18 akg-images: Interfoto (br). Alamy Stock Photo: GRANGER - Historical Picture Archive (bl). The Metropolitan Museum of Art: Rogers Fund, 1930 (tl). 19 Alamy Stock Photo: Adam Jn Fige (bl); Eraza Collection (cr); Science History Images (tl). 20 Alamy Stock Photo: World History Archive (tl); World History Archive (tc). Bridgeman Images: Pictures from History (bl). 21 Alamy Stock Photo: Classic Image (br); WBC ART (tl); GRANGER - Historical Picture Archive (cl). 22 Alamy Stock Photo: A. Astes (tl); Artokoloro (tr); Antiqueimages (bl); World History Archive (br). 23 Alamy Stock Photo: Album (bl). Bridgeman Images: Archives Charmet (cl). 24 Alamy Stock Photo: Science History Images (br); The Granger Collection (tl). The Metropolitan Museum of Art: Rogers Fund, 1914 (c). 25 Alamy Stock Photo: PRISMA ARCHIVO (br); Science History Images (tl). 26 Alamy Stock Photo: Artokoloro (tl); imageBROKER (cr). 27 Alamy Stock Photo: Chroma Collection (tr); Heritage Image Partnership Ltd (br). Getty Images: Universal History Archive (cl). 28 Alamy Stock Photo: Chronicle (bl); Photo 12 (bl); Stock Montage, Inc. (br). 28-29 Alamy Stock Photo: Stocktrek Images, Inc. (tc). 29 Alamy Stock Photo: IanDagnall Computing (bl). 30 Alamy Stock Photo: GRANGER - Historical Picture Archive (bl). Bridgeman Images: Universal History Archive / UIG (tl). Getty Images: LOUISA GOULIAMAKI / Stringer (br). 31 akg-images: Science Source (c). Alamy Stock Photo: Ancient Art and Architecture (tl); tom pfeiffer (br). 32 Alamy Stock Photo: CPA Media Pte Ltd (cr); Panther Media GmbH (tl); Historic Collection (tr). Dorling Kindersley: Clive Streeter / The Science Museum, London (bl). 33 Alamy Stock Photo: GRANGER - Historical Picture Archive (br); Science History Images (tr). Dorling Kindersley: John Lepine / Science Museum, London / John Lepine / Science Museum, London / Dorling Kindersley (tc, tc). 34 Alamy Stock Photo: The History Collection (bl). Bridgeman Images: Stefano Bianchetti (tl). Getty Images: DE AGOSTINI PICTURE LIBRARY / Contributor (tr). 35 Alamy Stock Photo: Album (t). Getty Images / iStock: boris_1983 (br). 36 Alamy Stock Photo: INTERFOTO (bc). Getty Images: NurPhoto / Contributor (tl). Getty Images / iStock: yuriz (br). 37 Alamy Stock Photo: Alan Dyer / VWPics (bl); The History Collection (br). Bridgeman Images: British Library Board. All Rights Reserved (t). 38 Alamy Stock Photo: Album (tl); World History Archive (tr). 39 Alamy Stock Photo: Abu Castor (tl); FLHC K (bl). Getty Images: Science & Society Picture Library / Contributor (tr). 40 Alamy Stock Photo: Aclosund Historic (tl); The Natural History Museum (tr); Volgi archive (bc). 40-41 Alamy Stock Photo: Panther Media GmbH (b). 41 Alamy Stock Photo: Heritage Image Partnership Ltd (tr); The History Collection (br). Getty Images: Pictures from History / Contributor (c). 42 akg-images: © NYPL / Science Source / SCIENCE SOURCE (tc). Alamy Stock Photo: Science History Images (bl). Bridgeman Images: Bridgeman Images (tr). 43 Alamy Stock Photo: CPA Media Pte Ltd (br); World History Archive (bc). 44 Alamy Stock Photo: Classic Image (bl); zhang jiahan (tc); Science History Images (br). Bridgeman Images: Giancarlo Costa (tl). 45 Alamy Stock Photo: Album (cl). Getty Images: Sino Images (tr). 46 Alamy Stock Photo: Album (bl); CPA Media Pte Ltd (br). Bridgeman Images: Archives Charmet (tr). 47 Alamy Stock Photo: Magite Historic (bl); Pictorial Press Ltd (tl). 48 Bridgeman Images: NPL - DeA Picture Library / M. Seemuller (tl). Getty Images: Science & Society Picture Library / Contributor (r). 49 Alamy Stock Photo: Azoor Photo Collection (tr); Magite Historic (tl); Chronicle (bl). 50 akg-images: Fototeca Gilardi (cr). Alamy Stock Photo: GRANGER - Historical Picture Archive (bc); Tim Brown (tl). 51 Alamy Stock Photo: Album (bl); ART Collection (tl); Realy Easy Star / Toni Spagone (tr). 52 Alamy Stock Photo: Artokoloro

(br); The History Collection (tl). Bridgeman Images: Bridgeman Images (bc). 53 akg-images: Science Source (cr). Alamy Stock Photo: Azoor Collection (c); Science History Images (br). 54 Alamy Stock Photo: GRANGER - Historical Picture Archive (tc); World History Archive (bl); The Granger Collection (bc). Bridgeman Images: © Christie's Images (tl). 55 Alamy Stock Photo: CPA Media Pte Ltd (tc); The Natural History Museum (tl). 56 Alamy Stock Photo: Artokoloro (cl); The Granger Collection (tl); The Picture Art Collection (cr). 56-57 Alamy Stock Photo: Art Collection 3 (b). 57 Alamy Stock Photo: GRANGER - Historical Picture Archive (bc); World History Archive (br). 58-59 Alamy Stock Photo: Science History Images (t). 58 Alamy Stock Photo: PhotoStock-Israel (br); The Granger Collection (tl). Science Photo Library: CNRI (bl). 59 Alamy Stock Photo: Album (bc); Russell Mountford (br). 60 Alamy Stock Photo: GL Archive (tl); The Print Collector (tr); The History Collection (bl). Bridgeman Images: © NPL - DeA Picture Library / M. Seemuller (br). 61 Alamy Stock Photo: GRANGER - Historical Picture Archive (br); The Print Collector (bl). 62 Alamy Stock Photo: Chronicle (cr); Jonathan Orourke (bl). Bridgeman Images: The Stapleton Collection (tl). 63 Alamy Stock Photo: GL Archive (br); Science History Images (tr). Bridgeman Images: University of St. Andrews Library (bl). 64 akg-images: Rabatti & Domingie (tr). Alamy Stock Photo: Diego Barucco (tc); Tibbut Archive (br). Bridgeman Images: Universal History Archive / UIG (bl). 65 Alamy Stock Photo: gameover (tl). Science & Society Picture Library: Science Museum (tr). 66 Alamy Stock Photo: AF Fotografie (br); GRANGER - Historical Picture Archive (cr); IanDagnall Computing (bl). Wellcome Collection: 4.0 International (CC BY 4.0) (tc). 67 Alamy Stock Photo: Andreas Huslbetz (cl); Heritage Image Partnership Ltd (br). 68 Wellcome Collection: (c). 69 Science Photo Library: Zephyr (tr). 70 Alamy Stock Photo: Heritage Image Partnership Ltd (bl); The Picture Art Collection (br); Science History Images (tr); Science History Images (tc). 71 Alamy Stock Photo: Well / BOT (tl). Bridgeman Images: NPL - DeA Picture Library / G. Cigolini (br). 72-73 Alamy Stock Photo: Chronicle (tl). 72 Alamy Stock Photo: Album (bl). 73 akg-images: Collection Joinville (br). Alamy Stock Photo: Atlaspix (cl); Hamza Khan (tr). 74-75 Alamy Stock Photo: Science History Images (t). 74 Alamy Stock Photo: History & Art Collection (cr); Science History Images (tl); IanDagnall Computing (bl). Getty Images: Science & Society Picture Library / Contributor (c). 75 Alamy Stock Photo: B.A.E. Inc. (tr). 76 NASA: Solar Dynamics Observatory (c). 77 Science Photo Library: CHARLES D. WINTERS (tl). 78 Alamy Stock Photo: GRANGER - Historical Picture Archive (tr); Science History Images (tl); Pictorial Press Ltd (br). 79 Alamy Stock Photo: PRISMA ARCHIVO (br); Science History Images (tl); Science History Images (bc). 80 Alamy Stock Photo: Alfio Scisetti (tr); Eraza Collection (br). Bridgeman Images: Iberfoto (tl). 81 Alamy Stock Photo: ACTIVE MUSEUM / ACTIVE ART (bl); Heritage Image Partnership Ltd (tl); The Granger Collection (cr); The Natural History Museum (br). 82 Science Photo Library: NASA / JPL (tl). 83 Dreamstime.com: Dmitrydesigner (c). 84 Alamy Stock Photo: Science History Images (cl); World History Archive (bc). 85 Alamy Stock Photo: Florilegius (tc); Phanie (bc). Getty Images: Science & Society Picture Library / Contributor (tl). 86 Alamy Stock Photo: Ron Giling (bl); The Granger Collection (tr). 87 Alamy Stock Photo: Dinodia Photos (tl); Science History Images (tr); World History Archive (bl); Science History Images (br). 88 Alamy Stock Photo: Bjrn Wylezich (tl); The Picture Art Collection (br); GRANGER - Historical Picture Archive (br). 89 Alamy Stock Photo: The Natural History Museum (bl); The Picture Art Collection (bc). 90 Alamy Stock Photo: GL Archive (br). Bridgeman Images: Muse Cond, Chantilly (tr). Getty Images: Science & Society Picture Library / Contributor (c). 91 Alamy Stock Photo: Eraza Collection (br); Wim Wiskerke (tl); Svintage Archive (tr). 92 Alamy Stock Photo: Artokoloro (bl); CBW (tl). Bridgeman Images: Philadelphia Museum of Art / Gift of Mr. and Mrs. Wharton Sinkler (br). 93 Alamy Stock Photo: GRANGER - Historical Picture Archive (tc). Bridgeman Images: Lorio / Iberfoto (tl); Science History Images (tl); Science History Images (tr). 94-95 Alamy Stock Photo: INTERFOTO (b). 95 Alamy Stock Photo: Album (bc); The History Collection (tl). Getty Images: Science & Society Picture Library / Contributor (tr). 96 Alamy Stock Photo: Chronicle (tl); Science History Images (tr). Dorling Kindersley: Dave King / The Science Museum (bl). 97 Alamy Stock Photo: The Picture Art Collection (br). Bridgeman Images: Granger (tr). Getty Images: Science & Society Picture Library / Contributor (bl). 98 Alamy Stock Photo: agefotostock (br); GL Archive (bl). 99 Alamy Stock Photo: Science History Images (tl); The Granger Collection (br). 100 Alamy Stock Photo: Artokoloro (bl). Getty Images: Science & Society Picture Library (br). 100-101 Bridgeman Images: Giancarlo Costa (t). 101 Alamy Stock Photo: Central Historic Books (br); PWB Images (tr). 102 Alamy Stock Photo: incamerastock (tr); Science History Images (bl); Science History Images (br). Getty Images: Print Collector (tl). 103 Alamy Stock Photo: NASA Photo (tl). Getty Images: Science & Society Picture Library (tr). 104 Alamy Stock Photo: Jason Smith (tr); The Picture Art Collection (bl). 105 akg-images: (tl). Alamy Stock Photo: Florilegius (tr). Science Photo Library: ROYAL INSTITUTION OF GREAT BRITAIN (bl). 106 Alamy Stock Photo: Science History Images (bl); Soren Klostergaard Pedersen (br). 107 Alamy Stock Photo: ACTIVE MUSEUM / ACTIVE ART (b); Dirk Daniel Mann (tl); North Wind Picture Archives (tr). 108 Alamy Stock Photo: Science History Images (tr); The History Collection (tl). Bridgeman Images: Natural History Museum, London (br). 109 Alamy Stock Photo: CBW (tr); GRANGER - Historical

Picture Archive (bc); Pictorial Press Ltd (bl). Dorling Kindersley: Clive Streeter / The Science Museum, London (tl). 110 Alamy Stock Photo: Science History Images (tr). Dorling Kindersley: Gary Ombler / Whipple Museum of History of Science, Cambridge (tl). 111 Alamy Stock Photo: Christophe Coat (c); Heritage Image Partnership Ltd (bl); Hamza Khan (br). 112 Alamy Stock Photo: Matteo Chinellato (bc); SuperStock (t). Getty Images: Science & Society Picture Library (bl). 113 Alamy Stock Photo: World History Archive (bl). 114 Alamy Stock Photo: Chronicle (bl); Science History Images (tl); The Print Collector (tr). Getty Images: Bildagentur-online (br). 115 The Natural History Museum (bl). Bridgeman Images: PVDE (tr). 116 Alamy Stock Photo: Iuliia Nemchinova (c). 118 Alamy Stock Photo: Artokoloro (tr); RGB Ventures / SuperStock (tl); The Natural History Museum (br). 119 Alamy Stock Photo: Album (br). Getty Images: Joseph Niepce / Stringer (tr). 120 Alamy Stock Photo: Science History Images (tl); Science Photo Library (tr); World History Archive (br). 121 Alamy Stock Photo: Chronicle (br); Science History Images (tl). Dorling Kindersley: Harry Taylor / Sedgwick Museum of Geology, Cambridge (tr). 122 Alamy Stock Photo: GL Archive (bl); The Natural History Museum (tl); INTERFOTO (tr). 123 Alamy Stock Photo: Everett Collection Historical (bl). Bridgeman Images: Bridgeman Images (tr). Science Photo Library: SCIENCE STOCK PHOTOGRAPHY (br). 124 Alamy Stock Photo: Classic Collection 3 (tl); Science History Images (tr); World History Archive (cl); Scenics & Science (br). 125 Alamy Stock Photo: AC NewsPhoto (br); GRANGER - Historical Picture Archive (tl). Getty Images: Science & Society Picture Library (bl). 126 Alamy Stock Photo: Pictorial Press Ltd (bl); The Granger Collection (tr); Stocktrek Images, Inc. (br). Getty Images: Science & Society Picture Library (tl). 127 Alamy Stock Photo: rico ploeg (bl). Getty Images: Science & Society Picture Library (t). 128 Alamy Stock Photo: Science History Images (tl). Getty Images: DE AGOSTINI PICTURE LIBRARY (bl). Science Photo Library: DR JEREMY BURGESS (tr). 128-129 Alamy Stock Photo: GRANGER - Historical Picture Archive (bc). 129 Alamy Stock Photo: Science History Images (br). 130 Alamy Stock Photo: INTERFOTO (tr). Getty Images: Science & Society Picture Library (tl). 131 Alamy Stock Photo: Alan Dyer / VWPics (c); The Reading Room (tl). Getty Images: Science & Society Picture Library (br). 132-133 Alamy Stock Photo: Sueddeutsche Zeitung Photo (c). 132 Science Photo Library: SHEILA TERRY (tl). 134 Alamy Stock Photo: NASA Pictures (br); Science History Images (t). 135 Alamy Stock Photo: Ben Queenborough (tc); Henri Koskinen (tr). Bridgeman Images: (br). Dorling Kindersley: Dreamstime.com: Jan Martin Will (tl). 136 Alamy Stock Photo: Allstar Picture Library Limited (bl); Chronicle (tl); Science History Images (br); Nathaniel Noir (cr). 137 Alamy Stock Photo: Central Historic Books (tl); Realy Easy Star / Toni Spagone (tr). Bridgeman Images: Museum of Science and Industry, Chicago / Photo © 2014 J.B. Spector (br). 138 Alamy Stock Photo: Pictorial Press Ltd (bl); Universal Images Group North America LLC / DeAgostini (br). 139 Alamy Stock Photo: Pictorial Press Ltd (br); The Print Collector (tl). Science Photo Library: NATURAL HISTORY MUSEUM, LONDON (tr). 140 Science Photo Library: ARGONNE NATIONAL LABORATORY (c). 141 NASA: JPL / Caltech (tr). 142 Alamy Stock Photo: GL Archive (bl); Science History Images (tr). 143 Alamy Stock Photo: Phil Degginger (br); Science Photo Library (tl). Science Photo Library: CARLOS CLARIVAN (bl); M.I. WALKER (tr). 144 Alamy Stock Photo: Ivan Vdovin (bl). 145 Alamy Stock Photo: Classic Image (cl); The Granger Collection (tl); PRISMA ARCHIVO (bl). Bridgeman Images: Look and Learn (br). 146 Science Photo Library: TED KINSMAN (tl). 147 NASA: ESA / CSA / STScI / NIRCam (c). 148 Alamy Stock Photo: Science Photo Library (cl). Getty Images / iStock: theasis (tl). Science Photo Library: SCIENCE SOURCE (bl); SHEILA TERRY (br). 149 Alamy Stock Photo: World History Archive (tl). 150 Alamy Stock Photo: Central Historic Books (br); Chronicle (tl). Science Photo Library: JOHN READER (tc). 151 Alamy Stock Photo: Monika Wisniewska (tr). Science Photo Library: JOSE CALVO (br). 152 Getty Images: Science & Society Picture Library (c). 154 Alamy Stock Photo: History and Art Collection (br); Pictorial Press Ltd (tl); Old Books Images (tr); NASA Image Collection (bl). 155 Alamy Stock Photo: Alexandros Lavdas (br); GRANGER - Historical Picture Archive (tl); World History Archive (cr). 156 Alamy Stock Photo: Library Book Collection (tr). 157 Alamy Stock Photo: GRANGER - Historical Picture Archive (br). Getty Images / iStock: Patrick Jennings (bl). Getty Images: Science & Society Picture Library (tr). 158 Alamy Stock Photo: Library Book Collection (br); North Wind Picture Archives (tl). 159 Alamy Stock Photo: Johann Schumacher (tl); Sari O'Neal (cl); Science History Images (tr). Getty Images: Science & Society Picture Library (br). 160 Alamy Stock Photo: incamerastock (tl); Science History Images (br). Getty Images: Science & Society Picture Library (bl). 161 Alamy Stock Photo: Book Worm (br); Cultura Creative Ltd (tr); IanDagnall Computing (bl). Dorling Kindersley: Ruth Jenkinson / Holts Gems (cl). 162 Alamy Stock Photo: leonello calvetti (tr); Science History Images (br). 163 Alamy Stock Photo: Hi-Story (bl). Getty Images: Bettmann (br). 164 Alamy Stock Photo: Helen Cowles (tl); pittawut junmee (tr). 165 Alamy Stock Photo: GRANGER - Historical Picture Archive (br); World History Archive (tl); Science History Images (cr). 166 Alamy Stock Photo: Paul Fearn (tr); RBM Vintage Images (bl); Science History Images (br). 167 Alamy Stock Photo: colaimages (tl); Stocktrek Images, Inc. (br). Getty Images: Universal History Archive (tr). 168 Alamy Stock Photo: Science History Images (bl). 169 Alamy Stock Photo: Leighton Collins (tl); Oliver Smart (tr); The Granger Collection (bl); Maidun Collection (br). 170 Alamy Stock Photo: Book Worm (bl); Science Photo Library (tr). Getty Images: Science & Society Picture Library (br). 171 Getty Images: Lazy_Bear (br); Universal History Archive (tl); Universal History Archive (bl). 172 Alamy Stock Photo: Arterra Picture Library (tr); ephotocorp (c). 173 Alamy Stock Photo: North Wind Picture Archives (tr); Science History Images (br). 174 Alamy Stock Photo: Bjrn Wylezich (tl). 175 Science Photo Library: NASA (c). 176 Getty Images: Science & Society Picture Library (br). 177 Alamy Stock Photo: FLHC 220C (cl); Grant Heilman Photography (tl); The Print Collector (tr); Scott Camazine (br). 178 Alamy Stock Photo: Science History Images (br). Getty Images: Print Collector / Contributor (tr). 179 Alamy Stock Photo: Chronicle (br); The Book Worm (tl). 180 Science Photo Library: CHRISTIAN LUNIG (c). 181 Science Photo Library: ARSCIMED (tr). 182 akg-images: n / a (tl). Alamy Stock Photo: Everett Collection Inc (tr); The Print Collector (br). 183 Alamy Stock Photo: Hilary Morgan (t); Pictorial Press Ltd (bl). Science Photo Library: ADRIAN T SUMNER (br). 184 Alamy Stock Photo: Giulio Ercolani (bl); Science Photo Library (tl). Dorling Kindersley: Clive Streeter / The Science Museum, London (tr). 185 Alamy Stock Photo: IanDagnall Computing (tr). Getty Images: Science & Society Picture Library / Contributor (bl). 186 Bridgeman Images: Israel Museum, Jerusalem / Gift of the Jacob E. Safra Philanthropic Foundation (c). 187 Getty Images: Science & Society Picture Library (tl). 188-189 Alamy Stock Photo: The History Collection (t). 189 Alamy Stock Photo: World History Archive (bl). Science Photo Library: MARTIN SHIELDS (br). 190 Alamy Stock Photo: GRANGER - Historical Picture Archive (tr). Dorling Kindersley: Clive Streeter / The Science Museum, London (tc). Getty Images / iStock: flyparade (bl). 191 Alamy Stock Photo: GRANGER - Historical Picture Archive (tr); The History Collection (br). 192 Science Photo Library: PHILIPPE PLAILLY (c). 193 Getty Images: Science & Society Picture Library (tr). 194 Alamy Stock Photo: Album (br); Science History Images (tl). 195 Alamy Stock Photo: Life on white (bl); Science History Images (bc). 196 Alamy Stock Photo: molekuul.be (bc). Dorling Kindersley: Frank Greenaway / Natural History Museum, London (br); Gary Ombler, Oxford University Museum of Natural History (bl). 197 Getty Images: Science & Society Picture Library / Contributor (tr). Science Photo Library: R.BIJLENGA / DEPT. OF MICROBIOLOGY, BIOZENTRUM (tl). 198 Getty Images / iStock: CasarsaGuru (tl). 199 Science Photo Library: EQUINOX GRAPHICS (c). 200 Alamy Stock Photo: blickwinkel (bl); Science History Images (tl); Gainew Gallery (tr). 201 Alamy Stock Photo: agefotostock (br). Science Photo Library: MICHEL DELARUE, ISM (bl). 202 Alamy Stock Photo: Chronicle (bc). Getty Images: Science & Society Picture Library / Contributor (tl). 203 Alamy Stock Photo: Sueddeutsche Zeitung Photo (tr). 204 Alamy Stock Photo: Chronicle (tr); ruelleruelle (tl). 205 Alamy Stock Photo: IanDagnall Computing (tl); Photo 12 (tr); INTERFOTO (bl). 206 Science Photo Library: PHILIPPE PSAILA (tl). 206-207 Getty Images: Gamma-Rapho / Patrick Aventurier (bc). 208 Alamy Stock Photo: Alpha Historica (tr); GL Archive (tl). Getty Images: Bettmann / Contributor (br). 209 Alamy Stock Photo: NASA Pictures (tr). Science Photo Library: SOUTHERN ILLINOIS UNIVERSITY (tl). 210 Alamy Stock Photo: J Marshall - Tribaleye Images (t). Getty Images: Krista Few (b). 211 Alamy Stock Photo: Archive PL (cl); Science History Images (tr). Science Photo Library: NASA (tl). 212 Alamy Stock Photo: imageBROKER (tr); Science History Images (b). Dorling Kindersley: Clive Streeter / The Science Museum, London (c). 213 Alamy Stock Photo: Pictorial Press Ltd (bl). 214 Alamy Stock Photo: Everett Collection Inc (tl); NASA Photo (tr); RBM Vintage Images (bl). 215 Alamy Stock Photo: Andy Thompson (br). Science Photo Library: Science Photo Library (bl). 216 Alamy Stock Photo: Thomas Lehtinen (tl). 217 Alamy Stock Photo: Classic Picture Library (c). 218 Alamy Stock Photo: Keystone Press (tl); Universal Images Group North America LLC (bl). Bridgeman Images: British Library Board (tr). 219 Alamy Stock Photo: Science History Images (br); World History Archive. Dorling Kindersley: 123RF.com: Corey A Ford (bl). 220 Alamy Stock Photo: Imago History Collection (tr). Getty Images: Universal History Archive (tl). 221 Alamy Stock Photo: GRANGER - Historical Picture Archive (t). 222 Alamy Stock Photo: Chronicle (br); Tango Images (tl); Science History Images (tr); RGB Ventures / SuperStock (bl). 223 Alamy Stock Photo: JSM Historical (bl); UPI (br). Getty Images: Bletchley Park Trust (tr). 224-225 Getty Images / iStock: Filipp Borshch (bc). 224 Science Photo Library: PATRICK LANDMANN (tl). 226 Alamy Stock Photo: Rudmer Zwerver (cl); Science History Images (tl); SuperStock (br). 227 Alamy Stock Photo: Science History Images (bl). Getty Images: Bettmann (tl). 228 Alamy Stock Photo: PBH Images (br); www.BibleLandPictures.com (bl). Science Photo Library: C. POWELL, P. FOWLER & D. PERKINS (t). 229 Alamy Stock Photo: Science History Images (tr); World History Archive (tl). 230 Alamy Stock Photo: Science History Images (br). Getty Images: Daily Herald Archive (bl); Science Museum (tl). 231 Alamy Stock Photo: Science History Images (tl). Science Photo Library: NATIONAL LIBRARY OF MEDICINE (bl). 232 Alamy Stock Photo: BSIP SA (bl). Getty Images / iStock: alex-mit (tr). 233 Alamy Stock Photo: Nature Photographers Ltd (cl); Science History Images (br). 234 Alamy Stock Photo: NGDC / NOAA / Phil Degginger (br). Getty Images: Bettmann (tr). 235 Alamy Stock Photo: Science History Images (tr). Science Photo Library: HANK MORGAN (tl). 236 Science Photo Library: (tl). 237 Science & Society Picture Library: Science Museum (c). 238 Alamy Stock Photo: Science Photo Library (tl). Science Photo Library: PROF. ERWIN MUELLER (br). 239 Alamy Stock Photo: Keystone Press (bl); Tango Images (tl); Science History Images (tr); World History Archive (br). 240 Alamy Stock Photo: Science History Images (bl); Vitaliy Gaydukov (tl); Science History Images (br). Bridgeman Images: Sovfoto / UIG (tr). 241 Alamy Stock Photo: John Frost Newspapers (tr); NASA Photo (tl); REUTERS (br). 242 Alamy Stock Photo: Historic Images (tl); Reading Room 2020 (tr). 243 Alamy Stock Photo: Heritage Image Partnership Ltd (tr); Stocktrek Images, Inc. (bl). 244 Getty Images: Richard Heathcote / Getty Images Sport (c). 245 Science Photo Library: BIOLUTION GMBH (tr). 246 Alamy Stock Photo: NASA Image Collection (tl); Universal Art Archive (bc); PhotoSpirit (br). 247 Science Photo Library: EUROPEAN SOUTHERN OBSERVATORY (tl). 248 Alamy Stock Photo: blickwinkel (cl); Space prime (tl). Getty Images: Sovfoto (br). 249 Alamy Stock Photo: Gado Images (tl). Science Photo Library: CARLOS CLARIVAN (tr); NATIONAL PHYSICAL LABORATORY © CROWN COPYRIGHT (br). 250 Alamy Stock Photo: imageBROKER (br). Science Photo Library: DETLEV VAN RAVENSWAAY (tr). 251 Alamy Stock Photo: Philip Game (br); Pictorial Press Ltd (bl). Getty Images: Daily Herald Archive (tr). 252 Alamy

Stock Photo: LWM / NASA / LANDSAT (br). Getty Images: Bettmann (bl). 253 Alamy Stock Photo: Science History Images (br). Dorling Kindersley: Dreamstime.com: Jm73 (tr). 254 Alamy Stock Photo: Science History Images (tl); WENN Rights Ltd (bl); Stocktrek Images, Inc. (cl); stock imagery (br). 255 Alamy Stock Photo: PB / YB (tl); Stocktrek Images, Inc. (tr). 256 Alamy Stock Photo: Science Photo Library (tl). Getty Images: Bettmann (cr). 257 Alamy Stock Photo: NG Images (tl); NG Images (bl); SBS Eclectic Images (cr). 258 Alamy Stock Photo: CBW (br); Medicshots (tl); dotted zebra (cr). Science Photo Library: DETLEV VAN RAVENSWAAY (bl). 259 Alamy Stock Photo: Auk Archive (bl); Science History Images (br). 260 Alamy Stock Photo: Maidun Collection (tl); ZUMA Press, Inc. (bl); NASA Image Collection (br). Science Photo Library: MILLARD H. SHARP / SCIENCE SOURCE (cr). 261 Alamy Stock Photo: Science Photo Library (tr). Getty Images: VW Pics (b). Science Photo Library: NASA (tl). 263 Alamy Stock Photo: agefotostock (tl); Science Photo Library (bl). Science Photo Library: EYE OF SCIENCE (br). 264 Science Photo Library: DETLEV VAN RAVENSWAAY (tl); R.B.HUSAR / NASA (bl); EM UNIT, VLA (br). 265 Alamy Stock Photo: Image Source (tr); NASA Image Collection (tl). Science Photo Library: JIM WEST (br). 266 ESA: AOES Medialab (tl). 267 NASA: ESA / Hubble (c). 268 Alamy Stock Photo: Sabena Jane Blackbird (cr). Science Photo Library: DAVID PARKER (tl); NCI / ADVANCED BIOMEDICAL COMPUTING CENTER / SCIENCE SOURCE (bl). 269 Alamy Stock Photo: CBW (br). Science Photo Library: THOM LEACH (bl). 270 Getty Images: Wojtek Laski (tl). Science Photo Library: SHEFFIELD UNIVERSITY, DRS P. WARD & T. BUTTON (br); Minden Pictures (c). Getty Images: Historical (tr). 272 Alamy Stock Photo: GRANGER - Historical Picture Archive (tr); Martin Shields (tl). 273 Alamy Stock Photo: Stocktrek Images, Inc. (c). Science Photo Library: CERN (tr); PHILIPPE PLAILLY (br). 274 Alamy Stock Photo: Historic Collection (bl); RGB Ventures / SuperStock (br). Getty Images / iStock: Nerthuz (tl). 275 Alamy Stock Photo: Hemis (br); Thibault Renard (bl). 276 Alamy Stock Photo: agefotostock (bl); Corey Ford (br). Getty Images / iStock: elgol (tl). 277 Alamy Stock Photo: Kathy deWitt (br); Science History Images (tc). Science Photo Library: ROBERT MARKUS (tl). 278 Alamy Stock Photo: Science History Images (br). Getty Images: Historical (tr). Science Photo Library: SCIENCE SOURCE (bl). 279 Alamy Stock Photo: REUTERS (tr). Science Photo Library: ALEX LUTKUS / NASA (tl). 280 Alamy Stock Photo: UrbanImages (bl). Science Photo Library: NASA / JSC (br). 281 Alamy Stock Photo: American Photo Archive (bl); Hemis (tr); NG Images (br). 282 Alamy

Stock Photo: Newscom (bl). 282-283 Alamy Stock Photo: Geopix (b). 283 Alamy Stock Photo: Nature Picture Library (tr). 284 Alamy Stock Photo: Sergey Ryzhov (tl). Science Photo Library: DAVID PARKER (br). 285 Alamy Stock Photo: Edgloris Marys (tr); James King-Holmes (tl). Science Photo Library: LAGUNA DESIGN (bl). 286 Getty Images: Gallo Images (bl); NASA / Handout (tc). 287 Alamy Stock Photo: agefotostock (br); World History Archive (tr); Minden Pictures (bl). 288 Science Photo Library: FONS RADEMAKERS / CERN (c). 289 Science Photo Library: FERMILAB (tr). 290 Alamy Stock Photo: James King-Holmes (br); Stocktrek Images, Inc. (tl); Trinity Mirror / Mirrorpix (c). 291 Alamy Stock Photo: dpa picture alliance (tr). NASA: Optical: NOAO / Kitt Peak / J. Uson, D.Dale; X-ray: NASA / CXC / IoA / S.Allen et al. (tl). 292-293 Alamy Stock Photo: Andrew Kimber (tr). 292 Alamy Stock Photo: BSIP SA (bl); NASA Image Collection (br); dotted zebra (br). 293 Alamy Stock Photo: blickwinkel (bl); cbimages (br). 294 Alamy Stock Photo: Universal Images Group North America LLC (br); ZUMA Press, Inc. (tr). Science Photo Library: EUROPEAN SOUTHERN OBSERVATORY (bl). 295 Alamy Stock Photo: Martin Shields (br); Panther Media GmbH (tr). Science Photo Library: BRITISH ANTARCTIC SURVEY (tl). 296 Alamy Stock Photo: Everett Collection Historical (bl). Science Photo Library: CERN (br); MASATO HATTORI (tl); VOLKER STEGER (tr). 297 Alamy Stock Photo: GRANGER - Historical Picture Archive (tl). Science Photo Library: JOHN BAVARO FINE ART (br). 298 Alamy Stock Photo: GARY DOAK (tl); Science History Images (tr); NG Images (bl). 299 Alamy Stock Photo: Cultura Creative RF (br); Science History Images (tl); World History Archive (tr). 300 Alamy Stock Photo: Abaca Press (tr). Science Photo Library: GABRIELLE VOINOT / EURELIOS / LOOK AT SCIENCES (br); MEDICAL GRAPHICS / MICHAEL HOFFMANN (bl). 301 Science Photo Library: JOHN BAVARO FINE ART (br). 302 Alamy Stock Photo: Christian Offenberg (tr); StellaNature (cl). 302-303 Alamy Stock Photo: dotted zebra (b). 303 Alamy Stock Photo: Xinhua (tr). Science Photo Library: DR. GILBERT S. GRANT (br); IBM RESEARCH (tl). 304 Alamy Stock Photo: Science History Images (bc). Getty Images: SOPA Images (tl). 304-305 Alamy Stock Photo: ukasz Szczepanski (b). 305 Alamy Stock Photo: Nature Picture Library / Alamy (br). Science Photo Library: QA INTERNATIONAL / SCIENCE SOURCE (tr); SINCLAIR STAMMERS (tl)

その他の写真はすべて©Dorling Kindersley
詳細はwww.dkimages.comを参照